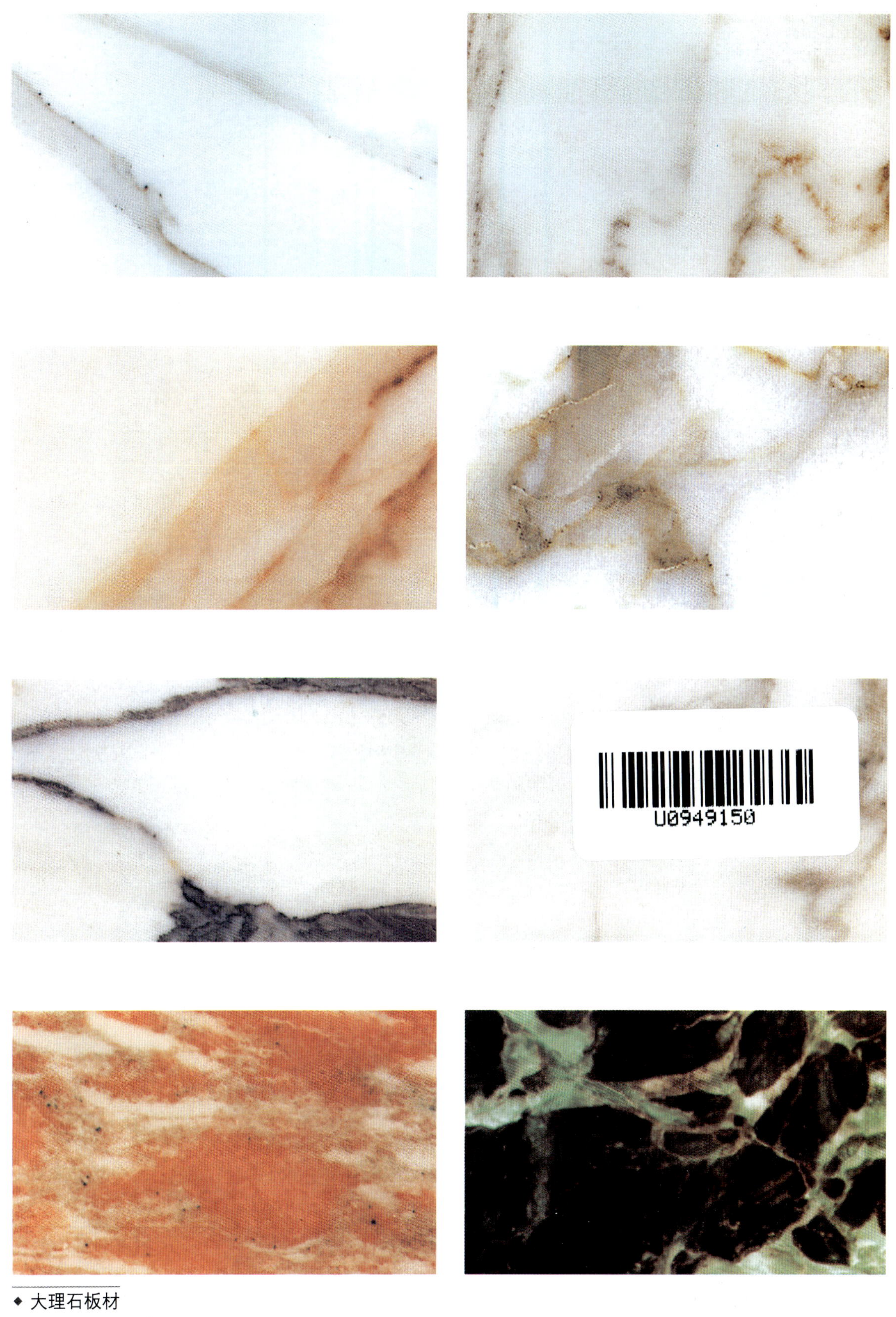

◆ 大理石板材

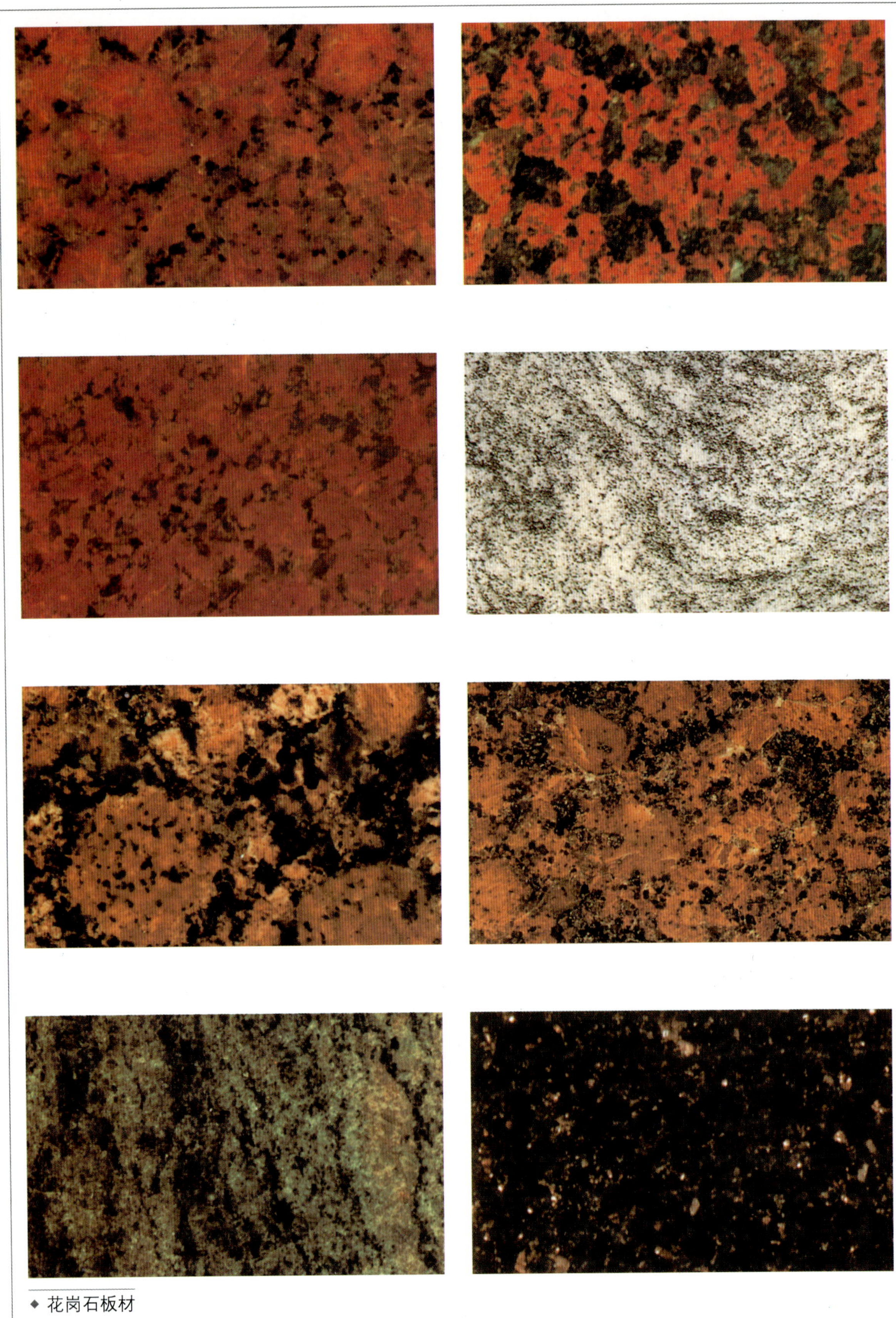

◆ 花岗石板材

◆ 陶瓷砖地面

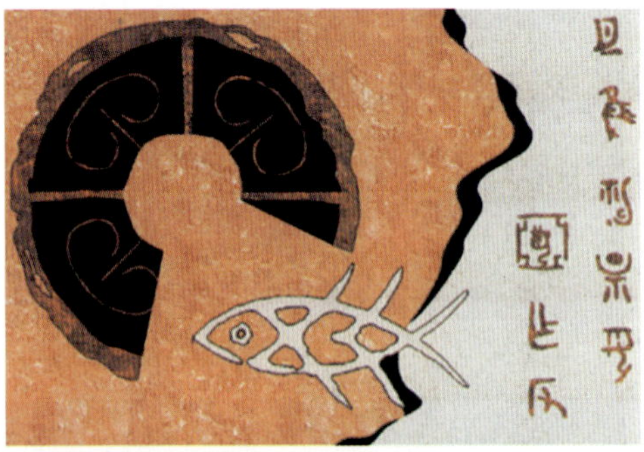

◆拼花陶瓷砖

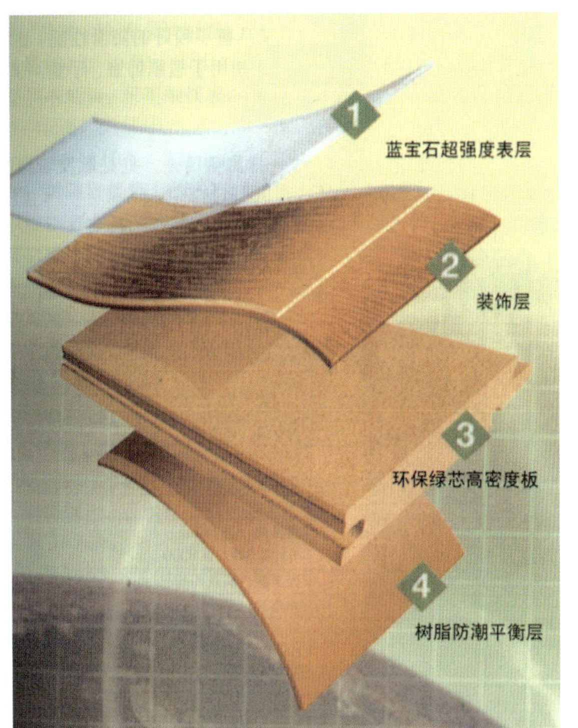

◆ 浸渍纸层压木质地板（俗称：强化木地板）地面

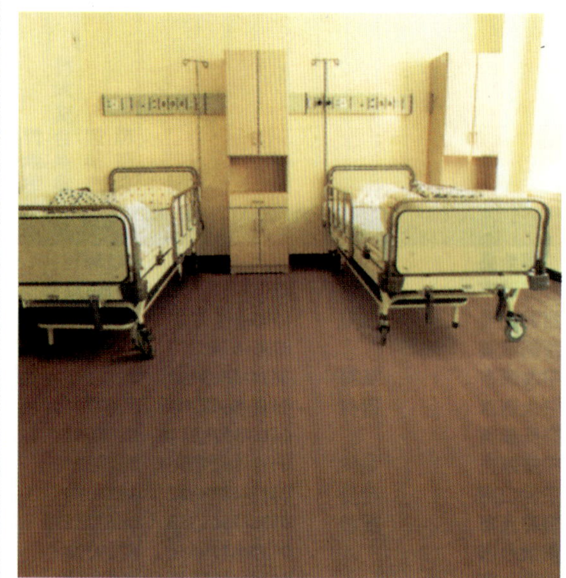

◆ 塑料地板地面

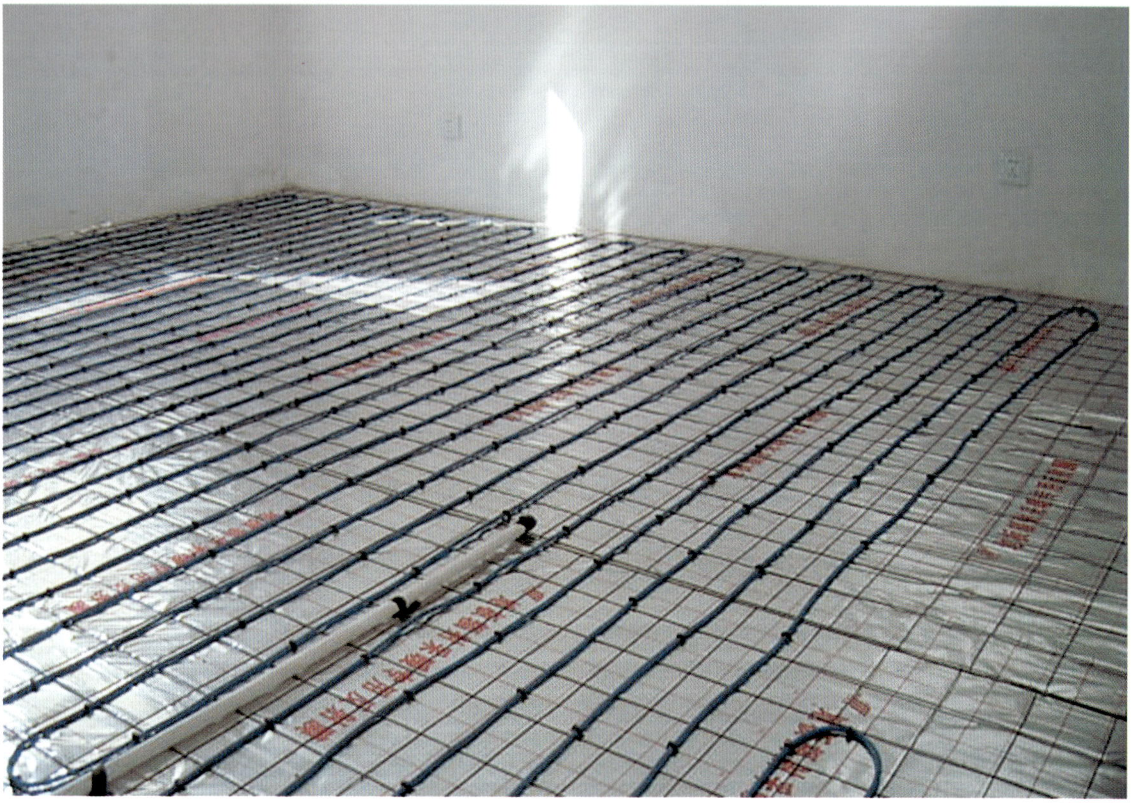

◆ 地暖

建筑装饰材料与施工丛书

现代建筑
地面装饰材料与施工

李书田 编著

中国电力出版社
CHINA ELECTRIC POWER PRESS

内 容 提 要

本书以不同材质的地面、楼面装修材料为主线，以现行的国家标准或行业标准为依据，全面系统地介绍了每种材料的特点、性能、装修效果和所能适应的环境，以及应用设计、施工工艺过程和施工要点，并附有特殊部位的构造详图。全书共分九章，即概述，石质材料地面、楼面，陶瓷地面、楼面，各种地板材料地面、楼面，玻璃材料地面、楼面，塑料地板地面、楼面，涂饰材料地面、楼面，地毯地面、楼面，特种地面、楼面工程。附录为建筑地面、楼面工程施工质量控制要点，读者可以参考学习。

本书可供从事建筑室内装修的设计人员、施工人员、质量监理人员以及大中专院校的相关师生参考使用。

图书在版编目（CIP）数据

现代建筑地面装饰材料与施工/李书田编著. —北京：中国电力出版社，2010. 12

（建筑装饰材料与施工丛书）

ISBN 978-7-5123-1219-7

Ⅰ.①现… Ⅱ.①李… Ⅲ.①地面工程一装饰材料②地面工程一工程施工 Ⅳ.①TU56②TU767

中国版本图书馆 CIP 数据核字（2010）第 249735 号

中国电力出版社出版发行

北京市东城区北京站西街 19 号　100005　http：//www.cepp.sgcc.com.cn

责任编辑：王晓蕾　　电话：010-63412610

责任印制：郭华清　　责任校对：焦秀玲

北京市同江印刷厂印刷・各地新华书店经售

2012 年 1 月第 1 版・第 1 次印刷

787mm×1092mm　1/16・19.75 印张・482 千字 4 插页

定价：46.00 元

前　言

在现代建筑中，地面、楼面的装修是一项很重要的内容。

人们的生活、工作、休息均离不开室内，可以说人的一生绝大部分时间是在室内度过的。因此，室内地面、楼面不但要符合人们对其使用和功能上的要求，还要满足其在审美方面的要求。

这些年来，随着经济与科技的发展，用于建筑地面、楼面的新材料也得到发展，涌现出不同材质、不同装修效果的新材料。因此，如何根据客观条件和功能需要来选择装修材料和施工工艺就成为首要问题。

本书就是本着解决上述问题而编写的。书中以不同材质的地面、楼面装修材料为主线，以现行的国家标准或行业标准为依据，全面系统地介绍每种材料的特点、性能、装修效果和所适应的环境，以及应用设计和施工工艺过程及施工要点，并附有特殊部位构造详图，以便于读者了解和选择。特别是书中对同一种材料的不同应用设计和施工方法等也进行了详尽的介绍，这给读者融会贯通，进而举一反三提供了条件，以利于不断涌现的新材料给我们所带来的挑战。

全书共分九章，即概述，石质材料地面、楼面，陶瓷材料地面、楼面，各种地板材料的地面、楼面，玻璃材料地面、楼面，塑料地板地面、楼面，涂饰材料地面、楼面，地毯地面、楼面，特种地面、楼面工程。附录中给出了建筑地面、楼面工程施工质量控制要点。

本书编写工作得到李任、刘燕、孙靖、张勤、张伟、李晓玲、宋勇、刘斌、应敏、杜琴甫、赵斌、张锁、张凯、王晓勇、曹强、宋建军、张梅、张春雨、吕明、梁玉国、刘建东的协助，在此表示感谢。

本书可供从事建筑室内装修的设计人员、施工人员、质量监理人员，以及大专院校相关专业的师生参考使用。

由于作者水平有限，书中难免有疏漏之处，敬请读者指正，以便再版时修订。

编著者

目录

第一章

概　　述

现代建筑的内部空间是人们生活、工作、休息和娱乐的主要场所，人的一生绝大部分时间是在建筑的室内度过的，而室内的地面或楼面则是室内空间中最重要的基本要素。因此，地面或楼面无论从承载能力还是使用功能上（防潮、保温、防静电以及装饰等）均应满足人们的预期要求。

一、地面、楼面的构成

地面与楼面在结构上略有不同。其区别之处主要在于：地面的结构主要包括地基和垫层，而楼面的结构则是楼板。而在其他的构成中，往往根据使用功能上的需要还会增设如结合层、找平层、防潮层、填充层（起保温、隔声、找坡和暗敷管线作用）等其他层次。

楼面、地面的构造举例，如图 1-1 所示。

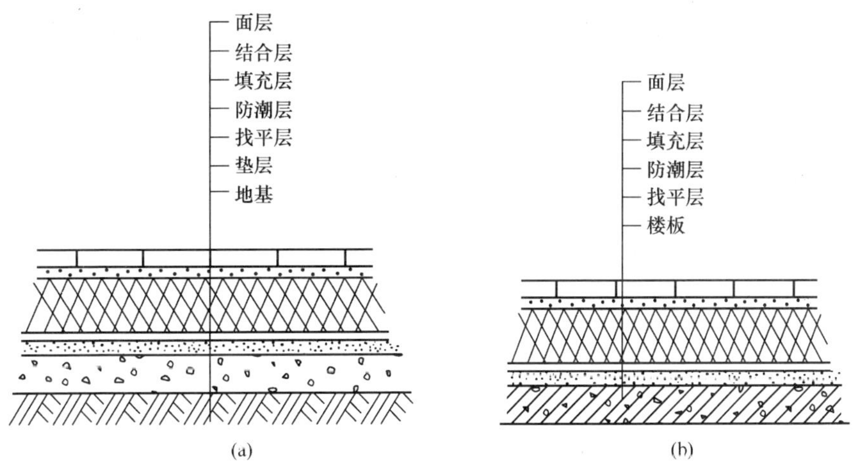

图 1-1　地面、楼面的构造举例

（a）地面；（b）楼面

从图 1-1 中可以看出地面与楼面的构造上的不同之处。当然由于使用功能上的需要，除了地面需要地基、垫层和找平层，楼面需要楼板和找平层之外，其余各层均可根据需要而删减。

楼面、地面各构成层的作用如下：

（1）地基。地基为地面最基本的构成，也即地基土层。

（2）垫层。垫层为承受并传递地面荷载于基土上的构造层。

（3）楼板。楼板为承受楼面荷载的构造层。

(4) 找平层。找平层为在垫层或楼板上起整平、找坡或加强作用的构造层。

(5) 防潮层。防潮层是为了防止地面、楼面上各种液体或地下水、潮气渗透的构造层。

(6) 填充层。填充层是在地面、楼面上为隔声、保温、找坡和暗敷设管线等而设置的构造层。

(7) 结合层。结合层是地面、楼面的面层与其下构造层相连接的构造层。

(8) 面层。面层是直接承受各种物理、化学作用和装饰作用的地面、楼面的表面层。

二、地面、楼面的分类

地面、楼面可依面层的材质、施工的方法、使用功能等进行分类，现介绍如下：

1. 按面层材质分

地面、楼面按其面层的材质来分，可分为石质材料、陶瓷材料、木质材料、玻璃材料等。

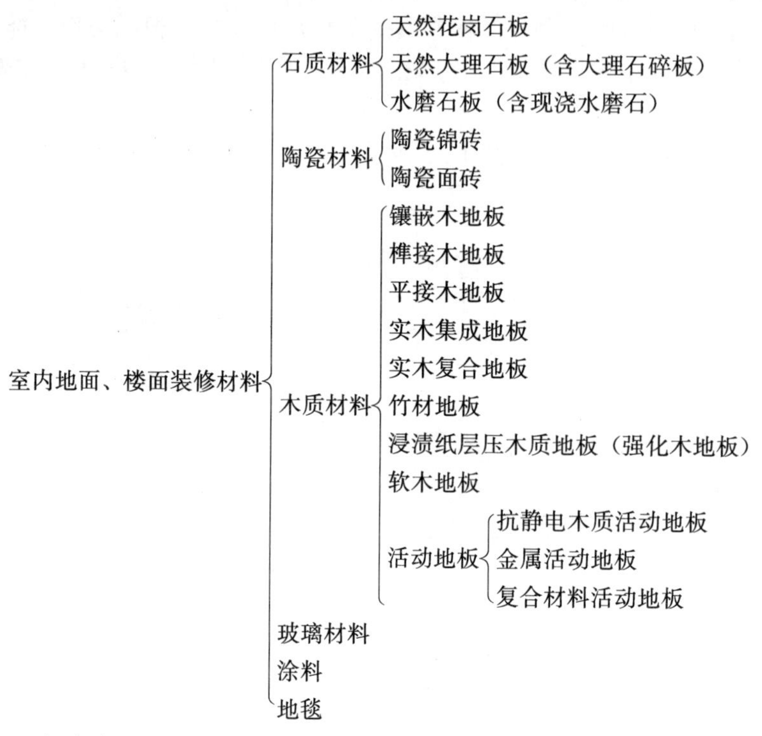

2. 按施工方法分

地面、楼面按其面层的施工方法来分，可分为整体浇筑（如现浇水磨石地面）、涂饰、铺砌、浮铺等。

3. 按使用功能分

(1) 温度作用。地面、楼面按其对温度的作用来分，可分为耐热、耐火、防冻等。

(2) 液体作用。地面、楼面按其对液体的作用来分，可分为防水、防潮、防油、防腐蚀等。

(3) 机械作用。地面、楼面按其对机械作用来分，可分为抗压、耐磨、防滑、抗冲击等。

(4) 其他作用。地面、楼面按其针对某种作用来分，可分为防静电、防毒、防霉、防蛀等。

4. 按结构分

地面、楼面按其面层是否为架空结构来分，可分为架空结构（如架空铺设木地板、抗静电活动地板）和非架空结构两种。

三、地面、楼面各结构层的设计、装饰设计

（一）地面、楼面的结构设计

1. 地基

由于地基是垫层下的基土层，它是建筑物赖以存在的最基本的条件，故对其应予以夯实，或采用掺加骨料、铺设灰土层等方法来加强。应确保地基密实、坚固，足以能够承受建筑物及其他各种荷载。

2. 垫层

垫层分刚性垫层和柔性垫层两类，它是承受并传递地面荷载至地基的构造层，垫层必须要有足够的坚固性和厚度。目前常用的垫层有砂石、碎石（卵石）、三合土、炉渣、混凝土垫层等 5 种。

(1) 砂石垫层。砂石垫层的厚度一般应大于 100mm。

(2) 碎石（卵石）垫层。碎石（卵石）垫层的厚度一般应大于 60mm，且碎石的粒径不得大于垫层厚度的 2/3。

(3) 三合土垫层。三合土垫层是用生石灰、细骨料（中砂或粗矿）和碎料（碎砖、碎矿渣、碎石、卵石），有时也可掺入少量黏土拌和而成的构造层。三合土垫层用料，见表 1-1。

表 1-1　三合土垫层用料

名称	配合比（体积比）				备注
	生石灰	砂	碎砖	碎（卵）石	
碎砖三合土垫层	1	2	4	—	常用配合比
	1	4	8	—	提高强度用
碎（卵）石三合土垫层	1	3	—	8	—

1) 材料要求

①生石灰：使用前一天用水熟化闷透成粉末或溶成石灰浆。

②细骨料、中砂或粗砂：采用细矿渣需过孔径 5mm 筛，不应含有未燃尽的煤粒。

③碎料、碎（卵）石、碎砖或矿渣：其抗压极限强度不应小于 4.9MPa，粒径不应大于 60mm，且不超过垫层厚度的 2/3，砂和碎料中不得含有草根、垃圾等杂物。

2) 配合比（体积比）。生石灰：细骨料：碎料＝1：2：4 或 1：3：6。

3) 施工要点。铺设方法可采用先拌后铺设或铺设碎料后灌砂浆两种方法。所用碎料强度不应小于 0.98MPa，其粒径不应大于 60mm，且不得大于垫层厚度的 2/3。拌后铺法：设每层虚铺厚度不应大于 150mm，夯实后的厚度一般为虚铺厚度的 3/4。先铺碎料法：每层虚铺厚度不应大于120mm，铺平拍实，然后灌以体积比为1∶2～1∶4的石灰砂浆，再行夯实。

(4) 炉渣垫层。炉渣垫层是用水泥、石灰、矿渣掺和而成的构造层。其厚度不宜小于60mm。

1) 材料要求

①水泥：一般用强度为42.5MPa的普通硅酸盐水泥或矿渣硅酸盐水泥。

②石灰：使用前至少5d用水淋化，并过孔径5mm筛制成石灰浆，或在拌和前浇水闷透，粒径大于5mm，制成石灰粉。

③炉渣：不应含有机杂物和未燃尽煤块，粒径不大于40mm和不超过垫层厚度的1/2，5mm以下颗粒不超过总体积的40%。

2) 配合比。炉渣垫层的配合比，见表1-2。

表1-2 炉渣垫层的配合比

序 号	名 称	石 灰	水 泥	炉 渣
1	石灰炉渣垫层	1	—	3
2	水泥炉渣垫层	—	1	6
3	水泥炉渣垫层	—	1	8
4	水泥石灰炉渣垫层	1	1	8
5	水泥石灰炉渣垫层	1	1	10
6	水泥石灰炉渣垫层	1	1	12

3) 施工要点。炉渣垫层所用炉渣在施工前必须浇水或泼石灰浆或与消石灰拌和后浇水闷透，闷透时间均不得少于5d。浇水应严格控制加水量，使铺时表面不致呈现泌水现象。

炉渣垫层厚度大于120mm时应分层铺设，压实后的厚度不应大于虚铺厚度的3/4。如炉渣的埋管道，四周宜用细石混凝土予以稳固。铺设炉渣垫层时，可采用振动器、滚筒和木拍等工具压实拍干。当采用滚筒压实时，以表面泛浆且无松散颗粒为止，采用木拍压实时，应分拍实→拍实找平→轻拍泛浆→抹平四道工序成活。

炉渣垫层施工宜在室内墙面、顶棚抹灰后进行，以免灰浆粘结在垫层上，难以清理。石灰炉渣垫层和石灰水泥炉渣垫层所用的炉灰在使用前必须冲洗掉泥土等杂物。

垫层施工完后，应注意养护，避免受水浸湿。水泥石灰炉渣、石灰炉渣垫层至少养护7d后方可进行下道工序的施工。

(5) 混凝土垫层。混凝土垫层是用水泥、骨料（碎石、矿渣）掺和而成的构造层，其厚度不宜小于60mm。

1) 材料要求及配合比。混凝土垫层骨料粒径不超过50mm，并不得大于垫层厚度的2/3。

2) 施工要点

①浇筑混凝土前，基层应洒水湿润。

②浇筑大面积混凝土垫层时，应纵横每隔6～10m设中间水平桩以控制厚度。

③大面积混凝土浇筑时，宜采用分仓浇筑的方法，要根据变形缝位置、不同材料面层连接部位或设备基础位置情况进行分仓，分仓距离一般为3～6m。

④分仓接缝的构造形式和方法有三种：平头分仓缝、企口分仓缝和加肋分仓缝。

3. 楼板

楼板为承重层，其主要承受楼板上人和物的荷载，以及其自身的重量，故要求其应坚固、可靠，刚性强。

4. 找平层

找平层是在垫层或楼板上起抹平、找坡或加强作用的构造层，并具有一定的强度。

找平层的厚度、强度等级或配合比，见表1-3。

表1-3　找平层厚度、强度等级或配合比

找平层材料	强度等级或配合比	厚度/mm
水泥砂浆	1∶3	≥15
混凝土	C10～C15	≥30

找平层在找平前，下层要清扫干净，若底层为混凝土板，应事先预润湿，然后以水灰比为0.3～0.4的水泥浆先刷一遍，并随刷随铺砌，防止浆干再铺，以免导致起壳；如表面光滑，还应凿毛，如表面松散，应预先补平振实。

5. 防潮层

防潮层是为防止地面上的液体透过楼面、地面以及防止地下水通过毛细管渗至地面而设置的构造层。这一层可以用涂刷沥青或油毡、沥青胶进行处理。涂刷沥青时，所用的沥青应为石油沥青，一般采用建筑石油沥青（10号、30甲、30乙）或道路石油沥青（60甲、60乙）。施工时应注意沥青的来源、品种和标号等，不能把焦油沥青混合石油沥青使用。因为石油沥青是石油原油炼制后的副产品，焦油沥青是炼制焦炭或制造煤气的副产品，由于两种沥青的产源和提炼方法不同，其用途也不同，故不得混合使用。所用的油毡应采用不低于350号的石油沥青油毡。所用的沥青玛琋脂（沥青胶），应采用同类石油沥青的纤维或粉状填充料，或纤维和粉状的混合填充材料，按一定比例配制，这样可改善沥青玛琋脂的性能和节约沥青用量，提高软化点，增加柔韧性和散热性，减少感温性。其中以纤维填充料配制的沥青玛琋脂耐热稳定性最好，混合填充料次之，粉状填充料最差。

在沥青类防水层上用掺有水泥拌和料铺设层或结合层之前，面层表面应坚实、洁净、干燥，没有起砂、脱壳、裂缝、蜂窝现象，并涂刷同类的沥青胶结材料，厚度为1.5～2mm，以提高其与上层的胶结性能。涂刷石油沥青胶结材料时，其温度不应低于160℃；涂刷焦油沥青结料时，其温度应不低于120℃。在涂刷时应随即将经预热至50～60℃、粒径为2.5～5mm的绿豆砂均匀撒入沥青胶结料内，要求压入深度为1～1.5mm。表面上过多的绿豆砂应在胶结料冷却后扫去。绿豆砂应用清洁、干燥的砾砂或浅色的人工砂粒，必要时在使用前进行筛洗和晾干。

另外要注意，铺设防水层的基层表面应坚实、平整、洁净、干燥，铺贴卷材必须及时压实，挤出的沥青胶结料要趁热刮去，并不得有皱折、空鼓、翘边和封口不严等缺陷。与墙、地漏、管道和其他构筑物的接合处的铺贴，均应符合设计要求。

防潮层的防水材料设置见表 1-4。

表 1-4 防潮层的防水材料设置

防水材料名称	层　数	防水材料名称	层　数
石油沥青油毡	一～二层	防水涂膜（聚氨酯类涂料）	二～三道
沥青玻璃布油毡	一层	热沥青	二道
再生胶油毡	一层	防油渗胶泥玻璃纤维布	一布二胶
软聚氯乙烯卷材	一层	沥青砂浆	10～20mm
防水冷胶料	一布三胶	防水薄膜（农用薄膜）	0.4～0.6mm

注：1. 石油沥青油毡不应低于 350g。
2. 防水涂膜总厚度一般为 1.5～2mm。
3. 防油渗胶泥玻璃纤维布隔离层一布二胶总厚度宜为 4mm，宜采用无碱玻璃纤维网格布。

6. 填充层

填充层是起隔声、保温，或兼有找坡、暗敷管线等作用的构造层，并设在承重结构的上部，同时要求具有一定的强度。

填充层的厚度、强度等级或配合比见表 1-5。

表 1-5 填充层的厚度、强度等级或配合比

序　号	填 充 层 材 料	强度等级或配合比	厚度/mm
1	水泥炉渣	1∶6	30～80
2	水泥石灰炉渣	1∶1∶8	30～80
3	轻骨料混凝土	C7.5	30～80
4	加气混凝土块	—	≥50
5	水泥膨胀珍珠岩块	—	≥50
6	沥青膨胀珍珠岩块	—	≥50

注：填充层材料自重应不大于 $9kN/m^3$。

现代建筑出于保温、隔热和隔声的需要，通常在填充层中使用隔热保温材料。隔热保温材料的种类很多，按其成分可分为有机材料和无机材料，按材料形状可分为松散、块状、整体和金属类等。而楼、地面工程主要采用松散和板、块状材料做保温层。常用的松散材料有炉渣、稻壳、膨胀蛭石、膨胀珍珠岩、石棉和锯木屑。一般来说，材料的容重越轻，热导率越小。当材料的成分、容重、结构等条件完全相同时，多孔材料的热导率将随着其平均温度和含水量的增大而增大。因此在使用前必须检验其容重和含水量，必要时还应检验其热导率，使其符合设计要求。运入现场的材料应注意防雨、防潮、防火和防止混杂。常用的板、块状材料有泡沫混凝土板、加气混凝土板、水泥蛭石板和沥青蛭石板等。

7. 结合层

结合层是面层与下一构造层之间的连接层。结合层厚度是根据预制板块材面层要求选用的结合层材料的性质确定，见表 1-6。

表 1-6　　结合层的厚度

面层名称	结合层材料	厚度/mm
预制混凝土板	砂、炉渣	20～30
陶瓷锦砖（马赛克）	1∶1 水泥砂浆	5
	或 1∶4 干硬性水泥砂浆	20～30
普通黏土砖、煤矸石砖、耐火砖	砂、炉渣	20～30
水泥花砖	1∶2 水泥砂浆	15～20
	或 1∶4 干硬性水泥砂浆	20～30
块石	砂、炉渣	20～50
花岗石条石	1∶2 水泥砂浆	15～20
大理石、花岗石、预制水磨石板	1∶2 水泥砂浆	20～30
地面陶瓷砖（板）	1∶2 水泥砂浆	10～15
铸铁板	1∶2 水泥砂浆	45
	砂、炉渣	≥60
塑料、橡胶、聚氯乙烯塑料等板材	胶粘剂	—
木地板	胶粘剂，木板小钉	—
导静电塑料板	配套导静电胶粘剂	—

注：1. 铸铁板在 800℃以上时，不宜采用 1∶2 水泥砂浆作结合层。
2. 以水泥为胶结料的结合层材料，拌和时可掺入适量化学胶（浆）材料。

结合层有时可作为面层的弹性底层，因而面层的底和下一层的表面必须平整、洁净。掺有水泥拌和料的下一层表面应该坚实、不起砂、不脱皮；掺有沥青类拌和料的下一层表面应该洁净、干燥。

8. 面层

面层需承受地面上各种物理和化学的作用，因此地面的面层材料的强度等级及其常用厚度，应符合基本技术要求。

面层材料的厚度、强度等级见表 1-7。

面层材料的性能见表 1-8。

表 1-7　　面层材料的厚度、强度等级

面层名称	材料强度等级	厚度/mm
混凝土（执层兼面层）	≥C15	按垫层确定
细石混凝土	≥C20	30～40
聚合物水泥砂浆	≥M20	5～10
水泥砂浆①	≥M15	20
铁屑水泥	M40	30～35（含结合层）
水泥石屑	≥M30	20
防油渗混凝土⑦⑧	≥C30	60～70
防油渗涂料⑨	—	5～7
耐热混凝土	≥C20	≥60
沥青混凝土⑥	—	30～50
沥青砂浆	—	20～30

续表

面 层 名 称	材料强度等级	厚度/mm
菱苦土（单层）	—	10～15
（双层）	—	20～25
矿渣、碎石（兼垫层）	—	80～150
三合土（兼垫层）④	—	100～150
灰土	—	100～150
预制混凝土板（边长≤500mm）	≥C20	≤100
普通黏土砖（平铺）	≥MU7.5	53
（侧铺）	—	115
煤矸石砖、耐火砖（平铺）	≥MU10	53
（侧铺）	—	115
水泥花砖	≥MU15	20
现浇水磨石⑤	≥C20	25～30（含结合层）
预制水磨石板	≥C15	25
陶瓷锦砖（马赛克）	—	5～8
地面陶瓷砖（板）	—	8～20
花岗岩条石	≥MU60	80～120
大理石、花岗石	—	20
块石②	≥MU30	100～150
铸铁板⑪	—	7
木板（单层）	—	18～22
（双层）③	—	12～18
薄型木地板	—	8～12
格栅式通风地板	—	高 300～400
软聚氯乙烯板	—	2～3
塑料地板（地毡）	—	1～2
导静电塑料板	1～2	—
导静电涂料	—	⑩
地面涂料	—	⑩
聚氨酯自流平	—	3～4
树脂砂浆	—	5～10
地毯	—	5～12

①水泥砂浆面层配合比宜为 1∶2，水泥强度不宜低于 42.5MPa。

②块石为有规则的截锥体，顶面部分应粗琢平整，底面积不应小于顶面积的 60%。

③双层木地板面层厚度不包括毛地板厚，其面层用硬木制作时，板的净厚度宜为 12～18mm。

④三合土配合比宜为熟化石灰∶砂∶碎砖＝1∶2∶4，灰土配合比宜为：熟化石灰∶黏性土＝2∶8 或 3∶7。

⑤水磨石面层水泥强度等级不低于 42.5，石子粒径宜为 6～15mm，分格不宜大于 1m。

⑥表中沥青类材料均指石油沥青。

⑦防油渗混凝土配合比和复合添加剂的使用需经试验确定。

⑧防油渗混凝土的设计抗渗等级为 1.5MPa，是参照现行《普通混凝土长期性能和耐久性能试验方法》进行检测，用 10 号机油为介质，以试件不出现渗油现象的最大不透油压力作为其抗渗等级。

⑨防油渗涂料粘结抗拉强度为大于等于 0.3MPa。

⑩涂料的涂刷或喷涂，不得少于三遍，其配合比和制备及施工，必须严格按各种涂料的要求进行。

⑪铸铁板厚度是指面层厚度。

表 1-8

面层材料的性能

序号	面层名称		燃烧性	容许受热温度/℃	起尘性	耐磨性	容许冲击力①/N	消声度	光滑度	感热性	耐水性	透水性	耐油性（矿物油、煤油、汽油）	耐酸性	耐碱性	导电性	发火花性
	面层材料	结合层及填缝材料															
1	2		3	4	5	6	7	8	9	10	11	12	13	14	15	16	17
1	素土	—	不燃	1400	大	弱	不限制	无噪声	不滑	冷	不耐水	透水	耐油	不耐酸	不耐碱	导电	不发火花⑤
2	矿渣	—	不燃	1400	大	中	不限制	稍有噪声	不滑	半暖	稍耐水	透水	耐油	不耐酸	不耐碱	导电	发火花
3	碎石	—	不燃	1000	大	中	不限制	稍有噪声	不滑	冷	耐水	透水	耐油	不耐酸	不耐碱	导电	发火花
4	沥青碎石	—	难燃	50	一般	中	50	稍有噪声	不滑	冷	耐水	不透水	不耐油②	耐酸⑧	耐碱⑨	稍导电	发火花④⑥
5	灰土	—	不燃	100	大	中	30	稍有噪声	不滑	冷	稍耐水	稍透水	耐油	不耐酸	稍耐碱	导电	不发火花⑤
6	石灰三合土	—	不燃	100	大	中	30	稍有噪声	不滑	冷	稍耐水	透水	耐油	不耐酸	稍耐碱	导电	发火花
7	混凝土	—	不燃	100	一般	强	100	有噪声	不滑	冷	耐水	稍透水	耐油	不耐酸	耐碱⑩	导电	⑥
8	水泥砂浆	—	不燃	100	一般	中	30	有噪声	不滑	冷	耐水	稍透水	耐油	不耐酸	耐碱⑩	导电	⑥
9	水磨石	—	不燃	100	小	强	50	有噪声	擦蜡时或潮湿时滑	冷	耐水	稍透水	耐油	不耐酸	耐碱⑩	导电	⑥
10	铁屑水泥	—	不燃	100	小	极强	100	有噪声	不滑	冷	耐水	稍透水	耐油	不耐酸	耐碱⑩	导电	发火花
11	水玻璃混凝土	—	不燃	100	一般	中	100	有噪声	不滑	冷	稍耐水	稍透水	耐油	耐酸	不耐碱	导电	发火花
12	沥青混凝土	—	难燃	50	一般	中	50	稍有噪声	不滑	冷	耐水	不透水	不耐油	耐酸⑨	耐碱⑨	③④	发火花④⑥
13	沥青砂浆	—	难燃	50	一般	中	30	稍有噪声	不滑	冷	耐水	不透水	不耐油	耐酸⑨	耐碱⑨	③④	发火花④⑥
14	粗石	砂（煤渣）	不燃	500	大	强	1000	有噪声	不滑	冷	耐水	透水	耐油	不耐酸	不耐碱	导电	发火花
15	块石	砂（煤渣）	不燃	500	大	强	500	有噪声	不滑	冷	耐水	透水	耐油	不耐酸	不耐碱	导电	发火花
16		水泥砂浆	不燃	100	一般	强	500	有噪声	不滑	冷	耐水	稍透水	耐油	不耐酸	耐碱⑩	导电	发火花
17	缸砖（侧铺）	砂（煤渣）	不燃	500	一般	强	100	有噪声	不滑	冷	耐水	透水	耐油	不耐酸	不耐碱	导电	发火花
18		水泥砂浆	不燃	100	小	强	100	有噪声	不滑	冷	耐水	稍透水	耐油	不耐酸		导电	发火花
19		沥青胶泥	难燃	50	小	强	100	有噪声	不滑	冷	耐水	不透水	不耐油	耐酸⑨	耐碱⑨	③④⑧	发火花
20		耐酸胶泥或耐酸砂浆	不燃	100	小	强	100	有噪声	不滑	冷	稍耐水	稍透水	耐油	耐酸	不耐碱	导电	发火花

续表

序号	面层名称		燃烧性	容许受热温度/℃	起尘性	耐磨性	容许冲击力[1]/N	消声度	光滑度	感热性	耐水性	透水性	耐油性（矿物油、煤油、汽油）	耐酸性	耐碱性	导电性	发火花性
	面层材料	结合层及填缝材料															
1	2		3	4	5	6	7	8	9	10	11	12	13	14	15	16	17
21	缸砖（平铺）	水泥砂浆	不燃	100	小	强	50	有噪声	不滑	冷	耐水	稍透水	耐油	不耐酸	耐碱[10]	导电	发火花
22	缸砖（平铺）	沥青胶泥	难燃	50	小	强	50	有噪声	不滑	冷	耐水	不透水	不耐油	耐酸[9]	耐碱[9]	③④⑧	发火花
23	缸砖（平铺）	耐酸胶泥或耐酸砂浆	不燃	100	小	强	50	有噪声	不滑	冷	稍耐水	稍透水	耐油	耐酸	不耐碱	导电	发火花
24	普通黏土砖（侧铺）	砂（煤渣）	不燃	300	大	中	30	有噪声	不滑	冷	耐水	透水	耐油	不耐酸	不耐碱	导电	发火花
25	普通黏土砖（平铺）	砂（煤渣）	不燃	300	大	中	不宜撞击	有噪声	不滑	冷	耐水	透水	耐油	不耐酸	不耐碱	导电	发火花
26	耐酸砖	沥青胶泥	难燃	50	小	强	50	有噪声	潮湿时滑	冷	耐水	不透水	不耐油	耐酸[9]	耐碱[9]	③④⑧	发火花
27	耐酸砖	耐酸胶泥或耐酸砂浆	不燃	100	小	强	50	有噪声	潮湿时滑	冷	稍耐水	稍透水	耐油	耐酸	不耐碱	导电	发火花
28	混凝土板	砂（煤渣）	不燃	100	大	强	50	有噪声	不滑	冷	耐水	透水	耐油	不耐酸	不耐碱	导电	⑥
29	混凝土板	水泥砂浆	不燃	100	一般	强	50	有噪声	不滑	冷	耐水	稍透水	耐油	不耐酸	耐碱[10]	导电	⑥
30	水泥砂浆板	水泥砂浆	不燃	100	一般	中	不宜撞击	有噪声	不滑	冷	耐水	稍透水	耐油	不耐酸	耐碱[10]	导电	⑥
31	水磨石板	水泥砂浆	不燃	100	小	强	不宜撞击	有噪声	擦蜡时或潮湿时滑	冷	耐水	稍透水	耐油	不耐酸	耐碱[10]	导电	⑥
32	陶瓷锦砖（马赛克）	水泥砂浆	不燃	106	小	强	不宜撞击	有噪声	不滑	冷	耐水	稍透水	耐油	不耐酸	耐碱[10]	导电	发火花
33	陶（瓷）板	水泥砂浆	不燃	100	小	强	不宜撞击	有噪声	潮湿时滑	冷	耐水	稍耐水	耐油	不耐酸	耐碱[10]	导电	发火花
34	陶（瓷）板	沥青胶泥	难燃	50	小	强	不宜撞击	有噪声	潮湿时滑	冷	耐水	不耐水	不耐油	耐酸[9]	耐碱[9]	③④⑧	发火花
35	陶（瓷）板	耐酸胶泥或耐酸砂浆	不燃	100	小	强	不宜撞击	有噪声	潮湿时滑	冷	稍耐水	稍耐水	耐油	耐酸	不耐碱	导电	发火花
36	耐酸陶（瓷）板	沥青胶泥	难燃	50	小	强	不宜撞击	有噪声	潮湿时滑	冷	耐水	不耐水	不耐油	耐酸[9]	耐碱[9]	③④⑧	发火花
37	耐酸陶（瓷）板	耐酸胶泥或耐酸砂浆	不燃	100	小	强	不宜撞击	有噪声	潮湿时滑	冷	稍耐水	稍耐水	耐油	耐酸	不耐碱	导电	发火花

续表

序号	面层名称		燃烧性	容许受热温度/℃	起尘性	耐磨性	容许冲击力①/N	消声度	光滑度	感热性	耐水性	透水性	耐油性（矿物油、煤油、汽油）	耐酸性	耐碱性	导电性	发火花性
	面层材料	结合层及填缝材料															
1	2		3	4	5	6	7	8	9	10	11	12	13	14	15	16	17
38	铸石板	沥青胶泥	难燃	50	小	强	不宜撞击	有噪声	潮湿时滑	冷	耐水	不耐水	不耐油	耐酸⑨	耐碱⑨	③④	发火花
39	铸石板	耐酸胶泥或耐酸砂浆	不燃	100	小	强	不宜撞击	有噪声	潮湿时滑	冷	稍耐水	稍透水	耐油	耐酸	不耐碱	导电	发火花
40	天然石板	沥青胶泥	难燃	50	小	强	50	有噪声	不滑	冷	耐水	不透水	不耐油	耐酸⑨	耐碱⑨	③④	④⑥
41	天然石板	耐酸胶泥或耐酸砂浆	不燃	100	小	强	50	有噪声	不滑	冷	稍耐水	稍透水	耐油	耐酸	不耐碱	导电	发火花
42	沥青砂浆板	沥青胶泥	难燃	50	一般	中	不宜撞击	稍有噪声	不滑	冷	耐水	不透水	不耐油	耐酸⑨	耐碱⑨	③④	④⑥
43	铸铁板	砂（炉渣）	不燃	1400	一般	极强	100	有噪声	网纹板不滑	冷	耐水	透水	耐油	不耐酸	不耐碱	导电	发火花
44	木板（空铺）	—	燃烧	50	一般	中	50	稍有噪声	不滑	暖	不耐水	透水	耐油	不耐酸	不耐碱	不导电	不发火花⑦
45	拼花木板（实铺）	—	难燃	50	小	中	不宜撞击	无噪声	不滑	暖	不耐水	透水	不耐油②	不耐酸	不耐碱	不导电	不发火花
46	塑料板（水泥砂浆找平层）	—	难燃	50	小	中	不宜撞击	无噪声	不滑	半暖	耐水	不透水	不耐油	耐酸	耐碱	不导电	不发火花
47	塑料板（保温砂浆找平层）	—	难燃	50	小	中	不宜撞击	无噪声	不滑	暖	耐水	不透水	不耐油	耐酸	耐碱	不导电	不发火花

①该栏是指从1m高处有坚硬物体下坠时地面容许承受的冲击力，如是在固定地点坠落（曲孔、槽、安装孔等处坠落等）硬物，其容许冲击力应按表列数值减少2/3；自2m高处坠落，其容许冲击力应减少1/2；自0.5m高处坠落，其容许冲击力可增加50%。

②面层、结合层和嵌缝材料采用易溶于有机溶液溶解的石油沥青材料时是不耐油的，采用焦油沥青材料时可耐煤油、汽油以外的其他矿物油。

③面层、结合层、嵌缝材料或骨料采用辉绿岩、大理石等不导电石料者是不导电的（绝缘性能必须经试验确定）。

④面层、结合层和嵌缝材料中掺6级或7级石棉、纤维时，是不导电的和不发火花的。

⑤颗粒直径不超过2mm的土是不发火花的。

⑥面层、填缝材料和骨料采用经试验确定不发火花的石灰石、大理石等石料时是不发火花的。

⑦结合用的钉子不得外露。

⑧板、块材面层材料的绝缘性能必须经试验确定。

⑨采用耐酸骨料的石油沥青类面层，在常温下能耐浓度50%以下的硫酸，20%以下的盐酸，10%以下的硝酸等。采用耐碱骨料（石灰岩、白云岩）或其他致密的骨料（辉绿岩、花岗岩等）的沥青类面层，在常温下可耐浓度20%以下的苛性碱溶液的作用。不适用于有苯、汽油、二硫化碳等有机溶剂的作用。

⑩密实的普通混凝土、水磨石和水泥砂浆等面层，在常温下能耐浓度小于12%的苛性碱溶液的作用。采用耐碱混凝土、耐碱砂浆和耐碱水磨石面层，应提高面层和灰缝的密实度，常温下耐质量浓度20%以下的苛性碱溶液和温度高于40℃、质量浓度小于12%的苛性碱溶液。

（二）地面、楼面的装饰设计

地面、楼面的装饰设计在室内整体设计中的作用是不容忽视的。在人的视域中，楼面、地面所占的比例比较大，离人眼的距离比较近。因此，它的造型往往比较直观，从而它的设计也就更为重要。

地面、楼面的装饰设计必须注意室内设计的整体效果。其整体主要体现在与顶棚的对应关系上，其他的关系都处于从属地位。因为，只有上下界面通过巧妙的组合构成完整的视觉单元时，才能使室内产生空间序列。其次，地面与空间的实用机能也具有紧密的联系，例如室内行走路线的标识具有视觉诱导的功能等。

地面、楼面的图案和色彩设计对烘托室内环境气氛与风格也具有一定的作用。另外，在楼面、地面设计过程中，材料选择也很重要，尤其是对材料的质感和功能的设计更要悉心考虑，使之与环境共同构成对比的统一关系。例如环境要素中质感主基调是精细的话，那么地面、楼面材料则应选择较粗质感的材料加以对比，使之产生鲜明而感人的效果。同样道理，在地面、楼面的装饰设计中的明度关系也是应用此原则来考虑的。

在地面、楼面的装饰设计中还应考虑与墙面、柱子等建筑构件的相互关系。通常地面、楼面在与墙脚或柱脚的相连部分都要做过渡处理，即通过采用明度、色彩或形体等手段予以调节。

此外，地面、楼面的装饰设计还要考虑到房间的朝向。如果是采光好、朝阳的房间，整体色调可选择较暗一些的；反之则应选择色调鲜明的，以免使人感到沉闷。

楼面、地面的装饰设计要综合考虑各种使用功能，因此，应对地面、楼面的面层在材质、品种、规格、物理与化学性能、色泽、价格等方面进行综合考虑与平衡，这样才能选择出最经济、实用而又满足装饰效果要求的面层。

地面、楼面的面层材料的性能见表 1 - 9。

地面、楼面的面层使用功能要求见表 1 - 10。

四、地面、楼面类型的选择及要点

在选择确定建筑地面 、楼面的类型时，要充分考虑其所处的环境，诸如气候、温度、湿度，以及化学腐蚀等；其次再考虑装修效果和舒适度。现依据 GB 50037—1996《建筑地面设计规范》予以介绍。

（1）地面类型的选择，应根据生产特征、建筑功能、使用要求和技术经济条件，经综合技术经济比较确定。

当局部地段受到较严重的物理或化学作用时，应采取局部措施。

（2）底层地面的基本构造层宜为面层、垫层和地基；楼层地面的基本构造层宜为面层和楼板。当底层地面和楼层地面的基本构造层不能满足使用或构造要求时，可增设结合层、隔离层、填充层、找平层等其他构造层。

选择地面类型时，所需要的面层、结合层、填充层、找平层的厚度和隔离层的层数，可按表 1 - 1～表 1 - 10 中不同材料及其特性采用。

（3）有清洁和弹性要求的地段，地面类型的选择应符合下列要求：

1）有一般清洁要求时，可采用水泥石屑面层、石屑混凝土面层。

2）有较高清洁要求时，宜采用水磨石面层或涂刷涂料的水泥类面层，或其他板、块材面层等。

表 1-9 地面、楼面的面层材料性能与适用范围

分类	名称		性能	适用范围
石材地面	花岗石	天然花岗石	强度高、抗腐性好、耐磨、耐压	永久性纪念建筑、高级装修、室外交通频繁的地段
		人造花岗石	耐磨、平整光洁、不起尘、易清洁、色泽多样	
	大理石	天然大理石	色泽鲜艳、光泽度好、花纹美观、强度高	宾馆、剧场、车站等高级建筑
		人造大理石		
	水磨石	彩色水磨石	耐磨、平整光洁、不起尘、易清洁	一般大型公共建筑的门厅、休息厅以及有洁净要求的房间地面
		普通水磨石		一般走廊、教室等交通频繁及有洁净要求的地面
陶瓷地面	铺地砖		易清洗、耐磨、防潮、耐压、质坚、体轻	适用于交通频繁地面、楼梯、厨房、浴室、室外地面
	陶瓷锦砖（马赛克）		质坚、经久耐用、色泽多样、耐酸碱、不透水、易清洗	适用于厨房、盥洗室、卫生间、浴室地面
地面砖	彩色水磨石花砖		耐磨、经济、美观、光亮、施工快	会客室、走廊、大厅等交通量大、有一定清洁要求的地面
	彩色混凝土花砖			
	水泥花砖			
木地面	单层木地面		易清洁、抗重压、耐烟烫（复）耐化学试剂污染（复）	适用于会议室、办公室、高洁度实验室、中高档旅馆及住宅
	双层木地面		富有弹性、易清洁、不起尘	体育训练、练习场地，舞厅，中、高档旅馆及住宅
	活动木地面		易清洁、不起尘	程控机房、电算机房、实验室、控制室、调度室、广播室地面
	弹性木地面		弹性、易清洁、不起尘	体育比赛、训练、练习场地地面
铺地材料	油地毡		具有一定弹性、良好的耐磨性	公共民用建筑、住宅，一般实验室、办公室、新用水泥地面装饰地面
	橡胶地毡		较高的弹性、保温性、隔绝撞击性和绝缘性	
	聚氯乙烯	卷材	轻质、耐油、耐磨、耐腐蚀、防火、隔声、隔热、尺寸稳定、耐久	
		石棉地砖	表面光洁、色泽鲜艳、质轻、耐磨、弹性强、不助燃、自熄、耐腐	
		多填充料地砖	耐磨、耐污染、收缩率小、耐火	
		再生地板	防潮、隔声、有弹性、行走舒适、经济	

续表

分类	名　　称	性　　能	适　用　范　围
涂料	水溶性高分子聚合物（777 型）	无毒、不燃、经济、安全、涂层干燥快、施工简便、光洁美观、经久耐用	公共民用建筑、住宅、一般实验室、办公室、新旧水泥地面装饰地面
	聚醋酸乙烯酯（HC-1）	无毒、不燃、干燥快、粘结力强、耐磨、有弹性感、装饰效果好	特别适用于水泥旧地坪翻修，可代替部分水磨石和塑料地面
	苯丙地面涂料	无毒、不燃、耐酸碱、耐冲洗、涂层干燥快、美观光洁、粘结力强	各种公共建筑和民用住宅地面
	聚乙烯醇缩丁醛	成膜性好、粘结力强、漆膜柔韧、无反射光	
	氯-偏共聚乳液地面	无味、快干、不燃、易施工、涂层坚实光洁、防潮、防霉、耐磨、耐酸碱	部队、宾馆、住宅、机关、学校、商店、仓库、工矿企业及公共场所
	聚氨酯类	优良的防腐性和电绝缘性，较高弹度和弹性，耐磨、美观、易清扫、自然性不变色	会议室、图书馆作弹性装饰地面
	环氧树脂	耐磨性、粘结力强、干燥快、表面光洁、防尘	宾馆、招待所、医院、旅社、办公室、住宅的地面
	过氯乙烯	耐老化、防水、干燥快、抗冲击、硬度、附着力强、耐磨性、无毒	住宅、物理实验室等水泥地面装饰
	酚醛树脂	漆膜坚硬，防潮耐磨（木地板）	
	木屑隔凉地面涂料	粘结性能好、耐洗刷、耐酸碱、耐磨、不起砂、不脱皮、防水隔凉、美观、富有一定弹性	住宅居室、旅馆、招待所、宾馆、办公室、一般实验室、托儿所等建筑的新旧水泥地面的涂布装饰，可制成多种图案的花式
	装饰纸涂塑地面	光洁美观、耐磨、木纹清晰、色泽明亮、有真木纹地板的观感	较高级的住宅、办公楼等新建工程，也可用于旧地面的改造
	导（防）静电地面涂料	体质轻、层薄、耐磨、不燃、附着力强、有一定弹性、施工工艺简单，装饰效果好	电子计算机房、精密仪器车间以及要求洁净的厂房地面涂刷

续表

分类	名称	性能	适用范围
塑料地板	聚乙烯树脂塑料地板 氯乙烯-醋酸乙烯塑料地板 聚乙烯树脂塑料地板 聚丙烯树脂塑料地板 导静电塑料地板	行走舒适、耐磨、耐腐蚀、隔声、防潮、表面美观、装饰效果好、施工和清洗方便、重量轻和价格低	公共建筑、实验室、住宅等各种建筑的室内地面铺设 计算机房、程控机房、精密仪器仪表间
水泥类整体面层	混凝土（垫层兼面层）	强度等级大于等于 C20，耐压、耐水、不滑，易清扫，易沾污、起尘	一般生产车间和辅助建筑，一般车行道和贮藏室地面
	细石混凝土	一般强度等级为 C30，耐压、起尘少、耐水、不滑、易清扫	同混凝土地面，有一定清洁要求的地面
	水泥砂浆	常用 1∶2～2.5，耐压、耐水、易清扫、不滑、冲击性能差	同细石混凝土
	水泥石屑	具有水泥砂浆的良好性能，无水泥砂浆常见的裂缝和起尘现象	具有一定清洁要求的工业与民用建筑地面
	水磨石	易清扫、平整光洁、不起尘、不耐冲击和强烈磨损	具有较高清洁要求的工业与民用建筑
	铁（钢）屑水泥（传统材料）	具有较好的耐磨性能和一定的耐久性和抗冲击性，不易起尘	可用于行驶铁轮子车、和拖拉金属物件的生产使用场所
	防油混凝土	强度等级大于等于 C30，防渗透，但要有适当的防裂措施	生产过程中有油直接作用的楼层地面和需防油的底层地面
	耐热混凝土	耐灼热物件或高温 500～800℃，耐压、易清扫	有灼热物件接触或受高温影响温度为 600～800℃的生产使用地段
	耐磨混凝土（水泥耐磨骨料）	高强、耐磨、耐冲击、各种油脂不易渗入、不起尘、整体性好、经久耐用，多种颜色	各类机械工厂、仓库、停车道、交通频繁地段和有强烈磨损的各种场所
	不发火花地面	骨料为不发火花的细石混凝土、水泥石屑、水磨石	散发较空气重的可燃气体、可燃蒸汽的甲类厂房以及粉尘纤维爆炸危险的乙类厂房的地面

表 1-10 地面、楼面的面层使用功能要求

建筑类型	建筑物名称	主要使用房间	主要使用功能要求
居住建筑	住宅、宿舍	卧室、起居室 厨房 卫生间	不起尘、易清洁（隔声） 易清洗、抗沾污 易冲洗、防滑、防水
	旅馆	客房 卫生间	不起尘、易清洁（隔声） 易清洗、抗沾污
教育建筑	幼儿园、托儿所	卧室、活动室	软性、防滑、易清洁
	学校（大学及中小学）	普通教室 一般实验室	不起尘、易清扫 易清洗
办公建筑	办公室、银行	办公室间 计算机房	不起尘、易清洁 易清洁、防静电
文化建筑	影剧院、会堂	观演厅	易清洁、防滑、耐磨
	博物馆、展览馆、档案馆	陈列室 馆藏区	易清洁、防滑、耐磨 不起尘、易清洁、防潮
	图书馆	阅览室、目录厅 书库	软性、易清洁 不起尘，易清洁
体育建筑	体育馆、比赛馆、练习馆	观众厅 比赛场地	易清扫、防滑、耐磨 弹性、不起尘、防滑
医院建筑	医院疗养院	病房 手术室 化验室 放射室 儿科病房 光疗、电疗室 中药房	易清洁、免积灰、不起尘 耐洗刷（地漏）屏蔽境地 易清洗 绝缘性（木地板、橡胶、塑料、软木） 软性、易清洁 宜用绝缘 防潮、防虫、易清洁
百货店	—	营业厅 一般库房	耐磨、不起尘、易清扫 易清洁、不起尘、防潮
饮食建筑	食堂、餐厅	餐厅	易清洗、抗沾污
		厨房	易洗刷、抗沾污、防滑
交通建筑	汽车站 火车站 港口客运站 航空港	候车室 候车室 候车室 候机厅	耐磨、易清扫、防滑
服务行业	菜场 书店 中西药店 粮店 浴室 理发、美容 食品店 洗染店	营业厅、仓库 营业厅、仓库 店堂、仓库 店堂、仓库 澡堂 理发厅、美容室 营业厅、仓库 营业厅	易清洗、防滑、耐磨 易清洁、不起尘、防滑 易清洁、防潮、防虫、不起尘、免积灰 易清扫、防潮、不积灰、不起尘 防水、防滑、易冲洗 易清洁、不起尘 易清洁、防潮 易清洁、不起尘、防虫

注：建筑空间主要指该类建筑物中主要的空间，其他次要空间的地面使用功能要求，参照有关类似的建筑空间地面使用功能要求。

3）有较高清洁和弹性等使用要求时，宜采用菱苦土或聚氯乙烯板面层。当上述材料不能完全满足使用要求时，可局部采用木板面层或其他材料面层。菱苦土面层不应用于经常受潮湿或有热源影响的地段。在金属管道、金属构件同菱苦土的接触处，应采用非金属材料隔离。

4）有较高清洁要求的底层地面，宜设置防潮层。

5）木板地面应根据使用要求，采取防火、防腐、防蛀等相应措施。

(4) 有空气洁净度要求的建筑地面，其面层应平整、耐磨、不起尘，并易除尘、清洗。其底层地面应设防潮层。面层应采用不燃、难燃或燃烧时不产生有毒气体的材料，并宜有弹性和较低的热导率。面层应避免眩光，面层材料的光折射率宜为0.15～0.35。必要时尚应不易积聚静电。

空气洁净度为100级、1000级、10000级的地段，地面不宜设变形缝。

(5) 空气洁净度为100级垂直层流的建筑地面，应采用格栅式通风地板，其材料可选择钢板焊接后电镀或涂塑、铸铝等。通风地板下宜采用现浇水磨石、涂刷树脂类涂料的水泥砂浆或瓷砖等面层。

(6) 空气洁净度为100级水平层流、1000级和10000级的地段宜采用导静电塑料贴面面层、聚氨酯等自流平面层。导静电塑料贴面面层宜用成卷或较大块材铺贴，并应用配套的导静电胶黏合。

(7) 空气洁净度为10 000级和100 000级的地段，可采用现浇水磨石面层，也可在水泥类面层上涂刷聚氨酯涂料、环氧涂料等树脂类涂料。

现浇水磨石面层宜用铜条或铝合金条分格。当金属嵌条对某些生产工艺有害时，可采用玻璃条分格。

(8) 生产或使用过程中有防静电要求的地段，应采用导静电面层材料，其表面电阻率、体积电阻率等主要技术指标应满足生产和使用要求，并应设置静电接地。

导静电地面的各项技术指标应符合现行国家标准《电子计算机机房设计规范》的有关规定。

(9) 有水或非腐蚀性液体经常浸湿的地段，宜采用现浇水泥类面层。底层地面和现浇钢筋混凝土楼板，宜设置隔离层；装配式钢筋混凝土楼板，应设置隔离层。

经常有水流淌的地段，应采用不吸水、易冲洗、防滑的面层材料，并应设置隔离层。

(10) 隔离层可采用防水卷材类、防水涂料类和沥青砂浆等材料。

防潮要求较低的底层地面，也可采用沥青类胶泥涂覆式隔离层或增加灰土、碎石灌沥青等垫层。

(11) 湿热地区非空调建筑的底层地面，可采用微孔吸湿、表面粗糙的面层。

(12) 采暖房间的地面，可不采取保温措施，但遇下列情况之一时，应采取局部保温措施：

1）架空或悬挑部分直接对室外的采暖房间的楼层地面或对非采暖房间的楼层地面。

2）当建筑物周边无采暖通风管沟时，严寒地区底层地面，在外墙内侧0.5～1.0m范围内宜采取保温措施，其热阻值不应小于外墙的热阻值。

(13) 季节性冰冻地区非采暖房间的地面以及散水、明沟、踏步、台阶和坡道等，当土壤标准冻深大于600mm，且在冻深范围内为冻胀土或强冻胀土时，宜采用碎石、矿渣地面或预制混凝土板面层。当必须采用混凝土垫层时，应在垫层下加设防冻胀层。

位于上述地区并符合以上土壤条件的采暖房间，混凝土垫层竣工后尚未采暖时，应采取适当的越冬措施。

防冻胀层应选用中粗砂、砂卵石、炉渣或炉渣石灰土等非冻胀材料。其厚度应根据当地经验确定，也可按表1-11选用。

表1-11 防冻胀层厚度

土壤标准冻深/mm	防冻胀层厚度/mm	
	土壤为冻胀土	土壤为强冻胀土
600～800	100	150
1200	200	300
1800	350	450
2200	500	600

注：土壤的标准冻深和土壤冻胀性分类，应按现行国家标准《建筑地基基础设计规范》的规定确定。

采用炉渣石灰土作防冻胀层时，其重量配合比宜为7∶2∶1（炉渣∶素土∶熟化石灰），压实系数不宜小于0.85，且冻前龄期应大于30d。

(14) 有灼热物件接触或受高温影响的底层地面可采用素土、矿渣或碎石等面层。当同时有平整和一定清洁要求时，尚应根据温度的接触或影响状况采取相应措施：300℃以下时，可采用黏土砖面层；300～500℃时，可采用块石面层；500～800℃时，可采用耐热混凝土或耐火砖等面层；800～1400℃局部地段，可采用铸铁板面层。上述块材面层的结合层材料宜采用砂或炉渣。

(15) 要求不发生火花的地面，宜采用细石混凝土水泥石屑、水磨石等面层，但其骨料应为不发生火花的石灰石、白云石和大理石等，也可采用不产生静电作用的绝缘材料作整体面层。

(16) 生产和储存食品、食料或药物且有可能直接与地面接触的地段，面层严禁采用有毒性的塑料、涂料或水玻璃类等材料。材料的毒性应经有关卫生防疫部门鉴定。

生产和储存吸味较强的食物时，应避免采用散发异味的地面材料。

(17) 生产过程中有汞滴落的地段，可采用涂刷涂料的水泥类面层或聚氯乙烯板整体面层。底层地面应采用混凝土垫层，楼层地面应加强其刚度及整体性。地面应有一定的坡度。

(18) 防油渗地面类型的选择，应符合下列要求：

1) 楼层地面经常受机油直接作用的地段，应采用防油渗混凝土面层，现浇钢筋混凝土楼板上可不设防油渗隔离层；预制钢筋混凝土楼板和有较强机械设备振动作用的现浇钢筋混凝土楼板上应设置防油渗隔离层。

2) 受机油较少作用的地段，可采用涂有防油渗涂料的水泥类整体面层，并可不设防油渗隔离层。防油渗涂料应具有耐磨性能，可采用聚合物砂浆、聚酯类涂料等材料。

3) 防油渗混凝土地面，其面层不应开裂，面层的分格缝处不得渗漏。

4) 对露出地面的电线管、接线盒、地脚螺栓、预埋套管及墙、柱连接处等部位应增加防油渗措施。

(19) 经常承受机械磨损、冲击作用的地段，地面类型的选择应符合下列要求：

1）通行电瓶车、载重汽车、叉式装卸车及从车辆上倾卸物件或在地面上翻转小型零部件等地段，宜采用现浇混凝土垫层兼面层或细石混凝土面层。

2）通行金属轮车、滚动坚硬的圆形重物，拖运尖锐金属物件等磨损地段，宜采用混凝土垫层兼面层、铁屑水泥面层。垫层混凝土强度不低于C25。

3）行驶履带式或带防滑链的运输工具等磨损强烈的地段，宜采用砂结合的块石面层、混凝土预制块面层、水泥砂浆结合铸铁板面层或钢格栅加固的混凝土面层。预制块混凝土强度不低于C30。

4）堆放铁块、钢锭、铸造砂箱等笨重物料及有坚硬重物经常冲击的地段，宜采用素土、矿渣、碎石等面层。

注：磨损强烈的地段也可采用经过可靠性验证的其他新型耐磨、耐冲击的地面材料。

（20）地面上直接安装金属切削机床的地段，其面层应具有一定的耐磨性、密实性和整体性要求。宜采用现浇混凝土垫层兼面层或细石混凝土面层。

（21）有气垫运输的地段，其面层应致密不透气、无缝、不易起尘。宜采用树脂砂浆、耐磨涂料、现浇高级水磨石等面层；地面坡度不应大于1‰，且不应有连续长坡。表面平整度用2m靠尺检查时，空隙不应大于2mm。

（22）公共建筑中，经常有大量人员走动或小型推车行驶的地段，其面层宜采用耐磨、防滑、不易起尘的无釉地砖、大理石、花岗石、水泥花砖等块材面层和水泥类整体面层。

（23）室内环境具有较高安静要求的地段，其面层宜采用地毯、塑料或橡胶等柔性材料。

（24）供儿童及老年人公共活动的主要地段，面层宜采用木地板、塑料或地毯等暖性材料。

（25）使用地毯的地段，地毯的选用应符合下列要求：

1）经常有人员走动或小型推车行驶的地段，宜采用耐磨、耐压性能较好，绒毛密度较高的尼龙类地毯。

2）卧室、起居室地面宜用长绒、绒毛密度适中和材质柔软的地毯。

3）有特殊要求的地段，地毯纤维应分别满足防霉、防蛀和防静电等要求。

（26）舞池地面宜采用表面光滑、耐磨和略有弹性的木地板、水磨石等面层材料。迪斯科舞池地面宜采用耐磨和耐撞击的水磨石和花岗石等面层材料。

（27）有不起尘、易清洗和抗油腻沾污要求的餐厅、酒吧、咖啡厅等地面，宜采用水磨石、釉面地砖、陶瓷锦砖、木地板或耐沾污地毯等。

（28）室内体育用房、排练厅和表演舞厅等应采用木地板等弹性地面。

室内旱冰场地面应采用坚硬耐磨和平整的现浇水磨石、耐磨水泥砂浆等面层材料。

（29）存放书刊、文件或档案等纸质库房，珍藏各种文物或艺术品和装有贵重物品的库房地面，宜采用木板、塑料、水磨石等不起尘、易清洁的面层。底层地面应采取防潮和防结露措施。

注：装有贵重物品的库房，采用水磨石地面时，宜在适当范围内增铺柔性面层。

（30）确定建筑地面面层厚度时，除应符合对有关材料特性和施工的规定外，尚需遵守下列要求：

1）水泥砂浆面层体积配合比为1∶2，水泥强度不宜低于42.5MPa。

2）块石面层的块石应为有规则的截锥体，其顶面部分应粗琢平整，其底面积不应小于顶面积的60%。

3）三合土面层体积配合比宜为1∶2∶4（熟化石灰∶砂∶碎砖），灰土面层体积配合比宜为2∶8或3∶7（熟化石灰∶黏性土）。

4）水磨石面层水泥强度不应低于42.5MPa，石子粒径宜为6～15mm，其分格不宜大于1m。

5）防油渗混凝土配合比和复合添加剂的使用需经试验确定。

6）面层涂料的涂刷和喷涂，不得少于三遍；其配合比和制备及施工，必须严格按各种涂料的要求进行。

（31）建筑地面结合层材料及其厚度应根据面层的种类按表1-6确定。以水泥为胶结料的结合层材料，拌和时可掺入适量化学胶（浆）材料。当铸铁板面层其灼热物件温度为800℃以上时，不宜采用1∶2水泥砂浆作结合层。

（32）建筑地面填充层材料的自重应不大于9kN/m^3。

（33）建筑地面的找平层材料可用较低强度等级的水泥砂浆和强度等级C10～C15的混凝土。

（34）采用防油渗胶泥玻璃纤维布做隔离层时，宜采用无碱玻璃纤维网格布，一布二胶总厚度宜为4mm。

第二章

石质材料地面、楼面

石质地面材料，例如天然花岗石板、天然大理石板、水磨石板及现浇水磨石等，虽然应用在室内地面或楼面的装修中已有较长的历史了，但是在具体的设计应用中，如何针对不同的条件和要求来采取最合理、最经济的方案，是工程技术人员所关心的。

在本章中将主要介绍各种用于室内地面或楼面的石质装修材料，以及在应用设计和施工方面的内容。

第一节　天然花岗石板地面、楼面

天然花岗石板是由开采出的天然花岗石荒料经锯切、粗磨、细磨抛光等工序加工而成的。

天然花岗石是火成岩，也称酸性结晶深成岩。它主要由石英、长石和少量云母组成，其主要成分为 SiO_2，约占65%～75%。它有时带有闪角石、辉石等暗色矿物。天然花岗石是全晶质或斑状结构，呈块状构造。

花岗石按结晶颗粒的大小不同，可分为细料、中粒、粗粒和斑状等种类。通常结晶颗粒细而均匀的花岗石比粗粒、斑状的花岗石强度高、耐久性好，是优良的建筑用石。花岗岩常被用于高档装修，特别是大型建筑的基础、勒脚、柱子、地面、外墙等部位，所谓“石烂千年”即是指花岗岩而言。

我国天然花岗石矿产资源极为丰富，花色品种近100个，其中较出名的有：河南偃师的菊花青、雪花青、云里梅，山东济南的济南青，四川石棉的石棉红，山西灵丘的贵妃红、绿黑花、花黑花和广东中山的中山玉等。

天然花岗石由于其化学性能稳定、强度高、耐磨性好，所以它是建筑装修材料的上佳之选，尤其适用于外装修，既美观、大方，又经久、耐用，可以说目前没有任何一种材料能与之相媲美。唯一的不足是密度大（约为 $2.6g/cm^3$），施工要采取可靠的固定措施。

现已颁布天然花岗石板制品的国家标准。

一、特性及构成

天然花岗石板的质地坚实，密度一般为 $2.6g/cm^3$，抗压强度高，极耐磨、耐腐蚀，化学稳定性好，由于其结构的不同所致花色品种较多，具有很好的装饰功能，是各种建筑物外装修材料的上佳之选。

天然花岗石板通过特制工具可以对其进行锯切、钻孔等加工，也可以进行粘结。

二、品种、规格和性能❶

1. 品种

(1) 按花色来分。天然花岗石板以其花色来分，在我国主要的就有近百种，见表2-1。

表 2-1 我国天然花岗石的主要花色品种

代号	名称	产地	代号	名称	产地	代号	名称	产地
	济南青	山东济南	601-4	白底黑点	江西星子		灰白	江苏赣榆
	泰山青	山东泰安		黑色	江西星子	605	菊花青	河南偃师
351	柳埠红	山东历城	602	田中石	福建惠安		雪花青	河南偃师
	青灰色	山东栖霞	606	浅红色	福建南安		云里海	河南偃师
	白底黑花	山东海阳	618	黑芝麻	福建莆田		五龙青	河南偃师
	莱州青	山东掖县	618	黑芝麻	福建长乐		梅花红	河南偃师
	灰白色	山东平度	607	左山红	福建惠安		芝麻白	河南淅川
	灰白色	山东栖霞	603	峰白石	福建惠安		绿色	河南淅川
	黑底小红花	山东栖霞	601	笔山石	福建惠安		墨黑色	河北平山
306-1	灰白色	山东青岛	614	大黑白点	福建同安		墨玉	河北涞水
306-2	浅红色	山东青岛	606	厦门白	福建厦门		红色（贵妃红）	山西灵邱
306	花岗石	山东青岛			福建寿宁		白底黑花	山西灵邱
	白底黑点	山东掖县		黑白细花	浙江文成		红色	山东五台
	黑底红花	山东莒南		灰黑色	浙江平阳		橘红色	山东五台
	肉红黑花	山东莒南		黑色细花	浙江洞头		红花岗石	四川石棉
304	花岗石	山东日照		黑色	浙江洞头		红花岗石	四川天全
359	花岗石	山东牟平		肉红色	浙江洞头		黑白花	黑龙江汤原
353	长清花	山东济南		肉红色	浙江瓯海		黑金花	黑龙江汤原
305	泰安绿	山东泰安		白色	安徽怀远		纯黑	湖南桃江
301-1	黄冈黑			肉红色	安徽太平		黑白	湖南桃江
301-3	黄冈灰			黑色	安徽太平		绿色木纹	湖南桃江
	黑底白花	江西南昌		豆绿色	安徽太平		灰白色	湖南望城
	黑白花	江西南昌		黑色	安徽怀宁	151	粉红（白底）	北京昌平
	豆绿色	江西上高		青底绿花	安徽宿县		黑白	北京房山
	浅绿色	江西上高		红白	江苏东海		黑色	北京密云
	黄褐色	江西上高		灰白	江苏东海		紫红	北京昌平
	灰紫色	江西上高		灰红	江苏东海		南口红	北京昌平
	浅红色	江西上高		雪花	江苏东海	431	花岗石	广东汕头
	肉红色	江西上高		大芦花	江苏赣榆	431-1	花岗石	广东汕头
	灰白色	江西上高		墨色	江苏赣榆			
	浅灰色	江西上高		白底黑点	江苏赣榆			

❶ 参照 GB/T 18601—2009《天然花岗石建筑板材》。

(2) 按形状分

1) 毛光板（代号：MG）。

2) 普形板（代号：PX）。

3) 圆弧板（代号：HM）。

4) 异形板（代号：YX）。

(3) 按表面加工程度分

1) 镜面板（代号：JM）。

2) 细面板（代号：YG）。

3) 粗面板（代号：CM）。

(4) 按用途分

1) 一般用途（用于一般性装饰用途）。

2) 功能用途（用于结构性承载用途或特殊功能要求）。

2. 规格

天然花岗石建筑板材的规格见表 2-2。

表 2-2　天然花岗石建筑板材的规格　（单位：mm）

边长系列	300[a]、305[a]、400、500、600[a]、800、900、1000、1200、1500、1800
厚度系列	10[a]、12、15、18、20[a]、25、30、35、40、50

a——常用规格。

注：圆弧板、异形板和特殊要求的普形板规格尺寸由供需双方协商确定。

3. 性能

(1) 尺寸偏差

1) 毛光板。毛光板的平面度公差和厚度偏差要求见表 2-3。

表 2-3　毛光板的平面度和厚度偏差要求　（单位：mm）

项目		技术指标					
		镜面和细面板材			粗面板材		
		优等品	一等品	合格品	优等品	一等品	合格品
平面度		0.80	1.00	1.50	1.50	2.00	3.00
厚度	≤12	±0.5	±1.0	+1.0 −1.5			
	>12	±1.0	±1.5	±2.0	+1.0 −2.0	±2.0	+2.0 −3.0

2) 普形板。普形板规格尺寸允许偏差见表 2-4。

表 2-4　普形板的尺寸允许偏差　（单位：mm）

项目	技术指标					
	镜面和细面板材			粗面板材		
	优等品	一等品	合格品	优等品	一等品	合格品
长度、宽度	0 −1.0		0 −1.5	0 −1.0		0 −1.5

续表

项目		技术指标					
		镜面和细面板材			粗面板材		
		优等品	一等品	合格品	优等品	一等品	合格品
厚度	≤12	±0.5	±1.0	+1.0 −1.5	—		
	>12	±1.0	±1.5	±2.0	+1.0 −2.0	±2.0	+2.0 −3.0

3）圆弧板。圆弧板壁厚最小值应不小于18mm，规格尺寸允许偏差应符合表2-5的规定。圆弧板各部位名称及尺寸标注如图2-1所示。

表2-5　圆弧板的尺寸允许偏差（单位：mm）

项目	技术指标					
	镜面和细面板材			粗面板材		
	优等品	一等品	合格品	优等品	一等品	合格品
弦长	0 −1.0		0 −1.5	0 −1.5	0 −2.0	0 −2.0
高度				0 −1.0	0 −1.0	0 −1.5

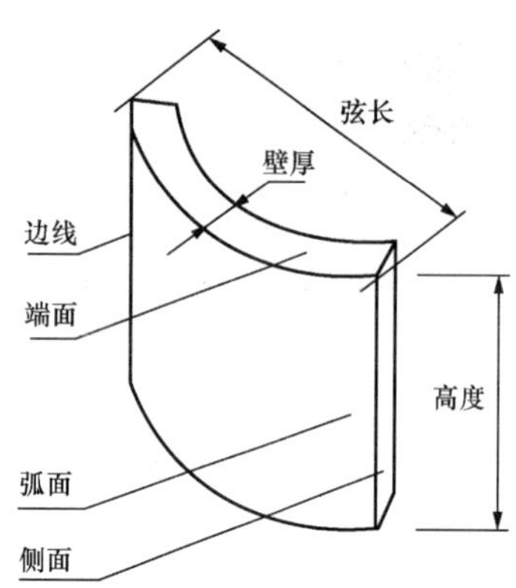

图2-1　圆弧板部位名称

（2）平面度、直线度

1）普形板平面度允许公差见表2-6。

表2-6　普形板的平面度允许公差（单位：mm）

板材长度 L	技术指标					
	镜面和细面板材			粗面板材		
	优等品	一等品	合格品	优等品	一等品	合格品
$L \leq 400$	0.20	0.35	0.50	0.60	0.80	1.00
$400 < L \leq 800$	0.50	0.65	0.80	1.20	1.50	1.80
$L > 800$	0.70	0.85	1.00	1.50	1.80	2.00

2）圆弧板直线度与线轮廓度允许公差见表 2-7。

表 2-7　圆弧板的直线度与线轮廓度允许公差　（单位：mm）

<table>
<tr><th colspan="2" rowspan="3">项　目</th><th colspan="6">技术指标</th></tr>
<tr><th colspan="3">镜面和细面板材</th><th colspan="3">粗面板材</th></tr>
<tr><th>优等品</th><th>一等品</th><th>合格品</th><th>优等品</th><th>一等品</th><th>合格品</th></tr>
<tr><td rowspan="2">直线度
（按板材高度）</td><td>≤800</td><td>0.80</td><td>1.00</td><td>1.20</td><td>1.00</td><td>1.20</td><td>1.50</td></tr>
<tr><td>>800</td><td>1.00</td><td>1.20</td><td>1.50</td><td>1.50</td><td>1.50</td><td>2.00</td></tr>
<tr><td colspan="2">线轮廓度</td><td>0.80</td><td>1.00</td><td>1.20</td><td>1.00</td><td>1.50</td><td>2.00</td></tr>
</table>

（3）角度。普形板角度允许公差见表 2-8。

表 2-8　普形板的角度允许公差　（单位：mm）

<table>
<tr><th rowspan="2">板材长度 L</th><th colspan="3">技术指标</th></tr>
<tr><th>优等品</th><th>一等品</th><th>合格品</th></tr>
<tr><td>L≤400</td><td>0.30</td><td>0.50</td><td>0.80</td></tr>
<tr><td>L>400</td><td>0.40</td><td>0.60</td><td>1.00</td></tr>
</table>

1）圆弧板端面角度允许公差：优等品为 0.40mm，一等品为 0.60mm，合格品为 0.80mm。

2）普形板拼缝板材正面与侧面的夹角应不大于 90°。

3）圆弧板侧面角 α（图 2-2）应不小于 90°。

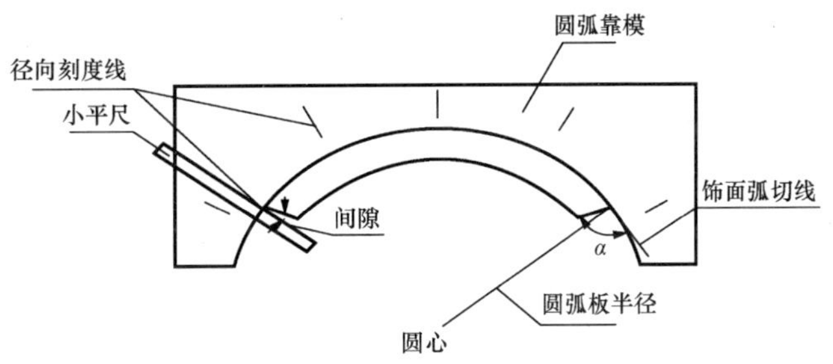

图 2-2　α 角测量示意图

（4）光泽度。镜面板材的镜向光泽度应不低于 80 光泽单位，特殊需要和圆弧板由供需双方协商确定。

（5）放射性。天然花岗石建筑板材应符合 GB 6566 的规定。

（6）物理性能。天然花岗石建筑板材的物理性能要求见表 2-9。

表 2-9　板材的物理性能要求

<table>
<tr><th colspan="2" rowspan="2">项　目</th><th colspan="2">技术指标</th></tr>
<tr><th>一般用途</th><th>功能用途</th></tr>
<tr><td colspan="2">体积密度/(g/cm³)≥</td><td>≥2.56</td><td>≥2.56</td></tr>
<tr><td colspan="2">吸水率（%）≤</td><td>≤0.60</td><td>≤0.40</td></tr>
<tr><td rowspan="2">压缩强度/MPa ≥</td><td>干燥</td><td rowspan="2">≥100</td><td rowspan="2">≥131</td></tr>
<tr><td>水饱和</td></tr>
<tr><td rowspan="2">弯曲强度/MPa ≥</td><td>干燥</td><td rowspan="2">≥8.0</td><td rowspan="2">≥8.3</td></tr>
<tr><td>水饱和</td></tr>
<tr><td>耐磨性①/(l/cm³)</td><td></td><td>≥25</td><td>≥25</td></tr>
</table>

注：工程对石材物理性能项目及指标有特殊要求的，按工程要求执行。

① 使用在地面、楼梯踏步、台面等严重踩踏或磨损部位的花岗石石材应检验此项。

（7）外观质量。天然花岗石建筑板材的外观质量要求如下：

1）同一批板材的色调应基本调和，花纹应基本一致。

2）板材正面的外观缺陷应符合表 2-10 规定，毛光板外观缺陷不包括缺棱和缺角。

表 2-10　　　　板材的外观质量要求

<table>
<tr><th rowspan="2">缺陷名称</th><th rowspan="2">规 定 内 容</th><th colspan="3">技术指标</th></tr>
<tr><th>优等品</th><th>一等品</th><th>合格品</th></tr>
<tr><td>缺棱</td><td>长度≤10mm，宽度≤1.2mm（长度＜5mm、宽度＜1.0mm 不计），周边每米长允许个数（个）</td><td rowspan="3">0</td><td rowspan="3">1</td><td rowspan="3">2</td></tr>
<tr><td>缺角</td><td>沿板材边长，长度≤3mm，宽度≤3mm（长度≤2mm，宽度≤2mm 不计），每块板允许个数（个）</td></tr>
<tr><td>裂纹</td><td>长度不超过两端顺延至板边总长度的 1/10（长度＜20mm 不计），每块板允许条数（条）</td></tr>
<tr><td>色斑</td><td>面积≤15mm×30mm（面积＜10mm×10mm 不计），每块板允许个数（个）</td><td rowspan="2">1</td><td rowspan="2">2</td><td rowspan="2">3</td></tr>
<tr><td>色线</td><td>长度不超过两端顺延至板边总长度的 1/10（长度＜40mm 不计），每块板允许条数（条）</td></tr>
</table>

注：干挂板材不允许有裂纹存在。

三、天然花岗石板地面、楼面的应用设计

（一）天然花岗石板地面

天然花岗石板地面是指在平房的室内、楼房的第一层（无地下室）或楼房的地下室内采用天然花岗石板来铺设的地面。

天然花岗石板地面的构造设计，参见表 2-11。

表 2-11　　　　天然花岗石板地面的构造设计

构造示意	构 造 作 法	厚度/mm	备　注
	花岗石板面层（素水泥浆灌缝） 刮素水泥浆结合层 1∶3 干硬性水泥砂浆找平层 刷素水泥浆一道，撒热粗砂一层粘牢 刷冷底子油一道、二毡三油防潮层 1∶3 水泥砂浆找平层 刷素水泥浆一道 C10 混凝土垫层 素土夯实	— 10 20 — — 25 D_1 D_2	1. 如采用白水泥灌缝，应另行注明 2. 适用于有较高防潮要求的地段 3. 结合层与找平层应一次施工
	花岗石板面层（素水泥浆灌缝） 刮素水泥浆结合层 1∶3 干硬性水泥砂浆找平层 刷素水泥浆一道 撒热粗砂一层黏牢 刷冷底子油一道，热沥青两道防潮层 C10 混凝土随捣随抹（表面撒 1∶1 干水泥砂子压实抹光）垫层 素土夯实	— 10 20 — — — D_1 D_2	1. 如采用白水泥灌缝，应另行注明 2. 适用于有一定防潮要求的地段 3. 结合层与找平层应一次施工

续表

构造示意	构造作法	厚度/mm	备注
	花岗石板面层（素水泥浆灌缝） 刮素水泥浆结合层 1∶3 干硬性水泥砂浆找平层 刷素水泥浆一道 C15 混凝土垫层 素土夯实	— 10 20 — D_1 D_2	1. 如采用白水泥灌缝，应另行注明 2. 结合层与找平层应一次施工

注：表中的 D_1、D_2 应按工程设计需求来确定。

（二）天然花岗石楼面

天然花岗石楼面是指在楼房的现浇或预制钢筋混凝土板上采用天然花岗石板来铺设的楼面。

天然花岗石板楼面的构造设计，见表 2-12。

表 2-12　天然花岗石板楼面的构造设计

构造简图	构造作法	厚度/mm	备注
	花岗石板面层（素水泥浆灌缝） 刮素水泥浆结合层 1∶3 干硬性水泥砂浆找平层 刷素水泥浆一道 钢筋混凝土楼板	— 10 20 — D	1. 如采用白水泥灌缝，应另行注明 2. 现浇楼板上 $D=25$mm，预制楼板上 $D=30$mm 3. 结合层与找平层应一次施工
	花岗石板面层（素水泥浆灌缝） 刮素水泥浆结合层 1∶3 干硬性水泥砂浆找平层 1∶1∶8 水泥石灰炉渣填充层 钢筋混凝土楼板	— 25 25 D_1 D_2	1. 如采用白水泥灌缝，应另行注明 2. 结合层与找平层应一次施工

（三）楼面、地面的造型设计

由于天然花岗石板的花色品种很多，这就给设计人员以很大的选择余地，可以根据房间的使用功能、光线情况、主人的要求来设计地面的造型（包括花纹、图案等）。

在此应当着重指出的是：在楼面、地面的造型设计中，往往不是采用单一材料，而是通过采用天然花岗石板、天然大理石板、水磨石（现浇后研磨或水磨石板）、玻璃（如光栅玻璃）等的不同搭配，并适当地采用铜条进行分隔，从而使设计、施工后的地面、楼面造型更为丰富多彩、高雅华贵、别具一格。

采用天然花岗石板、天然大理石板、水磨石（现浇或板材）、玻璃等，并适当地用铜条进行分隔（不可过多），其地面、楼面的造型举例，参见图 2-3 和图 2-4。

图 2-3　石质材料楼面、地面的造型举例（一）

图 2-3 石质材料楼面、地面的造型举例（二）

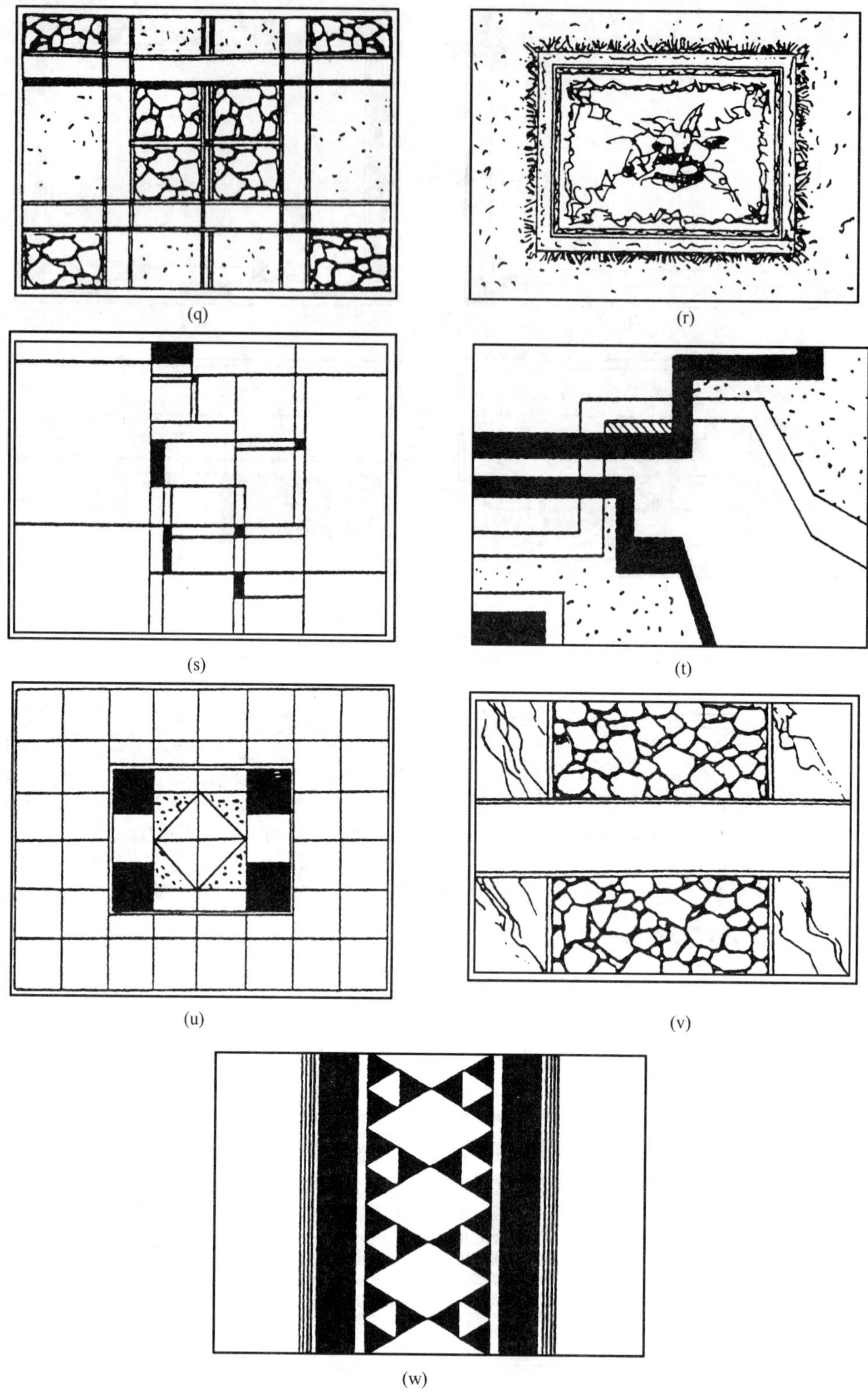

图 2-3　石质材料楼面、地面的造型举例（三）

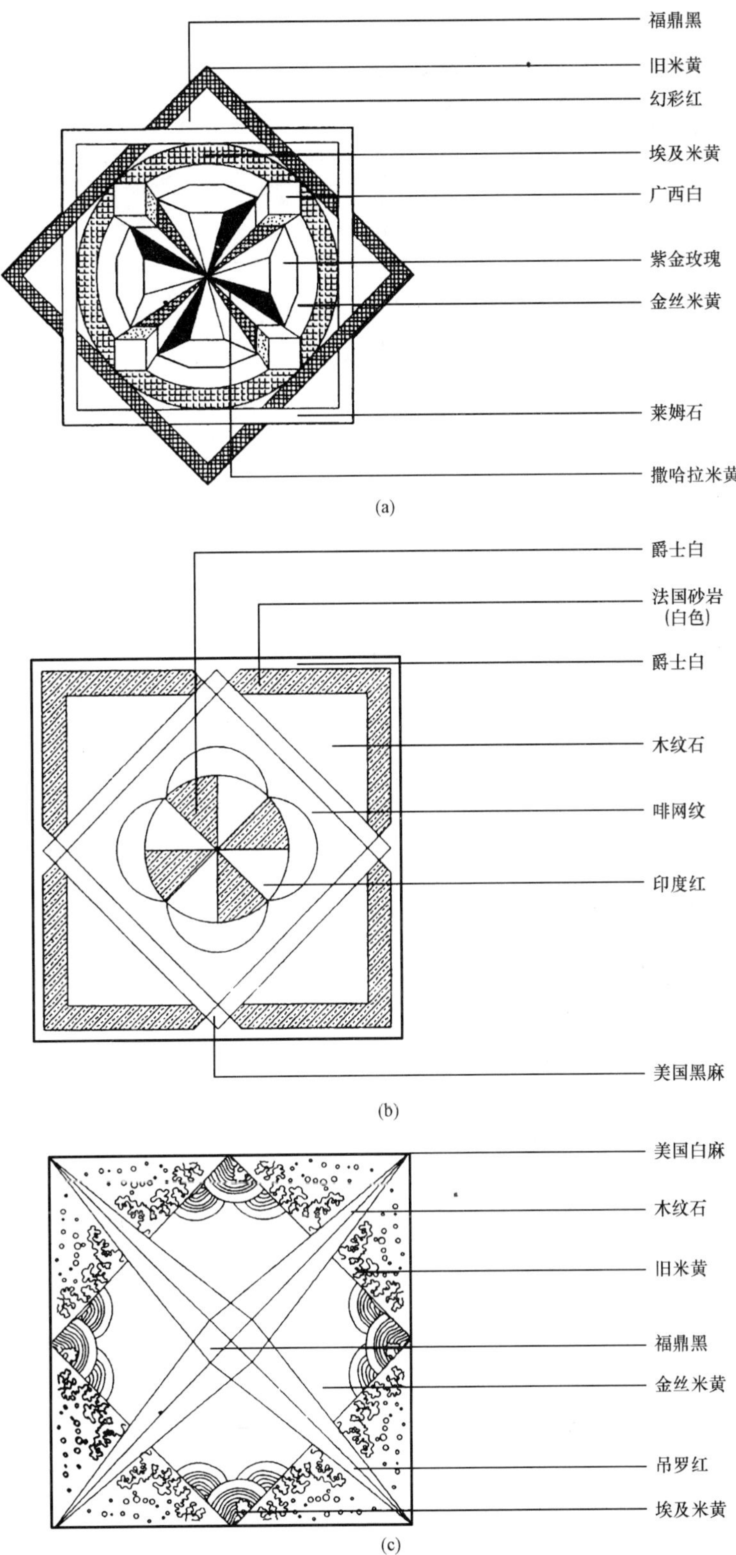

图 2-4　含材质说明的石质材料楼面、地面的造型举例（一）

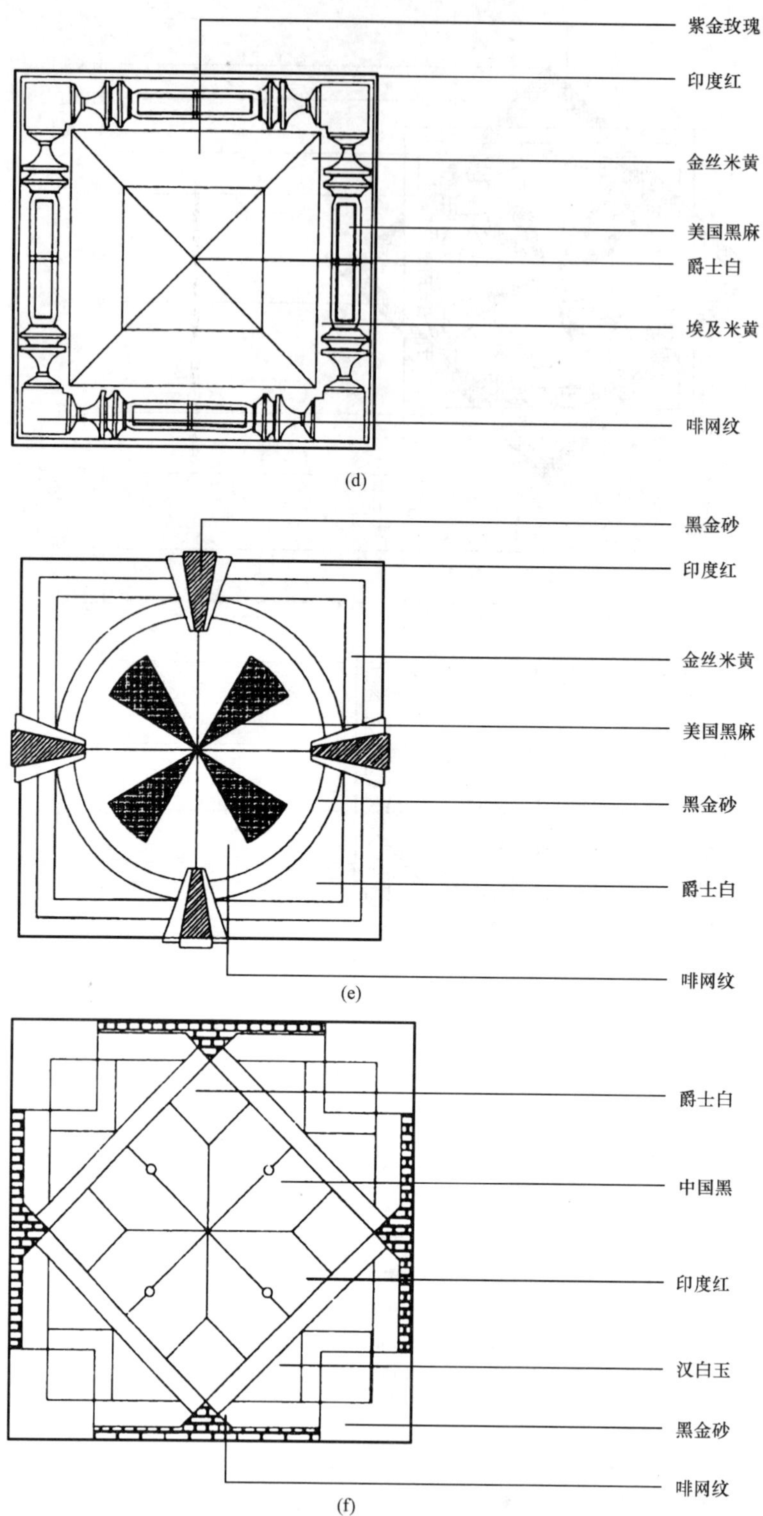

图 2-4 含材质说明的石质材料楼面、地面的造型举例（二）

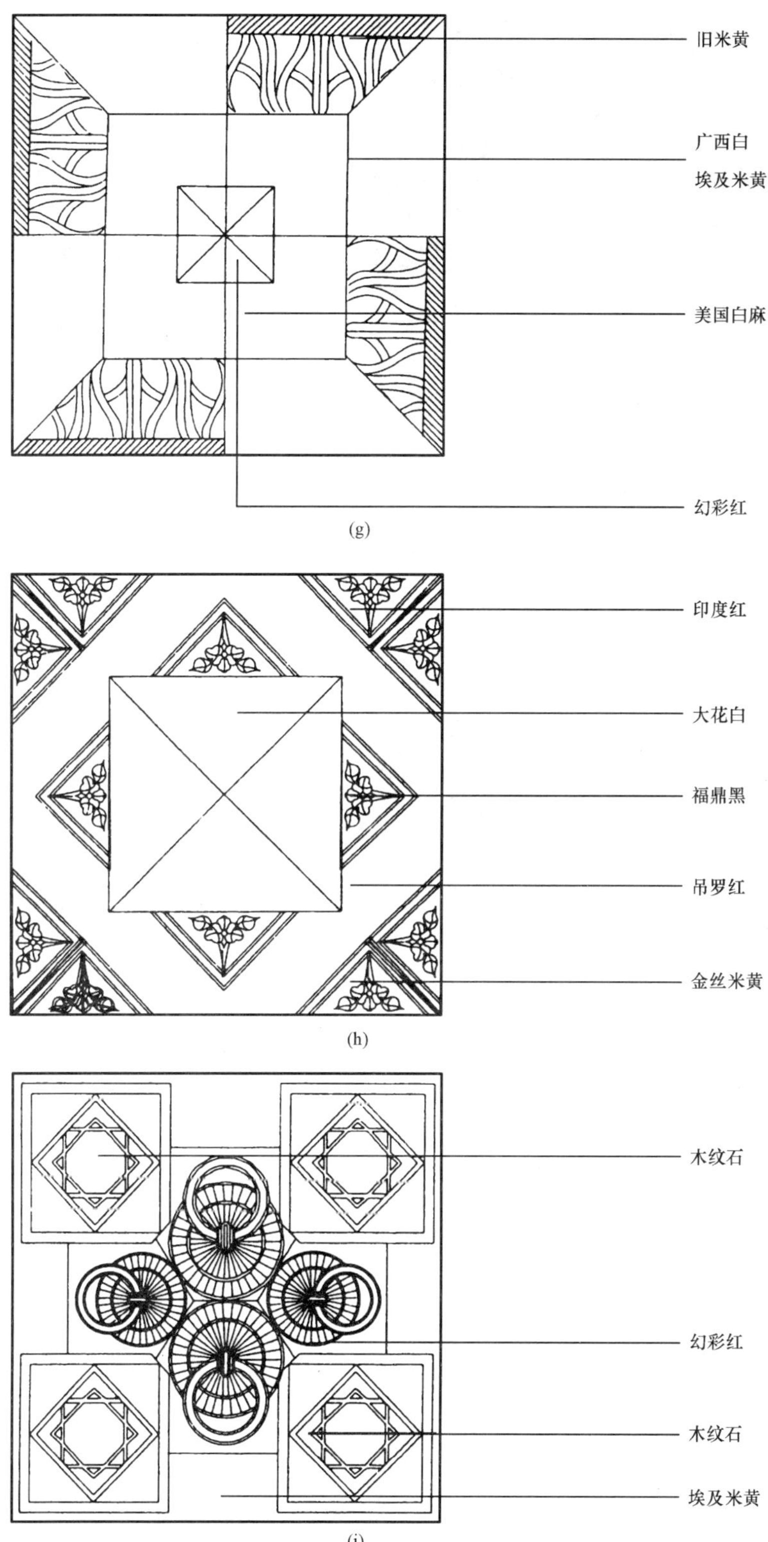

图 2-4 含材质说明的石质材料楼面、地面的造型举例（三）

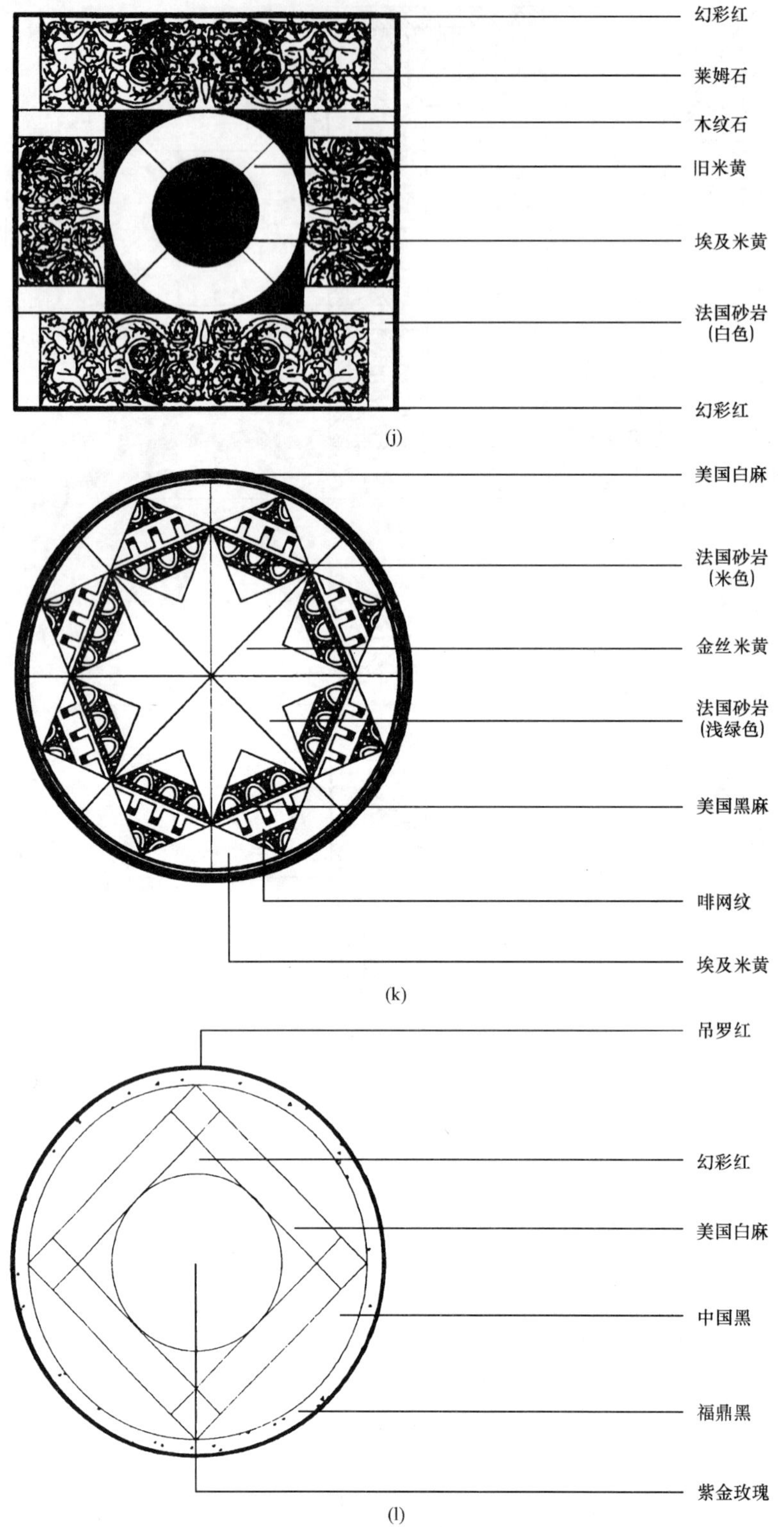

图 2-4　含材质说明的石质材料楼面、地面的造型举例（四）

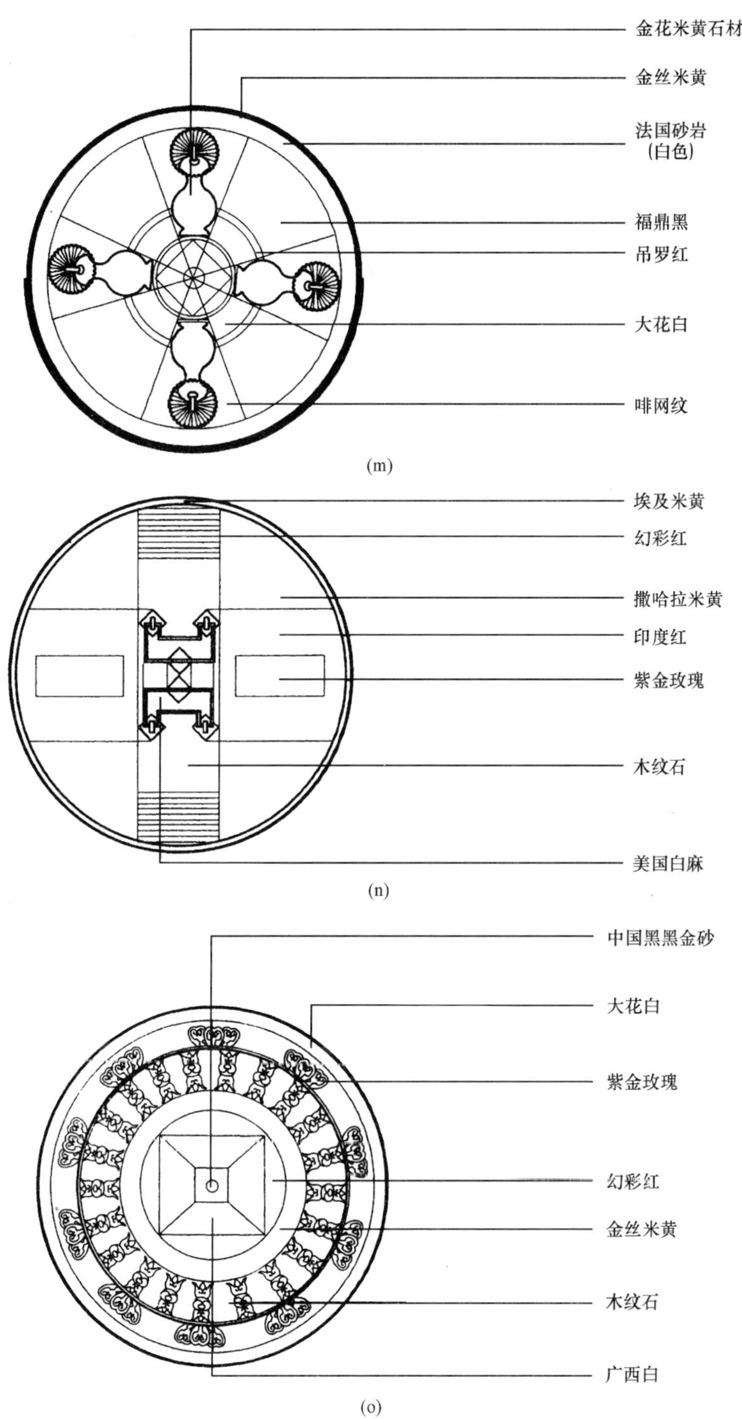

图 2-4 含材质说明的石质材料楼面、地面的造型举例（五）

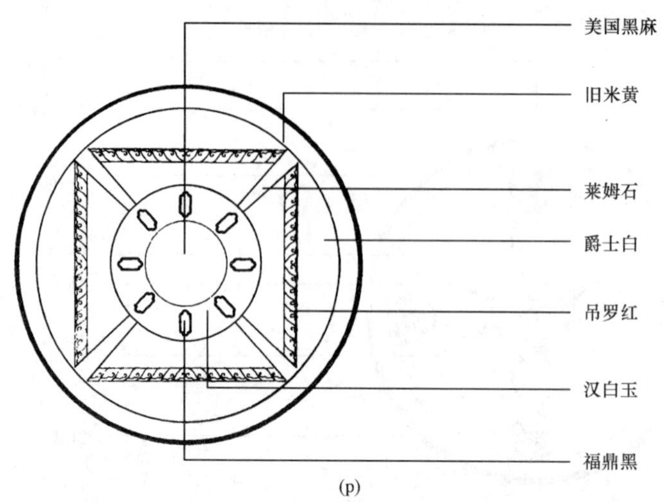

图 2-4 含材质说明的石质材料楼面、地面的造型举例（六）

四、天然花岗石板地面、楼面的施工及施工要点

天然花岗石板地面、楼面的施工一般由两部分组成：铺设天然花岗石板和铺设踢脚板。

（一）铺设天然花岗石板

在此以在现浇或预制钢筋混凝土板上铺设天然花岗石板为例，来介绍相关的施工内容。

1. 施工顺序

天然花岗石板地面的施工步骤如下：

清理基层→试拼→划线→试铺→刷素浆→铺结合层→铺花岗石板→处理板缝→打蜡→验收。

2. 施工步骤

（1）清理基层。应将被铺地面基层上的灰渣、油污及浮浆清理干净，以利于其与结合层粘结。

（2）试拼。在正式铺花岗石板前，应对每一房间内所铺的板材进行检查，对存在缺陷者应挑出，或准备铺置在室内不显眼处。并按图案、颜色、纹理试拼，还要注意要将非整块板材对称地排放在靠墙不显眼处。试拼后要按两个方向编号排列，然后按编号码放整齐。

（3）划线、试铺。为了便于检查和控制天然花岗石板的位置，在房间内拉十字控制线，弹在混凝土垫层上，并引至墙面底部，然后依据墙面上 50cm 标高线找出面层标高，在墙上弹出水平标高线，弹水平线时要注意室内与楼道面层标高要一致。

然后，在房间内的两个相互垂直的方向放两条干砂，其宽度大于板块宽度，厚度不小于 3cm。结合施工大样图及房间实际尺寸，把花岗石板块排好，以便检查板块之间的缝隙，核对板块与墙面、柱、洞口等部位的相对位置。

（4）刷素浆、铺结合层。试铺后将干砂和板块移开，清扫干净，用喷壶洒水湿润，刷一层素水泥浆（水灰比为0.4～0.5，不要刷的面积过大，随铺砂浆随刷）。根据板面水平线确定结合层砂浆厚度，拉十字控制线，开始铺结合层干硬性水泥砂浆（一般采用1∶2～1∶3的干硬性水泥砂浆，干硬程度以手捏成团，落地即散为宜），厚度控制在放上花岗石板块时宜高出面层水平线3～4mm。铺好后用大杠刮平，再用抹子拍实找平（铺摊面积不得过大）。

(5) 铺花岗石板。花岗石应先用水浸湿，待擦干或表面晾干后方可铺设。

然后，根据房间拉出十字控制线，纵横各铺一行，做为大面积铺砌标筋用。依据试拼时的编号、图案及试排时的缝隙（板块之间的缝隙宽度，当设计无规定时不应大于1mm），在十字控制线交点开始铺砌。先试铺，即搬起板块对好纵横控制线，铺落在已铺好的干硬性砂浆结合层上，用橡胶锤敲击木垫板（不得用橡胶锤或木锤直接敲击板块），振实砂浆至铺设高度后，将板块掀起移至一旁，检查砂浆表面与板块之间是否相吻合，如发现有空虚之处，应用砂浆填补，然后正式镶铺。正式镶铺时先在水泥砂浆结合层上满浇一层水灰比为0.5的素水泥浆（用浆壶浇均匀），再铺板块，安放时四角同时往下落，用橡皮锤或木锤轻击木垫板，根据水平线用铁水平层找平铺完第一块，向两侧和后退方向顺序铺砌。铺完纵、横行之后有了标准，可分段分区依次铺砌，一般房间宜先里后外进行，逐步退至门口，便于成品保护，但必须注意与楼道相呼应。也可从门口处往里铺砌，板块与墙角、镶边和靠墙处应紧密砌合，不得有空隙。

(6) 处理板缝。当花岗石板铺砌后24～48h后进行灌浆擦缝。根据花岗石板的颜色，选择相同颜色的矿物颜料和水泥（或白水泥）拌和均匀，调成1∶1稀水泥浆，用浆壶徐徐灌入板块之间的缝隙中（可分几次进行），并用长把刮板把流出的水泥浆刮向缝隙内，至基本灌满为止。灌浆1～2h后，用棉纱团蘸原稀水泥浆擦缝，与板面擦平，同时将板面上水泥浆擦净，使花岗石板面层的表面洁净、平整、坚实。以上工序完成后，面层加以覆盖。养护时间不应小于7天。

(7) 打蜡。当水泥砂浆结合层达到强度之后（抗压强度达到1.2MPa时），方可进行打蜡处理。

首先应清除花岗石板面的灰土、污物，并用清水擦洗干净。然后将蜡包在薄布内，在花岗石板面上涂上薄薄一层，再用布或布轮进行抛光。

注：冬期施工时，室内操作温度不得低于+5℃，砂子不得有冻块，花岗石板面层不得有结冰现象。养护阶段必须覆盖。

3. 施工注意事项

(1) 防止板面产生空鼓。混凝土垫层清理不净或浇水湿润不够，刷素水泥浆不均匀或刷的面积过大、时间过长已风干，干硬性水泥砂浆任意加水，大理石板面有浮土未浸水湿润等因素，都易引起空鼓。因此必须严格遵守操作工艺要求，基层必须清理干净，结合层砂浆不得加水，随铺随刷一层水泥浆，大理石板块在铺砌前必须浸水湿润。

(2) 防止接缝高低不平。接缝高低不平、缝子宽窄不匀的主要原因是板块本身有厚薄及宽窄不匀、窜角、翘曲等缺陷，铺砌时未严格拉通线进行控制。所以应预先严格挑选板块，凡是翘曲、拱背、宽窄不方正等块材剔除不予使用。铺设标准块后，应向两侧和后退方向顺序铺设，并随时用水平尺和直尺找准，缝子必须拉通线不能有偏差。房间内的标高线要有专人负责引入，且各房间和楼道内的标高必须相通一致。

(3) 防止门口处石板活动。为了防止过门口处板块活动，一般铺砌板块时均从门框以内操作，而门框以外与楼道相接的空隙（即墙宽范围内）面积均后铺砌。在进行板块翻样提加工订货时，应同时考虑此处的板块尺寸，并同时加工，以便铺砌楼道地面板块时同时操作。

(二) 踢脚板的施工

花岗石踢脚板的构造，见图 2-5。其施工一般有两种方法可供选择：胶贴法和灌浆法。

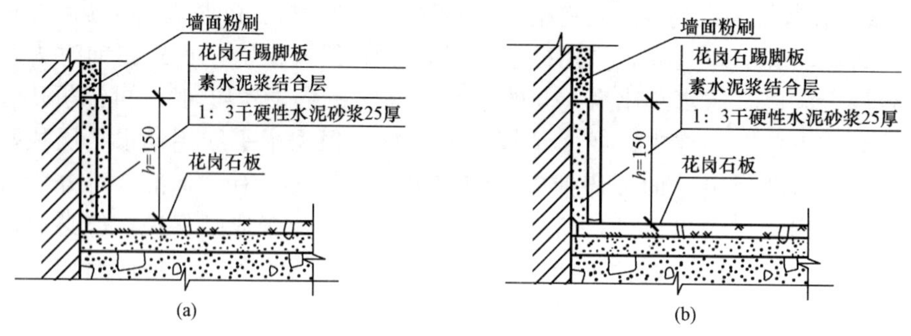

图 2-5 花岗石踢脚板的构造

1. 胶贴法

花岗石踢脚板采用胶贴法施工，其具体内容可参照本节中所介绍的相关内容。

2. 灌浆法

(1) 施工顺序。天然花岗石踢脚板的施工顺序如下：

拉线→装踢脚板→灌砂浆→处理板缝→打蜡→验收。

(2) 施工步骤

1) 拉线。首先，根据主墙＋50mm 标高线，测出踢脚板上口水平线，弹在墙上，再用线坠吊线，确定出踢脚板的出墙厚度，一般 8～10mm。

2) 装踢脚板。然后，拉踢脚板上口水平线，在墙两端各安装一块踢脚板，其上楞高度在同一水平线内，出墙厚度要一致，然后逐块依顺序安装，随时检查踢脚板的水平度和垂直度。相邻两块之间及踢脚板与地面、墙面之间用石膏稳牢。

3) 灌砂浆。装完踢脚板之后，即可灌 1∶2 稀水泥砂浆，并随时把溢出的砂浆擦干净，待加入的水泥砂浆终凝后，把石膏铲掉。

4) 处理板缝。用棉丝蘸与踢脚板同颜色的稀水泥浆擦缝。

5) 打蜡。参照前两节介绍的地板施工中的相关内容。

(3) 施工注意事项。踢脚板不顺直，出墙厚度不一致，主要由于墙面平整度和垂直度不符合要求，镶踢脚板时未吊线、未拉水平线，随墙面镶贴所造成。在镶踢脚板前，必须先检查墙面的垂直度、平整度，如超出偏差，应先进行处理后再镶贴。

第二节 天然大理石板、大理石碎板地面、楼面

在建筑的内墙装修中，天然大理石是最理想的石质板材。

“大理石”是以云南省大理县大理城而命名的，这里以盛产大理石而享誉中外，被称为“大理石之乡”。又因大理石能给人一种清新凉爽之感，故也称“醒酒石”。此外，还有“文石”、“榆石”、“天竺石”、“凤凰石”等别称。

大理的大理石品种繁多，石质细腻，光泽柔润，绚丽多彩，十分惹人喜爱。现在开采利用的主要有云灰、白色和彩花等三类。

（1）云灰大理石，以其多呈云灰色或在云灰色的底面上泛起一些天然的云彩状的花纹而得名，看上去有的似青云直上，有的像乱云飞渡，有的如乌云滚滚，有的若浮云漫天……云灰大理石的花纹，有的又像水的波纹，也称水花石。常见图案有“微波荡漾”、“惊涛骇浪”、“烟波浩渺”、“水天相连”等。此类大理石的加工性能特别好，主要用来制作建筑板材，是目前开采利用最多的一种。

（2）白色大理石，因其晶莹纯净，洁白如玉，熠熠生辉，故又称为苍山白玉、汉白玉和白玉。它是雕刻、绘画的好材料，同时又可制成优美的建筑板材。

（3）彩花大理石，呈薄层状，产于云灰大理石之间，是大理石中的精品，经过研制、抛光，便呈现色彩斑斓、千姿百态的天然图画，为世界所罕见。人们常用它制作画屏、花盆、桌面、椅背、案头摆设等。按其花纹、色泽的不同，又分为“绿花”、“秋花”和“水墨花”三个品种。呈绿色、深绿色的叫“绿花”，因所成图案葱翠泛绿如春天的景象，所以也叫“春花”；泛黄色、褐色、赤色花纹的称为“秋花”，因其图案如秋天的景致而得名；起黑色、淡黑色花纹的命名为“水墨花”，图案酷似优美的水墨图。水墨花大理石是大理石中最美的一种，天然画面婉若出自丹青妙笔。

除了上述大理石具有的独特装饰功能之外，大理石还具有质地密实，较高的抗压强度和抗弯强度，适中的硬度（比花岗石硬度低），易于锯切及磨削、抛光等特点。

一、天然大理石板

天然大理石板室内装修中最多的是用于墙面装修，特别适用于大会堂、展览厅、博物馆、饭店大堂等墙面的高档装修，给人一种清新、高雅的感受。

现已颁布天然大理石板制品的国家标准。

（一）特性及构成

天然大理石板质地密实，具有较高的抗压及抗弯强度，特别是具有花色、纹理繁多，石质细腻，光泽柔润，庄重典雅，清新悦目的独特装饰效果，是室内墙面装修的上佳材料。

天然大理石板是由开采出的天然大理石荒料，经过片切、相磨、抛光等工序加工而成。

(二) 品种、规格和性能❶

1. 品种

(1) 按花色来分。天然大理石板以其花色来分，在我国主要的就有几百种，参见表 2-13。其中常用的大理石品种及特征，见表 2-14。

表 2-13 我国天然大理石的主要花色品种

代号	名称	产地	代号	名称	产地
310	雪花白	山东青岛	315	翠绿	山东栖霞
310—2	雪花白	山东青岛	328	黑褐色	山东临沂
312	翠绿	山东海阳		斑玉石	山东邹县
312—1	金星玉	山东苍山	328	白彩云	山东邹县
312—2	墨玉	山东苍山		红五花石	山东藤县
312—3	红竹叶	山东苍山	423	灰翠	山东苍山
312—4	晚霞	山东苍山	411	墨玉	山东沂南
	鸭蛋青	山东栖霞	422	墨螺转	山东苍山
311	雪花白	山东平度	421	黑云雾	山东苍山
311—1	雪花白	山东平度、掖县	401	雷电	山东临沂
319	条灰	山东平度、掖县	412	白玉片	山东莒南
319—1	云灰	山东平度	424	水运	山东苍山
313	石桥花	山东平度	425	木纹	山东苍山
328	墨玉	山东莱阳	426	栗皮	山东苍山
320	莱阳绿	山东莱阳	402	曹花	山东临沂
	竹叶青	山东莱阳	403	灰黄花	山东临沂
316	乳白	山东莱阳		紫豆瓣	山东苍山
313	花黑	山东海阳		晚霞	山东临沂
311	云煌	山东海阳		雪花白	山东牟平
	罗霞黄	山东海阳		牛眼石	山东枣庄
	黑白	山东海阳		葡萄绿	山东平度
	晶黑	山东海阳		墨翠玉	山东临朐
	晶灰	山东海阳		红花玉	安徽泾县
312	栖霞深绿	山东栖霞		南容黑	安徽泾县 安徽岳西
315	栖霞淡绿	山东栖霞			
	海浪玉	山东栖霞		茉花玉	肥东、金寨
	淄博灰	山东淄博		暗花玉	安徽涡阳
	红花石	山东临朐		黛玉	安徽涡阳
	临朐红	山东临朐		金桂	安徽安庆
322	咖啡	山东淄博		红玉	安徽安庆
310—1	乳山白	山东浮山		网状墨壁	安徽安庆
	条绺	山东掖县		絮状墨壁	安徽怀宁
331	山云	山东掖县		雪晶墨壁	安徽怀宁

❶ 参照 GB/T 19766—2005《天然大理石建筑板材》。

续表

代号	名称	产　地	代号	名称	产　地
	虎皮	安徽怀宁		斑马玉	安徽灵璧
	秋景	安徽安庆	057	莱玉	安徽灵璧
	含笑	安徽怀宁		墨玉	安徽灵璧
	木纹	安徽怀宁		黑色	江苏邵县
	山口黄	安徽怀宁		雪花白	江苏赣榆
	鹅黄	安徽怀宁	055－1	红螺纹	江苏铜山
403	黄墩黑	安徽怀宁		灰螺纹	江苏铜山
	太子玉	安徽肥东		奶油	江苏铜山
	红竹	安徽萧县		咖啡	江苏铜山
	桃花玉	安徽潜山		墨色纹	江苏铜山
	繁昌墨黑	安徽繁昌		苏黑	江苏苏州
	天长白玉	安徽天长		墨色	江苏铜山
	全椒白玉	安徽全椒		小花	江苏铜山
	安庆绿	安徽安庆		红云	江苏铜山
	宜红	安徽安庆		彩云	江苏铜山
	宜灰	安徽安庆		汉白玉	江苏铜山
	雪花玉	安徽来安	58	红奶油	江苏宜兴
	红皖玉	—		青奶油	江苏宜兴
	墨壁	安徽安庆、怀宁	52	咖啡	江苏宜兴
	蔚蓝雪花	—		宁红	江苏南京
	山水	—	056	杭灰	浙江杭州
	山锋玉	—		杭灰（浅）	浙江杭州
	豹皮	安徽安庆		余杭白	浙江余杭
AM^{1467}_{1468}	雪浪	安徽怀宁、安庆		奶油红	浙江长兴
	雪花白	安徽怀宁		奶油白	浙江长兴
77	碧波	安徽怀宁		奶油杂色	浙江长兴
	云雾	安徽		衢州玉	浙江衢州
	黑珍珠	安徽安庆		衢州黑	浙江衢州
	白玉	安徽广德		黑影白梅	浙江衢州
M1463	菊香	安徽广德		雪夜梅花	浙江衢州
M1459	秋香	安徽广德		银网墨玉	浙江衢州
055	红皖螺	安徽灵璧		龙鳞灰	浙江衢州
057	灰皖螺	安徽灵璧		衢州灰	浙江衢州
	磬云黑	安徽灵璧		诸暨绿	浙江诸暨
	泾川白玉	安徽泾县		诸暨红	浙江诸暨
	彩云玉	安徽涡阳		江西白	江西上高
	稻香玉	安徽涡阳	056	鸭蛋青	江西上高
	碧玉	安徽灵璧		奶油	江西上高
	翠绿	安徽凤阳		墨玉	江西上高
	菜花黄	安徽肥东		蒙山灰	江西上高

续表

代号	名称	产　地	代号	名称	产　地
	晶灰	江西上高	127−1	浅绿金玉	北京昌平
	云灰	江西上高	127	绿金玉	北京昌平
	白色黑条纹	福建将乐		芝玉花	北京昌平
	灰白色	福建将乐		青白	—
109	曲阳玉	河北曲阳		次汉白玉	—
	孔雀绿	河北曲阳		黄花	山西五台
	桃红	河北曲阳		黑花	山西五台
113−1	沫水红	河北涞水		瓜果珍珠玉	山西五台
119	豆青	河北曲阳		秋景	山西五台
	汉白玉	河北涞水		军绿	山西五台
	青白石	河北涞水		白色	山西五台、广灵
108	唐山晚霞	河北唐山		金星墨玉	山西陵川
104	墨玉	河北涿鹿		红云	山西陵川
111	云彩	河北涿鹿		红玉	山西陵川
105	紫豆瓣	河北涿鹿		乳白	山西陵川
123	黄豆瓣	河北丰润		紫豆瓣	山西陵川
124	绿豆瓣	河北丰润		木纹	山西陵川
107	灵寿绿	河北灵寿		海浪	山西闻喜
113	平山红	河北平山		秋景	山西闻喜
113	橘红	河北平山		蛇纹	山西闻喜
	桃红	河北平山		黑	山西闻喜
117	雪花白	河北曲阳		灰	山西闻喜
	汉白玉	河北曲阳		粉红	山西闻喜
	橘黄	河北阜平		玉白	山西闻喜
121	橘红	河北阜平		黄花	山西闻喜
103	海霞	天津蓟县		白色	内蒙古呼和浩特
313	雪花	天津		淡绿	内蒙古呼市一集宁
125	黄金玉	北京昌平		淡黄	内蒙古察右旗、卓资
126	绿金玉	北京昌平	413	蕉岭白	广东蕉岭
126−1	绿金玉	北京昌平	404	红棱	广东罗定
120	云花	北京房山	405	红棱	广东罗定
122	黑木纹	北京平谷		黑色	广东罗定
108−1	老晚霞	北京顺义		奶油白	广东从化
101	汉白玉	北京房山	407	春花红	广东阳春
102	艾叶青	北京房山	406	春花玉	广东阳春
110	螺纹转	北京房山		黑色	广东阳春
112	芝麻白	北京房山	401$^{-1}_{-2}$	云花	广东云浮
130	银晶	北京房山	402$^{-1}_{-2}$	云花	广东云浮
125	黄金玉	北京昌平	403	云花	广东云浮 广东英德

续表

代号	名称	产　　地	代号	名称	产　　地
	花斑犬	湖南冷水江	317	河南白	河南淅川
	白色	湖南冷水江	318	河南黑	河南淅川
	双峰黑	湖南双峰	325	紫锋	—
	宜章黑	湖南宜章	323	玉锦	—
	邵阳黑	湖南邵阳	327	红云	—
	宜章白	湖南宜章	405—1	灵红	—
	末阳白	湖南末阳		米黄	河南淅川、内乡
	永顺黑	湖南永顺		松香黄	河南淅川、内乡
	永顺白	湖南永顺		银锦灰	河南淅川
	永顺红	湖南永顺		万山红	河南淅川
	慈利黑	湖南慈利		嵩山白	河南嵩县
	慈利白	湖南慈利		汉白玉	河南嵩县
	乳白	湖南冷水江		彩霞花	河南嵩县
	白	湖南冷水江		彩云红	河南嵩县
021	锦屏	湖北黄石		黛玉黑	河南嵩县
022	雪浪	湖北黄石		虎皮	河南嵩县
023	秋景	湖北黄石		虎皮松花	河南嵩县
024	稻香	湖北黄石	405—1	虎皮黄	河南偃师
025	化雨	湖北黄石		墨豫黑	河南安阳
026	林枫	湖北黄石		黑貂皮	河南焦作
027	黑碧	湖北黄石		灵红	—
028	（汉白玉）晶白	湖北黄石	405—2	云花	河南淅川
028—1	雾花	湖北黄石		晚霞红	河南南召
	银丝	湖北黄石		花木纹	河南桐柏
	纹玉	湖北黄石		荷叶绿	河南桐柏
	金波	湖北黄石		黑绿玉	河南桐柏
	黑带	湖北黄石		朱砂红	河南内乡
030	银河	湖北黄石		雪花白	河南西峡
031	粉河	湖北黄石		汉白玉	河南西峡
034	凝香	湖北黄石		紫竹帘	河南淅川
035	脂香	湖北黄石		芙蓉红	河南南召
039	龟壁	湖北黄石		芙蓉红	河南桐柏
040	锦黄	湖北黄石		白色	河南南召、息县、罗山
042	虎皮	湖北黄石		树枝玉	河南南召
	荷花绿	湖北通山		褐黄色	河南南召
	点子绿	湖北浠水		云雾状	河南南召
	条带绿	湖北浠水		大红花	河南淅川
	汉白玉	湖北大悟		朝霞黄玉	河南淅川
	墨碧	湖北大悟		珊瑚花	河南淅川
	瓦灰	湖北大悟		奶油花	河南淅川

续表

代号	名称	产　　地
	黑墨玉	河南淅川、卢氏
	雪花白	河南淅川
502	碧绿	广西桂林
503	桂平花	广西桂平
501	黑色	广西恭城
502	紫英	广西阳朔
503	红云	广西灵川
	黑底黄斑	—
504	白色	广西贺县
504—1	白色	广西贺县
505	深灰	广西贺县
506	深灰	广西贺县
506	碧绿	广西阳朔
507	木纹黄	广西金州
	桂林黄	广西桂林
	黑色	广西柳城
	龙胜红	广西龙胜
	红条纹	广西德保
	红色	广西武鸣
701	彩花	云南大理
703	云灰（云花）	云南大理
	云灰	云南西盟
704	苍山白	云南大理
	墨玉	云南富民、丽江、昆明
	烟灰	云南富民
	咖啡	云南富民
	奶油花	云南富民
	白色	云南贡山
	绿花	云南漾濞
	果绿色	云南香格里拉
075	残雪（黑底白花）	贵州织金
076	纹脂奶油	贵州贵阳
	水桃红	贵州贵阳 贵州安顺
	墨晶	—
078	紫红底红色	贵州安顺、修文、普定
	水波纹	—
078	贵州黑	贵州大方

代号	名称	产　　地
	黑色	四川天全、理县、江油 青川、盐源、广元、南川
	绿色	四川罗甸
	灰花	四川宝兴
	渡口白	四川渡口
	貂皮花	四川宁南
	青花	四川南江
	浅灰	西川南江
101—1	汉白玉	四川宝兴
	黑色	四川宣汉
	红花	四川南江
69	蜀白玉	四川宝兴
	赭花	四川重庆
217$^{-1}_{-2}$	美人蕉	四川南江
217	丹东绿	辽宁东沟、凤城
219$^{-1}_{-2}$	铁岭红	辽宁铁岭
234	大连黑	辽宁大连
218	东北红	辽宁金县
219	棕红	—
214	肉红	辽宁海城
250	黑	辽宁
	木纹	辽宁辽阳
250	似彩霞	吉林集安
	云雾	吉林集安
	豹花	吉林集安
	墨玉	吉林集安
	汉白玉	吉林集安
	白色	吉林双阳
	灰云	黑龙江汤原
	雪花白	黑龙江汤原
	乳白	黑龙江汤原
	芝麻	黑龙江汤原
	浅绿	黑龙江伊春
691	香蕉黄	陕西潼关
692	孔雀绿	陕西潼关
692	乳白色	甘肃武山
	灰白色	甘肃武山

续表

代号	名称	产 地	代号	名称	产 地
	汉白玉	新疆哈密		条虎皮	新疆哈密
	云灰	新疆哈密		斑状	新疆哈密
	红花斑	新疆哈密		豆绿	新疆哈密
	碧玉	新疆哈密		墨玉	新疆哈密
	哈密玉	新疆哈密		珊瑚花	新疆哈密
	条灰	新疆哈密			

表 2-14　　常用天然大理石品种

名 称	特 色	产 地
汉白玉	玉白色，微有杂点和脉	北京房山、湖北黄石
晶 白	白色晶体，细致而均匀	湖北
雪 花	白间淡灰色，有均匀中晶，有较多黄翳杂点	山东掖县
雪 云	白和灰白相间	广东云浮
墨晶白	玉白色、微晶、有黑色纹脉或斑点	河北曲阳
影晶白	乳白色，有微红至深赭的陷纹	江苏高资
风 雪	灰白间有深灰色晕带	云南大理
冰 浪	灰白色均匀粗晶	河北曲阳
黄花玉	淡黄色，有较多稻黄脉络	湖北黄石
凝 脂	猪油色底，稍有深黄细脉，偶带透明杂晶	江苏宜兴
碧 玉	嫩绿或深绿和白色絮状相渗	辽宁连山关
彩 云	浅翠绿色底，深浅绿絮状相渗，有紫斑和脉	河北获鹿
斑 绿	灰白色底，有深草绿点斑状，堆状	山东莱阳
云 灰	白或浅灰底，有烟状或云状黑灰纹带	北京房山
晶 灰	灰色微赭，均匀细晶，间有灰条纹或赭色斑	河北曲阳
驼 灰	土灰色底，有深黄赭色，浅色疏脉	江苏苏州
裂 玉	浅灰带微红底，有红色脉络和青灰色斑	湖北大冶
海 涛	浅灰底，有深浅间隔的青灰色条状斑带	湖北
象 灰	象灰底，杂细晶斑，并有红黄色细纹络	浙江潭浅
艾叶青	青底，深灰间白色叶状斑云，间有片状纹缕	北京房山
残 雪	灰白色，有黑色斑带	河北铁山
螺 青	深灰色底，满布青白相间螺纹状花纹	北京房山
晚 霞	石黄间土黄斑底，有深黄叠脉，间有黑晕	北京顺义
蟹 青	黄灰底，遍布深灰或黄色砾斑，间有白灰层	湖北
虎 纹	赭色底，有流纹状石黄色经络	江苏宜兴
灰黄玉	浅黑灰底，有红色，黄色和浅灰脉络	湖北大冶
锦 灰	浅黑灰底，有红色和灰白色脉络	湖北大冶
电 花	黑灰底，满布红色间白色脉络	浙江杭州
桃 红	桃红色，粗晶，有黑色缕纹或斑点	河北曲阳

续表

名　称	特　色	产　地
银　河	浅灰底，密布粉红脉络杂有黄脉	湖北下陆
秋　枫	灰红底，有血红晕脉	江苏南京
砾　红	浅红底，满布白色大小碎石块	广东云浮
橘　络	浅灰底，密布粉红和紫红叶脉	浙江长兴
岭　红	紫红碎螺脉，杂以白斑	辽宁铁岭
紫螺纹	灰红底，满布红灰相间的螺纹	安徽灵璧
螺　红	绛红底，夹有红灰相间的螺纹	辽宁金县
红花玉	肝红底，夹有大小浅红石块	河北大冶
五　花	绛紫底，遍布绿灰色或紫色大小砾石	江苏、河北
墨　壁	黑色、杂有少量浅黑色斑或少量土黄缕纹	河北涿鹿
墨　夜	黑色、间少量白络或白斑	江苏苏州
莱阳墨	灰黑底，间有墨斑灰白色点	山东莱阳
墨　玉	墨色	贵州、广西
山　水	白色底，间有规律走向的灰黑色絮状条纹	广东云浮、山东平度

（2）按形状分

1）普形板（代号：PX）。普形板材是指正方形或长方形的板材。

2）圆弧板（代号：HM）。圆弧板是指装饰面轮廓线的曲率半径处处相同的饰面板材。

2. 规格

天然大理石板的规格，并无规定。一般为供需双方商定。

3. 性能

（1）技术要求

1）规格尺寸偏差

①普形板。普形板的规格尺寸偏差要求，见表 2-15。

表 2-15　普形板的规格尺寸偏差要求　（单位：mm）

项　目		允许偏差		
		优等品	一等品	合格品
长度、宽度		0 −1.0		0 −1.5
厚度	≤12	±0.5	±0.8	±1.0
	>12	±1.0	±1.5	±2.0
干挂板材厚度		+2.0 0		+3.0 0

②圆弧板。圆弧板壁厚最小值应不小于 20mm，规格尺寸允许偏差见表 2-16。圆弧板各部位名称如图 2-6 所示。

表 2-16　**圆弧板的规格尺寸允许偏差**　(单位：mm)

项　目	允　许　偏　差		
	优等品	一等品	合格品
弦　长	0 −1.0		0 −1.5
高　度	0 −1.0		0 −1.5

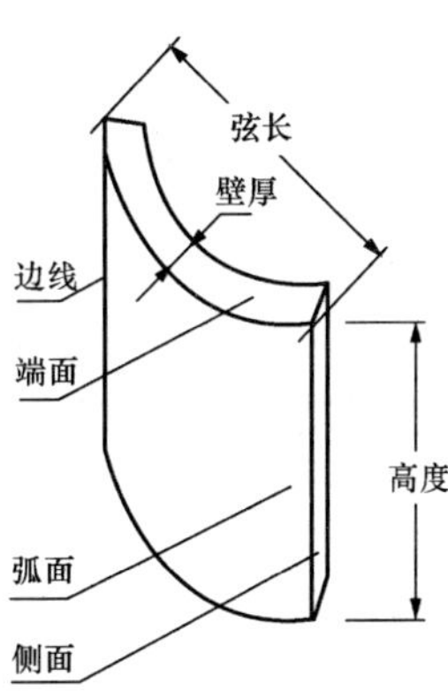

图 2-6　圆弧板部位名称

2）平面度

①普形板。普形板的平面度要求见表 2-17。

表 2-17　**普形板的平面度要求**　(单位：mm)

板材长度	允　许　公　差		
	优等品	一等品	合格品
≤400	0.2	0.3	0.5
>400～≤800	0.5	0.6	0.8
>800	0.7	0.8	1.0

②圆弧板。圆弧板的直线度与线轮廓度要求见表 2-18。

表 2-18　**圆弧板的直线度与线轮廓度要求**　(单位：mm)

项　目		允　许　公　差		
		优等品	一等品	合格品
直线度（按板材高度）	≤800	0.6	0.8	1.0
	>800	0.8	1.0	1.2
线轮廓度		0.8	1.0	1.2

3）角度

①普形板的角度要求见表 2-19。

表 2-19　　普形板的角度要求　　(单位：mm)

板材长度	允许公差		
	优等品	一等品	合格品
≤400	0.3	0.4	0.5
>400	0.4	0.5	0.7

②圆弧板端面角度允许公差：优等品为 0.4mm，一等品为 0.6mm，合格品为 0.8mm。

③普形板拼缝板材正面与侧面的夹角不得大于 90°。

④圆弧板侧面角 α（图 2-7）应不小于 90°。

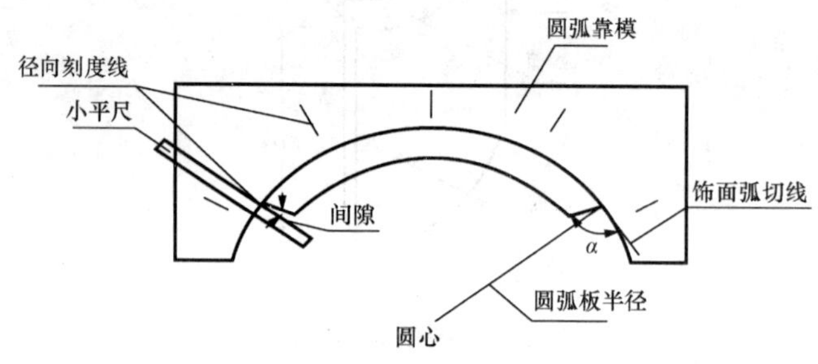

图 2-7　侧面角的示意

（2）物理性能

1）镜面板材的镜向光泽值应不低于 70 光泽单位，若有特殊要求，由供需双方协商确定。

2）板材的其他物理性能要求见表 2-20。

表 2-20　　板材的其他物理性能要求

项目		指标
体积密度/(g/cm³)		≥2.30
吸水率（%）		≤0.50
干燥压缩强度/MPa		≥50.0
干燥	弯曲强度/MPa	≥7.0
水饱和		
耐磨度①/(1/cm³)		≥10

① 为了颜色和设计效果，以两块或多块大理石组合拼接时，耐磨度差异应不大于 5，建议适用于经受严重踩踏的阶梯、地面和月台使用的石材耐磨度最小为 12。

（3）外观质量

1）同一批板材的色调应基本调和，花纹应基本一致。

2）板材正面的外观质量要求见表 2-21。

表 2-21　　板材正面的外观质量要求

<table>
<tr><th>名称</th><th>规　定　内　容</th><th>优等品</th><th>一等品</th><th>合格品</th></tr>
<tr><td>裂纹</td><td>长度超过 10mm 的不允许条数（条）</td><td colspan="3">0</td></tr>
<tr><td>缺棱</td><td>长度不超过 8mm，宽度不超过 1.5mm（长度≤4mm，宽度≤1mm 不计），每米长允许个数（个）</td><td rowspan="4">0</td><td rowspan="3">1</td><td rowspan="3">2</td></tr>
<tr><td>缺角</td><td>沿板材边长顺延方向，长度≤3mm，宽度≤3mm（长度≤2mm，宽度≤2mm 不计），每块板允许个数（个）</td></tr>
<tr><td>色斑</td><td>面积不超过 6cm²（面积小于 2cm² 不计），每块板允许个数（个）</td></tr>
<tr><td>砂眼</td><td>直径在 2mm 以下</td><td>不明显</td><td>有，不影响装饰效果</td></tr>
</table>

3）板材允许粘结和修补。粘结和修补后应不影响板材的装饰效果和物理性能。

（三）天然大理石板地面、楼面的应用设计

参见本章第一节“天然花岗石板地面、楼面”中所介绍的相关内容。

（四）天然大理石板地面、楼面的施工及施工要点

参见本章第一节“天然花岗石板地面、楼面”中所介绍的相关内容。

二、天然大理石碎板

采用天然大理石碎块来进行地面、楼面装饰，具有以下的特点：①通过不同色调（或同一色调）的搭配来形成别有特色的地面装修效果。②地面更能体现自然、和谐之美。③充分利用大理石板的下脚料，降低装修成本。

天然大理石碎板地面的接缝形式基本有两种：不规则折线缝和不规则曲线缝，见图 2-8。

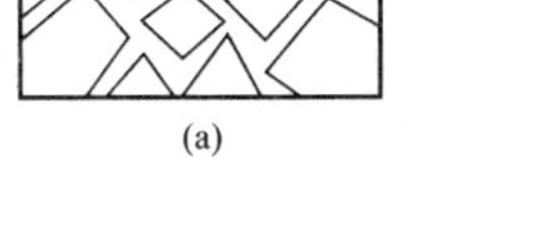

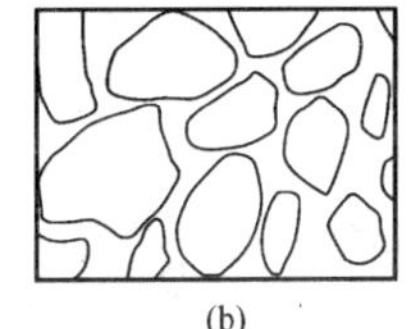

(a)　(b)

图 2-8　天然大理石碎拼地面
（a）不规划折线缝；（b）不规划曲线缝

（一）特性及构成

天然大理石碎板的特性及构成同“天然大理石板”。

（二）品种、规格和性能

1. 品种

天然大理石碎板的品种，参见本节“天然大理石板地面、楼面”中所介绍的相关内容。

2. 规格

天然大理石碎板的规格，并无一定的要求，仅从审美角度来进行考虑。

3. 性能

天然大理石碎块的性能，并无特定要求，但一般来讲，应当厚度相同，装饰面平整度较好（如果平整度较差，则要考虑地面铺贴完毕并硬化后，地面进行磨光处理）。

（三）天然大理石碎板地面、楼面的应用设计

天然大理石碎板地面、楼面的应用设计，参见本章第一节“天然花岗石板地面、

楼面”中所介绍的相关内容。

（四）天然大理石碎板地面、楼面的施工及施工要点

天然大理石碎板地面、楼面的施工一般由两部分组成：铺设天然大理石碎板地面（或楼面）和铺设踢脚板。

1. 铺设天然大理石碎板地面（或楼面）

在此以在现浇或预制钢筋混凝土板上铺设天然大理石碎板为例，来介绍相关的施工内容。

（1）施工顺序。天然大理石碎板楼面的施工顺序如下：

清理基层→选碎石板→试拼→划线→刷素浆→铺结合层→铺碎石板→处理板缝→打蜡→验收。

（2）施工步骤

1）清理基层。应将被铺楼面基层上的灰渣、油污及污浆清理干净，以利于其与结合层粘结。

2）选碎石板。根据楼面设计要求的颜色、尺寸大小来挑选大理石碎板。

3）试拼。经挑选后的大理石碎板，进行试拼，确定缝隙的大小，应尽量使碎板之间的缝隙尺寸基本一致。花色、图案搭配好，然后将它们按次序编好号，备用。

4）划线、刷素浆、铺结合层。弹出地面的水平标高线，在基层上洒水润湿，并刷一层素水泥浆，铺结合层（详见“天然花岗石板”中的相关介绍）。

5）铺碎石板。详见“天然花岗石板地面、楼面”中所介绍的相关内容。

6）处理板缝。铺完天然大理石碎板后 24～48h 后进行灌缝处理。其方法有两种：①如果设计要求碎板之间灌水泥砂浆时，则灌浆后，砂浆面应与碎板表面持平，并找平压光。②如果设计要求间隙灌水泥石渣浆时，要注意灌浆厚度比大理石碎块表面高出 2mm（待养护 7d 后，按本章第三节“水磨石板、现浇水磨石地面、楼面”中的现浇水磨石中所介绍的施工步骤中“粗磨”、“细磨”、“磨光”相关介绍）。

7）打蜡。详见“天然花岗石板地面、楼面”中所介绍的相关内容。

2. 踢脚板的施工

天然大理石碎板地面、楼面的踢脚板的施工基本与天然花岗石相同。

第三节 水磨石板、现浇水磨石地面、楼面

水磨石板多用于地面的装修，具有美观、大方、强度高、耐磨的特点。此外，它还可以根据设计人员需要任意配制颜色，而且花色品种多，并可以拼铺成各种图案。该种地面的造价要比天然花岗石板和天然大理石板低得多，所以在中、低档建筑中应用较多。

现浇水磨石用于地面装修除了具有水磨石板地面的多种特点之外，其突出的特点是采用该种现浇施工方法，可以通过采用一些铜条玻璃条或不锈钢分格条来使装修后的地面实现特定的图案及色彩，而且最后通过地面的磨光、抛光处理来使现浇水磨石地面浑然一体，还可呈现出独特的图案及色彩。这是采用石质板材所望尘莫及的，故常用于大会堂、舞厅、餐厅、大型商厦、饭店大厅、机场候机厅等较大面积的地面装

修，而且造价适中。

一、水磨石板

水磨石板可以广泛地应用于建筑的外墙、内墙、柱面、踢脚、地面等各种需装修的部位。

现已颁布水磨石板制品的行业标准。

(一) 特性及构成

水磨石板是由水泥（硅酸盐水泥或铝酸盐水泥）石碴、砂为主要原料，经搅拌、成形（振动成形或压制成形）、养护和研磨等工序制成。

制作水磨石板时，水泥除采用硅酸盐水泥之外，还可选用铝酸盐水泥为胶凝材料的，以铝酸盐水泥制成的水磨石板，其光泽度高、抗风化能力强、耐久性好、防潮性能好。

水磨石板具有强度高、花色品种多样、耐久性较好等特点，而且由于属于人工制品，故其在品种、花色方面有了很大的选择及设计空间，但其造价却较天然石材要低得多。此外，水磨石板可以在工厂通过机械化生产，因此产品的质量和产量都有保证。

值得一提的是，采用水磨石板的成形方法可以制作一些形状各异的制品，如异形板、盆景盆等一般天然石材通过一次加工而不能成形的制品，这是水磨石制品的又一大特点。

水磨石板通过特制工具可以对其进行锯切、铝孔等加工，也可以进行粘结。

(二) 品种、规格和性能[1]

1. 品种

水磨石板按其在建筑中使用的部位来分，可分为四种：墙面和柱面用水磨石板（代号：Q），地面和楼面用水磨石板（代号：D），踢脚板、立板和三角板类水磨石板（代号：T）及隔断板、窗台板、台面板类水磨石板（代号：G）。

水磨石板按其表面加工程度可分为两种：磨面水磨石（代号：M）和抛光水磨石（代号：P）。

水磨石板按其花色图案可分为无数种（由于水磨石板是以水泥或白水泥为胶结材料，而在水泥中可以通过添加颜料来改变其颜色，而所采用的石碴则可以任意选用不同种类、不同大小、不同颜色的天然石质材料，所以可以制出任意色彩和图案的水磨石板）。水磨石板的花色图案举例如图 2-9 所示。

2. 规格

水磨石板的常用规格为：

300mm×300mm、305mm×305mm、400mm×400mm、500mm×500mm。

注：其他规格尺寸由供需双方商定。

3. 性能

(1) 技术尺寸

1) 规格尺寸。水磨石板的规格尺寸偏差要求见表 2-22。

---

[1] 参见 JC/T 507—1993《建筑水磨石制品》。

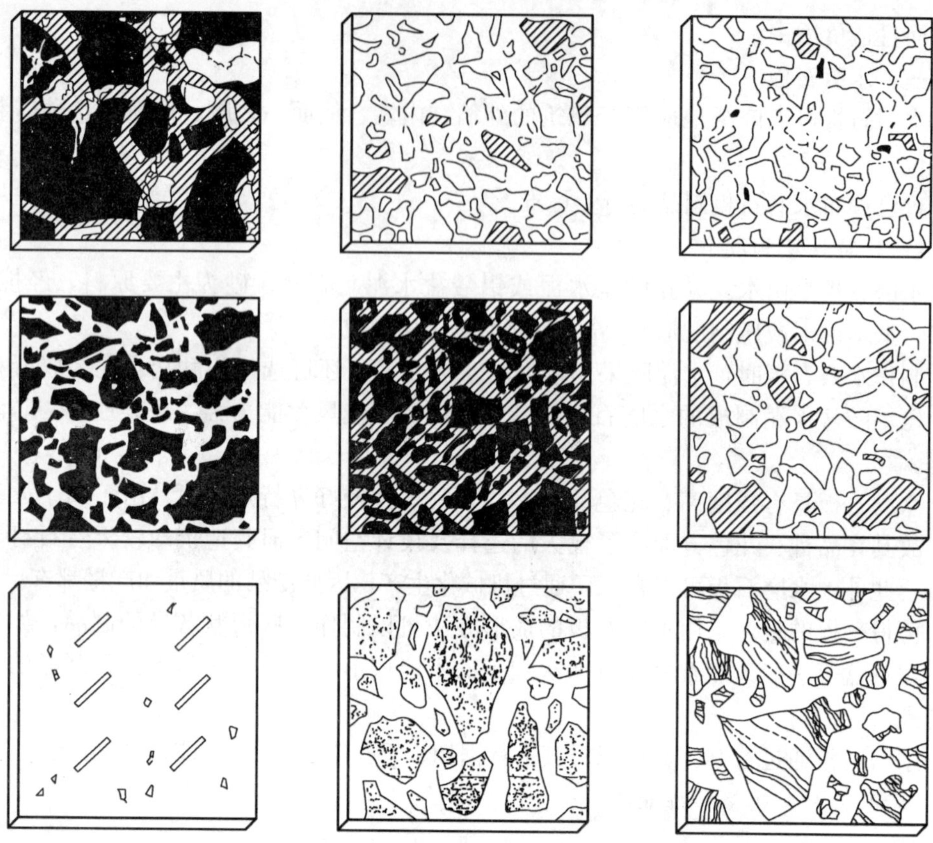

图 2-9 水磨石板的花纹图案举例

表 2-22 水磨石板的尺寸偏差要求 （单位：mm）

品种		允许偏差	
		长度、宽度	厚度
墙面和柱面板（Q）	优等品（A）	0 −1	±1
	一等品（B）	0 −1	±1 −2
	合格品（C）	0 −1	+1 −3
地面和楼面板（D）	优等品（A）	0 −1	±1 −2
	一等品（B）	0 −1	±2
	合格品（C）	0 −2	±3

续表

品　　种		允许偏差	
		长度、宽度	厚　度
踢脚板、立板和三角板（T）	优等品（A）	±1	+1 −2
	一等品（B）	±2	±2
	合格品（C）	±3	±3
隔断板、窗台板和台面板（G）	优等品（A）	±2	±1 −2
	一等品（B）	±3	±2
	合格品（C）	±4	±3

注：厚度小于或等于15mm的单面磨光水磨石，同块水磨石的厚度极差不得大于1mm；厚度大于15mm的单面磨光水磨石，同块水磨石上的厚度极差不得大于2mm。

2）平面度、角度。水磨石板的平面度、角度偏差要求见表2-23。

表2-23　水磨石的平面度、角度偏差要求　（单位：mm）

品　　种		允许偏差	
		平面度	角　度
墙面和柱面板（Q）	优等品（A）	0.6	0.6
	一等品（B）	0.8	0.8
	合格品（C）	1.0	1.0
地面和楼面板（D）	优等品（A）	0.6	0.6
	一等品（B）	0.8	0.8
	合格品（C）	1.0	1.0
踢脚板、立板和三角板（T）	优等品（A）	1.0	0.8
	一等品（B）	1.5	1.0
	合格品（C）	2.0	1.5
隔断板、窗台板和台面板（G）	优等品（A）	1.5	1.0
	一等品（B）	2.0	1.5
	合格品（C）	3.0	2.0

注：侧面不磨光的拼缝水磨石，正面与侧面的夹角不得大于90°。

3）物理及力学性能

①抗折强度。水磨石板的抗折强度平均值不得低于5.0MPa，而且单块最小值不得低于4.0MPa。

②吸水率。水磨石板的吸水率不得大于8.0%。

③出石率。磨光面的石碴分布应均匀。石碴粒径大于或等于3mm的水磨石，出石率应不小于55%。

④光泽度。抛光水磨石板的光泽度：优等品不得低于45.0光泽单位；一等品不得低于35.0光泽单位；合格品不得低于25.0光泽单位。

4）外观质量

①图案偏差。水磨石板磨光面有图案时，其越线和图案偏差要求见表 2-24。

表 2-24　水磨石板磨光面的图案越线和图案偏差要求　（单位：mm）

缺陷名称	优等品（A）	一等品（B）	合格品（C）
图案偏差	≤2	≤3	≤4
越线	不允许	越线距离≤2 长度≤10 允许 2 处	越线距离≤3 长度≤20 允许 2 处

注：同批水磨石光面上的石碴级配用颜色应基本一致。

②缺陷。水磨石板的外观缺陷要求见表 2-25。

表 2-25　水磨石板的外观缺陷要求

缺 陷 名 称	优等品	一等品	合 格 品
返浆、杂质	不允许		长×宽≤10×10 不超过 2 处
色差、划痕、杂石、漏砂、气孔	不允许		不明显
缺口	不允许		长×宽>5×3 的缺口不应有 长×宽≤5×3 的缺口周边上不超过 4 处，但同一条棱上不得超过 2 处

注：一个缺角应计为相邻两棱边各有缺口 1 处。

（三）水磨石板地面的应用设计

水磨石板地面的应用设计，参见本章第一节“天然花岗石板地面、楼面”中所介绍的相关内容。

（四）水磨石板地面、楼面的施工及施工要点

水磨石板地面、楼面的施工，参见本章第一节“天然花岗石板地面、楼面”中所介绍的相关内容。

二、现浇水磨石

现浇水磨石地面、楼面不同于其他石质板材地面、楼面，它完全是以现场浇筑、再经过磨光、抛光等工序来完成的。因此，它对原材料及施工步骤的要求与其他石质板材具有极大的不同。

（一）对原材料及颜料的要求

1. 原材料

（1）石粒。水磨石地面的石粒材料应采用大理石、花岗石和白云石，规格一般为 3 号，粒径一般为 4～12mm。并应冲洗干净，无泥砂、杂物，粗细均匀，色泽一致。

（2）水泥。水磨石地面所采用的水泥应不低于 42.5 级硅酸盐水泥（同一单位工程应采用同批水泥）。如果采用的石粒为浅色，则宜选用白水泥。

（3）分隔条。现浇水磨石地面所采用的铜或不锈钢分隔条应该平直，厚度均匀；玻璃分隔条的厚度应不小于 3mm。

（4）草酸。采用工业用块状或粉末状草酸。

（5）蜡。采用地板蜡。

2. 颜料

（1）对颜料的性能要求。对掺入水泥砂浆（或水泥拌和物）中的矿物颜料的性能要求如下：

1）耐碱性。耐碱性一般分为7个等级。掺入水泥砂浆中的颜料，其耐碱性能应为第一级，即最优级，因为水泥在水化过程中析出氢氧化钙，使颜料处于强碱之中。耐碱性差，则将发生变色、褪色现象，影响面层外观质量。如黄色系列中的铬黄（又名铅铬黄、黄粉、铬酸铅）和氧化铁黄（又名铁黄、含水三氧化二铁）两种颜料，铬黄的色泽较氧化铁黄鲜艳，着色力也高，故与白水泥混合拌匀后，颜色鲜明美观，但它不耐强碱，因此加水后，颜色逐渐变为草青色，鲜艳显著消失。而氧化铁黄的耐碱性能则非常强，不易褪色。因此，在掺用黄色颜料时，应掺用氧化铁黄，而不宜用铬黄。

2）耐光性。颜料在阳光紫外线的照射下，其色光稳定的性能称为颜料的耐光性。耐光性一般分为8个等级，掺在水泥砂浆中的颜料的耐光性应在7级以下。例如以“耐晒黄7G”与白水泥混合拌匀，制成水泥浆后，鲜艳夺目，但因其耐光性只有5级左右，因此经日光长期照射，极易褪色。

3）着（染）色力。着（染）色力是颜料与水泥或其他胶凝材料混合后所显现颜色深浅的能力。着色力的大小，影响到颜料的用量和粉刷本身色饱和度的高低，高者着色效果好，低者着色效果低。如氧化铬绿的色饱和度为10%，则颜料掺入量为白水泥重量的1%所制成的水泥浆，其色饱和度仅为4%。但如用色饱和度为50%的氧化铁黄时，则掺量同样为1%所制成的水泥浆，其色饱和度可达20%左右。

4）氧化还原作用。凡在空气中易被氧化还原的颜料，均不能用于水泥拌和物中，因为这颜料在空气中易被氧化而变色。

5）密度。掺在水泥砂浆中的颜料密度的大小，对砂浆的色泽均匀与否有一定的影响。一般要求颜料的比重与水泥密度相接近。因颜料密度轻者，当加水拌和时，将出现漂浮，不易拌匀。

6）pH值。掺入水泥拌和物中的颜料pH值不应低于6，以7～9为宜，低于6者产生早期褪色现象。

（2）颜料种类。在现浇彩色水磨石面层中，常用的矿物颜料主要有以下几种：

1）红色。氧化铁红（俗称铁红、铁朱等），学名三氧化二铁（Fe_2O_3）；银朱（俗称汞朱），学名硫化汞（HgS）。

2）黄色。氧化铁黄（俗称铁黄），学名含水三氧化二铁（$Fe_2O_3 \cdot XH_2O$）；镉黄，学名硫化镉（CdS）。

3）绿色。铬绿；群青和氧化铁配用。

4）黑色。氧化铁黑（俗称铁黑），学名四氧化三铁（Fe_3O_4）；炭黑（俗称墨灰）等。

颜料在水磨石拌和物中的掺量，以占水泥重量的百分率计，可分为以下几个等级，见表2-26。

表 2 - 26 颜料在水磨石拌和物中的掺量

颜料掺量等级	微量	轻量	中量	重量	特重量
占水泥量（%）	<0.1	0.1～0.9	1～5	6～10	11～12

3. 水磨石配比

现浇水磨石地面的花色可以通过石粒、水泥和颜料来对其进行不同的配合予以控制，现举例见表 2 - 27。

表 2 - 27 几种水磨石的粒石、颜料及水泥的配合举例

制品名称	水泥颜色	颜料加量（%）				石粒配合比
		铁黄	红土	染绿	黑粉	
房山白	白	—	—	—	—	房山白（混）
晚霞	白	—	—	—	—	晚霞（混）
晚霞加白	白	—	—	—	—	晚霞（混）70% 房山白（混）30%
东北绿	白	—	—	0.1	—	东北绿（混）
东北绿加黑	白	—	—	—	—	东北绿（混）85% 苏州黑（二厘）15%
房山白加黑	白	—	—	—	—	房山白（混）85% 苏州黑（二厘）15%
银河晚霞	白	—	—	—	—	银河（混）75% 晚霞（混）25%
湖北黄	白	0.4	—	—	—	湖北黄（混）
盖平红加白	白	0.45	0.4	—	—	盖平红（混）75% 房山白（混）25%
盖平红	白	—	—	—	—	盖平红（混）
奶油白	白	0.16	0.05	—	—	奶油白（混）
东北绿加白	白	0.2	—	0.2	—	东北绿（混）80% 房山白（混）20%
丹东绿	白	0.26	—	0.1	—	丹东绿（混）
房山白	青	—	—	—	—	房山白（混）
东北红	青	—	2.5	—	—	东北红（混）
晚霞	青	0.1	0.3	—	—	晚霞（混）
五花	青	0.2	1.2	—	—	五花（混）
苏州黑	青	—	—	—	8	苏州黑（混）
湖北黄加白	青	—	—	—	—	湖北黄（混）80% 房山白（混）20%

注：1. 配合比中，括弧内为（石粒）规格或级配。

2. 配料铁黄为氧化铁黄，若用 0.075mm（200 目）地板黄，用量增加五倍；红土为甲级红土子；染绿为染料绿；黑粉为造型用 0.075mm（200 目）黑铅粉。

3. 水泥与石粒的配合比（体积比）：水泥∶石粒=1∶1.5～1∶2.5。

（二）施工机具

1. 电碾

电碾用于碾压现浇水磨石面层（或混凝土面层），可代替平板振动器的振实工作，而且在碾压的同时，可提浆水。

电碾的结构如图 2-10 所示。

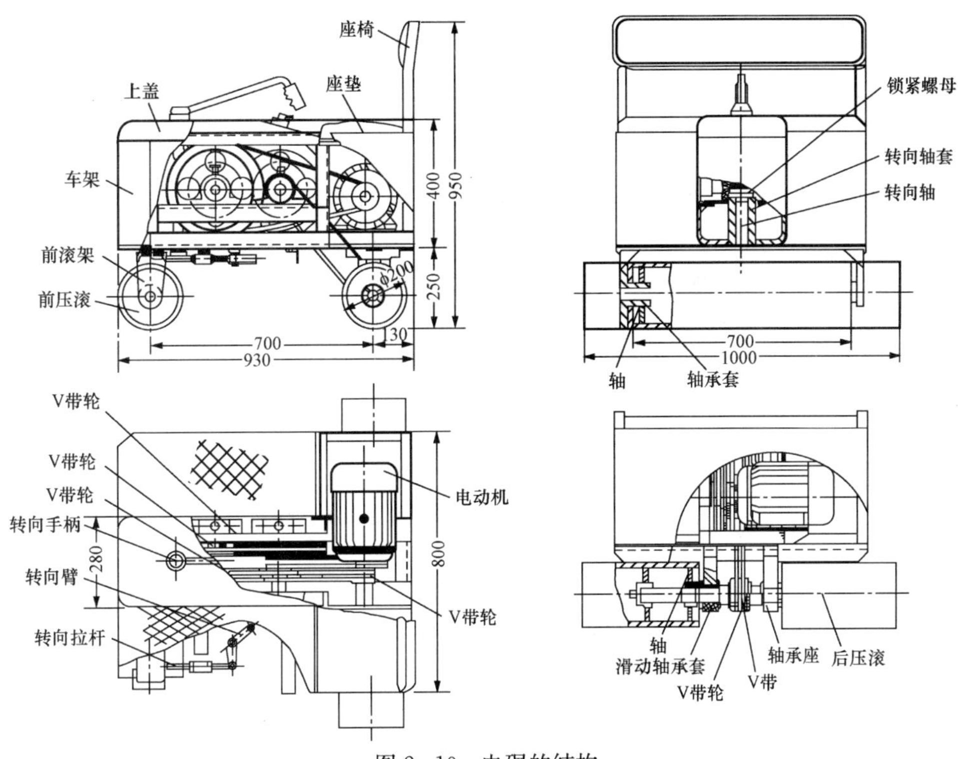

图 2-10 电碾的结构

电碾的技术性能如下：

行走速度：33m/min；

滚子直径：200mm；

滚子长度：前滚 700mm，后滚 1000mm；

电动机：型号 JO_2-22-6，功率 1.1kW；

机身重量：320kg。

2. 地面抹光机

地面抹光机用于抹光水泥砂浆面，其结构如图 2-11 所示。

地面抹光机的技术性能参见表 2-28。

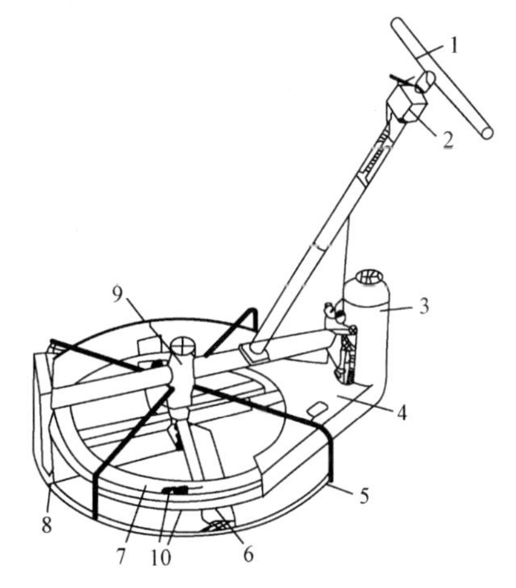

图 2-11 地面抹光机

1—操纵手柄；2—电气开关；3—电动机；4—防护罩；5—保护圈；6—抹刀；7—抹刀转子；8—配重；9—轴承架；10—V 带

表 2-28　地面抹光机的技术性能

型号	传动方式	抹刀			保护圈直径/mm	电动机		外形尺寸（长×宽×高）/(mm×mm×mm)	重量/kg
		数量/个	倾角/(°)	转带/(r/min)		功率/W	转速/(r/min)		
北京69-1型	单极双根V带	4	10	104	700	550	1400	1050×100×850	46

3. 磨石机

磨石机用于磨光水磨石面层，其结构如图 2-12 所示。

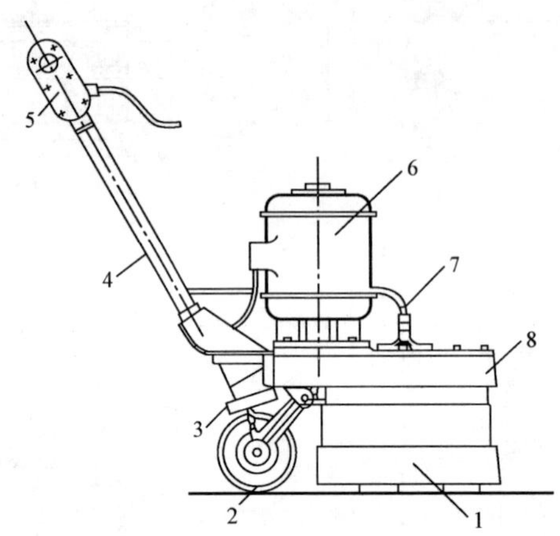

图 2-12　单盘磨石机

1—转盘外罩；2—移动滚轮；3—滚轮调节手轮；4—操纵杆；5—电气开关；6—电动机；7—供水管；8—变速箱

磨石机的技术性能参见表 2-29。

表 2-29　磨石机的技术性能

型　号	磨石块数/块	磨板回转速度/(r/min)	电动机		外形尺寸（长×宽×高）/(mm×mm×mm)	重量/kg
			功率/W	转速/(r/min)		
仿JM型	3	290			1040×410×850	163
北京型	3	330	1119	1440	1160×392×850	

4. 滚筒

滚筒用于压实水磨石面层或细石混凝土面层，滚筒的结构如图 2-13 所示。

5. 分格器

分格器（又称劈缝溜子）用于水泥砂浆面层的分格。分格器的结构如图 2-14 所示。

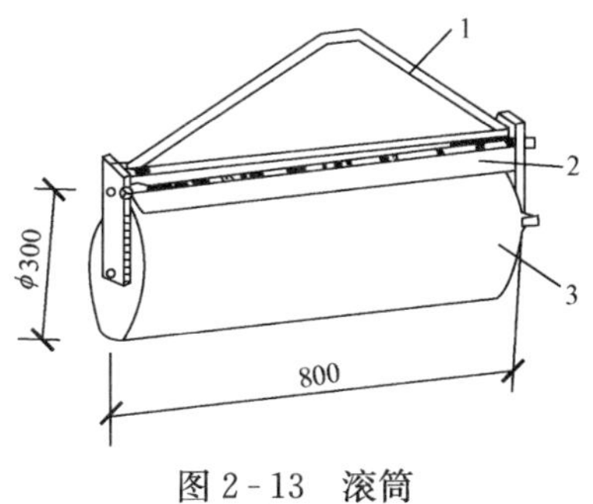

图 2-13　滚筒

1—φ22 钢筋拉手；2—刮板；
3—圆钢管（内填混凝土）滚筒

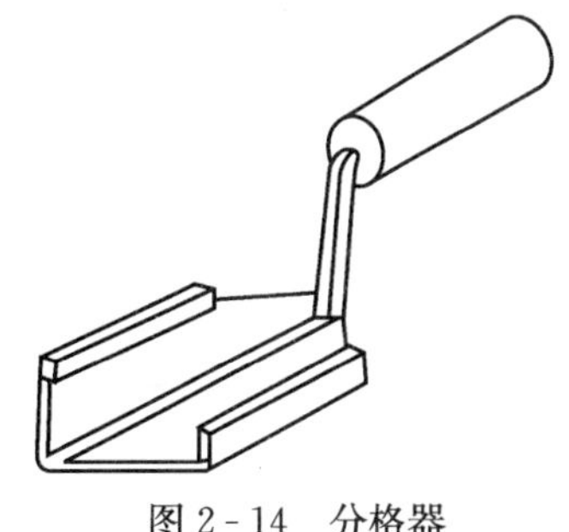

图 2-14　分格器

三、现浇水磨石地面、楼面的应用设计

（一）现浇水磨石地面

现浇水磨石地面是指在平房的室内、楼房的第一层（无地下室）或楼房的地下室内采用现浇水磨石铺设的地面。

现浇水磨石地面的构造设计见表 2-30。

表 2-30　　现浇水磨石地面的构造设计

构造简图	构　造　做　法	厚度/mm	备　　注
	1∶2.5 水磨石面层 1∶3 水泥砂浆结合层 刷素水泥浆一道 C10 混凝土垫层 素土夯实	— 10 — D_1 D_2	1. 面层厚度为磨光后净厚 2. 采用普通水泥和白凡石配制，如采用其他水泥或骨料或配色时，应在个体设计中注明 3. 采用 3 厚玻璃嵌条 1000mm×1000mm 分格，如采用金属嵌条或组成图案时，应在个体设计中注明 4. 面层分格缝的一部分应与垫层缩缝对齐
	1∶2.5 水磨石面层 1∶3 水泥砂浆结合层 刷素水泥浆一道 撒热粗砂一层粘牢 刷冷底子油一道，热沥青两道防潮层 C15 混凝土随捣随抹（表面撒 1∶1 干水泥砂子压实抹光）垫层 素土夯实	— 10 — — — D_1 D_2	1. 面层厚度为磨光后净厚 2. 采用普通水泥和白凡石配制，如采用其他水泥或骨料或配色时，应在个体设计中注明 3. 采用 3 厚玻璃嵌条 1000mm×1000mm 分格，如采用金属嵌条或组成图案时，应在个体设计中注明 4. 适用于有一定防潮要求的地段
	1∶2.5 水磨石面层 1∶3 水泥砂浆结合层 刷素水泥浆一道 撒热粗砂一层粘牢 刷冷底子油一道、二毡三油防潮层 1∶3 水泥砂浆找平层 刷素水泥浆一道 C10 混凝土垫层 素土夯实	— 10 — — — 20 — D_1 D_2	1. 面层厚度为磨光后净厚 2. 采用普通水泥和白凡石配制，如采用其他水泥或骨料或配色时，应在个体设计中注明 3. 采用 3 厚玻璃嵌条 1000mm×1000mm 分格，如采用金属嵌条或组成图案时，应在个体设计中注明 4. 适用于有较高防潮要求的地段

注：表中的 D_1、D_2 应按工程设计要求来确定。

（二）现浇水磨石楼面

现浇水磨石楼面是指在楼房的现浇或预制钢筋混凝土板上采用现浇水磨石来铺设的楼面。

现浇水磨石楼面的构造设计见表2-31。

表2-31　现浇水磨石楼面的构造设计

构造示意	构 造 做 法	厚度/mm	备 注
	1∶2.5水磨石面层 1∶3水泥砂浆结合层 刷素水泥浆一道 钢筋混凝土楼板	— 10 — *D*	1. 面层厚度为磨光后净厚 2. 现捣楼板上 *D*=15，预制楼板上 *D*=20mm 3. 采用普通水泥和白凡石配制。如采用其他水泥、骨料和配色时应另行注明 4. 采用3厚玻璃嵌条，1000mm×1000mm分格，如采用金属嵌条或组成图案时，应另行注明
	1∶2.5水磨石面层 1∶3水泥砂浆结合层 1∶1∶8水泥石灰炉渣填充层 钢筋混凝土楼板	— 10 20 *D*	1. 面层厚度为磨光后净厚 2. 采用普通水泥和白凡石配制。如采用其他水泥、骨料和配色时应另行注明 3. 采用3厚玻璃嵌条，1000mm×1000mm分格，如采用金属嵌条或组成图案时，应另行注明
	1∶2.5水磨石面层 1∶3水泥砂浆结合层 1∶1∶8水泥石灰炉渣找坡层（最低处30） 现捣钢筋混凝土楼板	— 10 20 *D*	1. 面层厚度为磨光后净厚 2. 采用普通水泥和白凡石配制。如采用其他水泥、骨料和配色时应另行注明 3. 采用3厚玻璃嵌条，1000mm×1000mm分格，如采用金属嵌条或组成图案时，应另行注明 4. 适用于有一定防水要求的地段 5. 坡度由个体设计注明
	1∶2.5水磨石面层 1∶3水泥砂浆结合层 刷素水泥浆一道 撒热粗砂一层粘牢 刷冷底子油一道，二毡三油防水层 1∶3水泥砂浆找平层 1∶1∶8水泥石灰炉渣找坡层（最低处30） 钢筋混凝土楼板	— 10 — — — 20 20 *D*	1. 面层厚度为磨光后净厚 2. 采用普通水泥和白凡石配制。如采用其他水泥、骨料和配色时应另行注明 3. 采用3厚玻璃嵌条，1000mm×1000mm分格，如采用金属嵌条或组成图案时，应另行注明 4. 适用于有较高防水要求的地段 5. 坡度由个体设计注明

（三）现浇水磨石地面、楼面的造型设计

现浇水磨石地面、楼面的造型设计，可参照本章第一节“天然花岗石板地面、楼面”中所介绍的相关内容。

四、现浇水磨石地面、楼面的施工及施工要点

现浇水磨石地面、楼面的施工一般由两部分组成：铺设现浇水磨石地面（或楼面）和铺设现浇水磨石踢脚。

（一）铺设现浇水磨石地面（或楼面）

在此以在现浇或预制钢筋混凝板上铺设现浇水磨石为例，来介绍相关的施工内容。

1. 施工顺序

现浇水磨石楼面的施工顺序如下：

清理基层→划标高线→刷素浆→做结合层→划分格线→固定嵌条→浇铺水磨石拌和料→滚压、抹平→养护→试磨→粗磨→细磨→磨光→酸洗→打蜡→验收。

2. 施工步骤

(1) 清理基层。应将被铺地面基层上的灰渣、油污及浮浆清理干净，以利于其与结合层粘结。

(2) 划标高线。根据设计要求，在墙上划出水磨石面层的标高。

(3) 刷素浆、铺结合层。现浇水磨石地面的刷素浆、铺结合层工序的做法与天然花岗石地面相同，详见本章第一节“天然花岗石板地面、楼面”中所介绍的相关内容。

(4) 划分格线。在结合层做好后养护 48h，然后在结合层上根据设计要求，在结合层上划出分格线。

一般分格为 1m×1m 左右，划线方法是首先在房间中部弹出十字线，计算好周围镶边宽度后，以十字线为准来弹分格线。如果设计要求的是图案，则应按具体设计来划出图案分格的位置线。

(5) 嵌分格条。嵌分格条的方法是用小铁抹子抹稠水泥浆将分格条固定住（分格条安在分格线上），抹成 30°八字形，高度应低于分格条条顶约 5mm，如图 2-15 中的 (a) 所示。分格条应平直（上平必须一致）、牢固，接头严密，不得有缝隙，作为铺设面层的标志。另外在粘贴分格条时，在分格条十字交叉接头处，为了使拌和料填塞饱满，在距交点 40～50mm 内不抹水泥浆，如图 2-15 中的 (b) 所示。

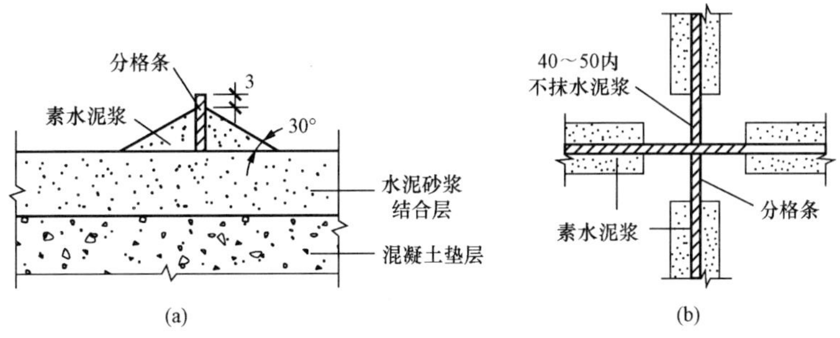

图 2-15　分格条的固定

当采用铜分格条时，应预先在两端头的下部 1/3 处打孔，并穿入 22 号铁丝，锚固于下口八字角水泥砂浆中。

嵌条固定后 12h 可开始浇水养护至少 48h。

（6）浇铺水磨石拌和料。在浇铺水磨石拌和料前，先用清水将找平层洒水湿润，涂刷与面层颜色相同的水泥浆结合层，其水灰比宜为 0.4～0.5，要刷均匀，也可在水泥浆内掺加胶粘剂，要随刷随铺拌和料，不得刷的面积过大，防止浆层风干导致面层空鼓。

水磨石拌和料的面层厚度，除有特殊要求的以外，宜为 12～18mm，并应按石料粒径确定。铺设时将搅拌均匀的拌和料先铺抹分格条边，后铺入分格条方框中间，用铁抹子由中间向边角推进，在分格条两边及交角处特别注意压实抹平，随抹随用直尺进行平度检查。如局部地面铺设过高时，应用铁抹子将其挖去一部分，再将周围的水泥石子浆拍挤抹平（不得用刮杠刮平）。

值得注意的是：几种颜色的水磨石拌和料不可同时铺抹，要先铺抹深色的，后铺抹浅色的，待前一种凝固后，再铺后一种（因为深颜色的掺矿物颜料多，强度增长慢，影响机磨效果）。

（7）滚压、抹平。在用滚筒滚压前，先用铁抹子或木抹子在分格条两边宽约 10cm 范围内轻轻拍实（避免将分格条挤移位）。滚压时用力要均匀（要随时清掉粘在滚筒上的石渣），应从横竖两个方向轮换进行，达到表面平整密实、出浆石粒均匀为止。待石粒浆稍收水后，再用铁抹子将浆抹平、压实，如发现石粒不均匀之处，应补石粒浆再用铁抹子拍平、压实，24h 后浇水养护。

（8）试磨。在浇铺水磨石后的养护时间，一般应根据气温情况而定。如果温度为 20～30℃时，则 2～3d（若 10～20℃，则为 3～4d；5～10℃，则为 5～6d）后即可试磨，目的是检查石粒是否已粘结牢固而无振动现象，以确保工程质量。

（9）粗磨。待经过试磨，已确信无石粒松动后，即可开始进行粗磨。第一遍用 60～90 号粗金刚石磨，使磨石机机头在地面上走横“8”字形，边磨边加水（如磨石面层养护时间太长，可加细砂，加快机磨速度），随时清扫水泥浆，并用靠尺检查平整度，直至表面磨平、磨匀，分格条和石粒全部露出（边角处用人工磨成同样效果）。用水清洗晾干，然后用较浓的水泥浆（如掺有颜料的面层，应用同样掺有颜料配合比的水泥浆）擦一遍，特别是面层的洞眼小孔隙要填补抹平，脱落的石粒应补齐。浇水养护 2～3d。

（10）细磨。第二遍用 90～120 号金刚石进行细磨，要求磨至表面光滑为止。然后用清水冲净，满擦第二遍水泥浆，仍注意小孔隙要细致擦严密，然后养护 2～3d。

（11）磨光。第三遍用 200 号细金刚石进行磨光，磨至表面石子显露均匀，无缺石粒现象，平整、光滑，无孔隙为度。

普通水磨石面层磨光遍数不应少于三遍，高级水磨石面层的厚度和磨光遍数及油石规格应根据设计确定。

（12）酸洗。为了取得打蜡后显著的效果，在打蜡前磨石面层要进行一次适量限度的酸洗，一般均用草酸进行擦洗。使用时，先用水加草酸化成为 10%浓度的溶液，用扫帚蘸后洒在地面上，再用油石轻轻磨一遍，磨出水泥及石粒本色，再用水冲洗软布擦干。此道操作必须在各工种完工后才能进行，经酸洗后的面层不得再受污染。

(13) 打蜡。打蜡上光的方法是：将蜡包在薄布内，在面层上薄薄涂一层，待干后用钉有帆布或麻布的木块代替油石，装在磨石机上研磨，用同样方法再打第二遍蜡，直到光滑洁亮为止。

3. 施工注意事项

(1) 水磨石拌和料的配比及稠度。水磨石拌和料的配比（体积比）应为：水泥：石粒＝1：1.5～1：2.5，并可通过少量试料来选定合适的配比。同一单位的水磨石拌和料必须配比一致，搅拌均匀。

彩色水磨石拌和料除彩色石粒外，还加入耐光耐碱的矿物颜料，其掺入量为水泥重量的3%～6%。普通水泥与颜料配合比、彩色石子与普通石子配合比，在施工前都须经试验室试验后确定。同一彩色水磨石面层应使用同厂、同批颜料。在拌制前应根据整个地面所需的用量，将水泥和所需颜料一次统一配好、配足。配料时不仅用铁铲拌和，还要用筛子筛匀后，用包装袋装起来存放在干燥的室内，避免受潮。彩色石粒与普通石粒拌和均匀后，集中贮存待用。

各种拌后料在使用前加水拌和均匀，稠度约6cm。

(2) 分格条处的处理。施工过程中有时会出现分格条（如玻璃分格条）折断，显露不清晰的缺陷，分析主要原因是分格条镶嵌不牢固（或未低于面层），所以滚压前未用铁抹子拍打分格条两侧，在滚筒滚压过程中，分格条被压弯或压碎。因此为防止此现象发生，必须在滚压前将分格条两边的石子轻轻拍实。

出现在分格条交接处四角无石粒的缺陷，分析原因主要是粘结分格条时，稠水泥浆应粘成30°，分格条顶距水泥浆约5mm，同时在分格条交接处，粘结浆不得抹到端头，要留有抹拌和料的孔隙。

(3) 水磨石层的缺陷的补救

1) 水磨石面层有洞眼、孔隙。水磨石面层机磨后总有些洞孔发生，一般均用补浆方法，即磨光后用清水冲干净，用较浓的水泥浆（如彩色磨石面时，应用同颜色颜料加水泥擦抹）将洞眼擦抹密实，待硬化后磨光；普通水磨石面层用“二浆三磨”法，即整个过程磨光三次擦浆二次，如果为图省事少擦抹一次，或用扫帚扫而不是擦抹或用稀浆等，都易造成面层有小孔洞（另外由于擦浆后未硬化就进行磨光，也易把洞孔中灰浆磨掉）。

2) 面层石粒不匀、不显露。原因主要是石粒规格不好，石粒未清洗，铺拌和料用刮尺刮平时将石粒埋在灰浆内，导致石粒不匀等。这就要求在拌料前严格控制石粒的质量，浇铺时严格按施工要求进行。

(二) 铺设现浇水磨石踢脚

现浇水磨石踢脚的构造见图2-16。

1. 施工顺序

现浇水磨石踢脚的施工顺序如下：

抹结合层→拉线→冲筋、划毛→抹水磨石拌和料→养护→试磨→粗磨→细磨→磨光→酸洗→打蜡→验收。

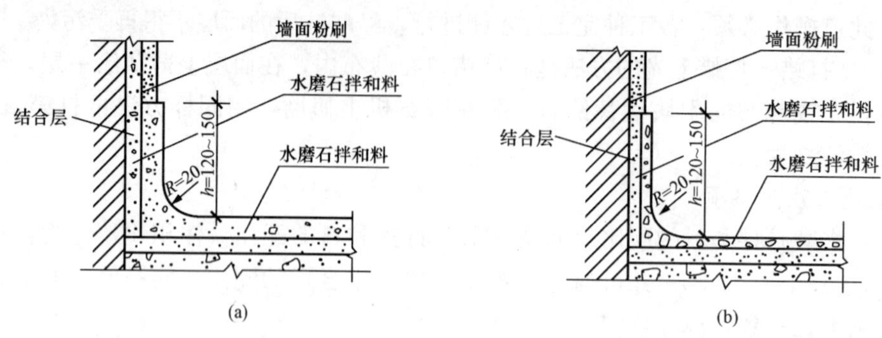

图 2-16 现浇水磨石踢脚的构造

2. 施工步骤

(1) 抹结合层、拉线。在墙体上抹结合层，并在阴阳角处套方、量尺、拉线，以确定水磨石踢脚的厚度。

(2) 冲筋、划毛。然后，按结合层的厚度冲筋，间距为 1～1.5m，并装档用短杠刮平，木抹子搓成麻面并划毛，养护 1～2d。

(3) 抹水磨石拌和料。先将结合层用水润湿，在阴阳角及上口处用靠尺按水平线划好规矩，贴好靠尺板。并先刷一层薄水泥浆，紧接着抹水磨石拌和料，而且要抹平、压实。24h 后浇水养护。

(4) 试磨、粗磨、细磨、磨光、酸洗、打蜡。现浇水磨石踢脚的试磨、粗磨、细磨、磨光、酸洗、打蜡各工序的操作与现浇水磨石地面基本相同，详见本节现浇水磨石地面施工中的相关介绍。

第三章

陶瓷材料地面、楼面

在现代建筑的地面、楼面装修中，陶瓷材料是使用最为广泛的。

陶瓷材料应用于建筑的地面、楼面装修，其最大的特点是物美价廉，而且施工也较简单。

陶瓷材料具有质地坚硬、抗压强度高、耐磨、耐磨蚀、耐擦浇，而且清洁方便的特点，此外，陶瓷材料可以制作成各种规格、色泽、花纹、图案以适应环境的需要。

近年来，陶瓷材料中出现了如瓷板等性能好、强度高，而且表面亚光、防滑的具有特殊功能的新品种。

总体来讲，陶瓷材料是一种适应性强、美观大方、价格较低、施工较为简单的材料，特别适合于医院、车站、体育场馆、酒店大堂、候机楼、商场等客流量较大的公共场所。它也适合于家庭装修中的卫生间、厨房、客厅等需要经常擦拭的室内地面或楼面。

按陶瓷制品的质地来说，可以分为三大类别：陶质制品、瓷质制品和炻质制品。

陶质制品的烧结程度相对较低，为多孔结构，强度较低，断面粗糙无光，抗冻性差，吸水率较高（一般为10%～22%），而且敲击时声音粗哑。基于上述特点，陶质制品多适合于室内使用。陶质制品分施釉和无釉制品两种表面状况。

陶质制品按其原料的不同而可制成粗陶制品和精陶制品。粗陶制品的坯料一般由一种或一种以上的含杂质较多的黏土组成，往往其表面不施釉，采用一次烧成工艺。建筑中采用的传统砖、瓦、陶管即属此类。精陶制品的坯料一般由可塑性黏土、高岭土、长石、石英组成，多采用二次烧成工艺（素烧：坯体在高温下焙烧；釉烧：施釉于经素烧后的坯体表面再次焙烧）。建筑中的内墙用釉面砖即属此类。

瓷质制品的烧结程度较高，呈致密结构，强度高、有光泽，坚硬耐磨，并有一定的半透明性，抗冻性较好，断面较平滑，吸水率极低（一般小于1%），而且敲击时声音清脆。基于上述特点，瓷质制品可适用于室外。瓷质制品通常都施有釉质。

瓷质制品按其坯料的化学成分与生产工艺的不同，可分为粗瓷制品和细瓷制品。建筑中的陶瓷马赛克（无釉）即属此类。

炻质制品是介于陶质制品和瓷质制品之间的一类陶瓷制品。其结构比陶质制品致密，吸水率较陶质制品低而又较瓷质制品高（一般为1%～10%），炻质制品的坯体不如瓷质制品那样洁白，常带有颜色，且无透明性。

炻质制品按其坯体结构的致密程度，可分为粗炻质制品和细炻质制品。通常粗炻质制品的吸水率为4%～8%；细炻制品的吸水率为1%～3%。建筑中使用的陶瓷地砖、外墙用的陶瓷面砖、陶瓷马赛克（有釉）及卫生陶瓷等即属此类。

目前，国外的陶瓷面砖的发展趋势是：①规格尺寸向大的方向发展。例如，英国生产的陶瓷面砖有的规格达 300mm×300mm；德国生产的陶瓷面砖有的规格达 300mm×600mm，甚至有 1000mm×2000mm 的超大型陶瓷面砖。②品种向多样化的方向发展。例如，意大利生产的彩色陶瓷面砖占总陶瓷面砖产量的 90%以上，美国占 80%以上。不但有单一色彩的，而且还有套色图案的。此外，近些年来，还涌现出具有特殊功能的陶瓷面砖。例如，日本生产的一种“浮雕面砖”不仅艺术装饰效果好，而且还具有轻质、保温、隔声的功能；澳大利亚生产出一种轻质陶瓷面砖，其方法是在普通陶瓷坯料中加入 2%～3%的聚苯乙烯颗粒，经过浇筑、成型、干燥后，坯体在 1050℃下烧成，由于聚苯乙烯受热分解而制成大量的孔隙。用此种办法制成的 600mm×300mm×25mm 的陶瓷釉面砖，密度为（0.8～1.2）kg/cm^3，显气孔率为 64%～69%，抗压强度为 6.8～8.8MPa，抗折强度为 2.94MPa。

我国近年来在建筑陶瓷饰面材料方面的发展很快。例如，沈阳陶瓷厂以套色喷花的方法已能生产出几十种彩色图案的陶瓷面砖，极具立体感；唐山建筑陶瓷厂以套色新网印花的方法也能生产出几十种图案的陶瓷面砖。此外，通过引进技术使我国的陶瓷装饰材料得到较大的发展。例如，引进日本技术和设备已能生产出面积为 1～2m^2、厚 4～8mm、抗压强度大于 98MPa、抗折强度为 35.1MPa、吸水率小于 1%的陶瓷装饰板。该种制品的表面可制成平滑的或风尾的、凸凹的、布纹的各种浮雕花纹图案，可适用于建筑的内墙面、地面、柱面的装修，还可以制作大型彩绘壁画。

综如上述，陶瓷饰面材料在建筑地面、楼面的装修中有着其他材料所望尘莫及的特色，特别是在色彩、图案方面更是独树一帜。陶瓷饰面材料适用于各种装修档次，各种装修风格，故而应用非常广泛。

第一节 陶瓷马赛克地面、楼面

陶瓷马赛克制品色泽多种多样，有白色、粉色、灰色、绿色、棕色、黑色、蓝色、米黄色、浅绿、栗色等数十种；又因陶瓷马赛克的尺寸较小（一般为 12～40mm），且有不同形状，可通过不同的组合而形成丰富多彩的图案和造型，这就为建筑设计师提供了丰富的设计与想象空间。

陶瓷马赛克有良好的物理性能和装饰性能，价格较花岗石低得多，而且施工难度要比花岗石板低（图为陶瓷马赛克的规格小，质量轻），所以常常被建筑师选用来作为建筑地面、楼面的装修材料。

现已颁布陶瓷马赛克制品的行业标准。

一、特性及构成

陶瓷马赛克质地坚硬、花色品种多样，组成的图案和造型可达数百种，而且还具有耐酸、耐碱、耐腐蚀、易清洗等特点，可广泛地适用于各种建筑物的地面、楼面装修。

陶瓷马赛克是采用黏土、石英、长石等为主要原料，经过粉碎、素烧、施釉等工序而制成。

二、品种、规格和性能

（一）品种

陶瓷马赛克按其表面有无釉层来分，可分为两种：有釉马赛克和无釉马赛克。

陶瓷马赛克按砖联的颜色来分，可分为三种：单色马赛克联、拼花马赛克联和混色马赛克联。

陶瓷马赛克按其形状来分，可分为八种：正方马赛克、长方马赛克、正方对角马赛克、斜长条马赛克、长条对角马赛克、五角马赛克、半八角马赛克和六角马赛克，如图 3-1 所示。

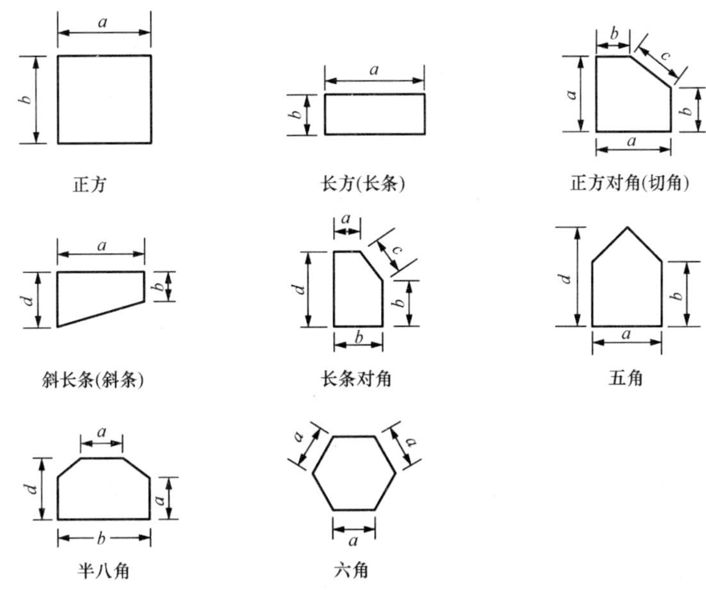

图 3-1 陶瓷马赛克的形状分类举例

（二）规格

陶瓷马赛克的规格并无特殊的规定，一般单砖的边长不大于 95mm，表面面积不大于 $55cm^2$；砖联分正方形、长方形和其他形状，特殊要求可由供需双方商定。表 3-1 中列出陶瓷马赛克的规格。

表 3-1　　陶瓷马赛克的规格举例　　（单位：mm）

品种	分类	尺寸			
		a	b	c	d
正方	大　方	39	39	—	—
	英寸方	23.7	23.7	—	—
	英寸半方	37.7	37.7	—	—
	中　方	18.5	18.5	—	—
	小　方	15.2	15.2	—	—

续表

品种	分类	尺寸			
		a	*b*	*c*	*d*
长方（长条）	长方（长条）	39	18.5	—	—
正方对角（切角）	大对角	39	18.5	29	—
	小对角	30.4	15.2	21.5	—
斜长条（斜条）	斜长条（斜条）	36	12	—	24
长条对角	长条对角	7.6	15.2	10.2	22
五角	大五角	23.7	23.7	—	35.6
	小五角	18.5	18.5	—	27.8
半八角	半八角	15.2	29	—	22
六角	大六角	14.5	—	—	—
	小六角	12.5	—	—	—

注：1. 各厂家产品的规格尺寸不尽相同。

2. 特殊规格尺寸的产品，可由供需双方商定。

（三）性能[1]

1. 尺寸偏差

（1）单块马赛克。单块陶瓷马赛克的尺寸偏差要求见表3-2。

（2）每联马赛克。每联陶瓷马赛克的尺寸偏差要求见表3-3。

表3-2 单块马赛克的尺寸偏差要求

（单位：mm）

项目	允许偏差	
	优等品	合格品
长度和宽度	±0.5	±1.0
厚度	±0.3	±0.4

表3-3 每联马赛克的尺寸偏差要求

（单位：mm）

项目	允许偏差	
	优等品	合格品
线路	±0.6	±1.0
联长	±1.5	±2.0

注：特殊要求的尺寸偏差可由供需双方协商。

2. 物理性能

（1）吸水率。无釉陶瓷马赛克的吸水率不大于0.2%，有釉陶瓷马赛克的吸水率不大于1.0%。

（2）耐磨性

1）无釉陶瓷马赛克耐深度磨损体积不大于175mm³。

2）用于铺地的有釉陶瓷马赛克表面耐磨性报告磨损等级和转数。

（3）抗热震性。经五次抗热震性试验后不出现炸裂或裂纹。

（4）抗冻性。抗冻性由供需双方协商。

（5）耐化学腐蚀性。耐化学腐蚀性由供需双方协商。

[1] 参见JC/T 456—2005《陶瓷马赛克》。

(6) 成联陶瓷马赛克质量要求

1) 色差。单色陶瓷马赛克及联间同色砖色差优等品目测基本一致，合格品目测稍有色差。

2) 铺贴衬材的粘结性。陶瓷马赛克与铺贴衬材经粘结性试验后，不允许有马赛克脱落。

3) 铺贴衬材的剥离性。表贴陶瓷马赛克的剥离时间不大于 40min。

4) 铺贴衬材的露出。表贴、背贴陶瓷马赛克铺贴后，不允许有铺贴衬材露出。

3. 外观质量

(1) 最大边长小于或等于 25mm 的陶瓷马赛克的外观质量要求见表 3-4。

表 3-4　　最大边长小于或等于 25mm 的马赛克的外观质量要求

缺陷名称	表示方法	缺陷允许范围				备注
		优等品		合格品		
		正面	背面	正面	背面	
夹层、釉裂、开裂		不允许				
斑点、粘疤、起泡 坯粉、麻面、波纹 缺釉、橘釉、棕眼 落脏、熔洞		不明显		不严重		
缺角/mm	斜边长	＜2.0	＜4.0	2.0～3.5	4.0～5.5	正背面缺角不允许在同一角部 正面只允许缺角 1 处
	深　度	不大于厚砖的 2/3				
缺边/mm	长　度	＜3.0	＜6.0	3.0～5.0	6.0～8.0	正背面缺边不允许出现在同一侧面 同一侧面边不允许有 2 处缺边，正面只允许 2 处缺边
	宽　度	＜1.5	＜2.5	1.5～2.0	2.5～3.0	
	深　度	＜1.5	＜2.5	1.5～2.0	2.5～3.0	
变形/mm	翘　曲	不明显				
	大小头	＜0.2		＜0.4		

(2) 最大边长大于 25mm 的陶瓷马赛克的外观质量要求见表 3-5。

表 3-5　　最大边长大于 25mm 的陶瓷马赛克的外观质量要求

缺陷名称	表示方法	缺陷允许范围				备注
		优等品		合格品		
		正面	背面	正面	背面	
夹层、釉裂、开裂		不允许				
斑点、粘疤、起泡 坯粉、麻面、波纹 缺釉、橘釉、棕眼 落脏、熔洞		不明显				不严重

续表

<table>
<tr><th rowspan="3">缺陷名称</th><th rowspan="3">表示方法</th><th colspan="4">缺陷允许范围</th><th rowspan="3">备　　注</th></tr>
<tr><th colspan="2">优等品</th><th colspan="2">合格品</th></tr>
<tr><th>正面</th><th>背面</th><th>正面</th><th>背面</th></tr>
<tr><td rowspan="2">缺角/mm</td><td>斜边长</td><td>＜2.3</td><td>＜4.5</td><td>2.3～4.3</td><td>4.5～6.5</td><td rowspan="2">斜边长小于1.5mm的缺角允许存在
正背面缺角不允许在同一角部
正面只允许缺角1处</td></tr>
<tr><td>深　度</td><td colspan="4">不大于厚砖的2/3</td></tr>
<tr><td rowspan="3">缺边/mm</td><td>长　度</td><td>＜4.5</td><td>＜8.0</td><td>4.5～7.0</td><td>8.0～10.0</td><td rowspan="3">正背面缺边不允许出现在同一侧面
同一侧面边不允许有2处缺边，正面只允许2处缺边</td></tr>
<tr><td>宽　度</td><td>＜1.5</td><td>＜3.0</td><td>1.5～2.0</td><td>3.0～3.5</td></tr>
<tr><td>深　度</td><td>＜1.5</td><td>＜2.5</td><td>1.5～2.0</td><td>2.5～3.5</td></tr>
<tr><td rowspan="2">变形/mm</td><td>翘　曲</td><td colspan="2">＜0.3</td><td colspan="2">＜0.5</td><td rowspan="2"></td></tr>
<tr><td>大小头</td><td colspan="2">＜0.6</td><td colspan="2">＜1.0</td></tr>
</table>

三、陶瓷马赛克地面、楼面的应用设计

（一）拼花造型

由于陶瓷马赛克的规格较小（一般小于95mm），而且从形状上来分有不同的品种，这就为某一种形状的马赛克或两种形状、三种形状的马赛克来拼成不同的图案提供了可能。以图3-1中所介绍的陶瓷马赛克为例，就可以拼成很多种图案。表3-6中仅列出14种供参考。图3-2中所示即为这14种图案。

表3-6　　陶瓷马赛克基本拼花造型图案举例

<table>
<tr><th>拼花造型图案编号</th><th>拼花造型说明</th><th>备　　注</th></tr>
<tr><td>拼-1</td><td>各种正方与正方相拼</td><td rowspan="14">陶瓷马赛克拼花产品，一般出厂前均已按各种拼花造型图案拼好反贴在牛皮纸上（故又称“纸皮砖”），每张大小约305.5mm见方，称作一“联”，其面积为0.093m²，每40联为一箱，每箱约3.7m²</td></tr>
<tr><td>拼-2</td><td>大方与长条相拼</td></tr>
<tr><td>拼-3</td><td>大方、中方及长条相拼</td></tr>
<tr><td>拼-4</td><td>中方与大对角相拼</td></tr>
<tr><td>拼-5</td><td>小方与小对角相拼</td></tr>
<tr><td>拼-6</td><td>中方与大对角相拼</td></tr>
<tr><td>拼-7</td><td>斜长条与斜长条相拼</td></tr>
<tr><td>拼-8</td><td>斜长条与斜长条相拼</td></tr>
<tr><td>拼-9</td><td>长条对角与小方相拼</td></tr>
<tr><td>拼-10</td><td>时方与大五角相拼；中方与小五角相拼</td></tr>
<tr><td>拼-11</td><td>半八角与小方相拼</td></tr>
<tr><td>拼-12</td><td>各种六角与六角相拼</td></tr>
<tr><td>拼-13</td><td>小方与小对角相拼</td></tr>
<tr><td>拼-14</td><td>各种长条与长条相拼</td></tr>
</table>

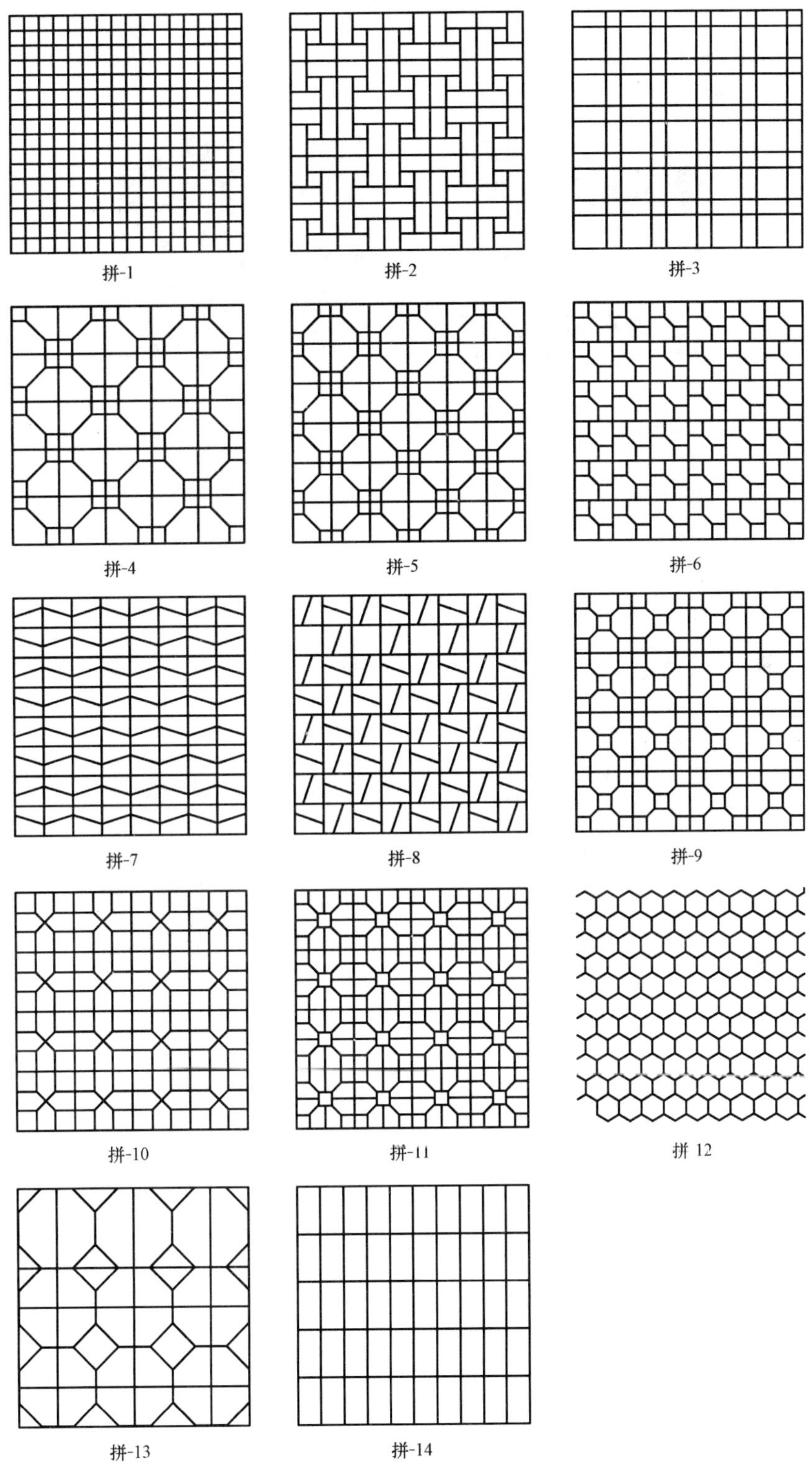

图 3-2　陶瓷马赛克基本拼花造型的图案举例

（二）排列组合

在用于地面楼面的装修时，可利用基本的陶瓷马赛克的基本造型来进行排列组合，这样自然可以幻化出无数种的排列组合形式，如图 3-3 所示。

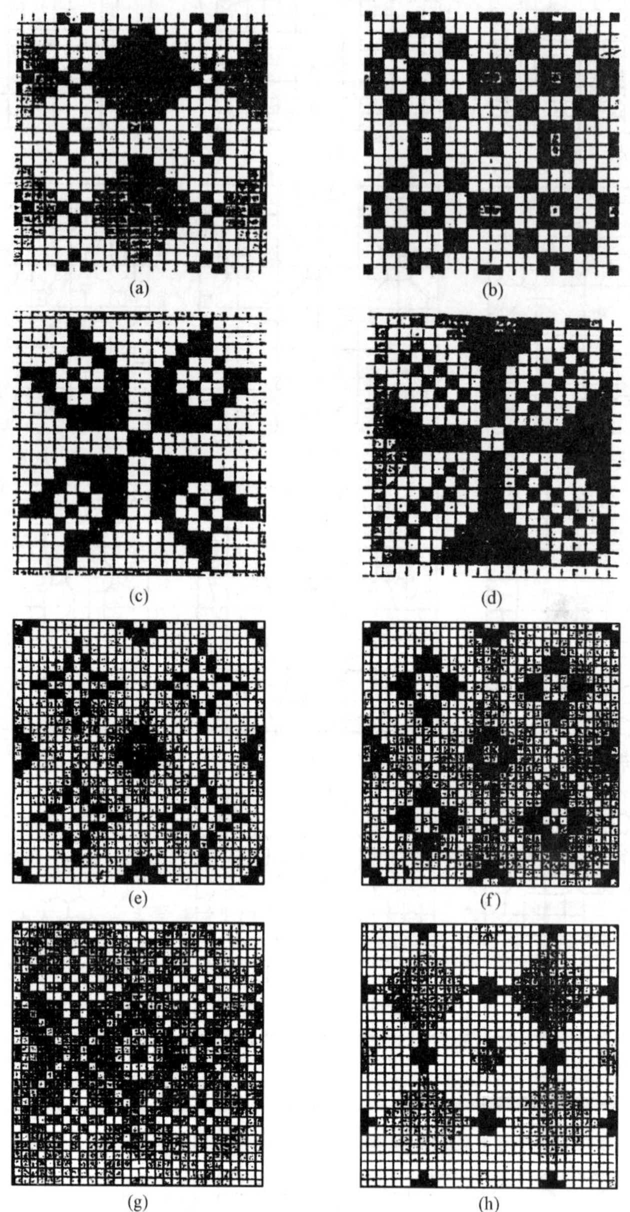

(a) (b) (c) (d) (e) (f) (g) (h)

图 3-3 陶瓷马赛克地面拼花造型举例

四、陶瓷马赛克地面、楼面的施工及施工要求

陶瓷马赛克地面、楼面的施工一般由两部分组成：铺设陶瓷马赛克和铺设踢脚板。

（一）铺设陶瓷马赛克

在此以在现浇或预制钢筋混凝土板上铺设陶瓷马赛克为例，来介绍相关的施工内容。

1. 施工顺序

陶瓷马赛克楼面的施工顺序如下：

清理基层、划线→刷素浆、做找平层→弹线→做结合层→铺贴陶瓷马赛克→修整→刷水揭纸→调缝→处理砖缝→养护→验收。

2. 施工步骤

在此以混凝土楼面基层为例，如果是非混凝土楼面基层，则可在垫层上已做好找平层上做结合层。

（1）清理基层、划线。应将被铺楼面基层上的灰渣、油污及浮浆清理干净，以利于其与找平层粘结。然后，在墙四周弹出水平标高线。

（2）刷素浆、做找平层

1）刷素浆。在清理好的楼面上均匀洒水，然后用笤帚均匀洒刷水泥素浆（水灰比为 0.5）。刷的面积不得过大，须与下道工序铺砂浆找平层紧密配合，随刷水泥浆随铺水泥砂浆。

2）做找平层

①以墙面水平标高线为准，测出面层标高，拉水平线做灰饼、灰饼上平为陶瓷马赛克下皮。然后进行冲筋，在房间中间每隔 1m 冲筋一道。有地漏的房间按设计要求的坡度找坡，冲筋应朝地漏方向呈放射状。

②冲筋后，用 1∶3 干硬性水泥砂浆（干硬程度以手捏成团，落地开花为准），铺设厚度为 20～25mm，用大杠（顺标筋）将砂浆刮平，木抹子拍实，抹平整。有地漏的房间要按设计要求的坡度做出泛水。

3）弹线。找平层抹好 24h 后或抗压强度达到 1.2MPa 后，在找平层上量测房间内长宽尺寸，在房间中心弹十字控制线，根据设计要求的图案结合陶瓷马赛克每联尺寸，计算出所铺贴的张数，不足整张的应甩到边角处，不能贴到明显部位。

4）做结合层。在砂浆找平层上，浇水湿润后，抹一道 2～2.5mm 厚的水泥浆结合层（宜掺水泥重量 20%的 108 胶），应随抹随贴，面积不要过大。

5）铺陶瓷马赛克。铺陶瓷马赛克宜整间一次镶铺连续操作，如果房间大一次不能铺完，须将接槎切齐，余灰清理干净。具体操作时应在水泥浆尚未初凝时开始铺陶瓷马赛克（背面应洁净），从里向外沿控制线进行，铺时先翻起一边的纸，露出马赛克以便对正控制线，对好后立即将陶瓷马赛克铺贴上（纸面朝上）；紧跟着用手将纸面铺平，用拍板实（人站在木板上），使水泥浆渗入到马赛克的缝内，直至纸面上显露出砖缝水印时为止。继续铺贴时不得踩在已铺好的马赛克上，应退着操作。

6）修整。整间铺好后，在马赛克上垫木板，人站在垫板上修理四周的边角，并将马赛克地面与其他地面门口接槎处修好，保证接槎平直。

7）刷水、揭纸。铺完后紧接着在纸面上均匀地刷水，常温下过 15～30min 纸便湿透（如未湿透可继续洒水），此时可以开始揭纸，并随时将纸毛清理干净。

8）调缝。应在水泥浆结合层终凝前完成调缝。揭纸后，及时检查缝子是否均匀，缝子不顺不直时，用小靠尺比着开刀轻轻地拨顺、调直，并将其调整后的马赛克用木柏板拍实（用锤子敲柏板），同时粘贴补齐已经脱落、缺少的马赛克颗粒。地漏、管口等处周围的马赛克，要按坡度预先试铺进行切割，要做到马赛克与管口镶嵌紧密相吻合。在以上拨缝调整过程中，要随时用2m靠尺检查平整度，偏差不超过2mm。

9）处理砖缝。调缝后第二天（或水泥浆结合层终凝后），用白水泥浆或与马赛克同颜色的水泥素浆擦缝，棉丝蘸素浆从里到外顺缝揉擦，擦满、擦实为止，并及时将马赛克表面的余灰清理干净，防止对面层的污染。

10）养护。陶瓷马赛克地面擦缝24h后，应铺上锯末常温养护（或用塑料薄膜覆盖），其养护时间不得少于7d，且不准上人。

注：冬期施工时，室内操作温度不得低于+5℃，砂子不得有冻块，马赛克面层不得有结冰现象。养护阶段表面必须覆盖。

3. 施工注意事项

（1）防止面层空鼓。做找平层之前基层必须清理干净，洒水湿润，找平层砂浆做完之后，房间不得进人，要封闭，防止地面污染，影响与面层的粘结。铺陶瓷马赛克时，水泥浆结合层与马赛克铺贴同时操作，即随刷随铺，不得刷的面积过大，防止水泥浆风干影响粘结而导致空鼓。

（2）防止地面渗水。厕所浴室地面穿楼板的上、下水等各种管道做完后，洞口应堵塞密实，并加有套管，验收合格后再做防水层。管口部位与防水层结合要严密，待蓄水合格后才能做找平层。马赛克面层完成后应做二次蓄水试验。

（3）防止砖缝不均匀。铺贴陶瓷马赛克前应挑选长、宽相同的整张马赛克用于同一房间内，拨缝时分格缝要拉通线，将超线的砖块拨顺直。

（4）防止地漏处马赛克不规矩。做找平层时应找好地漏坡度，当大面积铺完后，再铺地漏周围的马赛克，根据地漏直径预先计算好马赛克的块数（在地漏周围呈放射形镶铺），再进行加工，试铺合适后再进行正式粘铺。

（二）铺设踢脚板

陶瓷马赛克地面、楼面的踢脚板的相关内容，可参照本书第二章第一节“天然花岗石板地面、楼面”中所介绍的相关内容。

第二节 陶瓷砖地面、楼面

陶瓷砖是由耐火黏土、石英、长石等为主要原料，通过采用半干压法或浇注法的生产工艺制成。但是，目前绝大多数陶瓷砖均采用半干法成型工艺制成，其特点是生产周期短、尺寸稳定，适合于大批量现代化工业的生产。

陶瓷砖在我国过去常被称为陶瓷内墙砖和陶瓷墙地砖，随着陶瓷面砖的应用日益广泛与产品质量及应用技术日臻成熟，目前我国在新颁布的国家相关标准中将其统称为“陶瓷砖”，而不再有陶瓷内墙砖和陶瓷墙地砖之分，并对不同用途的陶瓷面砖在个别指标要求上有特别要求，这样就更为科学。

陶瓷砖具有硬度大、强度高、耐磨、抗化学腐蚀能力强、表面装饰色彩与图案丰富、应用组合方式灵活多变、易于清洗等特点，而且，有不同的价格档次可供选择。因此，这些年日益受到建筑师的青睐。

陶瓷砖可以广泛地应用于建筑的外墙装修、内墙装修、地面装修，是现代建筑中最为常见的装修材料。

现已颁布陶瓷砖制品的国家标准。

一、特性及构成

陶瓷砖具有质地坚硬、强度高、耐化学腐蚀性好、耐磨等特性，更值得指出的是：陶瓷砖的表面既可以是有釉的，也可以是无釉的；既可以是单一釉色的，也可以是套色的；既可以表面是平滑的，也可以表面是凸凹浮雕状的。此外，不同图案和规格的陶瓷面砖还可以通过不同的排列组合成特定的装饰面，其方式灵活多变，极为丰富；而且日常清洗、维护方便，有不同档次的产品适应装修工程的需要。

陶瓷砖是由黏土和其他无机非金属原料制造的用于覆盖墙面和地面的薄板制品，陶瓷砖是在室温下通过挤压或干压或其他方法成型，干燥后，在满足性能要求的温度下烧制而成。砖是有釉（GL）或无釉（UGL）的，而且是不可燃、不怕光的。

二、品种、规格和性能

限于篇幅，请读者参考《现代建筑外墙装饰材料与施工》一书，在此不详细介绍。

三、陶瓷砖地面、楼面的应用设计

陶瓷砖地面、楼面的应用设计，参照本书第二章第一节“天然花岗石板地面、楼面”中所介绍的相关内容。

四、陶瓷砖地面、楼面的施工及施工要点

陶瓷砖地面、楼面的施工及施工要点，参照本书第二章第一节“天然花岗石板地面、楼面”中所介绍的相关内容。

第四章

各种地板材料的地面、楼面

在现代建筑装修中，室内地面、楼面的装修大量采用着各种地板材料，其中用量最大者为木质地板（如：实木地板、实木复合地板和实木集成地板），近些年竹地板也有迅猛发展的势头，物美价廉的复合地板——浸渍纸层压木质地板也为一般的地面、楼面装修所采用，而且施工简便、快速，深受欢迎。此外，还有专门用途的抗静电活动地板和体育馆用木质地板则用于有特殊要求的地面装修。

本章将介绍各种用于地面、楼面装修的地板材料，以及这些材料在地面、楼面装修中的应用设计和施工方面的内容。

第一节　各种木质地板、竹质地板地面、楼面

在建筑的室内装修中，实木地板应用非常广泛。尽管木地板的应用历史久远，然而在现代建筑中，它仍然是非常常见的，其品种和应用方式都有了新的发展。究其原因，主要是木地板有以下几方面的特点：

1. 优良的装饰性

由于木材是自然生长的，所以其具有特有的年轮和纹理，而且各种树种的年轮和纹理又不尽一样。通过树木加工成地板，从而使每块地板所显现的纹理千变万化，给人们一种独特的自然美感，而无分毫人工雕琢之虞。

2. 独特的力学性能

众所周知，木材较各种石材或陶瓷的密度要低很多，然而其抗张拉能力却十分优秀，是天然大理石的50倍左右，抗压力为天然大理石的4倍左右，所以不会出现断裂的现象。特别是木地板具有一定的弹力，可以缓冲地面对人体的作用力，从而人在其上行走时，会有柔和自然之感，有益人体的健康。

3. 有益于保温和调节湿度

木地板的导热性能差，所以它具有良好的保温性能，给人冬暖夏凉的感觉。又因木地板有许多微观的孔隙，可以通过吸收室内过多的湿气或在室内干燥时释放出水分来调节室内的湿度，使人感到舒适。

4. 良好的施工性能

木地板可以锯、刨、钻、钉和粘结，所以给安装施工提供了方便 。

特别是近些年来，人们崇尚天然、无污染，讲究舒适，所以木地板更受到人们的青睐，故被广泛地应用于医院、会议室、起居室、卧室、饭店客房、幼儿园等民用建筑中。

制造木地板的木材种类很多，表4-1中列出了我国市场常见木地板树种的规范化商用名称，以供参考。

表4-1　　我国市场常见木地板树种规范化商用名

序号	中名	拉丁名	科名	市场贸易名	心材材色	气干密度/(g/cm³)	木材干燥特性	商用名
1	硬槭木	Acer spp. A. saccharum A. nigrum	Aceraceae 槭树科	hard maple	乳白、黄或黄褐色至红褐色	0.58～0.68	板材干燥不困难，干燥速度中等，表面易产生细裂纹，略有翘曲	色木
2	软槭木	Acer rubrum A. saccharinum	Aceraceae 槭树科	soft maple	浅黄至淡褐色	0.56	板材干燥不困难，干燥速度中等，表面易产生细裂纹，略有翘曲	色木
3	米兰	Aglaia spp.	Meliaceae 楝科	aglaia goitia, pasak	深红褐色	0.77～0.87	干燥性能较好，略翘曲，不开裂	米兰
4	铁苏木	Apuleia spp.	Leguminosae 豆科	garapa, paumulato	黄褐色久变深	0.83～0.88		铁苏木
5	盾籽木	Aspidosperma spp.	Apocynaceae 夹竹桃科	ararcanga, carreto	黄色至玫瑰色或黄褐色，常带紫色条纹	0.85～1.03	干燥容易、迅速，略有翘曲、开裂和表面硬化。为得到良好效果，应采用慢速干燥	盾籽木
6	圭亚那乳桑	Bagassa guianensis	Moraceac 桑科	tatajuba	黄色，时间长呈褐色	0.73～0.90	干燥容易，无翘曲	乳桑
7	红苏木	Baikiaea spp.	Leguminosae 豆科	rhodesiateak, zambasi redwood	红褐色，具深色条纹	0.73～0.90	干燥慢，几乎不翘曲与开裂	
8	巴福芸香	Balfourdendron riedelianam	Rutaceae 芸香科	irorywood, quatamba	黄白有时带灰色	0.80		芸香
9	桦木	Betula spp.	Betulaceae 桦木科	birch	黄褐或红褐色	0.61～0.67	干燥颇快，不翘曲，如果干燥过快则易翘曲	桦木
10	秋枫	Bischofia javanica	biaceae 大戟科	Java bishopwood-tuai	紫红褐色，常具条纹	0.69	应小心干燥，否则翘曲严重，原木或厚板干燥时产生蜂窝裂	

续表

序号	中名	拉丁名	科名	市场贸易名	心材材色	气干密度/(g/cm³)	木材干燥特性	商用名
11	光鲍迪豆	Bowdichia nitida	Leguminosae 豆科	sapupira	新切面巧克力色，干后黑褐色	1.01	干燥气干困难，有轻度端裂和变形，窑干快，开裂和扭曲中等	
12	麦粉饱食桑	Brosimum alicastrum	Moroceae 桑科	Bagasse tatajuba	黄白或浅黄褐色	0.69～1.04	干燥较容易，气干略困难，有扭曲倾向	乳桑
13	角香茶茱萸	Cantleya comiculata	Icacinaceae 茶茱萸科	daru-daru，cedaru	黄色	0.97～1.11	木材干燥稍慢，40mm厚板材气干需6个月	达茹
14	日本扁柏	Chamecyparis obtusa	Cupressaceae 柏科	Japanese cedar	金褐色	0.44	干燥容易	
15	绿柄桑	Chlorophora spp.	Moracea 桑科	iroko，odum	新切面黄色或浅黄褐色，久置为金褐色或深褐色	0.62～0.72	干燥较快，略有翘曲	依洛克
16	破布木	Cordia dichotoma	Boraginaceac 紫草科	dichotomous cordia，balu，salimuli	浅黄褐色，常带黑色条纹	0.47～0.65	干燥性质良好	
17	杉木	Cunninghamia lanceolata	Taxodiaceae 杉科	Chinese fir	黄褐色	0.32～0.42	干燥容易，速度较快，无缺陷产生	
18	双柱苏木	Dicorynia guianensis	Leguminosae 豆科	angelique，basralocus	黄褐至红褐色	0.73～0.79	干燥快，性能中等，有端裂和面裂发生，厚板有翘曲和表面硬化发生	双柱木
19	香二翘豆	Diperyx odorata	Leguminosae 豆科	tonka，cumaru	浅红褐色	1.07～1.11	干燥速度中等，略有面裂	
20	龙脑香	Dipterocarpus spp.	Dipterocarpaceae 龙脑香科	keruing	红褐色	0.64～0.81	木材含大量树胶，干燥时水分运行受阻，容易产生翘曲、开裂，因此干燥速度宜缓慢	克隆

续表

序号	中名	拉丁名	科名	市场贸易名	心材材色	气干密度/(g/cm³)	木材干燥特性	商用名
21	五桠果	Dillenia spp.	Dilleniaceae 五桠果科	Katmon	浅红木红褐色	0.75		桠果木
22	冰片香	Dryobalanops spp.	Dipterocarpaceae 龙脑香科	Kapur	红褐色	0.80		冰片木
23	筒状非洲楝	Entandrophragma cylindricum	Meliaceae 楝科	sapele	新切面粉红色，久则红褐色	0.61～0.67		幻影木
24	红桉	Eucalyptus spp.	Mytraceae 桃金娘科	Jarrah, karri, Australiaoak	浅红、红褐色	0.76～1.09	干燥宜小心，防止皱缩和翘曲	桉木
25	坤甸铁樟	Eusideroxylonzwageri	Lauraceae 樟科	ulin, belian ironwood	黄褐色至红褐色、久变黑	1.19	干燥慢，没有严重降等现象，但有劈裂和面裂倾向	见蓬
26	帕拉芸香	Euxylophoraparaensis	Rutaceae 芸香科	sateen wood	柠檬黄和金黄	0.81	干燥较容易，需小心，开裂性大，扭曲性小	
27	水青冈	Fagus spp.	Fagaceae 壳斗科	beech American Beech European beech	浅红褐色至红褐色	0.61～0.79	木材干缩差异大，干燥时容易产生翘曲、开裂，因此干燥宜缓和	山毛榉
28	水曲柳	Fraxinus mandshurica	Oleaceae 木犀科	ash	黄褐至灰褐色	0.63～0.69	木材干缩大，常有翘裂现象产生，高温时可能发生皱缩或内裂	水曲柳
29	任嘎漆木	Gluta spp. Melanochyla spp. Melanorrhoea spp.	Anacardiaceae 漆树科	rengas	浅红至红褐色，有的带深色条纹	0.67～0.99	干燥速度略慢，稍有扭曲发生，15～40mm厚板材气干分别需2和5个月	漆木
30	古夷苏木	Guibourtia demeusei	Leguminosae 豆科	bubinga	红或红褐色，有的带条纹	0.84～1.14	干燥性能良好，速度中等，略有翘曲、开裂	卜宾嘉
31	轻坡垒	Hopea spp.	Dipterocarpaceae 龙脑香科	merawan	黄褐带橄榄绿久深红褐色	0.69～0.76	木材天然干燥慢，稍有杯弯，断裂不严重	山桂花

续表

序号	中名	拉丁名	科名	市场贸易名	心材材色	气干密度/(g/cm³)	木材干燥特性	商用名
32	重坡垒	Hopea spp.	Dipterocarpaceae 龙脑香科	giamkoki	黄略带绿色，久则深褐色	0.87～1.22	木材天然干燥很慢，稍有杯弯，端裂不严重	
33	李叶苏木	Hymenaea spp.	Leguminosae 豆科	jatoba	红褐色	0.89	木材天然干燥很慢，15、40mm 厚板材气干分别需 6 和 8 个月，稍有端裂和面裂	佳托巴
34	印茄	Intsiaspp.	Leguminosae 豆科	merbau	褐至暗红褐色，常具条纹	0.80～0.94	干燥性能良好，速度慢，无降等倾向	波罗格
35	柯库木	Kokoona spp.	Celastraceae 卫矛科	Mata ulat	浅褐微带红色	0.89～1.06	木材干燥稍快，40mm 厚板材气干约需 35 个月，稍有端裂和面裂	
36	大甘巴豆	Koompassia. excelsa	Leguminosae 豆科	manggis	暗红色，久则巧克力褐色	0.88		紫豆木
37	甘巴豆	Koompassia spp.	Leguminosae 豆科	kempas，tualang	粉红至暗红色或巧克力色，有时具条纹	0.76～0.93	干燥略慢，应谨慎处理，防止劈裂和翘曲	康帕斯
38	子京	Madhuca spp.	Sapotaceae 山榄科	Bitis，palapi	暗红褐或紫红褐色	1.05～1.12	干燥困难，速度慢，防止表面开裂	子京
39	木莲	Manglietia spp.	Magnoliaceae 木兰科	mo-vangtam	黄绿色	0.45～0.64	干燥容易，干后尺寸稳定	木莲
40	铁线子	Manikara spp.	Sapotaceae 山榄科	bulletwood，macaranduba	红至红褐色或巧克力色	1.0～1.1	干燥较困难，应小心处理，防止开裂和翘曲	铁线子
41	香脂木豆	Myroxylon balsamum	Leguminosae 豆科	balsamo，incienso	红褐色或紫红褐色，具浅色条纹	0.95		香脂木
42	米老排	Mytilaria laosensis	Hamamelidaceae 金缕梅科	Lao mytilaris	红褐色	0.57	干燥时易产生翘曲，应小心处理	

续表

序号	中名	拉丁名	科名	市场贸易名	心材材色	气干密度/(g/cm³)	木材干燥特性	商用名
43	纳托榄	Palaquiumspp. Payenaspp. Ganuaspp.	Sapotaceae 山榄科	nyatoh	红褐色	0.56～0.77	干燥略慢或慢，40mm 厚板材气干需 6 个月，干燥略端裂、面裂和劈裂产生	纳托木
44	紫心苏木	Peltogyne spp.	Leguminosae 豆科	purpleheart, amaranth	紫红色	0.84～1.0	干燥性能良好，无开裂与变形，或略有端裂，干后尺寸稳定	紫芯木
45	美木豆	Pericopsisspp.	Leguminosae 豆科	afrormosia	黄褐色久转深	0.69	干燥相当慢，略有开裂和翘曲	美木豆
46	白山榄木	Planchonel-laspp.	Sapotaceae 山榄科	kete	浅黄白色，草黄色	0.40～0.53	干燥性能良好，窑干无开裂、翘曲倾向	
47	肥果山榄	Planchonella-pachycarpa	Sapotaceae 山榄科	goiabao	浅黄色	0.91	干燥性能良好，窑干无开裂、翘曲倾向	山榄木
48	番龙眼	Pometia spp.	Sapindaceae 无患子科	kasai, maton	红褐色，常带紫色	0.54～0.86	干燥困难，易开裂与变形，干燥速度应放慢	红梅嘎
49	印度紫檀	Pterocarpus indicus	Leguminosae 豆科	Lingqoa-padauk, narra	红褐、深红褐色或金黄	0.53～0.94	干燥性能良好，通常不开裂与变形，或略有端裂。干燥较慢	花梨
50	大果紫檀	Pterocarpus macrocarpus	Leguminosae 豆科	praddo	橘红、砖红或紫色	0.80～0.86	干燥性能良好，干燥速度应放慢	花梨
51	柞木	Quercus mongolica	Fagaceae 壳斗科	mongolica oak	黄褐色或浅栗褐色	0.74～0.76	干燥不难，容易径裂与翘曲	橡木
52	红栎	Quercusspp.	Fagaceae 壳斗科	red oak	粉红或浅红褐色	0.63	干燥困难，容易径裂与翘曲	橡木
53	白栎	Quercusspp.	Fagaceae 壳斗科	white oak	淡黄色或浅黄褐色	0.68	干燥困难，容易径裂与翘曲	橡木
54	红苞木	Rhodoleia spp.	Hamamelidaceae 金缕梅科	rhodoleia	红褐色	0.59	干燥时易产生翘曲，应小心处理	

续表

序号	中名	拉丁名	科名	市场贸易名	心材材色	气干密度/(g/cm³)	木材干燥特性	商用名
55	荷木	Schima spp.	Theaceae 山茶科	gugertree	浅红褐色至暗黄褐色	0.61～0.64	干燥时容易产生翘裂	荷木
56	蒜果木	Scorodocarpus borneensis	Olacaceae 铁青树科	kulim	紫褐色	0.82	干燥性能良好，如太快可能发生径向劈裂	
57	白娑罗双	Shorea spp.	Dipterocarpaceae 龙脑香科	White meranti	白色久则浅黄褐色	0.68		金罗双木
58	重红娑罗双	Shorea spp.	Dipterocarpaceae 龙脑香科	red balau, balau meranti	深红色	0.80～0.88	木材天然干燥颇慢，15mm 和 40mm 板材气干分别为 4 和 6 个月，略有端裂、面裂及杯裂	
59	非洲肉豆蔻	Staudtia spp.	Myristicaceae 肉豆蔻科	Niove	红褐色，带暗色条纹	0.81～1.01		油豆蔻木
60	蒲桃	Syzygium spp.	Myrtaceae 桃金娘科	Syzygium, Kelat	紫红或红褐色，常具黑色条纹	0.76～0.92	干燥不太困难，速度较慢，少开裂，少变形	蒲桃
61	蚁木	Tabebuiaspp.	Bignoniaceae 紫葳科	ipe	红褐色、橄榄褐色，常具深色条纹	0.81～1.02	干燥容易，速度快或中等，略有开裂、翘曲和表面硬化，窑干可得到良好效果	依贝
62	四籽本	tetrameristaspp.	Tetrameristaceae 四籽树科	Punah	黄褐色，常具粉色条纹	0.79		普纳木
63	柚木	Tectonagrandis	Verbenaceae 马鞭草科	Teak	黄褐色微红	0.48～0.63	干燥性能良好，干后尺寸稳定	柚木
64	猴子果	Tieghemella spp.	Sspctaceae 山榄科	Makore	红褐色	0.70		圣桃木
65	山牡荆	Vitex quinata	Verbenaceae 马鞭草科	cloth alarm	黄褐色至灰褐色	0.48	干燥容易，少开裂，不变形	
66	木荚豆	XyilaSpp.	Leguminosae 豆科	cam. xe	红褐色	1.05～1.23	干燥相当困难，窑干需慢速处理，否则产生端裂、面裂，甚至降等	金车木

由于树种的不同，制造木地板的树木的耐磨性也不相同，这是因为不同的树种的木材有不同的密度、硬度及构造特性之故。

表 4－2 中列出了几种常见的阔叶材的耐磨性、硬度和密度。从表中可以看出，耐磨性以荔枝叶红豆木最佳，而泡桐木最差。因此，在选择木地板时，应考虑木地板是何树种，应选择耐磨性好的，以延长地板使用寿命。

表 4－2　　几种阔叶材的耐磨性、硬度和密度

树种	摩擦面	含水率（%）	密度/(g/cm³)	硬度/(N/cm²)	重量磨损率（%）
槭　木	径面	9.67	0.769	2670	0.572
	弦面	9.59	0.771	3160	0.499
	端面	8.80	0.746	6490	0.247
少　槠	径面	11.40	0.503	—	0.283
	弦面	10.40	0.515	—	0.264
	端面	10.85	0.595	—	0.124
枫　香	径面	7.63	0.695	2250	0.540
	弦面	8.00	0.693	740	0.430
	端面	8.33	0.691	5930	0.290
水曲柳	径面	12.05	0.719	2150	0.593
	弦面	11.22	0.709	2010	0.553
	端面	11.21	0.737	5730	0.249
荔枝叶红豆	径面	9.78	0.817	—	0.154
	弦面	9.93	0.827	—	0.146
	端面	9.61	0.848	—	0.043
南方泡桐	径面	11.24	0.288	710	0.953
	弦面	10.94	0.283	800	0.798
	端面	11.53	0.259	2630	0.774
五列木	径面	12.13	0.690	—	0.186
	弦面	11.82	0.688	—	0.164
	端面	11.97	0.688	—	0.081
麻　栎	径面	9.84	0.824	—	0.599
	弦面	9.81	0.825	—	0.515
	端面	9.80	0.823	—	0.230
柞　森	径面	11.85	0.722	2120	0.802
	弦面	11.02	0.718	2120	0.784
	端面	11.34	0.696	5410	0.248

注：1. 径面—顺着树干轴向，并通过髓心与年轮相垂直的纵向切面。

2. 弦面—顺着树干轴向，但不通过髓心，而与年轮相切的切面。

3. 端面—与树干主轴相垂直的切面。

在某些木地板市场中，经常会看到些诸如黄花梨、柚木王、紫檀、黄檀、红檀、金不换、白象牙、玛瑙木等诱人的名称。大家千万别以为这些是什么珍贵树种的木地板，这些往往是商家臆造出的名称，其实只不过是一些普通树种而已。据有关资料披露，目前市场上 95%的地板所标的树种名称不规范，有虚假的现象。特别是在采用进口材制造的木地板中，很多是人为臆造出来的树种，大多根本就不存在这些树种。以上情况大致可以概括出有 4 大类：一是喜彩名：金不换、富贵木、龙凤檀、金罗双等；二是动物名：孔雀木、虎皮木、象牙木等；三是混淆臆造名：柚木王、柚檀、美柚、巴西柚木、金丝柚、铁梨木等；四是矿物名：黄金木、玛瑙木、铁木、金丝木、银丝木、钻石木、玉檀等。

为了规范木地板市场，保护消费者的利益，中国木材流通协会颁布了《中国市场常见进口材地板木材名称》，见表 4-3。并且宣布自 2002 年 5 月 1 日起，商家不能再以所谓的商用名来误导消费者，一律采用木材的真实名称标识，否则，即有欺诈之嫌。

表 4-3　中国市场常见进口材地板木材名称

序号	木材名称	误导名、曾用名
1	硬槭木	枫木、红影
2	软槭木	枫木
3	任嘎漆	紫檀
4	重盾籽木	象牙木
5	红盾籽木	金红檀
6	桤木	缅甸榉木
7	桦木	樱桃木
8	重蚁木	紫檀、红檀、绿心葳依贝、喇叭秋
9	蚁木	紫檀、依贝
10	缅茄木	非洲柚木
11	铁苏木	金檀木、金象牙、彩象牙
12	红苏木	罗得西亚柚木、赞比亚红木
13	苏木	—
14	铁刀木	符合红木标准者可称鸡翅木
15	摘亚木	柚木王、格兰吉
16	双柱苏木	美柚、南美红檀、圭亚那柚木
17	木荚苏木	—
18	格木	—
19	吉夷苏木	卡宾嘉、红桂宝、巴西花梨
20	李叶苏木	巴西柚木、美柚、佳托巴、南美红木
21	印茄木	铁梨木、假红木、波罗格
22	大甘巴豆	金不换、门格里斯
23	甘巴豆	金不换、钢柏木、黄花梨、康巴斯、南洋红木
24	紫心苏木	紫罗兰
25	翅雌豆木	—
26	重油楠	—
27	特斯苏木	—
28	柯库木	金柯木
29	里卡木	—

续表

序号	木材名称	误导名、曾用名
30	八果木	—
31	五桠果	桠果木
32	龙脑香	夹柚木、缅甸红、克隆木、阿必通、油仔木
33	冰片香	山樟
34	轻坡垒	山桂花、玉檀、王桂木
35	重坡垒	铁柚、铁檀
36	新棒果香	—
37	重黄娑罗双	梢木、巴劳、玉檀、柚檀、金丝檀、柚木王
38	重红娑罗双	柚木王、玉檀、柚檀、红梢、巴劳、钻石檀
39	白娑罗双	金罗汉、白柳桉
40	黄娑罗双	黄柳桉
41	深红娑罗双	红柳桉
42	娑罗香	—
43	青皮	—
44	柿木	—
45	乌木	—
46	橡胶木	橡木
47	甘蓝豆	—
48	鲍迪豆	花檀、黑檀、南美柚檀
49	龙骨豆	—
50	二翅豆	黄檀、龙凤檀、苏亚红檀
51	脂果豆木	—
52	香脂木豆	红檀香
53	南美红豆木	—
54	美木豆	柚木王
55	紫檀	—
56	花梨	—
57	亚花梨	花梨、科索
58	黑铁木豆	—
59	红铁木豆	—
60	水青冈	榉木、山毛榉
61	假水青冈	—
62	红栎	橡木、红橡木、红柞木
63	白栎	橡木、白橡木、白柞木
64	铁力木	—
65	马蹄荷	—

续表

序号	木材名称	误导名、曾用名
66	香茶茱萸	芸香、达茹
67	山核桃	黑胡桃
68	铁樟木	—
69	坤甸铁樟木	铁木、贝联坤甸、紫金刚
70	热美樟	—
71	绿心樟	—
72	风车玉蕊	—
73	紫薇	—
74	香兰	—
75	木莲	白楠、黄楠、白象牙
76	白兰	—
77	米兰	米籽兰
78	麻楝	—
79	非洲楝	—
80	筒状非洲楝	沙比利、幻影木
81	卡雅楝	—
82	虎斑楝	—
83	桃花心木	—
84	非洲相思	—
85	硬合欢	—
86	阿那豆	—
87	木荚豆	金车花梨、花梨、品卡多、金车木
88	波罗蜜	—
89	乳桑木	金楠、金玉兰、南美玉桂木
90	红饱食桑	—
91	黄饱食桑	—
92	绿柄桑	黄金木、依洛克
93	卷花桑	—
94	桑木	—
95	肉豆蔻	—
96	非洲肉豆蔻	—
97	白桉	—
98	赤桉	澳大利亚红木、橡木、佳瑞红木
99	铁桉	—
100	铁心木	—
101	蒲桃	玛瑙木

续表

序号	木材名称	误导名、曾用名
102	红铁木	金丝红檀、红铁檀
103	蒜果木	黑檀、紫金檀、乌金檀
104	白蜡木	—
105	银桦	—
106	木榄	—
107	风车果	虎皮木
108	樱桃木	—
109	巴福芸香	象牙木
110	良木芸香	—
111	硬崖椒	—
112	番龙眼	红梅嘎
113	比蒂山榄	古美木柚、红檀、子京、马都卡、恩美娜、红胶下
114	铁线子	红檀、南美樱木、樱檀
115	黄山榄	黄檀、南美金檀木、黄金檀
116	桃榄	—
117	猴子果	圣桃木
118	翅苹婆	—
119	黄苹婆	—
120	四籽木	富贵木、普纳
121	荷木	木荷
122	硬椴	—
123	重硬椴	—
124	朴木	—
125	榆木	—
126	榉木	红榉、黄榉
127	柚木	胭脂木
128	牡荆	紫金山

在本节中将介绍实木地板、实木复合地板、实木集成地板和竹地板。

一、实木地板（GB/T 15036—2001）

实木地板目前广泛地用于各种建筑地面、楼面的装修，我国在1994年颁布了GB/T 15036.1～15036.6—1994《实木地板》，其对我国实木地板的生产和使用发挥了重要作用。但由于科学技术的发展和市场的需要，对原标准中的内容进行了合并，对参数进行了简化，颁发了现行的GB/T 15036—2001《实木地板》。

（一）特性及构成

实木地板具有优良的装饰性能、独特的力学性能、良好的保温和调节室内温度性能及较好的施工性能。

实木地板是由天然的木材，经过风干、水浸煮、干燥和各种不同形式的机械加工而制成。

（二）品种

实木地板按制品的形式来分，可分为三种：榫接木地板、平接木地板和镶嵌木地板。

实木地板按制品表面涂饰状态来分，可分为两种：未涂饰地板和漆饰地板。

1. 榫接木地板

榫接木地板（又称：企口木地板）是木地板中应用较多的品种。其结构特点是：在每块地板的纵向和横向（宽向）都开有一个榫头和一个榫槽（图 4-1），这样就为施工安装提供了方便。

与平接木地板相比，榫接木地板具有结合紧密、踏步脚感好的特点，而且由于有榫槽和榫头的结构，从而使施工较平接木地板更具有灵活性，故可加快施工进度。

2. 平接木地板

平接木地板（又称：平口木地板）是木地板中加工最为简单，出成品率高的种类。

平接木地板的结构特点是，在其四周没有任何槽或榫，为一长方体（图 4-2）。

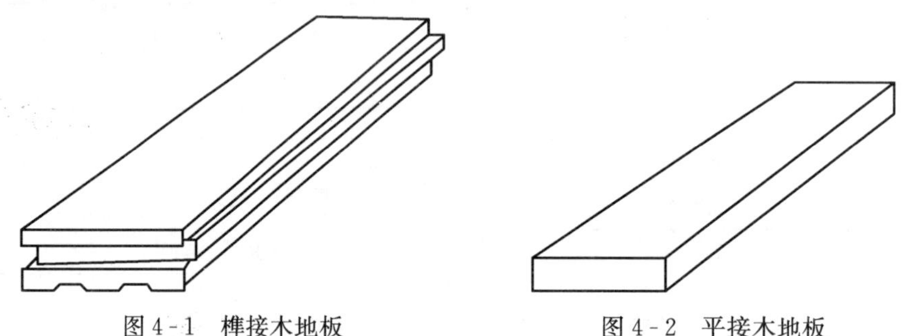

图 4-1　榫接木地板　　　图 4-2　平接木地板

平接木地板与其他木地板一样，具有良好的抗压和抗张拉力学性能，良好的保温和调节室内湿度的功能以及脚感好的特点。此外，平接木地板可以充分利用小直径木材，以及一些小材和小料，而且出成品率高，因而价格较低。

3. 镶嵌木地板

镶嵌木地板是采用地板条，按照一定的图案拼接成一定规格尺寸的地板单元。镶嵌木地板的每个单元均为方形的拼接是用铝丝在木地板的背面镶嵌，或者用网丝、牛皮纸或塑料薄膜来粘结的，如图 4-3 所示。

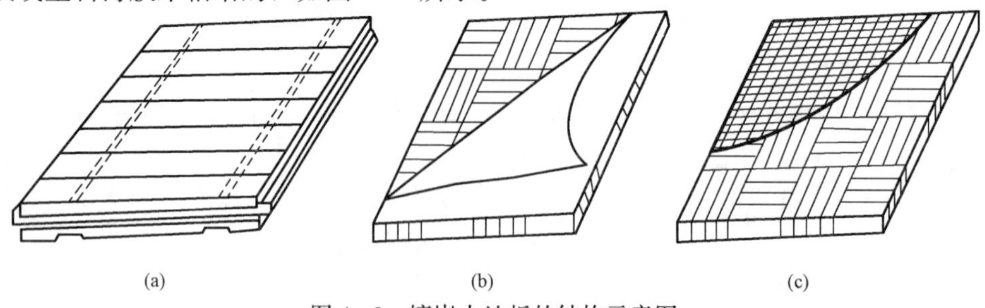

(a)　　(b)　　(c)

图 4-3　镶嵌木地板的结构示意图

(a) 铝丝榫接镶嵌木地板；(b) 胶纸平接镶嵌木地板；(c) 胶网平接镶嵌木地板

镶嵌木地板拼花图案多种多样（图 4-4），尺寸规格划一，并且由于在每个地板单元四周均已开了榫槽且油饰完毕，所以施工简便快捷，地面装修效果具有特色。

图 4-4 镶嵌木地板拼花图案举例（一）

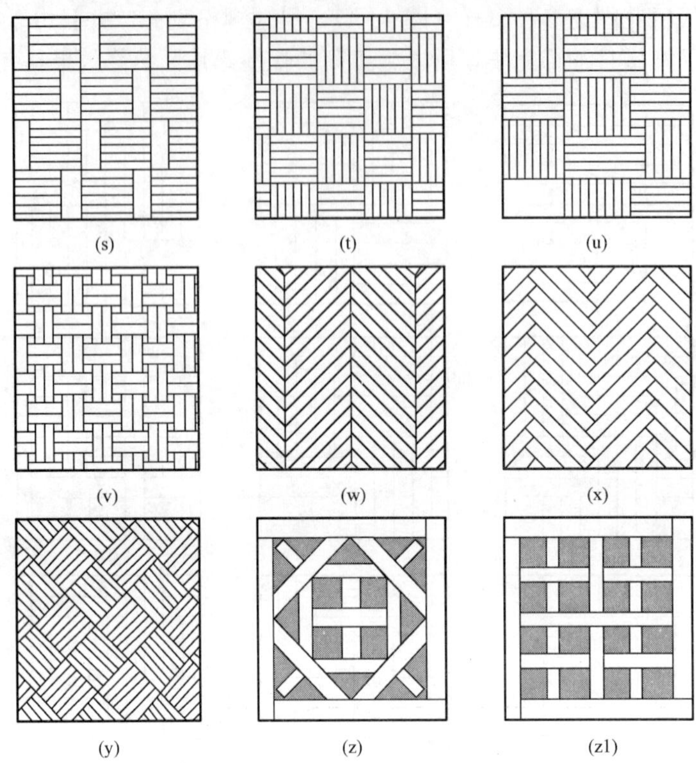

图 4-4 镶嵌木地板拼花图案举例（二）

（三）规格

实木地板的规格尺寸并无特定的要求，对于特殊规格尺寸制品，可由供需双方商定。

（四）性能

1. 尺寸偏差

实木地板的尺寸偏差要求见表 4-4。

表 4-4 **实木地板的尺寸偏差要求** （单位：mm）

名称	偏差
长度	长度≤500 时，公称长度与每个测量值之差绝对值≤0.5 长度>500 时，公称长度与每个测量值之差绝对值≤1.0
宽度	公称宽度与平均宽度之差绝对值≤0.3，宽度最大值与最小值之差≤0.3
厚度	公称厚度与平均厚度之差绝对值≤0.3 厚度最大值与最小值之差≤0.4

注：1. 实木地板长度和宽度是指不包括榫舌的长度和宽度。
2. 镶嵌木地板只检量方形单元的外形尺寸。
3. 榫接木地板的榫舌宽度应大于或等于 4.0mm，槽最大高度与榫最大厚度之差应为 0～0.4mm。

2. 形状位置偏差

实木地板的形状位置偏差要求见表 4-5。

表 4-5　　实木地板的形状位置偏差要求

名　　称		偏　　差
翘曲度	横弯	长度≤500mm 时，允许≤0.02%；长度>500mm 时，允许≤0.03%
	翘弯	宽度方向：凸翘曲度≤0.2%，凹翘曲度≤0.15%
	顺弯	长度方向：≤0.3%
拼装离缝		平均值≤0.3mm；最大值≤0.4mm
拼装高度差		平均值≤0.25mm；最大值≤0.3mm

3. 物理力学性能

实木地板的物理力学性能要求见表 4-6。

表 4-6　　实木地板的物理力学性能要求

项目	优等	一等	合格
含水率（%）	7≤含水率≤我国各地区的平衡含水率		
漆板表面耐磨/(g/100r)	≤0.08 且漆膜未磨透	≤0.10 且漆膜未磨透	≤0.15 且漆膜未磨透
漆膜附着力	0～1	2	3
漆膜硬度	≥H		

注：含水率是指地板在未拆封和使用前的含水率，我国各地区的平衡含水率见 GB/T 6491—1999 的附录 A。

4. 外观质量

实木地板的外观质量要求见表 4-7。

表 4-7　　实木地板的外观质量要求

名称	表　　面			背面
	优等品	一等品	合格品	
活节	直径≤5mm 长度≤500mm，≤2 个 长度>500mm，≤4 个	5mm<直径≤15mm 长度≤500mm，≤2 个 长度>500mm，≤4 个	直径≤20mm 个数不限	尺寸与个数不限
死节	不许有	直径≤20mm 长度≤500mm，≤1 个 长度>500mm，≤3 个	直径≤4mm，≤5 个	直径≤20mm 个数不限
蛀孔	不许有	直径≤0.5mm，≤5 个	直径≤2mm，≤5 个	直径≤15mm 个数不限
树脂囊	不许有		长度≤5mm 宽度≤1mm ≤2 条	不限
髓斑	不许有	不限		不限
腐朽	不许有			初腐且面积≤20%，不剥落，也不能捻成粉末
缺棱	不许有			长度≤板长的 30% 宽度≤板宽的 20%

续表

<table>
<tr><th rowspan="2">名称</th><th colspan="3">表　　面</th><th rowspan="2">背面</th></tr>
<tr><th>优等品</th><th>一等品</th><th>合格品</th></tr>
<tr><td>裂纹</td><td colspan="2">不许有</td><td>宽≤0.1mm
长≤15mm，≤2条</td><td>宽≤0.3mm
长≤50mm，条数不限</td></tr>
<tr><td>加工波纹</td><td colspan="2">不许有</td><td>不明显</td><td>不限</td></tr>
<tr><td>漆膜划痕</td><td>不许有</td><td colspan="2">轻微</td><td>—</td></tr>
<tr><td>漆膜鼓泡</td><td colspan="3">不许有</td><td>—</td></tr>
<tr><td>漏漆</td><td colspan="3">不许有</td><td>—</td></tr>
<tr><td>漆膜上针孔</td><td>不许有</td><td colspan="2">直径≤0.5mm，≤3个</td><td>—</td></tr>
<tr><td>漆膜皱皮</td><td>不许有</td><td colspan="2"><板面积5%</td><td>—</td></tr>
<tr><td>漆膜粒子</td><td>长≤500mm，≤2个
长>500mm，≤4个</td><td colspan="2">长≤500mm，≤4个
长>500mm，≤8个</td><td>—</td></tr>
</table>

注：1. 凡在外观质量检验环境条件下，不能清晰地观察到的缺陷即为不明显。
2. 倒角上漆膜粒子不计。

二、实木复合地板（GB/T 18103—2000）

实木复合地板是由实木板或单板为面层、实木条为芯层、单板为底层复合而成的企口复合木地板；或者以单板为面层、胶合板为基材制成的企口复合木地板。

实木复合地板与传统的实木地板相比，除了具有后者的所有优点之外，还有以下几方面的特点：①可以充分利用各种木材。由于可以采用材质较软的速生材或软阔叶材为芯材，或以胶合板作为基材，所以可以充分利用各种木材资源，有利于节约自然资源。②改善了力学性能。由于复合工艺，所以可以改变传统实木地板各向异性的力学性能，从而提高了抗变形能力。③尺寸稳定性好。正是由于采用了复合结构，所以实木复合地板的尺寸稳定性得以提高。

（一）特性及构成

实木复合地板具有几个突出的优点，即有更好的力学性能、尺寸稳定性和铺设更为简便。

实木复合地板的构成分两种：三层结构实木复合地板和以胶合板为基材的实木复合地板。

三层结构实木复合地板是以经过干燥、调质、四面刨光、双端铣定长截头、分片、拼接而成的表层，以经过干燥、调质、锯截定长、片锯分条、组坯、嵌线而成的芯层，以经过片切、裁切、干燥、调质而成的底层，经过面层、芯层、底层涂胶、组坯、热压固化后，再经纵切分条、砂光、纵向开榫槽、横向开榫槽、砂光、涂漆等工序加工而制成。

以胶合板为基材的实木复合地板是以优质木材加工而成的表材和胶合胶为基材，经胶压复合、砂光、切割、纵向开榫槽、横向开榫槽等工序加工而成。

（二）品种、规格和性能

1. 品种

实木复合地板的品种如下：

（1）按面层材料分：

1）实木拼板作为面层的实木复合地板。

2）单板作为面层的实木复合地板。

（2）按结构分：

1）三层结构实木复合地板。

2）以胶合板为基材的实木复合地板。

（3）按表面有无涂饰分：

1）涂饰实木复合地板。

2）未涂饰实木复合地板。

（4）按甲醛释放量分：

1）A类实木复合地板（甲醛释放量≤9mg/100g）。

2）B类实木复合地板（甲醛释放量>9～40mg/100g）。

2. 规格

（1）幅面尺寸

1）三层结构实木复合地板的幅面尺寸见表4-8。

表4-8　　三层结构实木复合地板的幅面尺寸　　（单位：mm）

长度	宽　度		
2100	180	189	205
2200	180	189	205

2）以胶合板为基材的实木复合地板的幅面尺寸见表4-9。

表4-9　　以胶合板为基材的实木复合地板的幅面尺寸　　（单位：mm）

长度	宽　度			
2200	—	189	225	—
1818	180	—	225	303

3）经供需双方协议可生产其他幅面尺寸的产品。

（2）厚度

1）三层结构实木复合地板的厚度为14mm、15mm。

2）以胶合板为基材的实木复合地板的厚度为8mm、12mm、15mm。

3）经供需双方协议可生产其他厚度的实木复合地板。

3. 性能

（1）尺寸偏差。实木复合地板的尺寸偏差要求见表4-10。

表4-10　　实木复合地板的尺寸偏差要求

项目	要　求
厚度偏差	公称厚度 t_n 与平均厚度 t_a 之差绝对值≤0.5mm 厚度最大值 t_{max} 与最小值 t_{min} 之差≤0.5mm
面层净长偏差	公称长度 l_n≤1500mm时，l_n 与每个测量值 l_m 之差绝对值≤1.0mm 公称长度 l_n>1500mm时，l_n 与每个测量值 l_m 之差绝对值≤2.0mm

续表

项目	要　　求
面层净宽偏差	公称宽度 w_n 与平均厚度 w_a 之差绝对值≤0.1mm； 宽度最大值 w_{max} 与最小值 w_{min} 之差≤0.2mm
直角度	q_{max}≤0.2mm
边缘不直度	s_{max}≤0.3mm/m
翘曲度	宽度方向凸翘曲度 f_w≤0.20%；宽度方向凹翘曲度 f_w≤0.15% 长度方向凸翘曲度 f_l≤1.00%；长度方向凹翘曲度 f_l≤0.50%
拼装离缝	拼装离缝平均值 o_a≤0.15mm 拼装离缝最大值 o_{max}≤0.20mm
拼装高度差	拼装高度差平均值 h_a≤0.10mm 拼装高度差最大值 h_{max}≤0.15mm

(2) 理化性能。实木地板的理化性能要求见表 4-11。

表 4-11　　实木复合地板的理化性能要求

项目	优等	一等	合　格
浸渍剥离	每一边的任一胶层开胶的累计长度不超过该胶层长度的 1/3 (3mm 以下不计)		
静曲强度/MPa	≥30		
弹性模量/MPa	≥4 000		
含水率 (%)	5～14		
漆膜附着力	割痕及割痕交叉处允许有少量断续剥落		
表面耐磨/(g/100r)	≤0.08，且漆膜未磨透		≤0.15，且漆膜未磨透
表面耐污染	无污染痕迹		
甲醛释放量/(mg/100g)	A 类：≤9；B 类：>9～40		

(3) 外观质量。实木复合地板的外观质量要求见表 4-12。

表 4-12　　实木复合地板的外观质量要求

缺陷名称		表面			背面
		优等	一等	合格	
死节，最大单个长径/mm		不允许	2	4	50
孔洞（含虫孔），最大单个长径/mm		不允许		2，需修补	15
浅色夹皮	最大单个长度/mm	不允许	20	30	不限
	最大单个宽度/mm		2	4	
深色夹皮	最大单个长度/mm	不允许		15	不限
	最大单个宽度/mm			2	
树脂囊和树脂道，最大单个长度/mm		不允许		5，且最大单个宽度小于 1	不限

续表

<table>
<tr><th colspan="3" rowspan="2">缺陷名称</th><th colspan="3">表面</th><th rowspan="2">背面</th></tr>
<tr><th>优等</th><th>一等</th><th>合格</th></tr>
<tr><td colspan="3">腐朽</td><td colspan="3">不允许</td><td>①</td></tr>
<tr><td colspan="3">变色，不超过板面积（%）</td><td>不允许</td><td>5，板面色泽要协调</td><td>20，板面色泽要大致协调</td><td>不限</td></tr>
<tr><td colspan="3">裂缝</td><td colspan="3">不允许</td><td>不限</td></tr>
<tr><td rowspan="3">拼接离缝</td><td rowspan="2">横拼</td><td>最大单个宽度/mm</td><td>0.1</td><td>0.2</td><td>0.5</td><td rowspan="3">不限</td></tr>
<tr><td>最大单个长度不超过板长（%）</td><td>5</td><td>10</td><td>20</td></tr>
<tr><td>纵拼</td><td>最大单个宽度/mm</td><td>0.1</td><td>0.2</td><td>0.5</td></tr>
<tr><td colspan="3">叠层</td><td colspan="3">不允许</td><td>不限</td></tr>
<tr><td colspan="3">鼓泡、分层</td><td colspan="4">不允许</td></tr>
<tr><td colspan="3">凹陷、压痕、鼓包</td><td>不允许</td><td>不明显</td><td>不明显</td><td>不限</td></tr>
<tr><td colspan="3">补条、补片</td><td colspan="3">不允许</td><td>不限</td></tr>
<tr><td colspan="3">毛刺沟痕</td><td colspan="3">不允许</td><td>不限</td></tr>
<tr><td colspan="3">透胶、板面污染，不超过板面积（%）</td><td colspan="2">不允许</td><td>1</td><td>不限</td></tr>
<tr><td colspan="3">砂透</td><td colspan="3">不允许</td><td>不限</td></tr>
<tr><td colspan="3">波纹</td><td colspan="2">不允许</td><td>不明显</td><td>—</td></tr>
<tr><td colspan="3">刀痕、划痕</td><td colspan="3">不允许</td><td>不限</td></tr>
<tr><td colspan="3">边、角缺损</td><td colspan="3">不允许</td><td>②</td></tr>
<tr><td colspan="3">漆膜鼓泡，$\phi \leqslant 0.5$mm</td><td>不允许</td><td colspan="2">每块板不超过3个</td><td>—</td></tr>
<tr><td colspan="3">针孔，$\phi \leqslant 0.5$mm</td><td>不允许</td><td colspan="2">每块板不超过3个</td><td>—</td></tr>
<tr><td colspan="3">皱皮，不超过板面积（%）</td><td colspan="2">不允许</td><td>5</td><td>—</td></tr>
<tr><td colspan="3">粒子</td><td colspan="2">不允许</td><td>不明显</td><td>—</td></tr>
<tr><td colspan="3">漏漆</td><td colspan="3">不允许</td><td>—</td></tr>
</table>

注：凡在外观质量检验环境条件下，不能清晰地观察到的缺陷即为不明显。

① 允许有初腐，但不剥落，也不能捻成粉末。

② 长边缺损不超过板长的30%，且宽不超过5mm；端边缺损不超过板宽的20%，且宽不超过5mm。

（4）材料要求

1）三层结构实木复合地板

①面层

A. 面层常用树种：水曲柳、桦木、山毛榉、栎木、榉木、枫木、楸木、樱桃木等。

B. 同一块地板表层树种应一致。

C. 面层由板条组成，板条常见规格：宽度为：50mm、60mm、70mm；厚度为：3.5mm、4.0mm。

D. 外观质量应符合表4-12的要求。

②芯层

A. 芯层常用树种：杨木、松木、泡桐、杉木、桦木等。

B. 芯层由板条组成，板条常用厚度为 8mm、9mm。

C. 同一块地板芯层用相同树种或材性相近的树种。

D. 芯板条之间的缝隙不能大于 5mm。

③底层

A. 底层单板树种通常为：杨木、松木、桦木等。

B. 底层单板常见厚度规格为：2.0mm。

C. 底层单板的外观质量应符合表 4-12 的要求。

2）以胶合板为基材的实木复合地板。

①面层

A. 面层通常为装饰单板。

B. 树种通常为：水曲柳、桦木、山毛榉、栎木、榉木、枫木、楸木、樱桃木等。

C. 常见厚度规格为：0.3mm、1.0mm、1.2mm。

D. 面层的外观质量应符合表 4-12 的要求。

②基材

A. 胶合板不低于 GB/T 9846.1～9846.12 和 GB/T 13009 中二等品的技术要求。

B. 基材要进行严格挑选和必要的加工，不能留有影响饰面质量的缺陷。

三、实木集成地板（LY/T 1614—2004）

实木集成地板与实木地板中的榫接地板在外形上基本一致，其最大不同之处在于前者是采用两块或两块以上的实木规格料经平面胶拼而成，这就节省了大量的木材资源。这里介绍的内容是以林业部颁布的行业标准为依据的。

（一）特性及构成

实木集成地板具有实木地板中所介绍的榫接地板的一切特性。

实木集成地板是以两块或两块以上的实木规格料经平面胶拼，并经加工榫槽、榫头等工艺制成。

（二）品种、规格、性能

1. 品种

实木集成地板按地板拼装方式来分，可分为两种：普通企口地板和卡扣企口地板。

实木集成地板按表面有无涂饰来分，可分为两种：涂饰地板和未涂饰地板。

2. 规格

（1）幅面尺寸。实木集成地板的幅面尺寸见表 4-13。

表 4-13　实木集成地板幅面尺寸　（单位：mm）

长度	宽　度			
1 818	90	118	—	—
1 820	75	90	120	150
1 830	129	145	150	—

注：经供需双方协议可生产其他幅面尺寸的产品。

（2）厚度。实木集成地板的厚度为 13mm、14mm、15mm、22mm 等。

3. 性能

(1) 尺寸偏差。实木集成地板尺寸偏差要求见表 4-14。

表 4-14 实木集成地板尺寸偏差

项目	要求
厚度偏差	公称厚度 t_n 与平均厚度 t_a 之差的绝对值≤0.4mm 厚度最大值 t_{max} 与最小值 t_{min} 之差≤0.4mm
幅面净长偏差	公称长度 l_n≤1500mm 时，l_n 与每个测量值 l_m 之差的绝对值≤1.0mm 公称长度 l_n>1500mm 时，l_n 与每个测量值 l_m 之差的绝对值≤2.0mm
幅面净宽偏差	公称宽度 w_n 与平均厚度 w_a 之差的绝对值≤0.2mm 宽度最大值 w_{max} 与最小值 w_{min} 之差≤0.3mm
垂直度	q_{max}≤0.3mm
边缘直度	s_{max}≤0.4mm/m
翘曲度	宽度方向≤0.20%；长度方向≤0.50%
拼装离缝	平均值 o_a≤0.15mm，最大值 o_{max}≤0.30mm
拼装高度差	平均值 h_a≤0.2mm，最大值 h_{max}≤0.3mm

(2) 理化性能。实木集成地板的理论性能要求见表 4-15。

表 4-15 实木集成地板的理化性能指标

项目单位	要求
浸渍剥离	单个试件两端胶线剥离总长度不超过两端胶线长度总和的 10%，且每个胶线剥离长度不超过该胶线长度的 1/3
抗弯载荷/N	公称厚度 t_n≤16mm 时，破坏载荷平均值≥200N，最小值≥160N 公称厚度 16mm<t_n≤18mm 时，破坏载荷平均值≥300N，最小值≥240N 公称厚度 18mm<t_n≤20mm 时，破坏载荷平均值≥400N，最小值≥320N 公称厚度 t_n>20mm 时，破坏载荷平均值≥500N，最小值≥400N
含水率 (%)	7～14
漆膜附着力	不低于 3 级
表面耐磨/(g/100r)	≤0.15，且漆膜未磨透
表面耐污染	无污染痕迹
甲醛释放量/(mg/L)	≤1.5

注：若是无横向拼接的实木集成地板，不测试浸渍剥离性能。

(3) 外观质量。实木集成地板的外观质量要求见表 4-16。

(4) 材料要求

1) 实木集成地板两端规格料（不含榫）保留长度不小于 50mm。

2) 常用树种：柞木、桦木、槭木、水曲柳、山毛榉、枫木等。

3) 同一块地板树种应一致。

4) 纵向拼接应采用指接方式接长。

表 4-16　　实木集成地板的外观质量要求

缺陷名称		表面			背面
		优等	一等	合格	
死节	最大单个长径/mm	不允许	≤3	≤5	30
	个数	长度<1m 时，≤4 个；长度>1m 时，≤6 个			
活节	最大单个长径/mm	≤10	允许		
孔洞（含虫眼）	最大单个长径/mm	不允许	不允许	3，需修补	10
夹皮	最大单个长度/mm	不允许		30	不限
	最大单个宽度/mm			4	
腐朽		不允许			
树脂道（树胶道）	最大单个长度/mm	不允许	≤20	≤30	不限
	最大单个宽度/mm		≤2	≤3	
变色，不超过板面积（%）		不允许	5，板面色泽要协调	20，板面色泽要大致协调	不限
裂缝		不允许			不限
表面拼装离缝 横拼	最大单个宽度/mm	0.1	0.2	0.5	不限
	最大单个长度不超过板长（%）	5	10	20	
表面拼装离缝 纵拼	最大单个宽度/mm	0.1	0.2	0.5	
相邻横拼板的纵接缝距离/mm		≥50	≥30	≥20	—
规格料长度（不含榫）/mm		≥200	≥150	≥50	—
榫舌残缺	不超过榫舌全长（%）	不允许	20	30	—
	残榫宽度/mm		≥3		
钝棱	长不超过板长（%）	不允许			30
	宽不超过板长（%）				20
未刨部分和刨痕		不允许	不明显		不限
波纹		不允许	不明显		不限
板面污染，不超过板面积（%）		不允许	1		不限
划痕		不允许	不明显		不限
漆膜鼓泡，$\phi \leq 0.5$mm		不允许	每块板不超过 3 个		不限
针孔，$\phi \leq 0.5$mm		不允许	每块板不超过 3 个		不限
皱皮，不超过板面积（%）		不允许	5		不限
粒子		不允许	不明显		不限
漏漆		不允许			不限

注：1. 凡在外观质量检验环境条件下，不能清晰地观察到的缺陷即为不明显。

2. 测量表面拼接离缝时，可以使用精度为 0.01mm 的读数显微镜。

四、竹地板（GB/T 20240—2006）

竹材地板是将竹片通过特殊处理后用胶黏剂将其层压加工而成的一种新型地质材料。

竹材地板表面耐磨、亮丽、高雅，而且脚感舒适。其物理及力学性能等同于或优于实木地板，对于木材资源渐趋紧张的今天，无疑开辟了一条新路。我国竹材资源丰富，全国年产竹材约 1300 万 t，而且有上升的趋势，竹材生长快，且可年年砍伐，永续利用。由此可见，竹材地板会有较快的发展。

（一）特性及构成

竹材地板的物理及力学性能等同于或优于实木地板，而且脚感良好，是一种具有良好的综合性能的天然地板种类。

竹材地板是将竹材经断切、开片、粗刨、漂白、碳化、干燥、精刨、涂胶、组坯、热压、砂光、开榫槽、涂装等工序制成的。

（二）品种、规格和性能

1. 品种

竹地板按其结构来分，可分为两种：多层胶合竹地板和单层侧拼竹地板，如图4－5所示。

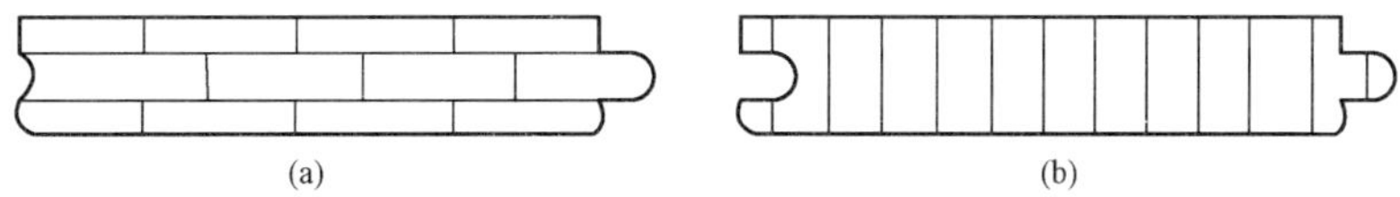

图 4－5　竹材地板的类型与结构
（a）多层胶合竹地板；（b）单层侧拼竹地板

竹地板按其表面有无涂饰来分，可分为两种：涂饰竹地板（包括有光竹地板和柔光竹地板）和未涂饰竹地板。

竹地板其表面颜色来分，可分为三种：本色竹地板、漂白竹地板和碳化竹地板。

2. 规格

竹地板的规格尺寸如下：

面层净长度：900mm、915mm、920mm、950mm；

面层净宽度：90mm、92mm、95mm、100mm；

厚度：9mm、12mm、15mm、18mm。

注：其他规格尺寸的产品，可由供需双方商定。

3. 性能

（1）尺寸偏差。竹地板的尺寸偏差要求见表 4－17。

（2）理化性能。竹地板的理化性能要求见表 4－18。

表 4－17　　竹地板的允许偏差、拼装偏差要求

项　目	规格尺寸	允许偏差
面层净长 l/mm	900，915，920，950	公称长度 l_n 与每个测量值 l_m 之差的绝对值≤0.50
面层净宽 w/mm	90，92，95，100	公称宽度 w_n 与平均宽度 w_m 之差的绝对值≤0.15 宽度最大值 w_{max} 与最小值 w_{min} 之差≤0.20
厚度 t/mm	9，12，15，18	公称厚度 t_n 与平均厚度 t_m 之差的绝对值≤0.30 厚度最大值 l_{max} 与最小值 l_{min} 之差≤0.20

续表

项　　目	规格尺寸	允　许　偏　差
垂直度 q/mm		q_{max}≤0.15
边缘直度 s/(mm/m)		s_{max}≤0.20
翘曲度 f(%)		宽度方向翘曲度 f_w≤0.20 长度方向翘曲度 f_l≤0.50
拼装高差 h/mm		拼装高差平均值 h_a≤0.15 拼装高差最大值 h_{max}≤0.20
拼装离缝 o/mm		拼装离缝平均值 o_a≤0.15 拼装离缝最大值 o_{max}≤0.20

表 4-18　　竹地板的理化性能要求

项　　目			指标值
含水率		%	6.0～15.0
静曲强度	厚度≤15mm	MPa	≥80
	厚度>15mm		≥75
浸渍剥离试验		/mm	任一胶层的累计剥离长度≤25
表面漆膜耐磨性	磨耗转数	r	磨 100r 后表面留有漆膜
	磨耗值	g/100r	≤0.15
表面漆膜耐污染性		—	无污染痕迹
表面漆膜附着力		—	不低于 3 级
甲醛释放量		mg/L	≤1.5
表面抗冲击性能		mm	压痕直径≤10，无裂纹

（3）外观质量。竹地板的外观质量要求见表 4-19。

表 4-19　　竹地板的外观质量要求

项　　目		优等品	一等品	合格品
未刨部分和刨痕	表、侧面	不允许		轻微
	背面	不允许	允许	
榫舌残缺	残缺长度	不允许	≤全长的 10%	≤全长的 20%
	残缺宽度	不允许	≤榫舌宽度的 40%	
腐朽		不允许		
色差	表面	不明显	轻微	允许
	背面	允许		
裂纹	表、侧面	不允许		允许 1 条 宽度≤0.2mm 长度≤200mm
	背面	腻子修补后允许		

续表

项　　目		优等品	一等品	合格品
虫眼		不允许		
波纹		不允许		不明显
缺棱		不允许		
拼接离缝	表、侧面	不允许		
	背面	允许		
污染		不允许		≤板面积的5%（累计）
霉变		不允许		不明显
鼓泡（ϕ≤0.5mm）		不允许	每块板不超过3个	每块板不超过5个
针孔（ϕ≤0.5mm）		不允许	每块板不超过3个	每块板不超过5个
皱皮		不允许		≤板面积的5%
漏漆		不允许		
粒子		不允许		轻微
胀边		不允许		轻微

注：1. 不明显——正常视力在自然光下，距地板0.4m，肉眼观察不易辨别。

2. 轻微——正常视力在自然光下，距地板0.4m，肉眼观察不显著。

3. 鼓泡、针孔、皱皮、漏漆、粒子、胀边为涂饰竹地板检测项目。

五、浸渍纸层压木质地板（GB/T 18102—2000）

浸渍纸层压木质地板俗称强化木地板。

浸渍纸层压木质地板具有尺寸精度高、耐磨性好、抗静电性好、耐化学腐蚀性好、抗冲击能力强和耐擦洗等优点，而且安装很方便、快速，是一种装饰性好、拆装方便、价格较低的地板材料，适合于各种建筑的室内地面装修。

（一）特性及构成

浸渍纸层压木质地板具有以下几方面的特点：①尺寸精度高。由于浸渍纸层压木质地板是采用中、高密度板或刨花板为基材，所以就不会发生木地板的由于木材纤维各向异性而引起的变形，而且采用精度很高的机械化生产，因而其尺寸精度较高。②装饰性好。浸渍纸层压木质地板采用电脑仿真技术来制作装饰层，因而可以制作出人们喜爱的各种珍稀树种的木纹和色泽或者仿石材的各种花纹和图案，也可通过不同色泽和纹路来拼成独特的图案，因而装饰性很好。③耐磨。由于强化木地板表层为一特制的浸渍纸，其含有耐磨材料，因而其耐磨性极佳，一般为油漆木地板的10～30倍。④良好的力学性能。由于其基材为高、中密度板或刨花板，因而抗冲击性和抗压强度很高。⑤抗静电性好。浸渍纸层压木质地板的表面电阻＜$10^{11}\Omega$，符合计算机房的要求。⑥耐化学腐蚀。浸渍纸层压木质地板较耐化学腐蚀，而且易擦洗。⑦规格大，施工方便。浸渍纸层压木质地板的规格尺寸较大，而且尺寸精度高，所以施工安装很方便，而且易于拆卸。

浸渍纸层压木质地板是以拌有Al_2O_3的三聚氰胺浸渍于印有仿真木纹或其他图案的纸上作为表层，以中（或高）密度板或刨花板作为基层，以浸渍酚醛树脂的木浆制成的牛皮纸为底层，这三层复合，然后经过热压、固化、纵切、横切、时效处理、纵向开榫槽、横向开榫槽等工序加工而成。

（二）品种、规格和性能

1. 品种

浸渍纸层压木质地板的品种如下：

（1）按地板基材分：

1）以刨花板为基材的浸渍纸层压木质地板。

2）以中密度纤维板为基材的浸渍纸层压木质地板。

3）以高密度纤维板为基材的浸渍纸层压木质地板。

（2）按装饰层分：

1）单层浸渍纸层压木质地板。

2）多层浸渍纸层压木质地板。

3）热固性树脂装饰层压板层压木质地板。

（3）按表面图案分：

1）浮雕浸渍纸层压木质地板。

2）光面浸渍纸层压木质地板。

（4）按用途分：

1）公共场所用浸渍纸层压木质地板（耐磨转数≥9000 转）。

2）家庭用浸渍纸层压木质地板（耐磨转数≥6000 转）。

（5）按甲醛释放量分：

1）A 类浸渍纸层压木质地板（甲醛释放量：≤9mg/100g）。

2）B 类浸渍纸层压木质地板（甲醛释放量：>9～40mg/100g）。

2. 规格

（1）浸渍纸层压木质地板的幅面尺寸见表 4-20。

表 4-20　浸渍纸层压木质地板的幅面尺寸　（单位：mm）

宽度	长度								
182	—	1200	—	—	—	—	—	—	—
185	1180	—	—	—	—	—	—	—	—
190	—	1200	—	—	—	—	—	—	—
191	—	—	—	1210	—	—	—	—	—
192	—	—	1208	—	—	—	1290	—	—
194	—	—	—	—	—	—	—	1380	—
195	—	—	—	—	1280	1285	—	—	—
200	—	1200	—	—	—	—	—	—	—
225	—	—	—	—	—	—	—	—	1820

（2）浸渍纸层压木质地板的厚度为 6mm、7mm、8（8.1，8.2，8.3）mm、9mm。

（3）浸渍纸层压木质地板的榫舌宽度应≥3mm。

（4）经供需双方协议可以生产其他规格的浸渍纸层压木质地板。

3. 性能

（1）尺寸偏差。浸渍纸层压木质地板的尺寸偏差要求见表 4-21。

表 4-21　　浸渍纸层压木质地板尺寸偏差要求

项目	要　　求
厚度偏差	公称厚度 t_n 与平均厚度 t_a 之差绝对值≤0.5mm 厚度最大值 t_{max} 与最小值 t_{min} 之差≤0.5mm
面层净长偏差	公称长度 l_n≤1500mm 时，l_n 与每个测量值 l_m 之差绝对值≤1.0mm 公称长度 l_n>1500mm 时，l_n 与每个测量值 l_m 之差绝对值≤2.0mm
面层净宽偏差	公称宽度 w_n 与平均厚度 w_a 之差绝对值≤0.1mm 宽度最大值 w_{max} 与最小值 w_{min} 之差≤0.2mm
直角度	q_{max}≤0.2mm
边缘不直度	s_{max}≤0.3mm/m
翘曲度	宽度方向凸翘曲度 f_w≤0.20%；宽度方向凹翘曲度 f_w≤0.15% 长度方向凸翘曲度 f_l≤1.00%；长度方向凹翘曲度 f_l≤0.50%
拼装离缝	拼装离缝平均值 o_a≤0.15mm 拼装离缝最大值 o_{max}≤0.20mm
拼装高度差	拼装高度差平均值 h_a≤0.10mm 拼装高度差最大值 h_{max}≤0.15mm

（2）理化性能。浸渍纸层压木质地板的理化性能要求见表 4-22。

表 4-22　　浸渍纸层压木质地板理化性能要求

检验项目	单位	优等品	一等品	合格品
静曲强度	MPa	≥40.0		≥30.0
内结合强度	MPa	≥1.0		
含水率	%	3.0～10.0		
密度	g/cm³	≥0.80		
吸水厚度膨胀度	%	≤2.5	≤4.5	≤10.0
表面胶合强度	MPa	≥1.0		
表面耐冷热循环	—	无龟裂、无鼓泡		
表面耐划痕	—	≥3.5N 表面无整圈连续划痕	≥3.0N 表面无整圈连续划痕	≥2.0N 表面无整圈连续划痕
尺寸稳定性	mm	≤0.5		
表面耐磨	r	家庭用：≥6000 公共场所用：≥9000		
表面耐香烟灼烧	—	无黑斑、裂纹和鼓泡		
表面耐干热	—	无龟裂、无鼓泡		
表面耐污染腐蚀	—	无污染、无腐蚀		
表面耐龟裂	—	0 级	1 级	
表面耐水蒸气	—	无突起、变色和龟裂		
抗冲击	mm	≤9	≤12	
甲醛释放量	mg/100g	A 类：≤9 B 类：>9～40		

(3) 外观质量。浸渍纸层压木质地板的外观质量要求见表 4-23。

表 4-23 浸渍纸层压木质地板的外观质量要求

缺陷名称	正面			背面
	优等品	一等品	合格品	
干、湿花	不允许		总面积不超过板面的 3%	允许
表面划痕	不允许			不允许露出基材
表面压痕	不允许			
透底	不允许			
光泽不均	不允许		总面积不超过板面的 3%	允许
污斑	不允许	≤3mm，允许1个/块	≤10mm²，允许1个/块	允许
鼓泡	不允许			≤10mm²，允许1个/块
鼓包	不允许			≤10mm²，允许1个/块
纸张撕裂	不允许			≤100mm²，允许1处/块
局部缺纸	不允许			≤20mm²，允许1处/块
崩边	不允许			允许
表面龟裂	不允许			不允许
分层	不允许			不允许
榫舌及边角缺损	不允许			不允许

六、软木地板

软木实际上并非是木材。软木是由阔叶树种中的栓皮栎的树皮上采割而得的。这种栓皮层极为发达，质地柔软，外皮呈灰色，内皮呈红褐色。它具有特殊的细胞结构，呈六边形蜂窝状；胞间之间间隔较宽；胞腔中含有 70%～85%体积的空气。这种特殊的细胞结构，使得软木具有密度低、可压缩性好、弹性好、不透气、不透水、耐油和耐酸等良好的化学性能，而且具有保温好、抗震性好、隔声好、耐磨性好和不打滑的特点。

软木的耐磨和坚固性曾有人怀疑，但事实证明了这一点。如在我国北京古籍图书馆（即老北京图书馆）内，1932 年荷兰人在阅览室、休息室、楼梯等处均铺设了软木地板，至今已过了近 80 年尚完好，而且有的室已改为国宾休息室。

最原始的软木地板，表面无覆盖层，仅在其表面打了一层地蜡，但是为什么这样软的表面，经过 60 多年的使用却磨损很少呢？其原因就在于软木细胞有一种特殊的功能，这种功能物理学上称其为真空杯原理。

被切开的软木细胞，当被脚踩下去时，一个个细胞，就变成一个个真空吸盘，其静摩擦系数大于 1，而且产生负压，使脚底板被牢牢地吸在软木上，因此，脚底板与地板无相对位移，理论上认为无相对位移就不会有磨损。因而软木地板虽软却特别耐磨，而且还防滑。如果不小心把水或油洒在软木地板上，虽有润湿面，却还不滑。

软木地板的发展经过两个阶段。最原始的原木地板无覆盖层，随着高科技的发展、新技术的使用，软木地板的表面已覆盖一层耐磨的面层，如 PVC 聚氯乙烯等贴面。而且为了节约原材料，软木层已向薄型化胶结软木方向发展，其最薄层仅 2mm。

软木地板适用于医院、幼儿园、图书馆、卧室和计算机房等建筑的室内地面铺设。

目前尚无软木地板制品国家标准或行业标准。

(一) 特性及构成

软木地板在所有的地板种类中独具特色。主要如下：①优异的隔声和吸声性能。软木地板可称是“最安静的地板”，如撞击声音频率为 125Hz、250Hz、500Hz、1000Hz 和 2000Hz 时，其隔绝撞击声量分别为 3.5dB、3.65dB、12.57dB、22.84dB 和 26.71dB，这说明软木地板可以达到 1 级隔声标准；其吸声性能也很出色，当声音频率为 125Hz、250Hz、500Hz、1000Hz 和 2000Hz 时，其吸声系数分别为 0.03、0.04、0.06、0.23 和 0.20，平均吸声系数为 0.13。②保温、隔热性能好。软木地板的热导率一般小于或等于 0.066W/(m·K)，本身就可作为保温材料，因此，以其铺地面，可使室内冬暖夏凉。③绝缘和阻燃性好。软木地板的绝缘性很好，其体积电阻率仅为 1.1×105MΩ，若表面涂漆后可降至 104MΩ；软木的氧指数为 22.2，防火等级符合可燃性 B 级，阻燃能力大大优于木材。④防水、防潮。软木具有不渗透液体的特性，因此具有防水和防潮的功能。⑤可压缩性、弹性好。由于软木的特殊细胞结构，使得软木承受荷载后，不会向横向扩张，即压缩后发生的体积变化，当卸除荷载后，会恢复原状，故弹性很好，脚感舒适。⑥不打滑。软木地板的静摩擦系数大于 1，动摩擦系数为 0.5～0.6，即使表面有水，防滑性能也很好。

软木地板是由栓皮经粗碎、中碎、细碎，加胶粘剂搅拌、模压、热固化、复合饰面层、砂光、涂装等工序加工而成的。

(二) 品种、规格和性能

1. 品种

(1) 按表面状态分。软木地板按其表面状态来分可分为数种：软木地板、有表面涂层软木地板、表贴面软木地板等。

(2) 按花纹图案分。软木地板按其所压制成的花纹图案来分，其品种多种多样，如图 4-6 所示。

2. 规格[1]

软木地板的规格尺寸为：

长度：300mm；

宽度：300mm；

厚度：3mm、4mm、5mm、6mm、7mm、8mm。

注：特殊规格尺寸的产品，可由供需双方商定。

3. 性能[1]

(1) 尺寸偏差

1) 长度、宽度和厚度偏差要求：

长度、宽度的允许偏差为：±0.17%；

[1] 参照 ISO 3813—1987《聚结软木地板——性能、取样和包装》。

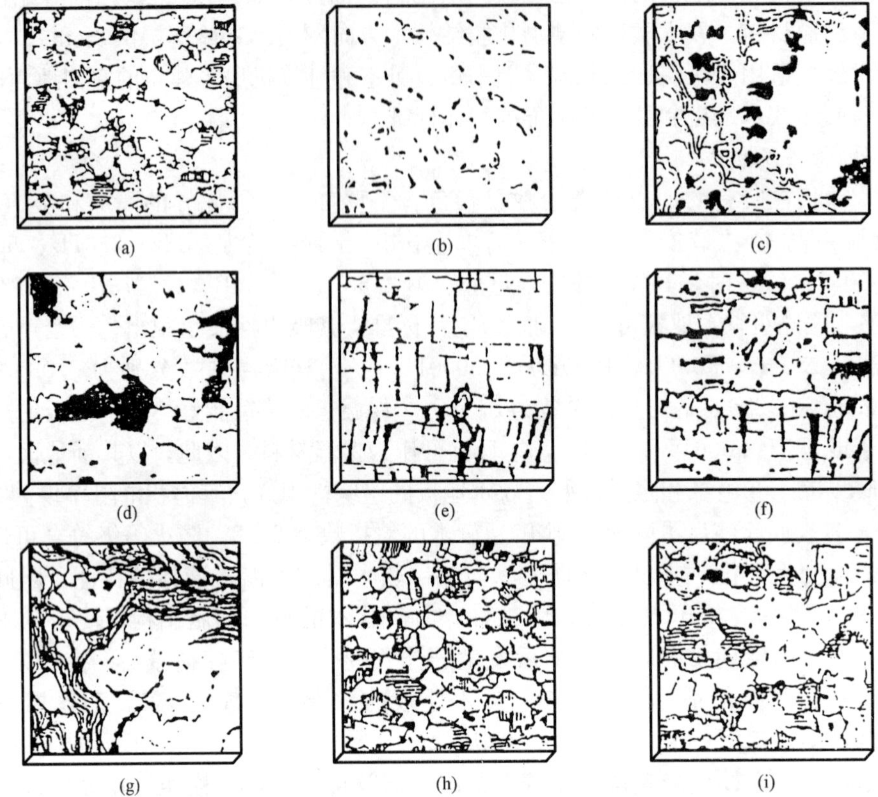

图 4-6 软木地板的花纹图案举例

厚度的允许偏差为：$^{+0.25}_{0}$（表面砂光）、$^{+0.50}_{0}$（表面未砂光）。

2）方正度、边缘直线度

方正度的允许偏差为：≤0.1°（0.5mm）；

边缘直线度允许偏差为：≤0.5mm。

（2）表观密度。软木地板的表观密度见表 4-24。

表 4-24　　软木地板的表观密度

类型	表观密度，ρ/(kg/m³)	备　　注
Ⅰ	ρ>500	按照 ISO 3810—1987《聚结软木地板——试验方法》
Ⅱ	450<ρ<500	
Ⅲ	400<ρ<450	

（3）力学性能

1）抗拉强度。软木地板的抗拉强度应≥0.8MPa（每个试样）。

2）压痕：

软木地板的初始压痕应<10%；

软木地板的残留压痕应<2%。

（4）化学性能。经浓度为 1.18g/mL 的沸盐酸，未见散裂。

第二节　各种木质地板、竹质地板的地面、楼面的施工方法

由于实木地板、复合地板在铺设于室内的地面与楼面时，其应用设计与施工方法大多有相似之处，故将实木地板、复合地板的铺设列为本章的最后一节，意在使读者根据对铺设的效果的要求、室内地面或楼面的情况，来恰当地选择实木地板或复合地板的品种以及铺设方法，以期在满足铺设效果及使用要求的前提下，尽量做到省工、省料和降低装修费用。

实木地板、复合地板的铺设方法，大致可分为三大类：空铺法、实铺法和浮铺法。现简单介绍如下：

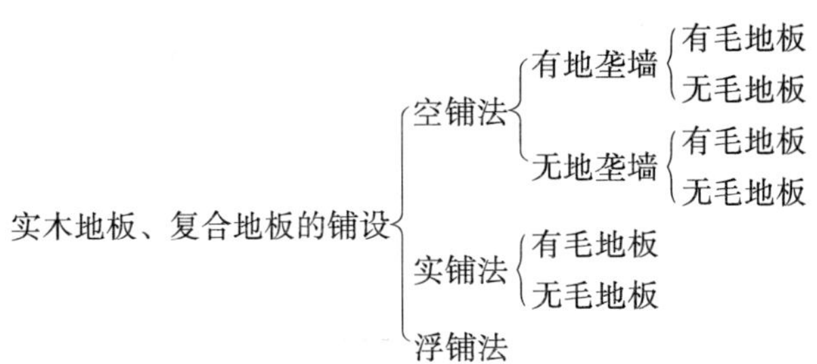

实木地板和复合地板由于品种不同、规格各异，因而选择哪一种或哪几种铺设方法是受到一定局限的，具体情况见表 4-25。

表 4-25　　实木地板、复合地板的铺设方法选择

地板名称	空铺法				实铺法		浮铺法
	有地垄墙		无地垄墙				
	有毛地板	无毛地板	有毛地板	无毛地板	有毛地板	无毛地板	
镶嵌木地板	✓	×	✓	×	✓	✓	✓
榫接木地板	✓	✓	✓	✓	✓	✓	✓
平接木地板	✓	✓	✓	✓	✓	✓	×
竖木地板	×	×	×	×	×	✓	×
实木复合地板	✓	✓	✓	✓	✓	✓	✓
竹地板	✓	×	✓	✓	✓	✓	✓
强化木地板	✓	×	✓	×	✓	✓	✓
软木地板	✓	×	✓	×	✓	✓	×

注：表中✓表示可选用的铺设方法；×表示不宜或不是较好的铺设方法。

下面将系统地详细介绍每一类铺设方法的应用设计、施工方法及节点结构方面的内容。

一、空铺法

实木地板、复合地板采用空铺的方法（相对于实铺法和浮铺法来讲）是比较复杂的。空铺法按其有无地垄墙来分，可分为两种：有地垄墙和无地垄墙。

(一) 有地垄墙空铺法

有地垄墙空铺法一般多用于平房的室内地面、楼房的第一层（无地下室）地面，而且室内地面标高要高于室外地面。

有地垄墙空铺法按其是否铺设毛地板来分，可分为两种：有地垄墙有毛地板空铺法和有地垄墙无毛地板空铺法。

1. 有地垄墙有毛地板空铺法

(1) 应用设计

1）结构设计。有地垄墙有毛地板空铺法一般应用于室内地面。一般做法是在室内地面上将素土层夯实后，在其上做灰土层，再于灰土层上砌筑地垄墙，然后在地垄墙上做木搁栅，而后在木搁栅上铺设毛地板，最后在毛地板上铺设实木地板或复合地板。

有地垄墙有毛地板空铺法的地垄墙、搁栅的设置，举例如图 4-7 所示。

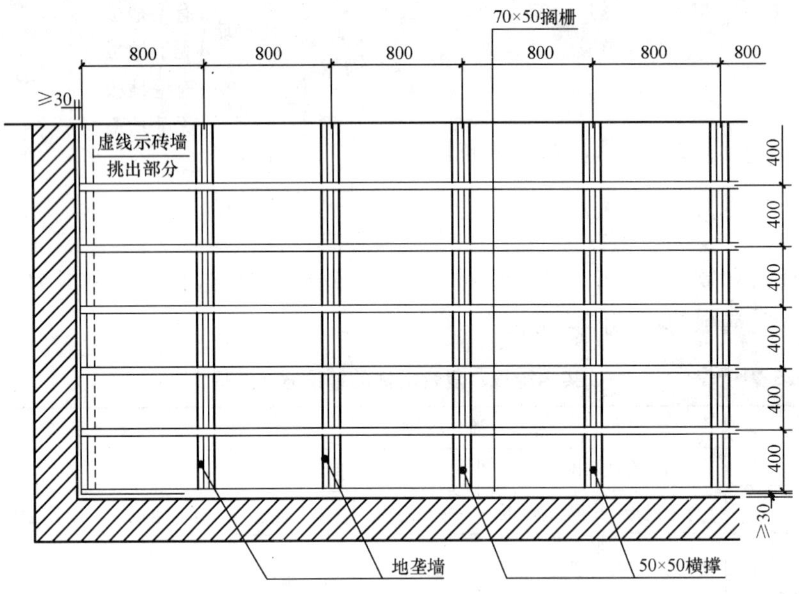

图 4-7 有地垄墙有毛地板空铺法的地垄墙及搁栅的设置举例

有地垄墙有毛地板空铺法木地板地面的平面示意，见图 4-8。

有地垄墙有毛地板空铺法实木地板或复合地板地面的结构，见图 4-9。

这里所要指出的是，由于是在木搁栅上铺设毛地板，因此在满足毛地板的力学性能、使用功能的前提下，不必顾虑实木地板或复合地板的规格尺寸，这给地垄墙及木搁栅的间距与布置提供了较为宽松的选择。

2）设计注意事项

①为了设置压沿木，在平行于地垄墙的室内墙体，均应挑出 120mm（标高应与地垄墙的标高相同）。

②每条地垄墙、内横墙、暖气沟墙均应升设两个 120mm×120mm 的通风洞，而且这些通风洞均应在同一标高上，以利于通风。

③地垄墙应预留人孔，以便于检修。

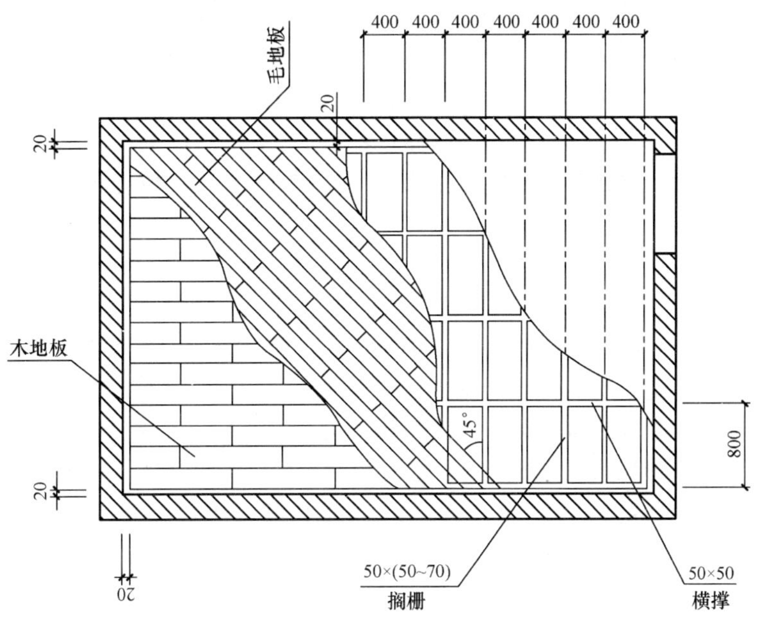

图 4-8　有地垄墙有毛地板空铺法木地板地面的平面示意

注：1. 毛地板的铺钉也可以与纵向龙骨呈 90°角。

2. 木地板的铺钉也可以与毛地板呈 90°角。

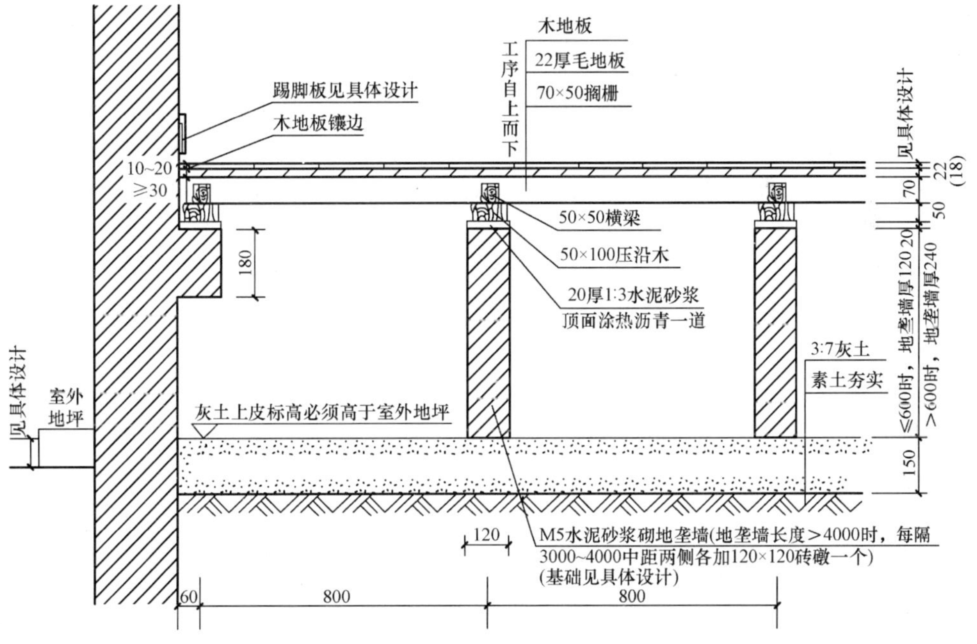

图 4-9　有地垄墙有毛地板空铺法木地板地面的结构

④所有压沿木、地板搁栅、横撑、毛地板、实木地板或复合地板（实木地板或复合地板已经防腐、防火处理者除外），以及各种垫木、垫块均应满涂氟化钠防腐剂一道，防火涂料三道。

⑤木地板地面也可以不采用镶边。

(2) 木地板的施工

1) 施工顺序。有地垄墙有毛地板空铺法铺设实木地板或复合地板的施工顺序为：

夯实素土→夯实灰土层→划地垄墙位置线→砌地垄墙→设置压沿木→固定木搁栅→铺设毛地板→划木地板位置线→铺设实木地板或复合木地板→镶边→清整。

2) 施工步骤

①夯实素土。所采用的应为砂土、粉土或黏性土等，不应采用腐殖土、冻土或淤泥等，夯实素土的每层虚铺厚度及压实遍数均应遵照相关规范。

②夯实灰土层。素土夯实完成后，将其上杂物清理干净，然后在上面铺 150mm 厚 3∶7 灰土，灰土上皮标高不得低于室外地坪标高。灰土施工时，灰与土的比例应掌握正确，拌和应非常均匀，拌好的灰土应颜色一致；应分层随铺随夯，不得隔日夯实，并应严禁遭受雨淋。每层虚铺厚度一般为 150～250mm，相应的夯实厚度为 100～150mm。夯实后的干密度应符合设计要求。灰土垫层的用料配合比不得擅自变更。如具体设计另有规定者时，应按具体设计办理。

③划地垄墙位置线。根据设计所定的地垄墙位置，在灰土层上划出每道地垄墙的位置线。

④砌地垄墙。灰土垫层完工经检验合格后，将垫层上所有杂物清理干净，根据具体设计，在垫层上砌筑 120mm 厚实砖地垄墙，用不小于 M5 水泥砂浆砌筑，800mm 中距。地垄墙高度超过 600mm 时，须改为 240mm 厚；长度超过 4000mm 时，每道地垄墙的两侧，应加 120mm×120mm 砖垛，以资加强。砖垛中距最大不得超过 4000mm。地垄墙的基础应按具体设计处理。

注：在此以应用设计中的举例为例，如具体设计另有要求时，则应按具体设计来做。

⑤设置压沿木。地垄墙砌筑完毕达到最终强度后，将其顶面扫净，洒水湿润，抹 20mm 厚 1∶3 水泥砂浆找平层，彻底干后涂热沥青一道，上面置 500mm×100mm 防火通长压沿木（又名沿游木）一条，用 8 号镀锌铁丝两道与地垄墙绑牢（压沿木的镀锌铁丝可预先埋砌于地垄墙内，其间距为 1000mm），每道地垄墙上均固定压沿木一条。

上述热沥青一道也可改为 1～1.5mm 厚多功能防火建筑胶粉防水层一道，两遍成活。

⑥固定木搁栅。然后在压沿木上钉 60mm×50mm 地板搁栅，间距 400mm（图 4-7）。搁栅间加钉 50mm×50mm 横撑，间距 800mm。地板搁栅顶面必须刨平、刨光，并每隔中距 1000mm 凿 10mm（槽深）×10mm（槽宽）×50mm（搁栅宽度）通风槽一道。

⑦铺设毛地板。地板木搁栅安装完毕后，须对搁栅进行找平检查（可用 2m 直尺或其他仪器进行找平）。各条搁栅的顶面标高，均须在同一水平面内；如有不平之处，须彻底纠正修平。地板搁栅经找平检查符合标准后，按 45°斜铺 22mm 厚防腐、防火松木毛地板一层。毛地板的含水率应严格控制，不得大于 12%。铺时毛地板的对缝应落在地板搁栅中心线上，但钉子的钉位应互相错开。毛地板铺完后应刨修平整。

上述 22mm 厚松木毛地板也可以用 18mm 厚经防腐处理的阻燃型胶合板代替。胶合板的铺向应与木地板条走向垂直。

注：毛地板也可与地板搁栅呈 90°角固定。

⑧划木地板位置线。根据所采用的木地板的品种、规格，在毛地板上划出施工控制线，并在周边墙上划出木地板铺设的标高控制线。

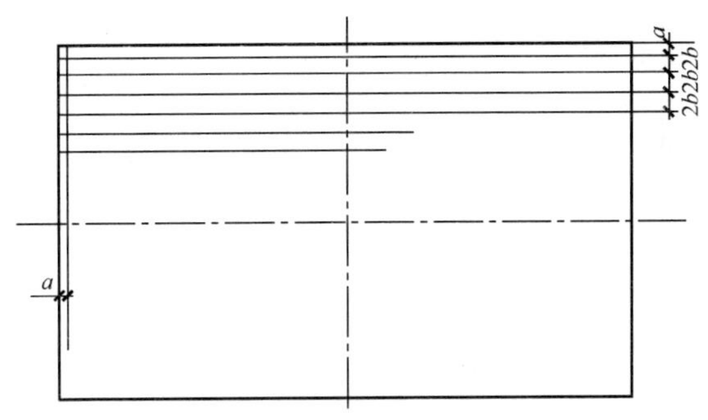

图 4-10　长条木地板位置线示意

注：a 为镶边的宽度，$2b$ 为 2 倍条形地板的宽度。

如果所采用的实木地板（或复合木地板）为等长的条状木地板且为错缝铺装，或不等长的条状木地板为错缝铺装，其划线均较简单，只需在毛地板上弹出木地板的走向控制线即可。控制线的间距可以是 2～3 个木地板的宽度，并应划出错缝位置的控制线，如图 4-10 所示。然后在墙四周的墙上划出木地板的标高位置线。如果所采用的实木地板（或复合木地板）为镶嵌木地板等具有正方形（或长方形）的情况下，则应按其实际的规格尺寸在毛地板上划出每一单元木地板的实际位置控制线（若木地板单元的边平行于室内墙面铺设，则控制线可分别平行与垂直于墙面，但要保证两个方向的控制线是互相垂直，且间距精确保证为每个地板单元的边长；若木地板单元是以其边与墙面呈 45°角的方向铺设，则控制线应与某一墙面为准来划呈 45°角的控制线，其间距要求与垂直要求均等同于木地板边长平行于墙面的要求），如图 4-11 所示，并应在四周墙壁上划出木地板标高的控制线。

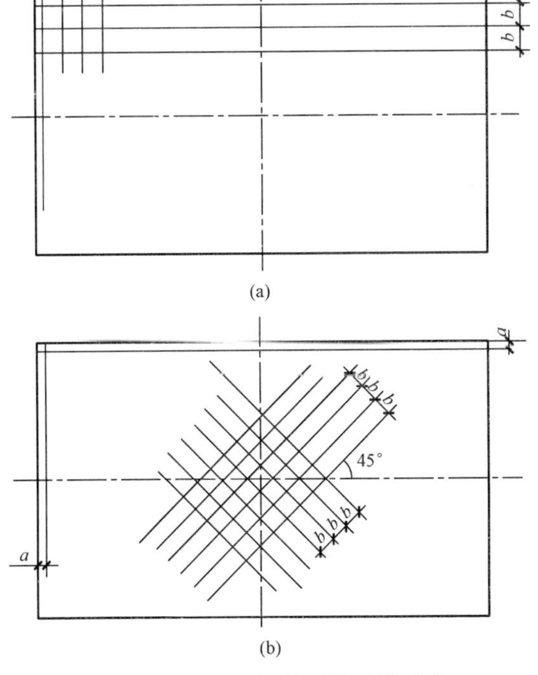

图 4-11　木地板单元位置线示意

(a) 平铺；(b) 斜铺

注：a 为镶边的宽度，b 为木地板单元的边长。

若所采用的木地板是条形木地板，且被设计成人字形或席纹形铺设时，应按其图案形状尺寸在毛地板上划出定位线。划定位线时应从室内中央位置开始分别向其他方向依次划出，如图 4-12 所示，以确保铺设后视觉效果好，也应在四周墙壁上划出木地板标高控制线。

⑨铺设木地板（实木地板或复合木地板）。划线完毕后，即可在毛地板上铺设木地板。

如果所采用的为长条形地板，无论它是等长或不等长的，均应错缝铺设。如果设计中有镶边，则应留出镶

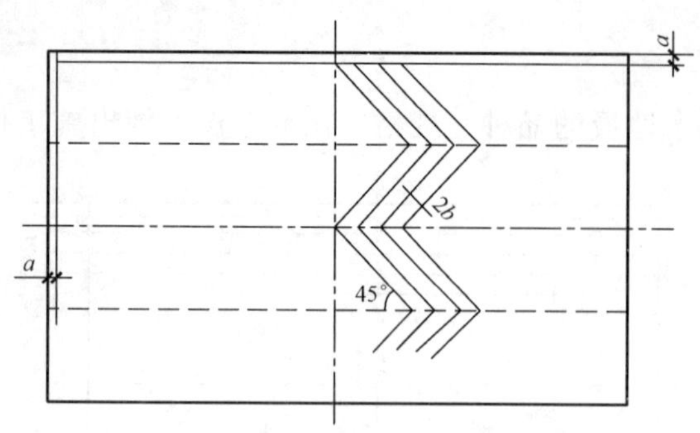

图 4-12 条形木地板人字铺设位置线示意

注：a 为镶边的宽度；$2b$ 为 2 倍条形木地板的宽度。

边位置，其宽度应采用塞挤的木块来保证，然后按照地板的位置线从房间的一面开始向另一方向铺设，直至铺设到对面墙根处，并同样塞挤木块来保证镶边的宽度，然后将两边墙根处的木块楔紧（以待安装镶边时取出木块）。

在铺设木地板时，可采用长 38mm 的气动钉以 45°～60°的斜向在木地板的榫舌处将其固定，如图 4-13 所示。这种紧固方法比传统的采用 40mm 螺钉紧固简便快速得多，而且对木地板损伤较小，这是因为采用螺钉紧固的做法，需要在木地板的榫舌处先用小钻头斜向打45°～60°的小孔，然后再拧螺钉，所以目前广泛地采用气动钉紧固木地板。

如果采用的木地板为单元木地板（如镶嵌木地板中的 MPⅠ型、MPⅡ型和 MPⅢ型），则应从室内地面的中心位置开始，依次向四周铺设（图 4-10）。

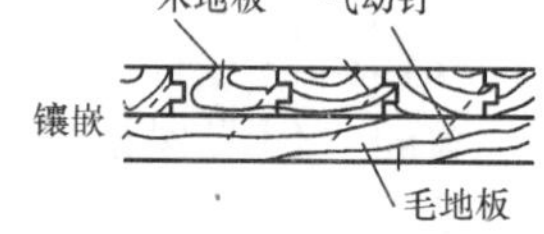

图 4-13 木地板舌榫处的固定

如果是条形地板，而且被设计成人字形或席纹形铺设时（图 4-11），应该从室内的中心位置开始，依次向四周铺设。

⑩镶边。铺设完地板后，可将塞挤的木块取下，再将镶边材料的背面点涂或刮涂木地板胶嵌入预留的空隙，并与毛地板黏牢。

⑪清整。铺设地板并镶嵌完边部之后，则应检查是否符合要求，如果质量合格，则可清整地板表面，擦拭干净，然后涂擦地板蜡，最后抛光。

注：如果所使用的木地板是未经过油饰的，则应在木地板铺设完后进行粗刨、净面、磨光、油漆、打蜡、抛光等工序。

3）施工注意事项

①毛地板可采用松木板、杉木板，毛地板的上下两面只需刨平，不必刨光。铺钉完毛地板后应刨削找平，以保证其平整度。铺放毛地板时应注意使其髓心向上。

②毛地板的宽度应≤120mm，铺钉时应使用 2.5 倍于毛地板厚度的铁钉。

③毛地板铺钉时，其长度方向应与地栅搁栅呈 45°，或呈 90°。

④木地板铺设时，其长度方向应与毛地板的长度方向呈 45°，或呈 90°，还应与进门方向平行。

⑤木搁栅与墙面之间应留≥20mm 的缝隙。

⑥木地板与墙面之间应留 10～20mm 的缝隙以作为伸缩缝，留将来用踢脚板封盖。

⑦粗刨时应选 5000r/min 以上的刨光机，长条木地板应顺纹刨，拼花地板应与木纹成 45°刨，应注意吃力要浅，分层刨削，刨去总厚度应小于 1.5mm。

⑧磨光时所采用的砂布应先粗后细，磨向应与粗刨时的方向相同。并注意按顺序磨，停留时应先停机。如果局部有戗槎难以磨光时，则可使用扁铲剔掉刨槎，再用同

种木纹相近的木材加胶镶补，然后再刨平、刨光、磨光。

2. 有地垄墙无毛地板空铺法

(1) 应用设计

1) 结构设计。有地垄墙无毛地板空铺法同有地垄墙有毛地板一样，一般应用于室内地面。其做法是在室内地面上将素土层夯实后，在其上做灰土层，再于灰土层上砌筑地垄墙，然后在地垄墙上做木搁栅，最后在木搁栅上铺设实木地板或复合地板。

有地垄墙无毛地板空铺法的地垄墙、搁栅的设置，举例如图 4-14 所示。

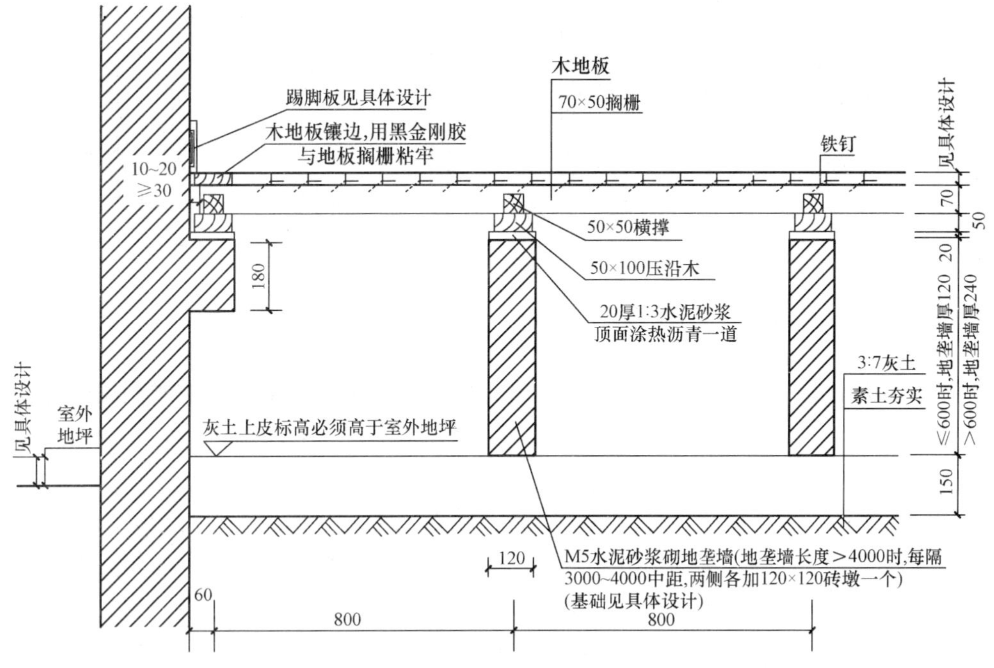

图 4-14 有地垄墙无毛地板空铺法木地板地面的结构

有地垄墙无毛地板空铺法实木地板或复合地板地面的结构，参见图 4-14。

这里需要指出的是，由于在此种铺法中不使用毛地板，所以在设置与地垄墙相垂直的纵向地板搁栅时，必须根据实木地板或复合木地板的规格尺寸，特别是在长度方向上尺寸，例如使用长度为 600mm 的长条木地板，其纵向搁栅的间距应为 300mm，以便于错缝拼铺木地板（图 4-15）。

2) 设计注意事项。参见前面所介绍的“有地垄墙有毛地板空铺法”中的相关内容。

(2) 木地板的施工

1) 施工顺序。有地垄墙无毛地板空铺法铺设实木地板或复合木地板的施工顺序为：

夯实素土→夯实灰土层→划地垄墙位置线→砌地垄墙→设置压沿木→固定木搁栅→划木地板的位置线→铺设实木地板或复合地板→镶边→清整。

2) 施工步骤

①夯实素土。参见前面所介绍的“有地垄墙有毛地板空铺法”中的相关内容。

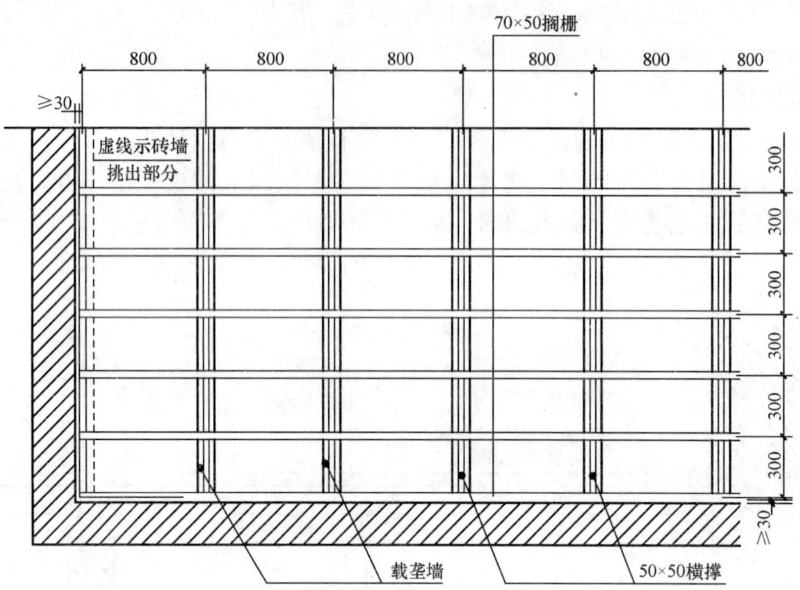

图4-15 有地垄墙无毛地板空铺法的地垄墙及搁栅的设置举例

②夯实灰土层。参见前面所介绍的“有地垄墙有毛地板空铺法”中的相关内容。

③划地垄墙位置线。参见前面所介绍的“有地垄墙有毛地板空铺法”中的相关内容。

④砌地垄墙。参见前面所介绍的“有地垄墙有毛地板空铺法”中的相关内容。

⑤设置压沿木。参见前面所介绍的“有地垄墙有毛地板空铺法”中的相关内容。

⑥固定木搁栅。参见前面所介绍的“有地垄墙有毛地板空铺法”中的相关内容。

但是，在此应着重指出的是，木搁栅的间距要严格掌握，以使错缝铺设的木地板的接缝能准确地位于搁栅朝上那一面在宽度方向上的中央位置。一般采用有地垄墙无毛地板空铺法铺设地板的搁栅间距应≤300mm。

⑦划木地板的位置线。根据所采用的长条木地板（一般采用有地垄墙无毛地板空铺法所使用的木地板多为长条状的榫接木地板或平接木地板）规格尺寸，在木搁栅上划出其位置线，其划线原则基本与“有地垄墙有毛地板空铺法”中所介绍的在毛地板上铺设长条木地板的划线的原则相同。

⑧铺设实木地板。参见前面所介绍的“有地垄墙有毛地板空铺法”中所介绍的相关内容。只不过木地板的榫舌处不是固定在毛地板上，而是被固定在地板搁栅的纵向木龙骨上。

⑨镶边。铺设土地板后，可将塞挤的木块取下，再将镶边材料的背面将与地板搁栅相触处涂上地板胶，然后嵌入预留的空隙，并且为了牢固起见，可使用气动钉将其端部固定。

⑩清整。参见前面所介绍的“有地垄墙有毛地板空铺法”中的相关内容。

3）施工注意事项。参见前面所介绍的“有地垄墙有毛地板空铺法”中的相关内容。

（二）无地垄墙空铺法

实木地板、复合地板采用无地垄墙空铺法是目前使用较为广泛的施工方法。该种施工方法由于省却了地垄墙，这不但减少了施工工程量，更为地板搁栅的固定方式提供了较多的选择。

无地垄墙空铺法的适用范围很广，它适用于平房的室内地面、楼房的第一层（无地下室）地面（要求其室内地面标高要高于室外地面标高），但是对室内地面则要求在素土层上铺 C10 混凝土以及其他工序。其构造做法见表 4 - 26。

表 4 - 26 无地垄墙空铺法木地板地面的构造设计

序号	构造简图	构造做法	厚度/mm	备　注
1	单层木地板	实木地板或复合地板 搁栅 50×60 中距 500，横撑 50×50 中距 1000 搁栅架空 20，与木垫块钉牢，垫块中距 500 C15 混凝土随捣随抹（表面撒 1∶1 干水泥砂子压实抹光）垫层，预埋 12 号铅丝（与木龙骨绑牢）中距 500 刷冷底子油一道，一毡二油防潮层 1∶3 水泥砂浆找平层 刷素水泥浆一道 C10 混凝土 素土夯实	 60 20 60 20 60	1. 搁栅横撑和垫块均满涂防腐油 2. 铅丝埋入混凝土垫层时，应和短钢筋固定，并同时埋入，短钢筋为 $\phi6$，长 150 3. 木材的树种和油漆种类、颜色由个体设计确定
2	双层木地板	实木地板或复合地板 长条松木毛地板 30°斜铺（板底刷防腐油） 搁栅 50×60 中距 500，横撑 50×50 中距 1000 搁栅架空 20，与垫块打牢，垫块中距 500 C15 混凝土随捣随抹（表面撒 1∶1 干水泥砂子压实抹光）垫层，预埋 12 号铅丝（与木龙骨绑牢）中距 500 刷冷底子油一道，一毡二油防潮层 1∶3 水泥砂浆找平层 刷素水泥浆一道 C10 混凝土 素土夯实	 22 60 20 60 20 60	1. 搁栅横撑和垫块均满涂防腐油 2. 铅丝埋入混凝土垫层时，应和短钢筋固定，并同时埋入，短钢筋为 $\phi6$，长 150 3. 木材的树种和油漆种类、颜色由个体设计确定 4. 面层拼花纹样由个体设计注明

注：在工程中也有不采用木垫块，而是直接将木龙骨固定在混凝土上的做法。

无地垄墙空铺法更适合用于在楼房的现浇或预制钢筋混凝土板上铺设木地板，其构造做法见表 4 - 27。

无地垄墙空铺法按其是否铺设毛地板来分，可分为两种：无地垄墙有毛地板空铺法和无地垄墙无毛地板空铺法。

表 4-27　无地垄墙空铺法木地板楼面的结构设计

序号	构造简图	构造做法	厚度/mm	备　注
1	单层木地板	实木地板或复合地板 搁栅 50×60 中距 500，横撑 50×50，中距 1000（空腔内填干炉渣 50 厚） 搁栅架空 20，与木垫块钉牢，垫块中距 500 现浇或预制钢筋混凝土楼板，预埋 12 号镀锌铅丝 （与搁栅绑牢）中距 500	 60 20	1. 搁栅横撑和垫木均满涂防腐油 2. 铅丝埋入楼板时，应和短钢筋固定，并同时埋入短钢筋为 $\phi6$，长 150（为预制楼板时，铅丝和短钢筋埋入板缝中，用 C20 细石混凝土填牢，顺板缝中距 500） 3. 木材的树种和油漆、颜色由个体设计确定 4. 空腔内如不填干炉渣，应另行注明
2	双层木地板	实木地板或复合地板 长条松木毛地板 30°斜铺（板底刷防腐油） 搁栅 50×60 中距 500，横撑 50×50 中距 1000（空腔内填干炉渣 50 厚） 搁栅架空 20，与木垫块钉牢，垫块中距 500 现浇或预制钢筋混凝土楼板，预埋 12 号铅丝（与搁栅绑牢）中距 500	 22 60 20	1. 搁栅横撑和垫木均满涂防腐油 2. 铅丝埋入楼板时，应和短钢筋固定，并同时埋入短钢筋为 $\phi6$，长 150（为预制楼板时，铅丝和短钢筋埋入板缝中，用 C20 细石混凝土填牢，顺板缝中距 500） 3. 木材的树种和油漆、颜色由个体设计确定 4. 面层拼花纹样由个体设计注明 5. 空腔内如不填干炉渣，应另行注明

注：1. 空腔内也可不填炉渣。

2. 在工程中也有不采用木垫块，而直接将木龙骨固定在混凝土上的做法。

1. 无地垄墙有毛地板空铺法

(1) 应用设计

1) 结构设计。无地垄墙有毛地板空铺法可广泛地应用于室内的地面，即在室内的 C15 混凝土垫层（即结构层）上，如表 4-26 中 2 所示。也可以应用于现浇或预制钢筋混凝土板的楼面上，如表 4-27 中 2 所示。

无地垄墙有毛地板空铺法的木搁栅的设置，举例如图 4-16 所示。

无地垄墙有毛地板空铺法实木地板或复合板楼面（或地面）的结构，如图 4-17 所示。

这里所要指出的是，由于木搁栅上铺设毛地板，因此在满足毛地板的力学性能、使用功能的前提下，不必考虑到实木地板或复合地板的规格尺寸。由此可见，这给木搁栅的间距布置提供了较为宽松的选择。

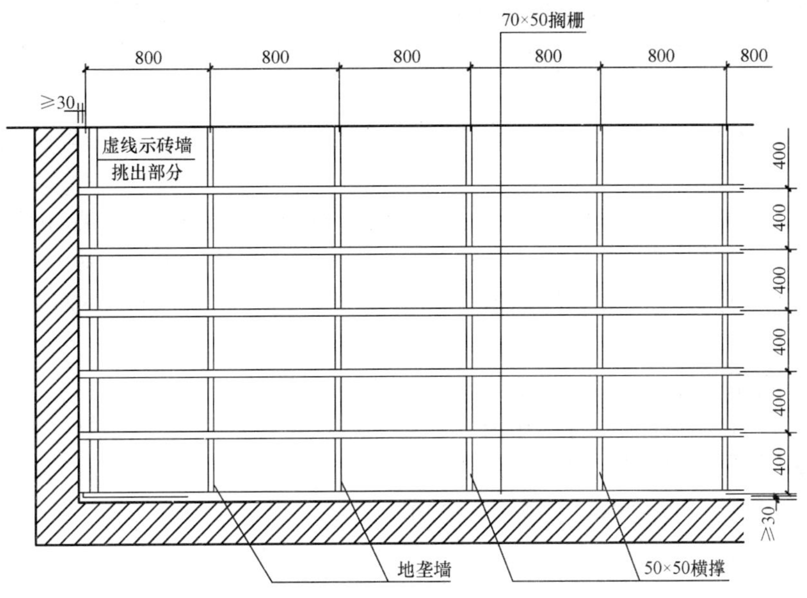

图 4-16　无地垄墙有毛地板空铺法的木搁栅的设置举例

2）设计注意事项

①所有地板搁栅、横撑、木垫块、毛地板、实木地板或复合地板（实木地板或复合地板已经防腐防火处理者除外），以及各种垫木、垫块均应满涂氟化钠防腐剂一道，防火涂料三道。

②木地板地面（或楼面）也可以不采用镶边。

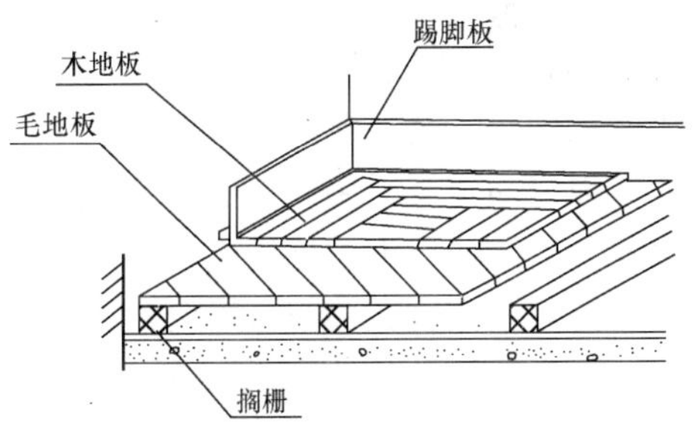

图 4-17　无地垄墙有毛地板空铺法实木地板或复合板楼面（或地面）的结构

注：1. 毛地板的铺钉也可以与纵向木龙骨呈 90°。
2. 木地板的铺钉也可以与毛地板呈 90°。

（2）木地板的施工。在此以现浇或预制钢筋混凝土板的楼面为例，来介绍木地板的施工。

1）施工顺序。无地垄墙有毛地板空铺法铺设实木地板或复合地板的施工顺序为：

划地板搁栅位置线→固定木搁栅、横撑→铺设毛地板→划木地板位置线→铺设实木地或复合地板→镶边→清整。

2）施工步骤

①划地板搁栅位置线。清理钢筋混凝土板或钢筋混凝土整捣层的表面，然后按照工程设计划出地板搁栅的木龙骨（纵向）的位置来划线，并同时划出横撑的位置线。

②固定木搁栅、横撑。首先将 50mm×50mm 木搁栅按划线位置采用预埋于钢筋混凝土中的 10 号镀锌铁丝（2 根一束，并与钢筋混凝土中的钢筋扭牢）绑牢，木龙骨间距为 400mm，绑扎点间距为 800～1000mm。

待木搁栅全部固定后，则应在木搁栅间加钉 50mm×50mm 横撑，间距 800mm。木搁栅与横撑所形成的搁栅顶面必须刨平、刨光。

③铺设毛地板。参见前面所介绍的“有地垄墙有毛地板空铺法”中的相关内容。

④划木地板位置线。参见前面所介绍的“有地垄墙有毛地板空铺法”中的相关内容。

⑤铺设实木地板或复合地板。参见前面所介绍的“有地垄墙有毛地板空铺法”中的相关内容。

⑥镶边。参见前面所介绍的“有地垄墙有毛地板空铺法”中的相关内容。

⑦清整。参见前面所介绍的“有地垄墙有毛地板空铺法”中的相关内容。

3）施工注意事项。参见前面所介绍的“有地垄墙有毛地板空铺法”中的相关内容。

此外，这里要特别介绍关于木龙骨固定的几个方法：

①预埋镀锌铁丝固定。若采用镀锌铁丝绑扎固定时，为了防止铁丝高于木搁栅的顶面而妨碍毛地板的铺平，故于木搁栅的顶面开一长槽，以便绑扎镀锌铁丝卧于槽内而不高出木搁栅顶面，如图 4 - 18（a）所示。

②预埋 U 形铁件固定。若采用预埋镀锌 U 形铁件时，可在浇筑钢筋混凝土时，将镀锌 U 形铁件预埋于混凝土中，在安装木龙骨（纵向）时，将木龙骨嵌入 U 形铁件中，并予以固定，如图 4 - 18（b）所示。

③L 形铁件固定。如果不采用在浇筑混凝土时预埋固定件的方法，则可在木龙骨（纵向）的一侧用镀锌 L 形角钢来予以固定。做法是将 L 形角钢的一翼用射钉与钢筋混凝中结构固定，另一翼则与木龙骨的一侧相固定，如图 4 - 18 中（c）所示。

④射钉固定。采用射钉固定木搁栅是最简便易行的方法，其做法是将木搁栅放在钢筋混凝土结构层上，确认就位准确无误后，使用长度 80～90mm 的带钉头射钉将木龙骨与混凝土紧固在一起（射钉的长度应保证其进入混凝土部分的长度为 22～32mm），而且要注意射钉的钉头部分要低于木搁栅顶面，以免妨碍毛地板的铺钉，如图 4 - 18（d）所示。

⑤钢板锚件固定。如果是钢筋混凝土预制板，则可利用板缝处形成的空腔插入钢板锚件，然后通过帽栓来将钢板锚件与木搁栅连接，最后在板缝空腔内填灌细石混凝

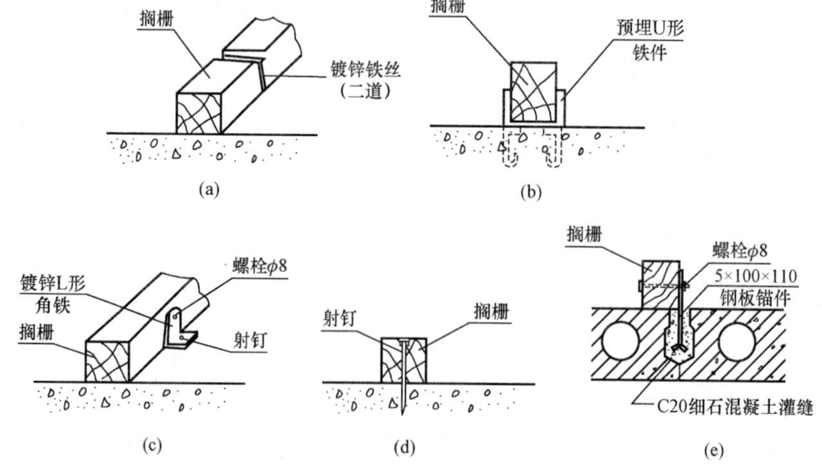

图 4 - 18 木龙骨的固定方式

土，如图 4 - 18 (e) 所示。

2. 无地垄墙无毛板空铺法

(1) 应用设计

1) 结构设计。无地垄墙无毛地板空铺法可广泛地应用于室内的地面，即在室内的 C15 混凝土垫层（即结构层）上，如表 4 - 26 中 1 所示。也可以应用于现浇或预制钢筋混凝土板的楼面上，如表 4 - 27 中 1 所示。

无地垄墙无毛地板空铺法的木搁栅的设置，举例如图 4 - 19 所示。

无地垄墙无毛地板空铺法实木地板或复合地面（或楼面）的结构，参图 4 - 20。

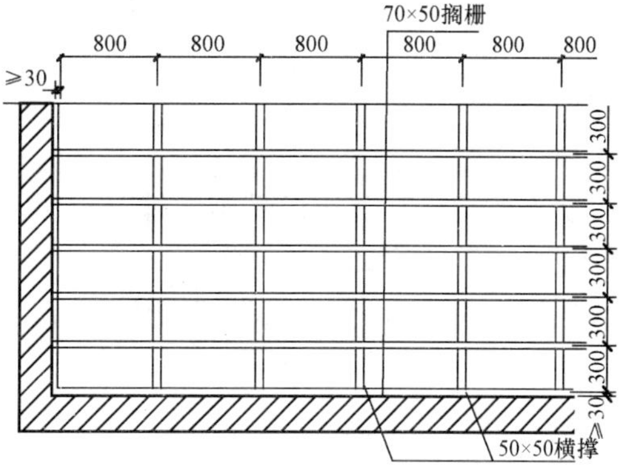

图 4 - 19 无地垄墙无毛地板空铺法的木搁栅的设置举例

这里需要指出的是，由于在此种铺法中不使用毛地板，所以在设置地板搁栅的间距时，必须根据实木地板或复合地板的规格尺寸，特别是在长度方向上的尺寸，例如使用长度为 600mm 的长条木地板，其地板搁栅的间距应为 300mm，以便于错缝拼铺木地板（图 4 - 20）。

2) 设计注意事项。参见前面所介绍的“无地垄墙有毛地板空铺法”中的相关内容。

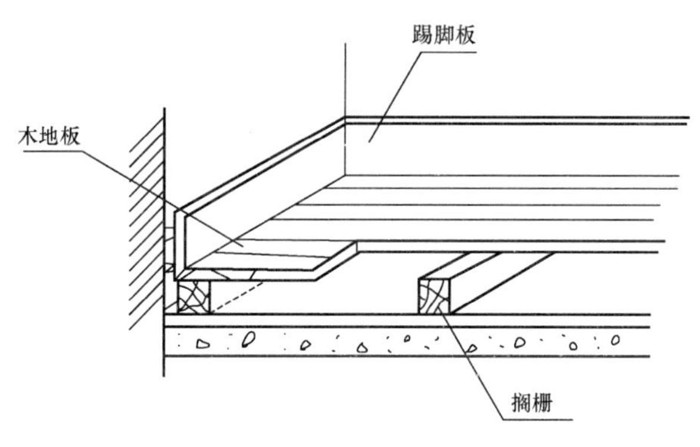

图 4 - 20 无地垄墙无毛地板空铺法楼面（或地面）的结构

(2) 木地板的施工。在此以现浇或预制钢筋混凝土板楼面为例，来介绍木地板的施工。

1) 施工顺序。无地垄墙无毛地板空铺法铺设实木地板或复合地板的施工顺序为：

划地板搁栅位置线→固定木搁栅、横撑→划木地板位置线→铺设实木地板或复合地板→镶边→清整。

2) 施工步骤。

①划地板搁栅位置线。参见前面所介绍的“无地垄墙有毛地板空铺法”中的相关内容。

②固定木搁栅、横撑。参见前面所介绍的“无地垄墙有毛地板空铺法”中的相关内容。

③划木地板位置线。参见前面所介绍的“有地垄墙无毛地板空铺法”中的相关内容。

④铺设实木地板或复合地板。参见前面所介绍的“有地垄墙无毛地板空铺法”中的相关内容。

⑤镶边。参见前面所介绍的“有地垄墙有毛地板空铺法”中的相关内容。

⑥清整。参见前面所介绍的“有地垄墙有毛地板空铺法”中的相关内容。

3）施工注意事项。参见前面所介绍的“有地垄墙有毛地板空铺法”中的相关内容。

二、实铺法

实木地板、复合地板采用实铺（也称：胶铺）的方法相对于空铺法来说，则简便易行，但较浮铺法又复杂一些。

采用实铺法的实木地板、复合地板一般来讲，其地板规格的长不宜超过300mm。

（一）应用设计

1. 结构设计

实木地板、复合地板采用实铺法施工是较为常见的施工方法，其特点是简便、快速，不需要再采用空铺法中的地垄墙（有地垄墙空铺法），也不需要制作木搁栅。在施工中实铺法仅仅需要将地板贴实、贴牢于混凝土表面即可。

实铺法的适用范围很广，它既适用于平房的室内地面、楼房的第一层（无地下室）地面（要求室内地面的标高要高于室外地面的标高），又适用于楼房的现浇或预制钢筋混凝土板上铺设实木地板或复合地板。

实铺法应用于地面的结构，参见表4-28中的1；实铺法应用于楼面的结构，参见表4-28中的2。

表4-28　实铺法木地板地面、楼面的构造设计

序号	构造简图	构造做法	厚度/mm	备注
1		实木地板或复合地板 胶粘剂 C15混凝土随捣随抹（表面撒1∶1干水泥砂子抹光）结合层 刷冷底子油一道，一毡二油防潮层 1∶3水泥砂浆找平层 刷素水泥浆一道 C10混凝土 素土夯实	 60 20 20 	
2		实木地板或复合地板 胶粘剂 C15混凝土随捣随抹（表面撒1∶1干水泥砂子抹光）结合层 刷素水泥砂浆一道 钢筋混凝土板	D	预制钢筋混凝土板时，$D=30$；现浇钢筋混凝土层时，$D=25$

2. 设计注意事项

（1）由于实铺法是采用胶粘剂将实木地板或复合地板与混凝土结合层相粘结，所以当应用于地面时，一定要做好防水、防潮层，以确保胶粘剂将混凝土结合层与地板粘结牢固，而不受到潮湿的影响。

(2) 采用实铺法所使用的实木地板或复合地板的长度一般不宜超过300mm。

(二) 木地板的施工

在此以现浇或预制钢筋混凝土板的楼面为例，来介绍木地板的施工。

1. 施工顺序

实铺法铺设实木地板或复合地板的施工顺序为：

清整结合层→划木地板位置线→胶铺实木地板或复合地板→镶边→清整。

2. 施工步骤

(1) 清整结合层。首先在平整的结合层上将浮尘、油污等清除掉，在有油污残留处可使用稀料彻底将其清除干净，最后用清水将结合层表面擦洗洁净，待彻底干燥后备用。

(2) 划木地板位置线。参见前面所介绍的“有地垄有毛地板空铺法”中的相关内容。

在此应强调的是，划木地板位置线在实铺法中是将线划在混凝土结合层上，而不是如“有地垄有毛地板空铺法”中在毛地板上划线。

(3) 胶铺实木地板或复合地板。划线完毕之后，即可开始在混凝土结合层上使用胶粘剂铺设实木地板或复合地板。

如果所采用的为长条形地板，无论它是等长或不等长的，均应错缝铺设，如果设计中有镶边，则应留出镶边位置，其宽度可用塞挤的木块予以保证，然后按照地板的位置线从房间的一面向另一方向胶铺，直至对面墙根处（图4-8)，并同样用塞挤木块来保证镶边的宽度。

如果采用木地板为单元木地板（如镶嵌木地板中的MPⅠ型、MPⅡ型和MPⅢ型)，则应从室内地面的中心位置开始，依次向四周胶铺（图4-9)。

如果是条形地板，而且被设计成人字形或席纹形铺设时（见图4-10)，则应从室内的中心位置开始，依次向四周胶铺。

(4) 镶边。胶铺完地板后，可将塞挤的木块取下（要注意，一定要待胶粘剂将地板粘结牢固、可靠后，一般需要1～2d)，再将镶边材料的背面点涂或刮涂胶粘剂嵌入预留的空隙，使之与混凝土结合层粘牢。

(5) 清整。胶铺地板并镶嵌完边部之后，则应检查是否符合要求，如果质量合格，则可清整地板表面，擦拭干净，然后涂擦地板蜡，最后抛光。

3. 施工注意事项

(1) 混凝土结合层在施工中必须要格外仔细认真，保证其表面平整，因为地板是直接粘贴于结合层上，因此，结合层表面是否平整是关系到粘铺地板后的地板表面质量优劣的关键所在。结合层表面的平整度应小于等于3mm（用2m靠尺检查)。

(2) 在粘铺实用地板或复合地板前，一定要确保混凝土结合层彻底干燥透，这有利于粘结地板，是影响粘结强度的关键因素之一。

(3) 结合层的表面在粘贴地板前一定要将油污清除干净，并用稀料将渗入混凝土中的残留除去。并将结合层表面的浮尘、碴粒凸起等清除干净。

(4) 在正式粘铺地板前，应对新使用的胶粘剂进行粘贴试验，一定确保胶粘剂的有效、可靠后，方可正式粘铺地板。

(5) 在划线完毕后，应先对地板进行试铺（不使用胶粘剂），并对花色、纹路等进行调配，并将其进行编号，以便正式粘铺时按顺序编号进行粘铺。

(6) 对于实木地板或复合木地板的背面施胶的方法，针对地板的形状、尺寸不同可选用三种方法（图 4-21）中的一种。

1）刮涂法。使用带锯齿状的刮板，在地板的背面进行刮涂胶粘剂。此法一般适用于规格尺寸较小的地板，如图 4-21 中的（a）所示。

2）条涂法。使用胶粘剂在地板背面涂覆几个条状的胶粘剂带。此法一般适用于条状的地板、规格尺寸较小的地板，如图 4-21 中的（b）所示。

3）点涂法。在地板的背面通过均匀分布的几个点状胶粘剂来对地板进行施胶，如图 4-21 中的（c）所示。

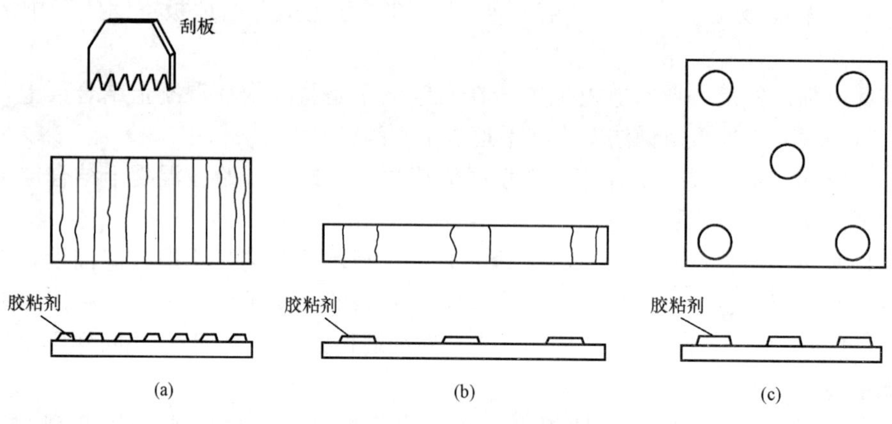

图 4-21 地板背面施胶方法

（a）刮涂法；（b）条涂法；（c）点涂法

(7) 当粘铺地板之后，不得在上面踩踏，只有当粘结剂固化完全之后（一般 2～3 天），方允许在地板上上人，但应注意不要使地板受力过大。

(8) 当粘铺地板时，应随时清洁地板表面的残胶，以免粘铺所有的地板之后，清理残胶不方便，否则会影响粘铺的强度和装修效果。

(9) 如果使用的地板有榫舌和嵌槽，则应在粘铺纵向第一排地板时，应将地板纵向带嵌槽的那一边面向墙边，而粘铺第二排的地板时应将地板的嵌槽与第一排的舌榫相嵌合。

(10) 粘铺地板时，应将地板的边缘也涂上胶粘剂，粘合后，应将溢出的胶粘剂立即擦净。

三、浮铺法

实木地板、复合地板采用浮铺的方法（比空铺法和实铺法）从施工方面来讲是最简便易行的施工方法。

采用浮铺法来进行实木地板或复合地板的施工，它对地板尺寸的精确要求相对于空铺法和实铺法来讲要高，这是由于浮铺地板不依靠钉或胶粘剂来将地板固定，而完全依靠地板的榫舌和槽口之间的嵌合。正因如此，浮铺法较多地是用于强化木地板（即浸渍纸层压木质地板）的铺装施工中，这是由于该种地板尺寸极为精确，且无变形之虞。

由于浮铺法在施工中是浮铺于室内地面或楼面的结合层之上，所以可以轻易地进行拆卸，重复使用，这一点对于一些临时性的室内地面或楼面的装修是很有利的。而且拆卸完的地面或楼面的混凝土结合层并未受到损坏，这对于再准备进行其他方式的装修极为有利。

（一）应用设计

浮铺法由于施工中并不将地板采用钉或胶粘剂来进行固定，而是浮铺于混凝土结构层上，地板之间仅靠彼此之间的榫舌与槽沟之间的嵌合来相互连接，因此对地板的尺寸公差要求严格，对其平整度要求应≤1/1000。值得注意的是采用浮铺法的地板，其结构形式仅限于地板有彼此相互嵌合的榫舌与槽沟的品种，而且榫舌与槽沟的尺寸精度与公差必须精准，只有这样，才能取得较好的铺装效果。

浮铺法适用范围很广，它既适用于平房的室内地面、楼房的第一层（无地下室）地面（要求室内地面的标高要高于室外地面的标高），也适用于楼房的现浇或预制钢筋混凝土板上铺设实木地板或复合地板。此外，由于一般在采用浮铺法时，通常在地板下铺设一层聚苯乙烯泡沫塑料卷材（俗称铺垫宝）或聚氯乙烯泡沫塑料卷材，上述泡沫塑料材料具有防潮、不吸水、防霉和保温、隔声的作用，所以只要做好局部防潮处理，浮铺法的应用范围甚至可以适用于相对湿度较大的环境和室内地面的标高低于室外的地面标高的情况。

浮铺法应用于地面的结构，见表4-29中的1；浮铺法应用于楼面的结构，见表4-29中的2。

表4-29　浮铺法木地板地面、楼面的构造设计

序号	构造简图	构造做法	厚度/mm	备注
1		实木地板或复合地板 铺垫宝 C15混凝土随捣随抹（表面撒1∶1干水泥砂子抹光）结合层 刷冷底子油一道，一毡二油防潮层 1∶3水泥砂浆找平层 刷素水泥浆一道 C10混凝土 素土夯实	— — 60 — 20 — D_1 D_2	
2		实木地板或复合地板 铺垫宝 C15混凝土随捣随抹（表面撒1∶1干水泥砂子抹光）结合层 刷素水泥砂浆一道 钢筋混凝土板	— — D_1 — D_2	预制钢筋混凝土板，$D_1=30$；现浇钢筋混凝土，$D_1=25$

设计注意事项如下：

(1) 由于浮铺法是将实木地板或复合地板浮铺于混凝土结合层上，而不采用任何紧固措施，因此，采用此种铺法的实木地板或复合地板必须具有舌榫和槽沟的品种，以便地板之间可以相互嵌合和制约。此外对地板的尺寸公差要求严格，而且变形性要极小。

(2) 由于地板是浮铺于混凝土结合层上，为了避免因踩踏而可能产生声响，因此在地板下面、混凝土结合层上面要铺一层铺垫宝，这样由于铺垫宝是具有封闭气孔的泡沫塑料，就可以消除可能产生的声响，而且还具有防潮、保温的作用。特别是对于强化木地板来讲，由于其厚度较小，由于泡沫塑料具有一定的弹性，故铺装后脚感较好。

(3) 浮铺法所采用的实木地板或复合地板以规格尺寸较大者为宜。若为方形地板应不小于300mm×300mm，一般来讲以长条形地板较为适宜，而且其长度以≥600mm或更长者为好。

(4) 铺垫宝铺设时，应当注意接口处的连接。特别是对于有防潮要求的情况下，更要在接口处采取可靠手段使之连接密封良好，不可通过潮气。铺垫宝的规格、性能参见表4-30。

(二) 木地板的施工

1. 施工顺序

浮铺法铺设实木地板或复合地板的施工顺序为：

清整结合层→铺设铺垫宝→划地板位置线→浮铺实木地板或复合地板及镶边→调整及固定。

表4-30 铺垫宝（聚苯乙烯泡沫塑料）的尺寸规格与性能

项目		尺寸及性能	备注
厚度/mm		6，12，20，25，40	特殊规格尺寸产品可由供需双方商定
宽度/mm		600	
长度/mm		1020	
压缩强度/kPa		>250	表中数据是根据GB 8813、GB 8811、GB 3399、GB 8811和GB 2406的试验要求测试所得的结果
尺寸变化率（%）		<1	
弯曲负荷/N		>35	
传热系数/[W/(m²·K)]		0.03	
氧指数（%）		>30	
垂直燃烧性	燃烧高度/mm	<250	
	燃烧时间/s	<30	
吸水率（%）		<2	

2. 施工步骤

(1) 清整结合层。首先在平整的结合层上将浮尘、油污等清除掉，并擦拭干净结合层表面。

（2）铺设铺垫宝。将铺垫宝依次由一边墙根向另一面墙根处铺放，铺放时应注意，行与行间应错缝，既不要过松，但也不宜过紧，以免有隆起现象。

（3）划地板位置线。参见前面所介绍的“有地垄墙有毛地板空铺法”中的相关内容。

在此应强调的是，划地板位置线在浮铺法中是将线划在铺垫宝上，而不是如“有地垄墙有毛地板空铺法”中在毛地板上划线。

（4）浮铺实木地板或复合地板及镶边。如果所采用的为长条形地板，而且地板铺设设计中有镶边的话，则应先在一边室内的墙根处先将镶边地板最先铺好，然后再浮铺第一行实木地板或复合地板。如果没有镶边，则可直接铺设第一行地板。

如果采用的木地板为单元木地板（如镶嵌木地板中的MPⅠ型、MPⅡ型和MPⅢ型），则应从室内地面的中心位置开始，依次向四周浮铺（图4-9）。

如果是条形地板，而且被设计成人字形或席纹形铺设时（图4-10），则应从室内的中心位置开始，依次向四周浮铺。

（5）调整及固定。待所有地板安装完毕之后，可检查接缝等处是否严紧，如有不足之处可小心地进行调整，并在四周使用弹簧或橡胶块、密度较大的泡沫塑料填塞，以期将四周固定。

3. 施工注意事项

（1）在铺设铺垫宝或聚氯乙烯泡沫塑料卷材时，注意不可重叠铺覆。

（2）如果是室内地面（并非是楼面），而地面的结合层下没有做防水层，室内地面标高又高于室外地面的标高，环境相对湿度并不大的情况下，对于强化木地板（注意：仅限于强化木地板，而不能是实木地板），对于要求不高的装修可以考虑进行浮铺法施工，但应注意对于铺垫宝或聚氯乙烯卷材在其拼缝处必须密封可靠，密封材料可采用密封膏等，同时应注在四周靠墙处也应密封好。

四、特殊部位的安装

（一）踢脚板的安装

实木地板或复合地板的踢脚板的安装，其做法一般是在墙体上首先弹出踢脚板的位置线，并在每隔400～600mm预埋一块防腐木砖，木砖的规格一般为60mm×120mm×120mm，如图4-22中（a）、（b）、（e）、（f）所示，有时根据需要也可设置两块规格较小的木砖，如图4-22中的（c）、（d）所示。

然后在防腐木砖上钉上木块（木块的规格可视其与木砖、踢脚板、墙的饰面层情况而定），木块可以是一块，也可以是两块，有时就是通长的一根或两根木条，以有利于安装固定踢脚板。

最后，将踢脚板采用气动钉或胶粘剂安装固定于木块或木条上。

踢脚板安装的结构构造参见图4-22。

（二）过渡条等的安装

过渡条是在铺设木地板中常常会用到的，它一般用于以下几种情况：①地板与石质板材、陶瓷地砖等其他材质地面、楼面的衔接处；②地板与门或门套的衔接处；③地板与暖气罩、固定家具的衔接处（不包括踢脚板）。

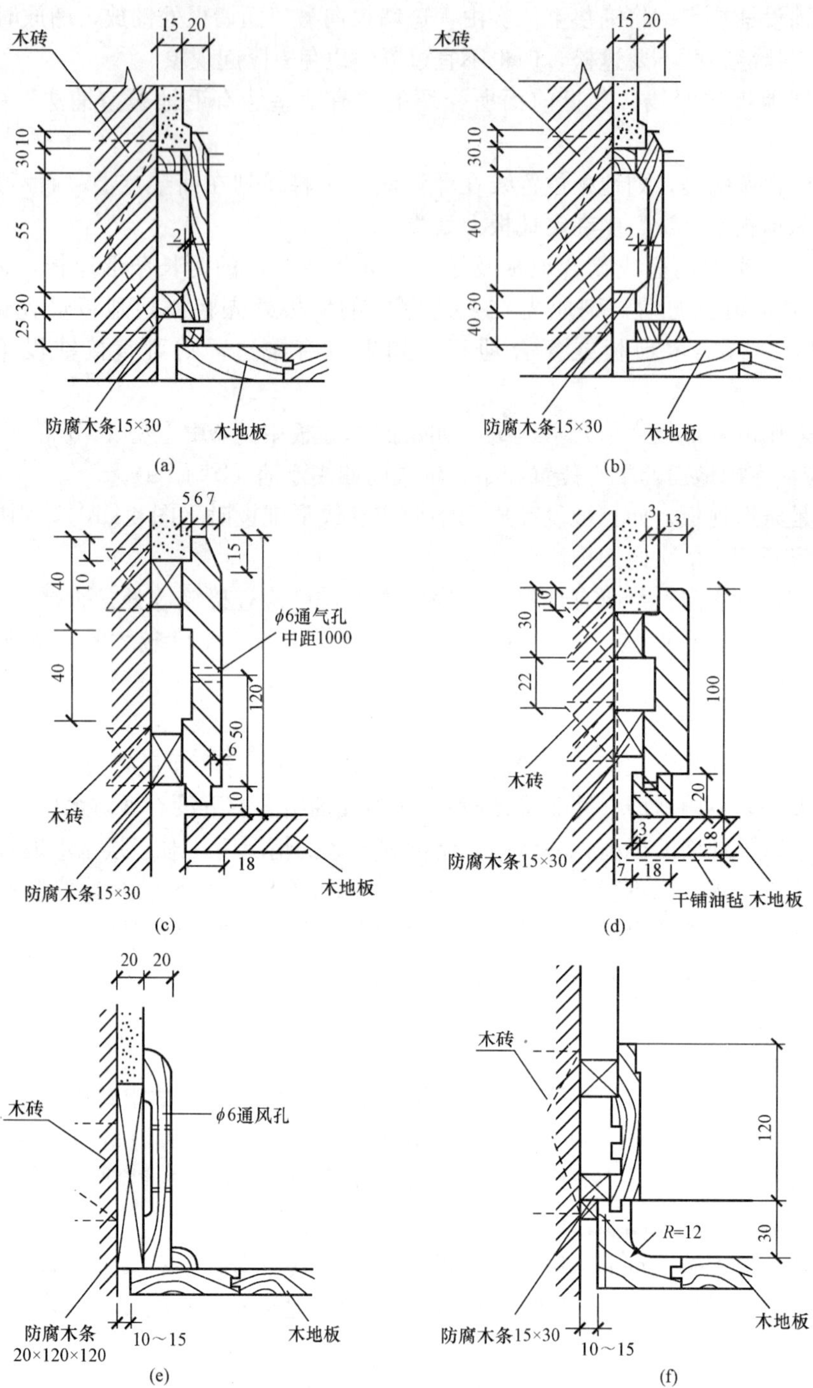

图 4 - 22 实木地板或复合地板的踢脚板的安装结构

过渡条的材质有木质的、PVC 的、铜的或铝合金的，但是目前应用较多的是铝合金的。铝合金过渡条的颜色有本色、白色、黄色及高级镀钛处的数种，其规格的长度有 900mm 和 2700mm 两种。

1. 平面过渡条

平面过渡条主要是用于两种不同材质的地面或楼面的衔接处。

平面过渡条有两种：无高差平面过渡条和有高差平面过渡条。前者是用于两种不同材质的地面或楼面的衔接处，但并不存在高度差的情况下；后者则用于两种不同材质的地面或楼面的衔接处，但存在一定的高度差的情况下。铝合金无高度差平面过渡条的规格为 44mm×(6～10)mm×900mm 和 44mm×(6～10)mm×2700mm，有高度差平面过渡条的规格为 33.7mm×(6～10)mm×900mm 和 33.7mm×(6～10)mm×2700mm。

平面过渡条的安装构造，见图 4-23 中的（a）和（b）。

在某些情况下，如果两种不同材质的地面或楼面，如木地板与水磨石地面或楼面衔接处也可以采用硬木作为过渡条，其安装构造见图 4-23 中的（c）。

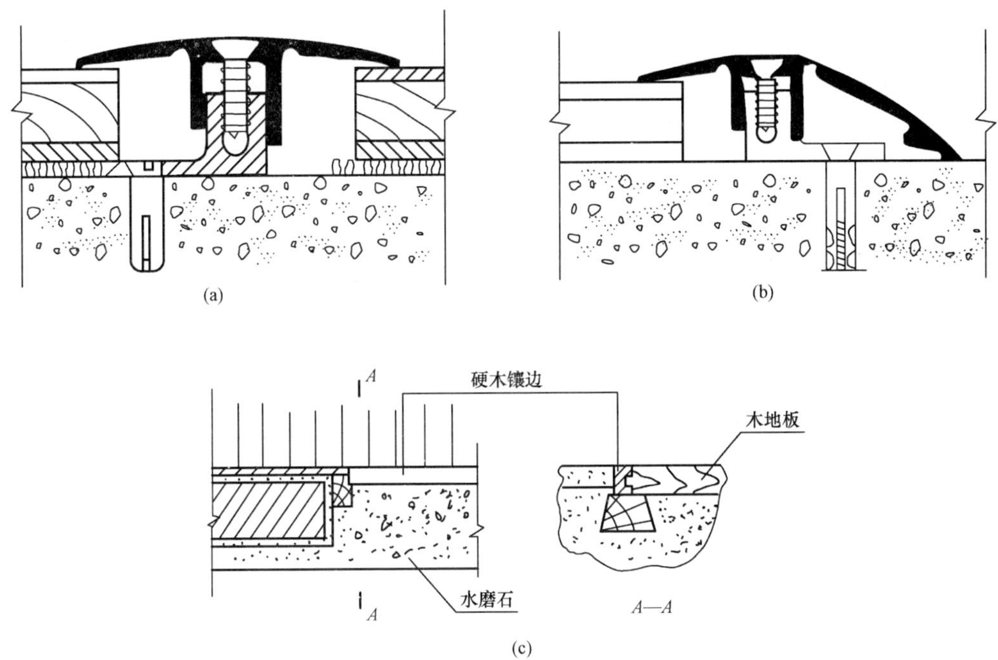

图 4-23　平面过渡条的安装构造

(a) 无高度差过渡条；(b) 有高度差过渡条；(c) 硬木过渡条

2. 阳角条

在楼梯上铺设地板时，在楼梯的边缘则须采用阳角条，以起到贴压连接和装饰、保护作用。铝合金阳角条的规格为（7～10)mm×2700mm。其安装结构如图 4-24 所示。

3. 收口条

收口条一般用于以下两种情况：①地板铺到墙边或其他物体旁时，墙和地板之间留有的空间大于踢脚板的厚度，而又无法用地板铺覆时。②浴室或阳台采用推拉门而无法安装踢脚板时。铝合金收口条的规格为 22mm×(6～10)mm×900mm 或 22mm×(6～10)mm×2700mm。其安装结构参见图 4-25。

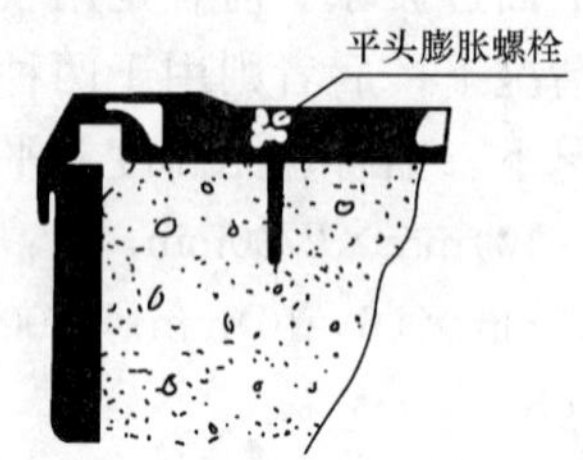

图 4-24 阳角条的安装构造

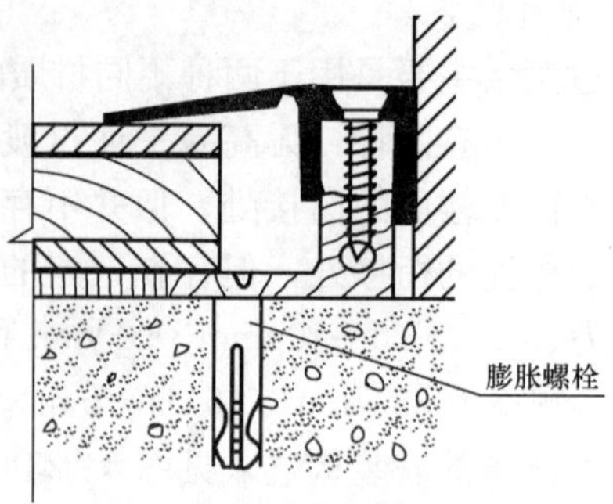

图 4-25 收口条的安装构造

第五章

玻璃材料地面、楼面

随着建筑材料科学的发展，玻璃用于地面、楼面装修已成为可能，目前以光栅玻璃、幻影玻璃来进行地面、楼面的装修已较常见。其特点是高雅、华贵、绚丽多彩，而且平整、光滑，表面硬度高，耐磨损，尤其适合作为舞厅、大堂、游艺厅、展览厅等地面的装修材料。

在此应强调指出的是，采用玻璃作为地面、楼面的装修材料，无论是光栅玻璃或幻影玻璃，其玻璃基材均应为钢化玻璃，以利于承受垂直于玻璃表面的重压，而且其厚度单层者一般大于或等于 8mm，夹层者一般大于或等于（8＋4）mm。当然如果玻璃幅面较小，厚度可适当降低些。总之，原则是应保证其足够的使用强度。

在本章中将以光栅玻璃、夹层玻璃为例，介绍其特点及应用施工方面的内容，读者可举一反三，借鉴到其他以钢化玻璃为基材所制成的玻璃制品中。

第一节　玻　璃　材　料

一、光栅玻璃

光栅玻璃（又称：镭射玻璃）是一种以玻璃（普通平板玻璃、浮法玻璃或钢化玻璃）为基材，采用特种材料和通过特殊工艺处理，在玻璃表面构成全息光栅或几何光栅的装饰用玻璃。

光栅玻璃的主要特点是在其背面会出现全息光栅或其他几何光栅，在阳光、月光、灯光等光源的照射下会产生物理衍射的七色光。而且在同一感光点或感光面，会因光源的入射角或观察角的不同而出现不同的色彩变化，使得被装饰物显得高雅华贵、富丽堂皇、梦幻迷离。在同一块光栅玻璃上所形成的图案可达百种之多。此外，光栅玻璃的光反射率可根据用户要求在 12%～18%范围内调整，而且该种玻璃的热反热率也优于其他品种的玻璃；由于光栅玻璃有一层膜层，使其具有良好的抗冲击性和破裂时的安全性。

光栅玻璃常被用于宾馆、酒店、舞厅、商厦、游乐场馆的室内墙面、柱面、地面的装修，也经常被用于门窗、屏风、隔断等建筑部位，还有的被用于制作灯具及装饰画等。

现已颁布光栅玻璃制品的行业标准。

（一）特性及构成

光栅玻璃的独有特点在于，当它处于任何光源的照射时，将会因物理衍射作用而产生由光谱分光所决定的色彩变化。而且对于同一受光点或受光面来说，随着光线的入射角度和人的视角的不同，所产生的色彩与图案也将不同，这就会给人一种变幻的、五光十色的、梦幻般的感受，这是所有其他玻璃制品所不具备的装饰效果。

光栅玻璃（以钢化玻璃为基材的除外）像普通平板玻璃一样，在施工中可以切割、钻孔，因而在室内装修中应用较为广泛。

光栅玻璃是以普通平板玻璃、浮法玻璃或钢化玻璃为基材，在玻璃表面采用高稳定性材料，经特殊工艺处理而制成。

（二）品种、规格和性能[1]

1. 品种

（1）按结构分。光栅玻璃按其结构可分为四种：普通光栅玻璃、钢化光栅玻璃、普通夹层光栅玻璃和钢化夹层光栅玻璃。

（2）按光栅特性分。光栅玻璃按其光栅特性可分为四种：透明光栅玻璃、印刷图案光栅玻璃、半透明半反射光栅玻璃和金属质感光栅玻璃。

（3）按化学稳定性。光栅玻璃按其化学稳定性可分为两种：A 类光栅玻璃和 B 类光栅玻璃。

（4）按形状分。光栅玻璃按其形状可分为两种：平面光栅玻璃和曲面光栅玻璃。

2. 规格

光栅玻璃的长度、宽度、厚度及形状，应由供需双方商定。

3. 性能

（1）技术尺寸。光栅玻璃的尺寸偏差要求见表 5-1。

表 5-1　光栅玻璃的技术尺寸要求　（单位：mm）

<table>
<tr><th rowspan="2">长度或宽度 L</th><th rowspan="2">允许偏差</th><th colspan="2">厚度</th><th>允许偏差</th></tr>
<tr><td colspan="2">单层</td><td>±0.4</td></tr>
<tr><td>L≤500</td><td>+1
−2</td><td rowspan="3">夹层</td><td>≤8</td><td>+0.8
−0.5</td></tr>
<tr><td>500<L≤1000</td><td>±2</td><td rowspan="2">>8</td><td rowspan="2">+1
−0.5</td></tr>
<tr><td>L>1000</td><td>±3</td></tr>
</table>

（2）弯曲度、吻合度。光栅玻璃的弯曲度应≤0.3%；曲面光栅玻璃的吻合度由供需双方商定。

（3）物理与化学性能。光栅玻璃的物理与化学性能要求见表 5-2。

表 5-2　光栅玻璃的物理与化学性能要求

项　目	性能要求	备　注
弯曲强度/MPa 耐热性 耐老化性，500h 耐化学稳定性 冻融性 太阳光直接反射比（%）	≥2.5 无气泡、开裂、渗水和显著变色，衍射效果不变 A 类或 B 类均无腐蚀和明显变色，衍射效果不变无气泡、开裂和明显变色，衍射效果不变 ≤0.3	用于镏长的钢化夹层光栅玻璃的抗冲击和耐磨性要求，应符合试验标准要求

[1] 参照 JC/T 510—1993《光栅玻璃》。

(4) 外观质量。光栅玻璃的外观质量要求，参见表 5-3。

表 5-3　光栅玻璃的外观质要求

项目		要求
光栅层气泡	长 0.5～1mm，每 0.1m² 面积内允许个数	≤3
	长 1～3mm 距离边部 10mm 范围内允许个数	≤2
	其他部位	不允许
划伤	宽度在 0.1mm 以下的轻划伤	不限
	宽度在 0.1～0.5mm，每 0.1m² 面积内允许条数	≤4
爆边	每片玻璃每米长度上允许有长度不超过 20mm，自玻璃边部向玻璃板表面延伸长度不超过 6mm，自板面向玻璃厚度延伸深度不超过厚度一半，允许个数	≤6
	小于 1m 的，允许个数	≤2
缺角	玻璃的角残缺以等分角线计算，长度不超过 5mm，允许个数	≤1
图案	—	图案清晰，色泽均匀，不允许有明显漏缺
折皱	—	不允许有明显折皱
叠差	—	由供需双方商定

二、夹层玻璃

夹层玻璃是一种在两片（或多片）之间嵌夹透明塑料薄片复合而成的安全型玻璃。

夹层玻璃是在 1906 年由英国人发明并取得专利的，当时的做法是在两片玻璃之间嵌夹一层赛璐珞片复合而成。而后又相继采用明胶与赛璐珞配合使用，以及后来采用丙烯酸类树脂及其衍生物作为夹层嵌夹薄层材料。自 20 世纪 40 年代中期以来，夹层材料几乎都采用聚乙烯醇缩丁醛（PVB）薄膜。近 20 年来，由于玻璃科学技术的发展，以钢化玻璃、镀膜玻璃等为玻璃原片制造出具有特殊性能的夹层玻璃，使夹层玻璃向高抗冲击强度和多功能方向发展。

夹层玻璃可适用于高层建筑、工业厂房、大型商场、体育场馆的门窗用玻璃，飞机、防弹车辆、汽车、机车的挡风玻璃，以及水下工程、动物园兽展窗等具有特殊要求的窗用玻璃。

现已颁布夹层玻璃制品的国家标准。

（一）特性及构成

夹层玻璃的最大特点是其抗冲击强度比普通玻璃高出几倍，而且即使受到强大冲击而产生破坏，也不会产生玻璃碎片伤人。这是由于夹层玻璃中间有塑料薄片的粘合作用，使得夹层玻璃只产生辐射状的裂纹，但不破碎。同时夹层玻璃还具有良好的透光性，以及良好的耐热、耐潮湿和耐寒性能。

夹层玻璃是玻璃与玻璃和/或塑料等材料，用中间层分隔并通过处理使其粘结为一体的复合材料的统称。常见和大多使用的是玻璃与玻璃，用中间层分隔并通过处理使其粘结为一体的玻璃构件。

中间层是介于两层玻璃和/或塑料等材料之间起分隔和粘结作用的材料，使夹层玻璃具有诸如抗冲击、阳光控制、隔声等性能。

中间层可选用材料种类和成分、力学和光学性能等不同的材料，如离子性中间层、PVB 中间层、EVA 中间层等。可以是无色的或有色的，透明的、半透明的或不透明的。

玻璃可选用：浮法玻璃、普通平板玻璃、压花玻璃、抛光夹丝玻璃、夹丝压花玻璃等。可以是：无色的、本体着色的或镀膜的；透明的、半透明的或不透明的；退火的、热增强的或钢化的；表面处理的，如喷砂或酸腐蚀的等。

塑料可选用：聚碳酸酯、聚氨酯和聚丙烯酸酯等。可以是：无色的、着色的、镀膜的；透明的或半透明的。

（二）品种、规格和性能❶

1. 分类

(1) 按形状分

1) 平面夹层玻璃。

2) 曲面夹层玻璃。

(2) 按霰弹袋冲击性能分

1) Ⅰ类夹层玻璃。

2) Ⅱ-1 类夹层玻璃。

3) Ⅱ-2 类夹层玻璃。

4) Ⅲ类夹层玻璃。

2. 规格

夹层玻璃的长度、宽度尺寸可参考表 5-4。

夹层玻璃的厚度没有规定。

3. 性能

(1) 尺寸偏差

1) 长度和宽度。夹层玻璃的长度和宽度尺寸允许偏差见表 5-4。

2) 叠差。夹层玻璃的最大允许叠差（图 5-1）见表 5-5。

表 5-4 **长度和宽度允许偏差** （单位：mm）

公称尺寸（边长 L）	公称厚度≤8	公称厚度>8	
		每块玻璃公称厚度<10	至少一块玻璃公称厚度≥10
$L\leq1100$	+2.0 −2.0	+2.5 −2.0	+3.5 −2.5

❶ 参照 GB 1576.3—2009《建筑用安全玻璃 第 3 部分：夹层玻璃》。

续表

公称尺寸（边长 L）	公称厚度≤8	公称厚度>8	
		每块玻璃公称厚度<10	至少一块玻璃公称厚度≥10
1100<L≤1500	+3.0 −2.0	+3.5 −2.0	+4.5 −3.0
1500<L≤2000	+3.0 −2.0	+3.5 −2.0	+5.0 −3.5
2000<L≤2500	+4.5 −2.5	+5.0 −3.0	+6.0 −4.0
L>2500	+5.0 −3.0	+5.5 −3.5	+6.5 −4.5

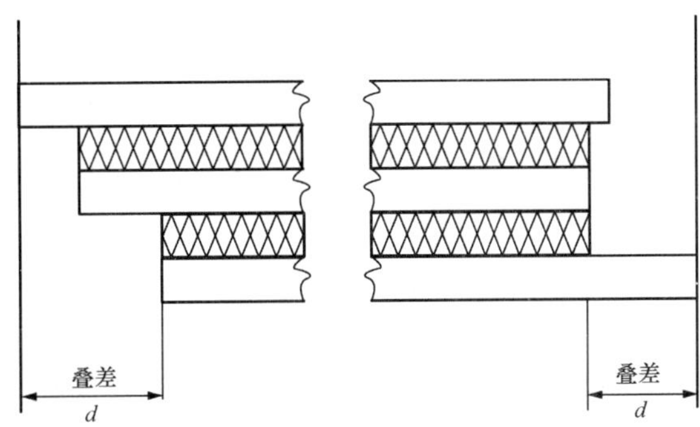

图 5-1　叠差

表 5-5　　夹层玻璃的最大允许叠差　　（单位：mm）

长度或宽度 L	最大允许叠差	长度或宽度 L	最大允许叠差
L≤1000	2.0	2000<L≤4000	4.0
1000<L≤2000	3.0	L>4000	6.0

3）厚度。对于三层原片以上（含三层）制品、原片材料总厚度超过 24mm 及使用钢化玻璃作为原片时，其厚度允许偏差由供需双方商定。

①干法夹层玻璃厚度偏差。干法夹层玻璃的厚度偏差，不能超过构成夹层玻璃的原片厚度允许偏差和中间层材料厚度允许偏差总和。中间层的总厚度<2mm 时，不考虑中间层的厚度偏差；中间层总厚度≥2mm 时，其厚度允许偏差为±0.2mm。

②湿法夹层玻璃厚度偏差。湿法夹层玻璃的厚度偏差，不能超过构成夹层玻璃的原片厚度允许偏差和中间层材料厚度允许偏差总和。湿法中间层厚度允许偏差应符合表 5-6 的规定。

表 5-6 湿法夹层玻璃中间层厚度允许偏差 (单位：mm)

湿法中间层厚度 d	允许偏差 δ	湿法中间层厚度 d	允许偏差 δ
$d<1$	±0.4	$2\leqslant d<3$	±0.6
$1\leqslant d<2$	±0.5	$d\geqslant 3$	±0.7

4）对角线差。矩形夹层玻璃制品，长边长度不大于 2400mm 时，对角线差不得大于 4mm；长边长度大于 2400mm 时，对角线差由供需双方商定。

（2）弯曲度。平面夹层玻璃的弯曲度，弓形时应不超过 0.3%，波形时应不超过 0.2%。原材料使用有非无机玻璃时，弯曲度由供需双方商定。

（3）可见光透射比。夹层玻璃的可见光透射比由供需双方商定。

（4）可见光反射比。按规定进行试验，夹层玻璃的可见光反射比由供需双方商定。

（5）抗风压性能。应由供需双方商定是否有必要进行本项试验，以便合理选择给定风载条件下适宜的夹层玻璃的材料、结构和规格尺寸等，或验证所选定夹层玻璃的材料、结构和规格尺寸等能否满足设计风压值的要求。

（6）耐热性。试验后允许试样存在裂口，超出边部或裂口 13mm 部分不能产生气泡或其他缺陷。

（7）耐湿性。试验后试样超出原始边 15mm、切割边 25mm、裂口 10mm 部分不能产生气泡或其他缺陷。

（8）耐辐照性。试验后试样不可产生显著变色、气泡及浑浊现象，且试验前后试样的可见光透射比相对变化率 ΔT 应不大于 3%。

（9）落球冲击剥离性能。试验后中间层不得断裂、不得因碎片剥离而暴露。

（10）霰弹袋冲击性能。在每一冲击高度试验后试样均应未破坏和/或安全破坏。

破坏时试样同时符合下列要求为安全破坏：

1）破坏时允许出现裂缝或开口，但是不允许出现使直径为 76mm 的球在 25N 力作用下通过的裂缝或开口。

2）冲击后试样出现碎片玻璃时，称量冲击后 3min 内从试片上剥离下的碎片。碎片总质量不得超过相当于 100cm^2 试样的质量，最大剥离碎片质量应小于 44cm^2 面积试样的质量。

Ⅱ-1 类夹层玻璃：3 组试样在冲击高度分别为 300mm、750mm 和 1200mm 时冲击后，全部试样未破坏和/或安全破坏。

Ⅱ-2 类夹层玻璃：3 组试样在冲击高度分别为 300mm 和 750mm 时冲击后，试样未破坏和/或安全破坏；但另 1 组试样在冲击高度为 1200mm 时，任何试样非安全破坏。

Ⅲ类夹层玻璃：1 组试样在冲击高度为 300mm 时冲击后，试样未破坏和/或安全破坏，但另 1 组试样在冲击高度为 750mm 时，任何试样非安全破坏。

Ⅰ类夹层玻璃：对霰弹袋冲击性能不做要求。

(11) 外观质量

1) 可视区缺陷

①可视区点状缺陷。可视区点状缺陷的要求见表 5-7。

表 5-7　可视区允许点状缺陷数

缺陷尺寸，λ/mm			0.5<λ≤1.0	1.0<λ≤3.0			
玻璃面积，S/m^2			S不限	S≤1	1<S≤2	2<S≤8	S>8
允许缺陷数/个	玻璃层数	2	不得密集存在	1	2	1.0m^2	1.2m^2
		3		2	3	1.5m^2	1.8m^2
		4		3	4	2.0m^2	2.4m^2
		≥5		4	5	2.5m^2	3.0m^2

注：1. 不大于 0.5mm 的缺陷不考虑，不允许出现大于 3mm 的缺陷。

2. 当出现下列情况之一时，视为密集存在：

a) 两层玻璃时，出现 4 个或 4 个以上的缺陷，且彼此相距<200mm；

b) 三层玻璃时，出现 4 个或 4 个以上的缺陷，且彼此相距<180mm；

c) 四层玻璃时，出现 4 个或 4 个以上的缺陷，且彼此相距<150mm；

d) 五层以上玻璃时，出现 4 个或 4 个以上的缺陷，且彼此相距<100mm。

3. 单层中间层单层厚度大于 2mm 时，上表允许缺陷数总数增加 1。

②可视区线状缺陷。可视区的线状缺陷数应满足表 5-8 的规定。

表 5-8　可视区允许的线状缺陷数

缺陷尺寸（长度 L，宽度 B）/mm	L≤30 且 B≤0.2	L>30 或 B>0.2		
玻璃面积，S/m^2	S不限	S≤5	5<S≤8	S>8
允许缺陷数/个	允许存在	不允许	1	2

2) 周边区缺陷。使用时装有边框的夹层玻璃周边区域，允许直径不超过 5mm 的点状缺陷存在；如点状缺陷是气泡，气泡面积之和不应超过边缘区面积的 5%。

使用时不带边框夹层玻璃的周边区缺陷，由供需双方商定。

3) 裂口。不允许存在。

4) 爆边。长度或宽度不得超过玻璃的厚度。

5) 脱胶。不允许存在。

6) 皱痕和条纹。不允许存在。

第二节　玻璃地面、楼面

一、玻璃地面、楼面的应用设计

玻璃地面是指在平房的室内、楼房的第一层（无地下室）或楼房的室下室内采用玻璃来铺设的地面。

玻璃地面的铺设方法可分为两大类：空铺法和实铺法。

(一) 空铺法

玻璃采用空铺法，相对于实铺法来讲，是比较复杂的。

空铺法按其有无地垄墙来分，可分为两种：有地垄墙和无地垄墙。

（1）有地垄墙空铺法。有地垄墙空铺法一般多用于平房的室内地面、楼房的第一层（无地下室）地面，而且室内地面标高要高于室外地面。

1）有地垄墙有毛地板空铺法。其结构设计和注意事项可参照第四章第一节“各种木质地板、竹质地板地面与楼面”中所介绍的“有地垄墙有毛地板空铺法”的相关内容。

2）有地垄墙无毛地板空铺法。其结构设计和注意事项参照第四章第一节“各种木质地板、竹质地板地面与楼面”中所介绍的“有地垄墙无毛地板空铺法”的相关内容。

（2）无地垄墙空铺法。由于该种空铺法省却了地垄墙，这不但减少了施工的工程量，而且更为地板搁栅的固定方式提供了较多的选择，因而更容易被人们选用。

无地垄墙空铺法铺设玻璃的适用范围很广，它适用平房的室内地面、楼房的第一层（无地下室）地面，但是对室内地面则要求在素土层上铺 C10 混凝土以及其他工序，其构造做法可参考表 4-34 中的相关内容。

无地垄墙空铺法来铺设玻璃更适合用于楼房的钢筋混凝土板或钢筋混凝土振捣层上铺设，其构造做法，可参考表 4-35 中的相关内容。

无地垄墙空铺法来铺设玻璃按其是否铺设毛地板来分，可分为两种：无地垄墙有毛地板空铺法和无地垄墙无毛地板空铺法。

1）无地垄墙有毛地板空铺法。

其结构设计和注意事项，可参考第四章第一节“各种木质地板、竹质地板地面、楼面”中所介绍的“无地垄墙有毛地板空铺法”的相关内容。

2）无地垄墙无毛地板空铺法。

其结构设计和注意事项，可参考第四章第一节“各种木质地板、竹质地板地面、楼面”中所介绍的“无地垄墙无毛地板空铺法”的相关内容。

（二）实铺法

玻璃采用实铺的方法相对于空铺法来说，则简单易行。

玻璃当采用实铺法时，应在混凝土层上铺覆固定一层胶合板作为毛地板，然后再将玻璃粘铺于胶合板上，这一点是与实木地板、复合地板在实铺法中，直接将实木地板、复合地板粘铺于混凝土层上的做法是有区别的。

（1）结构设计。玻璃采用实铺法是一种较为简单易行的施工方法，其特点是简便、快速。不需要在采用空铺法中的地垄墙（有地垄墙空铺法），也不需要制作木搁栅。仅需在施工中将胶合板固定于混凝土上，然后将玻璃粘铺于胶合板上即可。

实铺法的适用范围很广，它既适用于平房的室内地面，楼房的第一层（无地下室）地面（要求室内地面的标高高于室外地面的标高），又适用于楼房的现浇或预制钢筋混凝土板上铺设玻璃。

实铺法应用于地面的结构见表 5-9 中的 1；实铺法应用于楼面的结构见表 5-9 中的 2。

（2）设计注意事项

1）作为毛地板使用的胶合板，应采用厚度为 18～20mm 的双面刨光一级阻燃型胶合板。

2）铺钉胶合板于混凝土层上时，应采用错缝铺钉。

表 5-9　　实铺法玻璃地砖地面、楼面的构造设计

序号	构造简图	构造做法	厚度/mm	备注
1		玻璃 胶粘剂 阻燃型胶合板（一级） C15 混凝土随捣随抹（表面撒 1∶1＋水泥砂于抹光）结合层 刷冷底子油一道，一毡二油防潮层 1∶3 水泥砂浆找平层 刷素水泥浆一道 C10 混凝土 素土夯实	≥8 — 18～20 60 — 20 — D_1 D_2	
2		玻璃 胶粘剂 阻燃型胶合板（一级） C15 混凝土随捣随抹（表面撒 1∶1＋水泥砂子抹光）结合层 刷素水泥砂浆一道 钢筋混凝土板	≥8 — 18～20 D — 	预制钢筋混凝土板，$D=30$；现浇钢筋混凝土时，$D=25$

3）铺胶合板可采用水泥钉，钉长应≥2.5 倍的胶合板厚度，且钉帽应钉入胶合板面下 0.5～1mm；也可采用射钉来钉固胶合板，钉帽也应在胶合板面下 0.5～1mm。

二、玻璃地面、楼面的施工及施工要点

玻璃地面的铺设方法可分为两大类：空铺法和实铺法。

（一）空铺法

玻璃的空铺法按其有无地垄来分，可分为两种：有地垄墙和无地垄墙。

1. 有地垄墙空铺法

有地垄墙空铺法按其有无毛地板来分，可分为两种：有地垄墙有毛地板空铺法和有地垄墙无毛地板空铺法。

（1）有地垄墙有毛地板空铺法

1）施工顺序。有地垄墙有毛地板空铺法铺设玻璃地砖的施工顺序为：

夯实素土→夯实灰土层→划地垄墙位置线→砌地垄墙→设置压沿木→固定木搁栅→铺设毛地板→划玻璃地砖位置线→铺设玻璃地砖→镶边→清整。

2）施工步骤

①夯实素土。参照第四章第一节“各种木质地板、竹质地板地面、楼面”中所介绍的“有地垄墙有毛地板空铺法”的相关内容。

②夯实灰土层。参照第四章第一节“各种木质地板、竹质地板地面、楼面”中所介绍的“有地垄墙有毛地板空铺法”的相关内容。

③划地垄墙位置线。参照第四章第一节“各种木质地板、竹质地板地面、楼面”中所介绍的“有地垄墙有毛地板空铺法”的相关内容。

④砌地垄墙。参照第四章第一节“各种木质地板、竹质地板地面、楼面”中所介绍的“有地垄墙有毛地板空铺法”的相关内容。

⑤设置压沿木。参照第四章第一节“各种木质地板、竹质地板地面、楼面”中所介绍的“有地垄墙有毛地板空铺法”的相关内容。

⑥固定木搁栅。参照第四章第一节“各种木质地板、竹质地板的地面与楼面”中所介绍的“有地垄墙有毛地板空铺法”的相关内容。

⑦铺设毛地板（在此以胶合板作为毛地板）。采用经过防腐处理的厚度为18～20mm的阻燃型胶合板，将其满铺钉于地板搁栅上。

铺钉胶合板时应注意，要将其两个长边均落于地板搁栅的中心线上，否则应予以裁切，使之符合要求。

钉胶合板的钉长应为板厚度的2.5倍，钉距约为150mm，钉子距胶合板边应≤15mm，而且钉帽要打扁，并要进入板面约1mm。钉眼要用油性腻子抹平。

⑧划玻璃地砖位置线。在铺钉完的胶合板上划出玻璃地砖的施工控制线，即是每块玻璃砖的定位线。

首先将玻璃地面的标高线弹在周边墙上，然后以房间的中心为中心，划出互相垂直且分别与房间纵横墙面平行的标准十字线，以便铺贴玻璃时，由标准十字线的中心开始，向四周辐射铺贴玻璃。

然后依据标准十字线划出每块玻璃的定位线。

⑨铺设玻璃砖。将胶合板表面的浮尘、杂物清除干净，在每铺设一块或两块玻璃的胶合板表面干铺石油沥青油纸（也称油毡纸）一层，但应于涂专用胶粘剂处将油纸剪除。

然后，在第一块准备就位玻璃地砖的背面抹涂专用胶粘剂，胶粘剂的涂抹厚度为3～4mm，涂胶的位置分布如图5-2所示。

随后，按试铺时给玻璃的编号，依次将玻璃水平粘铺就位。玻璃地砖背后涂的快干型胶粘剂旨在使玻璃砖临时固定，然后再迅速进行调整，并将砖压平，以使其与其他砖相互平整，拼缝整齐，不得有空鼓不平、对缝不齐等现象，必要时可用快干型胶粘剂涂于玻璃砖边部，以协助定位。并随时将玻璃面被污之处擦拭干净，以免溢出之胶液固化后清除困难。

⑩镶边。如果玻璃地面有镶边，则应按预先划好的镶边的位置，采用专用胶粘剂将镶边材料（如异形规格和色彩图案的光栅玻璃或钛金不锈钢地面砖等）粘铺就位。

⑪清整。全部铺完后，应待胶粘剂所标识出的完全固化时间之后，才可上人（以免使玻璃地面产生位移），并仔细清整残留的污点及胶粘剂。

3）施工注意事项

①在铺设玻璃地面时，应采用厚度规范、表面平整的胶合板来作为毛地板，而不宜采用杉木板、杉木板等。

②胶合板的铺钉方向是要使其长边均应落于地板搁栅的中心线上。此外，胶合板之间的接缝应相互错开。

③当采用有地垄墙有毛地板空铺法铺设光栅玻璃地砖时，玻璃可选用8mm厚的单层产品，而不选用厚度为(8＋4)mm、(8＋5)mm或（10＋5)mm的玻璃地砖，以节省

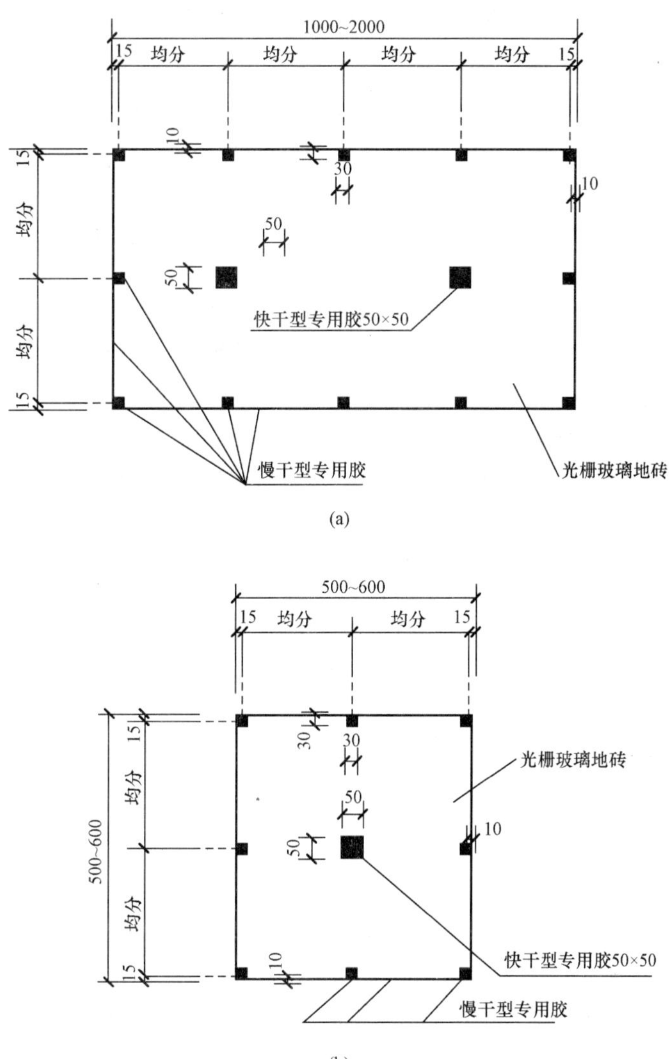

图 5 - 2　玻璃砖背面涂胶的分布位置

工程造价。

（2）有地垄墙无毛地板空铺法

1）施工顺序。有地垄墙无毛地板空铺法铺设光栅玻璃地砖的施工顺序：

夯实素土→夯实灰土层→划地垄墙位置线→砌地垄墙→设置压沿木→固定木搁栅→划玻璃、位置线→铺设玻璃→镶边→清整。

2）施工步骤

①夯实素土。参照第四章第一节“各种木质地板、竹质地板的地面、楼面”中所介绍的“有地垄墙有毛地板空铺法”的相关内容。

②夯实灰土层。参照第四章第一节“各种木质地板、竹质地板的地面、楼面”中所介绍的“有地垄墙有毛地板空铺法”的相关内容。

③划地垄墙位置线。参照第四章第一节“各种木质地板、竹质地板的地面、楼面”

中所介绍的“有地垄墙有毛地板空铺法”的相关内容。

④砌地垄墙。参照第四章第一节“各种木质地板、竹质地板的地面、楼面”中所介绍的“有地垄墙有毛地板空铺法”的相关内容。

⑤设置压沿木。参照第四章第一节“各种木质地板、竹质地板的地面、楼面”中所介绍的“有地垄墙有毛地板空铺法”的相关内容。

⑥固定木搁栅。参照第四章第一节“各种木质地板、竹质地板的地面、楼面”中所介绍的“有地垄墙有毛地板空铺法”的相关内容。

但是，应值得注意的是，木搁栅的间距要严格掌握，以使玻璃地砖无论是齐缝还是错缝布置，都要保证玻璃地砖的短边均能准确地位于搁栅朝上那一面在宽度方向上的中央位置。一般采用有地垄墙无毛地板空铺法来铺设玻璃的搁栅间距应不大于300mm。

⑦划玻璃地砖位置线。根据所采用的玻璃的规格尺寸，在搁栅上划出其位置线。

⑧铺设玻璃地砖。将木搁栅上的浮尘、杂物清除干净，然后，在第一块准备就位玻璃的背面抹涂专用胶粘剂，胶粘剂的厚度为3～4mm，涂胶的位置分布，可参照图5-2。但应注意的是，由于没有胶合板来作为毛地板，所以，在玻璃上涂抹胶粘剂时，凡悬空处（即不与木搁栅接触处）不要抹涂胶粘剂。

随后，按试铺时给玻璃地砖的编号，依次将玻璃粘铺就位。

⑨镶边。参照本节前面所介绍的“有地垄墙有毛地板空铺法”中铺设玻璃地砖的相关内容。

⑩清整。参照本节前面所介绍的“有地垄墙有毛地板空铺法”中铺设玻璃地砖的相关内容。

3）施工注意事项

①粘铺玻璃地砖时，应注意将其长边均落于地板搁栅的中心线上。

②玻璃地砖所有与搁栅相接触处均应涂抹胶粘剂。

③采用有地垄墙无毛地板空铺法的玻璃地砖应采用厚度为(8＋4)mm、(8＋5)mm或(10＋5)mm的双层制品，而不应采用厚度为8mm的单层制品。

2. 无地垄墙空铺法

无地垄墙空铺法可分为两种：无地垄墙有毛地板空铺法和无地垄墙无毛地板空铺法。

无地垄空铺法由于没有地垄墙的限制，所以施工较有地垄墙空铺法灵活得多，读者可以借鉴前面所介绍的有地垄墙空铺中的相关内容。

（二）实铺法

实铺法是最为简单、经济的施工方法。因此在能满足环境条件和使用功能的条件下，应尽量采用实铺法，而避免采用空铺法。

1. 施工顺序

实铺法铺设玻璃地砖的施工顺序为：

清整结合层→铺设毛地板→划玻璃地砖位置线→粘铺玻璃地砖→镶边→清整。

2. 施工步骤

（1）清整结合层。首先在平整的结合层上将尘土、油污等清除掉，并擦洗干净，待其彻底干燥后备用。

(2) 铺设毛地板。将胶合板采用错缝的方法，用水泥钉或射钉将其固定于结合层上。

(3) 划玻璃地砖位置线。参照本节前面所介绍的“有地垄墙空铺法”中的相关内容。

(4) 粘铺玻璃地砖。参照本节前面所介绍的“有地垄墙空铺法”中的相关内容。

(5) 镶边。参照本节前面所介绍的“有地垄墙空铺法”中的相关内容。

(6) 清整。参照本节前面所介绍的“有地垄墙空铺法”中的相关内容。

3. 施工注意事项

实铺法所采用的玻璃地砖可选用 8mm 厚的单层产品，而不选用厚度为(8+4)mm、(8+5)mm 或(10+5)mm 的玻璃地砖，以节省工程造价。

第六章

塑料地板地面、楼面

塑料地板、卷材是用聚氯乙烯树脂、聚乙烯树脂或聚丙烯树脂为基料，加入增塑剂、稳定剂、润滑剂、填料和颜料等，经混合、搅拌、热熔、压延、切割等工序而成的一种热塑性塑料。填料主要为粉状矿物，如石英粉等。可根据不同地面的使用要求，调整其材料配比。

塑料地板有许多优良性能：

（1）种类花色繁多，具有良好的装饰性能。塑料地板通过印花、压花等制作工艺，表面可呈现丰富绚丽的图案，不但可仿木材、石材等天然材料，而且可任意拼装组合成变化多端的几何图案，使室内空间活泼、富于变化，有现代气息。

（2）功能多变、适应面广。通过调整材料的配方和采用不同的制作工艺，可得到适应不同需要、满足各种功能要求的产品。

（3）质轻、耐磨、脚感舒适。塑料地板单位面积的质量在所有铺地材料中是最轻的（每平方米仅3kg左右），可大大减小楼面荷载。其坚韧耐磨，耐磨性完全能满足室内铺地材料的要求。PVC地面卷材地板经12万人次的通行，磨损深度不超过0.2mm，好于普通水泥砂浆地面。塑料地板可以做成加厚型或发泡型，弹性好，且导热系数适宜，脚感舒适且不感到寒冷。

（4）施工、维修、保养方便。塑料地板施工为干作业，在平整的基层上可直接粘贴，特别是卷材地板直接铺设即可，极为简单。块材塑料地板局部损坏可及时更换，不影响大局。使用过程中，塑料地板可用温水擦洗，不需特殊养护。

目前在我国建筑中采用的塑料地板主要分两大类：半硬质聚氯乙烯块状塑料地板（简称：聚氯乙烯块状地板）和聚氯乙烯卷材地板。其分类见表6-1。

表6-1　　塑料地板分类表

地板结构			主要组成材料		生产工艺
			树脂	助剂	
块材（块状）	软质	单层	聚氯乙烯或氯化聚乙烯	增塑剂、稳定剂、少量填料、颜料	压延或热压
	半硬质	单层	聚氯乙烯、氯乙烯—醋酸乙烯共聚物	增塑剂、稳定剂、大量填料、颜料	压延或热压
		多层复合	聚氯乙烯、氯乙烯—醋酸乙烯共聚物	增塑剂、稳定剂、填料、颜料	压延或热压

续表

<table>
<tr><th colspan="3" rowspan="2">地板结构</th><th colspan="2">主要组成材料</th><th rowspan="2">生产工艺</th></tr>
<tr><th>树脂</th><th>助剂</th></tr>
<tr><td rowspan="5">卷材（卷状）</td><td rowspan="2">无底衬</td><td>单层</td><td>聚氯乙烯或氯化聚乙烯</td><td>增塑剂、稳定剂、少量填料、颜料</td><td>压延</td></tr>
<tr><td>复合多层</td><td>聚氯乙烯</td><td>增塑剂、稳定剂、少量填料、颜料</td><td>压延</td></tr>
<tr><td rowspan="3">有底衬</td><td>不发泡</td><td>聚氯乙烯</td><td>增塑剂、稳定剂、少量填料、颜料</td><td>压延或涂布</td></tr>
<tr><td>低发泡</td><td>聚氯乙烯</td><td>增塑剂、稳定剂、发泡剂</td><td>压延或涂布</td></tr>
<tr><td>高发泡</td><td>聚氯乙烯</td><td>增塑剂、稳定剂、发泡剂</td><td>涂布</td></tr>
</table>

第一节　聚氯乙烯块状地板地面、楼面

采用聚氯乙烯块状地板铺装建筑室内地面、楼面的优点较多：品种、花色众多，还可拼装出变化很多的图案；具有舒适的脚感和足够的耐磨性；施工简便，局部损坏可方便地进行更换。

现已颁布聚氯乙烯块状地板制品的国家标准。

一、特性及构成

用塑料板材铺贴的楼地面面层，具有重量轻、成本低、耐磨、防火、隔声、弹性好、脚感舒适、绝缘性能好以及施工方便、便于用水冲等诸多优点。同时，它的色彩繁多，可以根据人们的需要，制作成各种彩色图案，外形极为美观，能适应人们对建筑地面越来越高的要求，因此，被广泛使用于办公室、学校、图书馆、展览馆、医院、食堂、会议室、试验室、住宅以及车辆、船舶等地面工程。塑料地板也有较好的防腐蚀性能，因此也常用于有防腐蚀要求的楼面、地面工作。

聚氯乙烯块状地板以其构成来分，可分为两种：同质地板和复合地板。

（1）同质地板。为均一材质单层结构，一般采用新料生产。若采用回收再生料生产，受回收废料的限制，一般仅有铁黄色和铁红色等有限几种色调。

（2）复合地板。该种单色块材地板由 2～3 层复合而成。虽各层材质基本相同，但仅面层采用新料，其他各层常采用回收再生料，而且各层填充料含量也不同，通常面层含填充料少而底层含填充料多，以增加面层的耐磨性和底层的刚性。

二、品种、规格和性能❶

（一）品种

聚氯乙烯块状地板的品种分类如下：

按结构分，可分为两种：同质地板（代号：HT）和复合地板（代号：CT）；

❶ 参照 GB/T 4085—2005《半硬质聚氯乙烯块状地板》。

按耐磨性分，可分为两种：通用型（代号：G）和耐用型（代号：H）；

按施工工艺分，可分为两种：拼接型（代号：M）和焊接型（代号：W）。

（二）规格

聚氯乙烯块状地板的幅面尺寸并无特别规定，可由供需双方商定。

聚氯乙烯块状地板的厚度：通用型为1mm，耐用型为1.5mm。

（三）性能

1. 技术尺寸

（1）边长。边长的平均值与公称值的允许偏差为±0.13%，单个边长值与边长平均值的允许偏差为±0.5mm。

（2）厚度

1）厚度尺寸要求见表6-2。

表6-2　聚氯乙烯块状地板的厚度尺寸要求　（单位：mm）

类　　型		厚　　度
G型	通用型	≥1.00
H型	耐用型	≥1.50

2）厚度的平均值与公称值的允许偏差为$^{+0.13\text{mm}}_{-0.10\text{mm}}$，单个厚度值与厚度平均值的允许偏差为±0.15mm。

（3）直角度。直角度要求见表6-3。

表6-3　聚氯乙烯块状地板的直角度要求　（单位：mm）

边　　长	指　　标
≤400	≤0.25
>400	≤0.35
>400（焊接）	≤0.50

2. 物理性能

物理性能要求见表6-4。

表6-4　聚氯乙烯块状地板的物理性能要求

<table>
<tr><th colspan="2" rowspan="2">项　　目</th><th colspan="2">指　　标</th></tr>
<tr><th>G型</th><th>H型</th></tr>
<tr><td colspan="2">单位面积质量（%）</td><td colspan="2">公称值$^{+13}_{-10}$</td></tr>
<tr><td colspan="2">密度/(kg/m^2)</td><td colspan="2">公称值±50</td></tr>
<tr><td colspan="2">残余凹陷/mm</td><td colspan="2">≤0.1</td></tr>
<tr><td colspan="2">色牢度/级</td><td colspan="2">≥3</td></tr>
<tr><td rowspan="2">纵、横向加热尺寸变化率（%）</td><td>M型</td><td colspan="2">≤0.25</td></tr>
<tr><td>W型</td><td colspan="2">≤0.40</td></tr>
<tr><td rowspan="2">加热翘曲/mm</td><td>M型</td><td colspan="2">≤2</td></tr>
<tr><td>W型</td><td colspan="2">≤8</td></tr>
</table>

续表

建筑项目		指标	
		G型	H型
耐磨性①	HT型/(g/100转)	≤0.18	≤0.10
	CT型/转	≥1500	≥5000

① 特殊用途可按供需双方约定。

4. 有害物质限量

有害物质限量见表6-5。

表6-5 聚氯乙烯块状地板的有害物质限量

试验项目	指标
氯乙烯单体/(mg/kg)	≤5
可溶性铅/(mg/m²)	≤20
可溶性镉/(mg/m²)	≤20
挥发物的限量/(g/m²)	≤10

5. 外观质量

外观质量要求见表6-6。

表6-6 聚氯乙烯块状地板的外观质量要求

缺陷名称	指标
缺损、龟裂、皱纹、孔洞	不允许
分层、剥离	不允许
杂质、气泡、擦伤、胶印、变色、异常凹痕、污迹等①	不明显

① 可按供需双方合同约定。

三、聚氯乙烯块状地板地面、楼面的应用设计

(一)应用构造

聚氯乙烯块状地板地面、楼面的应用构造,如图6-1所示。

(二)施工方法

聚氯乙烯块状地板的施工方法有两种:拼接法和焊接法。

(三)设计要点

(1)塑料板地面应根据使用场所、不同的使用功能要求,选用合适的厚度、硬度、耐火等级、烟蒂反应、耐光色牢度、耐低温柔性等相关技术性能指标的塑料板块或塑料卷材。

(2)用于有防腐要求楼地面的塑料板地面,其墙角、柱角等处应用水泥砂浆抹成半径不小于40mm的圆弧,以利于板材的铺贴。

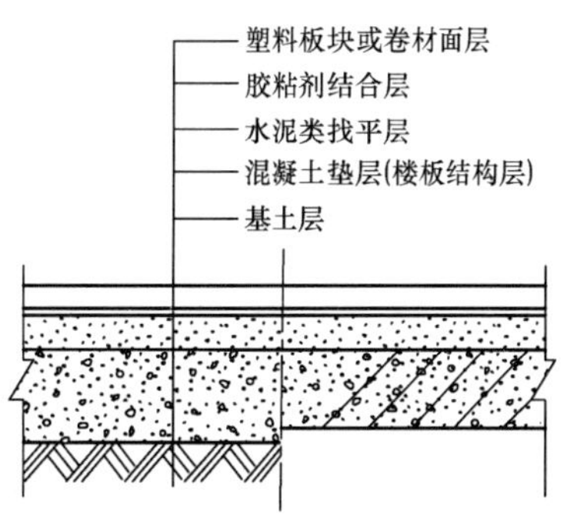

图6-1 塑料板地面构造

(3)塑料地板的色彩、图案、铺贴形式等,应

在设计图纸上予以明确。

(4) 铺贴后需焊缝的塑料地板，其焊条应选择与面层板材相同成分的材料，以保证焊缝的质量。

(5) 铺贴于水泥砂浆找平层上的塑料地板或卷材，应对水泥砂浆找平层的表面平整度和铺设时的含水率提出相应的要求。

四、聚氯乙烯块状地板地面、楼面的施工及施工要点

(一) 材料要求

1. 聚氯乙烯块状地板

聚氯乙烯块状地板的板面应平整、光洁、无裂纹，板块应色泽均匀，厚薄一致，边缘平直，密实无孔，无皱纹，板内不允许有杂质和气泡，其质量应符合相应产品各项技术指标。建筑地面通常采用软质塑料地板，呈方块形，平面尺寸一般为 300～700mm，厚度为 2～6mm。颜色有黑、白、棕、蓝、灰色等多种。板块在运输时不应曝晒、雨淋、撞击和重压，贮存时应堆放在干燥、洁净的仓库内，并距热源 3m 以外，温度不宜超过 32℃。

2. 胶粘剂

胶粘剂的选择应根据基层铺设材料与面层的使用要求，通过试验确定。胶粘剂主要有聚醋酸乙烯类、丙烯酸类、氯丁橡胶类、沥青类等，926 多功能建筑胶也常采用。胶粘剂应存放在阴凉通风、干燥的室内。胶的稠度应均匀，颜色一致，无胶团和其他杂质，超过生产期三个月或保质期的产品，要取样检验，合格后方可使用。

塑料地板用胶粘剂的选择，见表 6-7 和表 6-8。

表 6-7　塑料地板胶粘剂的选择

地板名称	选用胶粘剂	备　　注
半硬质块状塑料地板	沥青类、聚醋酸乙烯类、丙烯酸类、氯丁橡胶类胶粘剂	有耐水要求的场合时应选用环氧树脂类胶粘剂
卷材塑料地板	可选用丙烯酸类、氯丁橡胶类胶粘剂	住宅用卷材地板时也可用双面胶带固定

表 6-8　常用塑料地板胶粘剂的名称和优缺点

名　　称	主要优缺点
氯丁胶	需双面涂胶、速干、初凝力大。有刺激性挥发气体，施工现场要防毒、防燃
202 胶	速干、粘结强度大、可用于一般耐水、耐酸碱工程。使用时，双组分要混合均匀，价格较贵
JY－7 胶	需双面涂胶、速干、初粘力大，低毒、价格相对较低
水乳型氯丁胶	不燃、无味、无毒、初粘力大、耐水性好，对较潮湿的基层也能施工、价格较低
聚醋酸乙烯胶	使用方便、速干、粘结强度好、价格较低、有刺激性、须防燃、附水性较差
405 聚氯酯胶	固化后有良好的粘结力，可用于防水、耐酸碱等工程。初粘力差，粘贴时须防止位移
6101 环氧胶	有很强的粘结力，一般用于地下室、地下水位高或人流量大的场合。粘贴时要预防胺类固化剂对皮肤的刺激。价格较高

3. 焊条

塑料焊条通常采用等边三角形或圆形截面，表面应平整、光洁、无孔眼、节瘤、皱纹，颜色均匀一致。焊条成分和性能应与被焊板块相同，在15℃以上进行弯曲180°不断裂。

4. 乳胶腻子

当铺贴基层（找平层）表面有麻面、起砂、裂缝等质量缺陷时，可先采用乳液腻子处理。第一道大多采用石膏浮液腻子嵌补找平，其配合比（体积比）为：

石膏：土粉：聚醋酸乙烯乳液：水=2：2：1：适量

第二道修补可采用滑石粉乳液腻子，其配合比（重量比）为：

滑石粉：聚醋酸乙烯乳液：水：羧甲基纤维素溶液=1：(0.2～0.5)：适量：0.1

5. 底胶

底胶按原胶粘剂（非水溶性）的重量，加10%的65号汽油与10%醋酸乙酯（或乙酸乙脂）搅拌均匀即可。如用水溶性胶粘剂时，可用原胶粘剂加适量的水搅拌均匀即成。

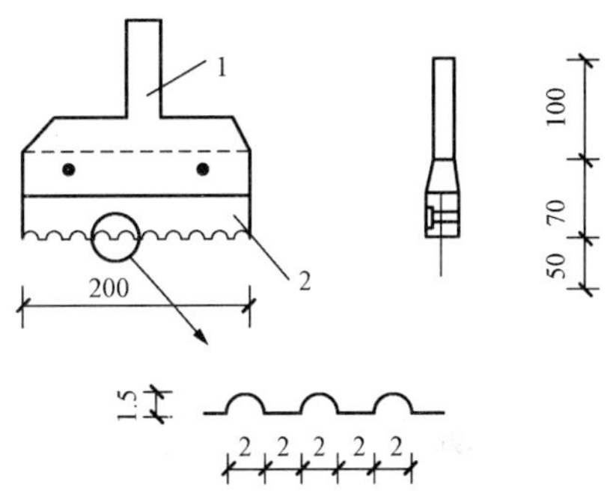

图6-2 齿形刮胶刀
1—木把；2—钢皮板或塑料板

6. 施工工具

(1) 常用工具。常用机具有锯齿形涂刮板（涂胶工具）、划线器、多用刀、橡胶滚筒、橡皮压边滚筒（有单、双滚之分）、大压辊等。

1）齿形刮胶刀。齿形刮胶刀是涂胶粘剂的专用工具，锯齿的尺寸由涂胶量决定，如图6-2所示。

2）划线器。划线器用于曲线形塑料板裁切，是一根金属杆，中间开槽以固定划针，划针离前端的距离可以调节，如图6-3所示。

3）橡胶辊筒。橡胶辊筒用于滚压地面面层，如图6-4所示。

(2) 焊接机具。包括自耦变压器（2kW）、焊枪（气嘴内径为$\phi5$～$\phi6$mm）、空压机（0.6m^3/min可带8支焊枪）、空气过滤器。

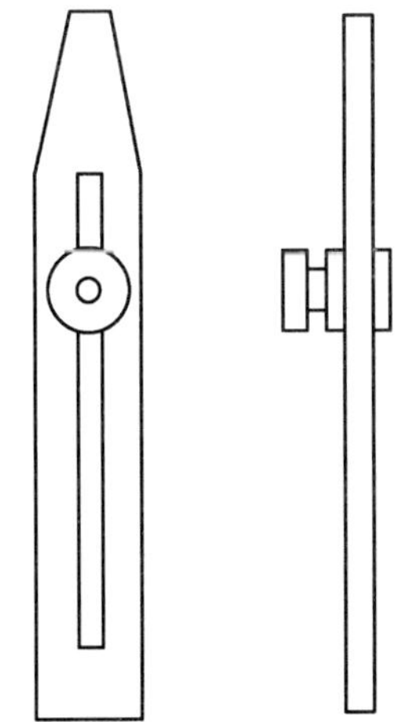
图6-3 划线器

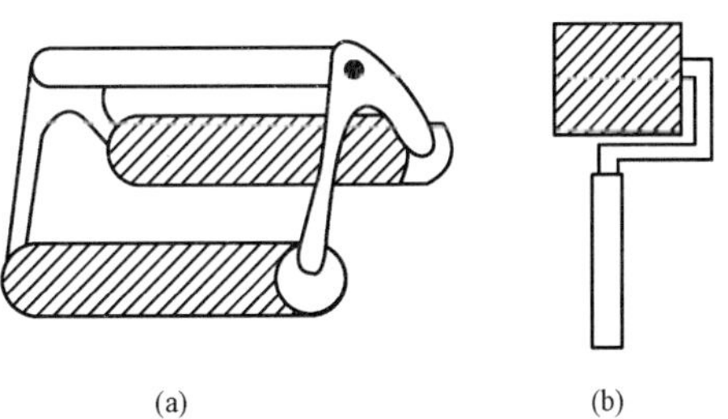

图6-4 橡胶辊筒
(a) 双辊；(b) 单辊

（二）聚氯乙烯块状地板的施工及施工要点

1. 粘结法

(1) 施工工艺流程。聚氯乙烯块状地板粘结法施工工艺流程如下：

基层处理→弹线分格→试铺→刮胶→铺贴地面→铺贴踢脚板→清理和养护

(2) 施工方法

1) 基层处理。对铺贴基层的基本要求是平整，有足够强度，各阴阳角方正，无污垢灰尘、含水率不大于8%。

①混凝土、水泥砂浆基层。在混凝土、水泥砂浆基层上铺贴塑料地板，其基层表面用2m直尺检查的允许空隙不得超过2mm。如有麻面等缺陷，须用腻子修补和涂乳液一遍。腻子应采用乳液腻子，可参考表6-9进行配制。修补时，先用石膏乳液腻子嵌补找平，然后用0号铁砂布打毛，再用滑石粉乳液腻子刮第二遍，直至基层平整、无浮灰后，再刷108胶水泥乳液一道，以增加胶结层的粘结力。

表6-9　乳液及腻子配合比

名　称	配合比例（重量比）							
	聚醋酸乙烯乳液	108胶	水泥	水	石膏	滑石粉	土粉	羧甲基纤维素
108胶水泥乳液	—	0.5～0.8	1.0	6～8	—	—	—	—
石膏乳液腻子	1.0	—	—	适量	2.0	—	2.0	—
滑石粉乳液腻子	0.2～0.25	—	—	适量	—	1.0	—	0.1

②水磨石或陶瓷锦砖基层。应用碱水洗去污垢后，再用稀硫酸腐蚀表面或用砂轮推磨，以增加基层粗糙度。这种地面宜用耐水胶粘剂铺贴。

③木板基层。木结构地面的搁栅应坚实，地面突出的钉头应敲平，板缝可用胶粘剂加老粉（双飞粉）配成腻子填补平整。

2) 弹线分格。按塑料地板的尺寸、颜色、图案弹线分格。塑料板铺贴一般有两种方式：一种是接缝与墙面成45°，称为对角定位法，如图6-5 (a) 所示；另一种是接缝与墙面平行，称为直角定位法，如图6-5 (b) 所示。

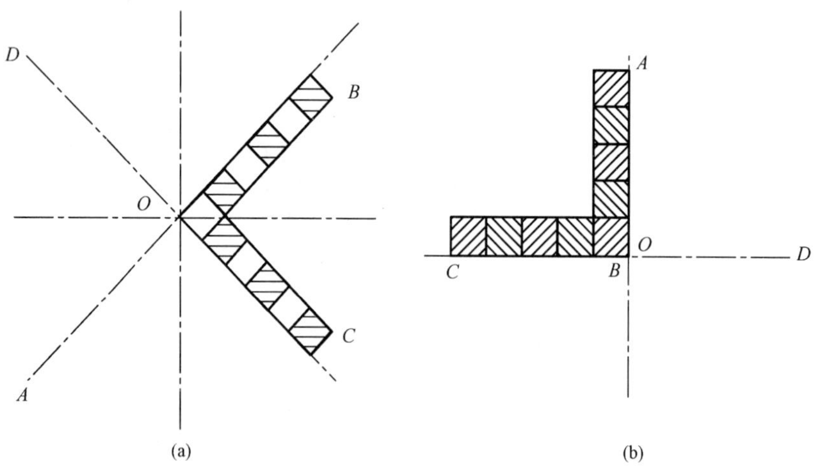

图6-5　定位方法

(a) 对角定位法；(b) 直角定位法

①弹线时，以房间中心点为中心，弹出相互垂直的两条定位线。同时，要考虑板块尺寸和房间尺寸的关系，尽量少出现小于 1/2 板宽的窄条，相邻房间之间出现交叉和改变面层颜色时，分色线均应设在门的裁口线处，而不是在门框边缘，位置如图 6-6 所示。分格时，应距墙边留出 200～300mm 做镶边。

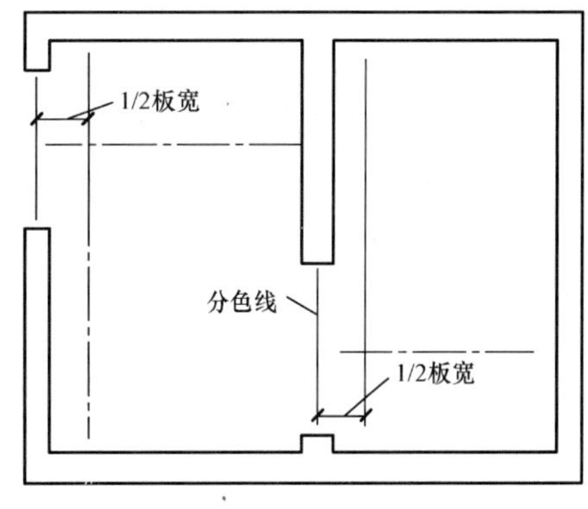

图 6-6　分色线

②铺贴时，以弹线为依据，从房间的一侧向另一侧铺贴，也可采用十字形、丁字形、交叉形铺贴方式，如图 6-7 所示。

③如果想追求地面图案的变化，可以将板块裁割成三角形（沿对角线切开）、梯形（沿相对两边长的 1/3 和 2/3 边长处切开）等，铺出变化的图案，但增加了施工的难度并增大了材料消耗，如图 6-8 所示。

3）试铺。塑料地板试铺前，应进行处理，一般是将塑料板放进 75℃左右的热水中浸泡 10～20min，然后取出晾干，再用棉丝蘸丙酮：汽油＝1：8 的混合溶液进行涂刷脱脂除蜡，以保证塑料板在铺贴时表面平整、不变形和粘贴牢固。

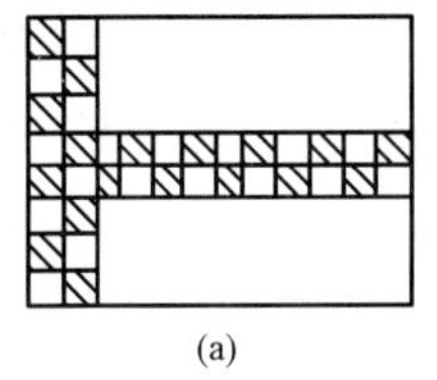

(a)

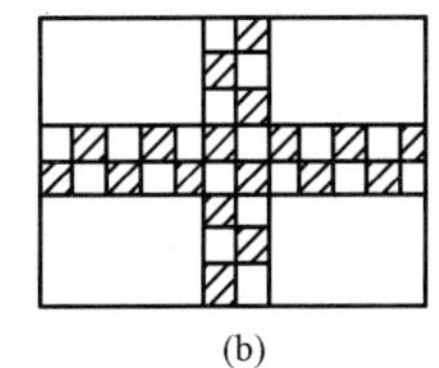

(b)

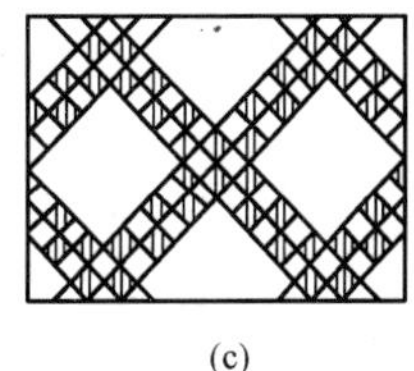

(c)

图 6-7　铺贴示意图

(a) 丁字形；(b) 十字形；(c) 交叉形

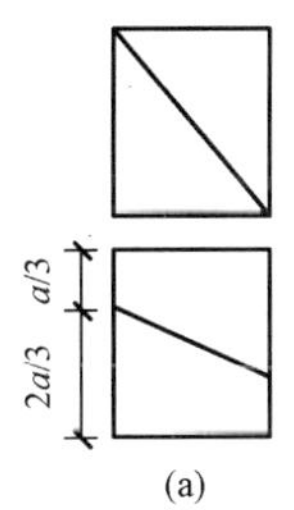

(a)

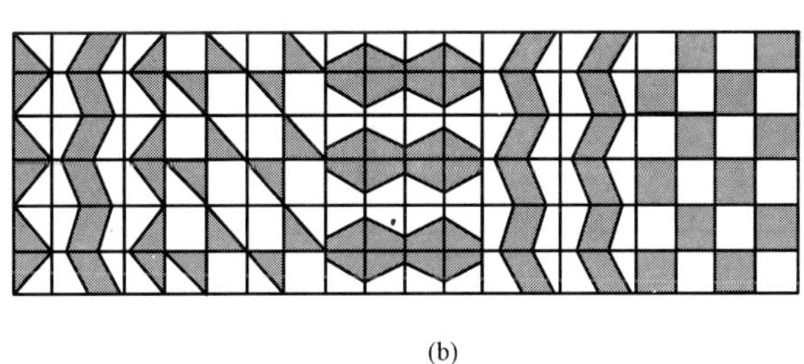

(b)

图 6-8　拼接示意图

(a) 板块切成三角形和梯形；(b) 各种拼花

依照弹线分格情况，在塑料地板脱脂除蜡后即进行试铺。对于靠墙处不是整块的塑料板，可按如图 6-9 所示的方法进行裁切。其方法是：在已铺好的塑料地板上放一块塑料地板块，再用一块塑料板的一边与墙紧贴，沿另一边在塑料地板上划线，按线裁下的部分即为所需尺寸的边框。如墙面为曲线或有凸出物，可用两脚规或划线器划线（突出物不大时，可用两角规，突出物较大时，用划线器）。如图 6-10 所示为两脚规划线的方法，在有突出物处放一块塑料地板，两脚规的一端紧贴墙面，另一端压在塑料地板上，然后沿墙面的轮廓线移动两脚规。移动时，注意两脚规的平面始终要与墙面垂直，此时即可在塑料地板块上划出与墙面轮廓完全相同的弧形，再沿线裁切就得到能与墙面密合的边框。使用划线器时，将其一端紧贴墙面上凹得最深的地方，调节划针的位置，使划针对准地板的边缘，然后沿墙面轮廓线移动划线器，要始终保持划线器与墙面垂直，划针即可在塑料板上划出与墙面轮廓完全相同的图形。

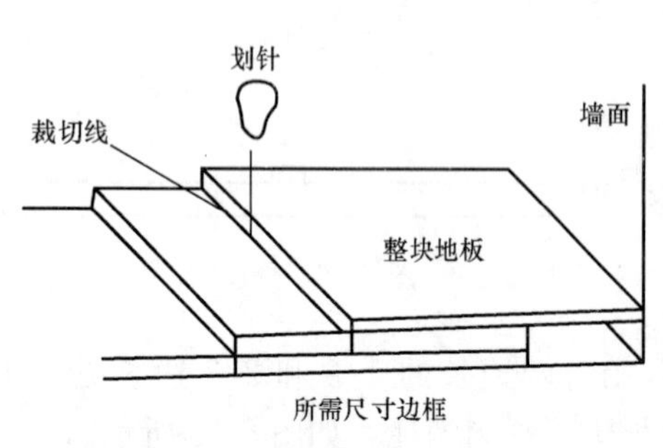

图 6-9 直线裁切示意图

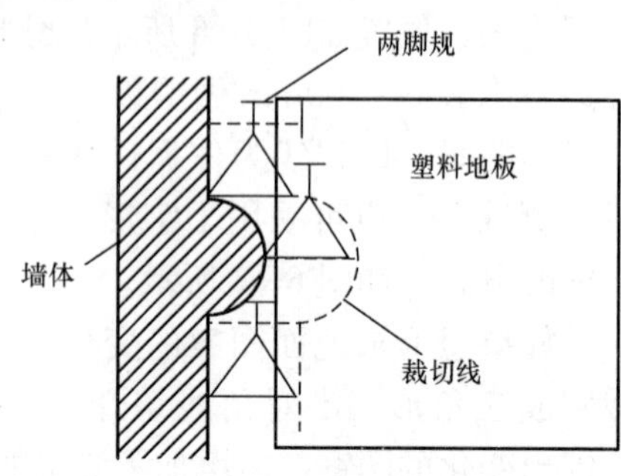

图 6-10 曲线裁切示意图

塑料地板试铺合格后，应按顺序编号，以备正式铺贴。

4）刮胶。塑料板铺贴刮胶前，应将基层清扫洁净，并先涂刷一层薄而匀的底子胶。底子胶应根据所使用的非水溶性胶粘剂加汽油和醋酸乙酯调制。方法是按原胶粘剂质量加 10%的 65 号汽油和 10%的醋酸乙酯（或乙酸乙酯），经充分搅拌至完全均匀即可。用锯齿形涂胶刀涂刮胶粘剂，如图 6-11 所示。涂刮要均匀一致，越薄越好，且不得漏刮（刷）。待底子胶干燥后，方可涂胶铺贴。

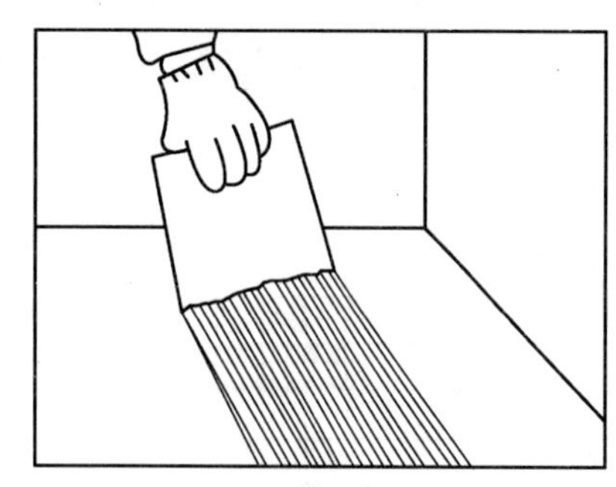
图 6-11 锯齿形涂胶刀刮胶

目前塑料地板品种较多，地板胶的品种也较多，应根据不同的铺贴材料选用相应胶粘剂。粘贴塑料地板时，最好采用熟悉的塑料地板牌号及熟悉的胶粘剂牌号。如果对所铺贴的地板或胶粘剂不熟悉，就应该先试胶，即用 1～2 块塑料地板，将其背面和地面涂胶后，进行粘贴，并观察塑料地板有否软化和翘边现象。如果等 2～4h 后没有发生上述现象，便可进行铺贴；如有上述现象，就必须更换地板或地板胶再试。通常立时得胶对各种塑料地板都有较好粘贴适应性。

①如象牌 PVA 胶粘剂，适宜于铺贴二层以上的塑料地板，而耐水胶粘剂则适用于潮湿环境中塑料地板的铺贴，且可用于－15℃的环境中。不同的胶粘剂有不同施工方法。用溶剂型胶粘剂，一般应在涂布后晾干到溶剂挥发达到手触不沾手，再进行铺贴；用 PVA 等乳液型胶粘剂时，则不需晾干过程，最好将塑料地板的粘结面打毛，涂胶后即可铺贴；用 E-44 环氧树脂胶粘剂时，则应按配方准确称量固化剂（常用乙二胺）加入调和，涂布后即可铺贴；若采用双组分胶粘剂，如聚氨酯和环氧树脂等，要按组分配比正确称量，预先配制，并即时用完。

②通常施工温度应在 10～35℃范围内，暴露时间 5～15min。低于或高于此温度，

最好不进行铺贴。

③若用乳液型胶粘剂，应在地板上刮胶的同时在塑料板背面刮胶；若用溶剂型胶粘剂，只在地面上刮胶即可。

④聚醋酸乙烯溶剂胶粘剂，甲醇挥发迅速，故涂刮面不能太大，稍加暴露应马上铺贴。聚氨酯和环氧树脂胶粘剂都是双组分固化型胶粘剂，即使有溶液，含量也不多，可稍加暴露。

5）铺贴。铺贴是塑料地板施工操作的关键工序。铺贴塑料地板主要控制三个问题：一是塑料板要贴牢固，不得有脱胶、空鼓现象；二是缝格顺直，避免错缝发生；三是表面平整、干净，不得有凹凸不平及破损与污染。

①对于接缝处理，粘结坡口做成同向顺坡，搭接宽度不小于300mm。

②铺贴时，最好从中间定位向四周展开，这样能保持图案对称和尺寸整齐。切勿将整张地板一下子贴上，应先把地板一端对齐粘合，轻轻地用橡皮滚筒将地板平服地粘贴在地面上，使其准确就位，同时赶出气泡，如图6-12所示。一般每块地板的粘贴面要在80%以上，为使粘贴可靠，应用压滚压实或用橡胶锤敲实（聚氨酯和环氧树脂胶粘剂应用砂袋适当压住，直至固化）。用橡胶锤敲打时，应从中心移向四周，或从一边移向另一边。在铺贴到靠墙附近时，用橡胶压边滚筒赶走气泡和压实，如图6-13所示。

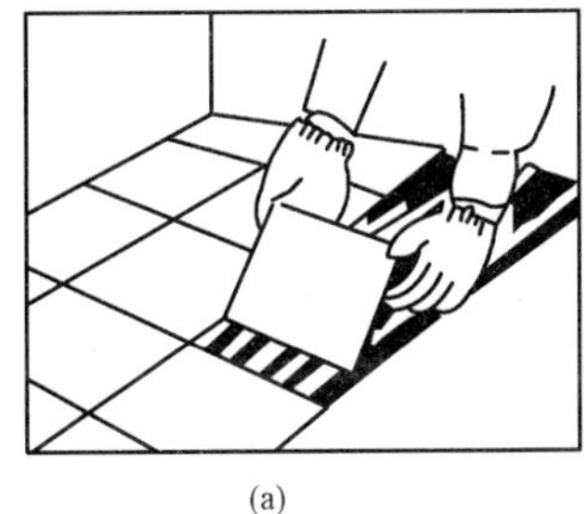
(a)

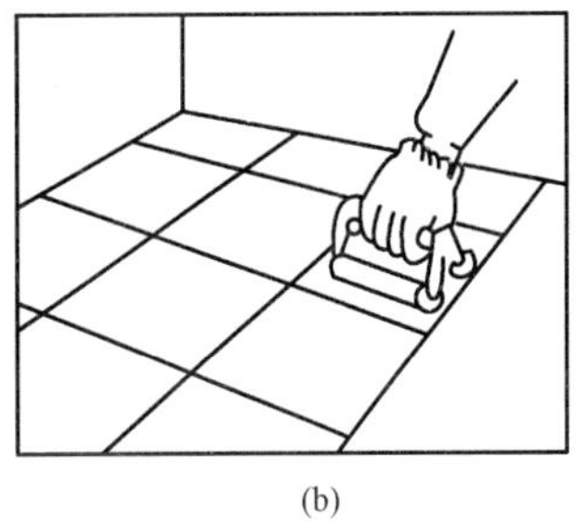
(b)

图6-12 粘合与赶实示意
(a) 地板一端对齐粘合；(b) 贴平赶实

③在铺贴到墙边时，可能会出现非整块地板，应在准确量出尺寸后，现场裁割。裁剪后再按上述方法一并铺贴。

6）铺贴踢脚板。塑料踢脚扳铺贴的要求和板面相同，地面铺贴完成后，按已弹好的踢脚板上口线及两端铺贴好的踢脚标准，挂线粘贴，铺贴的顺序是先阴、阳角，后大面。踢脚板与地面对缝一致粘合后，应用橡胶滚筒反复滚压密实。

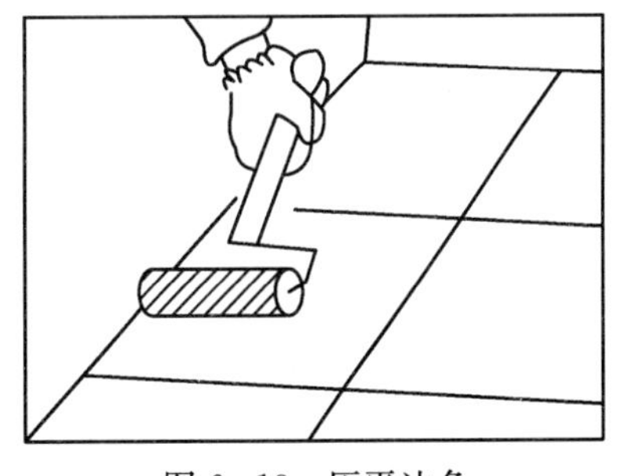
图6-13 压平边角

塑料踢脚板铺贴时，在踢脚板粘贴面和墙面上同时刮胶。胶晾干后，从门口开始铺贴。最好三人一组，两人铺贴，另一人保护刚贴好的阴、阳角处。遇阴角处，踢脚板下口应剪去一个三角切口，以保证粘贴的平整。塑料踢脚线每卷300～500m，一般不准有接头。

铺贴结束后，必须用毛巾或棉纱蘸松香水等溶剂擦表面残留或多余的胶液。用橡胶压边滚筒再一次压平压实。

地面全部铺贴完毕，用大压辊压平。大压辊可用包橡胶的钢辊制作，辊重 25kg 左右。

7）清理和养护。铺贴完成后，应及时清理塑料地板表面，用纱头蘸松节油或 200 号溶剂汽油，擦去从拼缝中挤出的多余胶水，最后打上地板蜡，保养 1～3d 即可使用。

（3）施工要点

1）认真重视基层（找平层）的施工质量，由于塑料板的厚度较薄，所以塑料板面层的施工质量，与基层的施工质量关系很大。塑料板面层对基层的要求，可归纳为："平"、"干"、"洁"、"滑" 四点。

①平：即表面应平整，用 2m 直尺检查，其表面凹凸度不应大于 2mm。如基层表面有较大的凹痕或是麻面时，应采用乳液腻子加以修补平整，再用水稀释的乳液涂刷一遍，以增加基层的整体性和粘结力。

基层不平，易使面层铺贴后成波浪形。胶粘剂中有杂质小颗粒，也会使面层局部拱起造成表面不平。

②干：即表面应干燥。按规范要求，铺贴时，基层表面的含水率不应大于 8%。因此，用水泥拌和物铺设的基层，施工结束后按规定进行养护，并应加强通风干燥。根据有关资料介绍，当基层表面含水率大于 8%时，铺贴的塑料板面层容易空鼓，这是因为闷在基层内的水分，日后逐渐积累，当达到一定程度后，在面层的薄弱部位就会拱起，实质上是粘结不牢而脱层，从而造成面层空鼓。目前含水率的测定尚无直接的测定仪器，往往凭经验。据了解，有的用烧纸办法进行试验（即在楼面、地面上烧一团纸，看烧后的这块楼面、地面与周围的楼面、地面是否有明显的干湿变化）；有的将塑料板或其他纸板铺放于楼面、地面上，一昼夜后看其板面是否有水汽或吸湿情况。一般楼层地面干燥快，底层地面干燥较慢。

③洁：即表面应清洁。由于基层施工日期与塑料板面层的铺贴总要相差一段时间，中间难免上人踩踏，或其他物品堆施、散落，因此面层铺贴前，应认真进行清洗（不应用水冲洗，宜用湿拖把拖抹），如有油脂等杂质，应用碱水洗擦干净，以免影响粘结效果。

④滑：即基层表面应适当抹压，不应粗糙。粘贴塑料板，如同在水泥基层上粘贴油毡防水层一样，长期以来，普遍误认为基层表面以粗糙为好，其实不然，试验资料表明，基层表面光滑的粘结力比粗糙的粘结力要大。这是因为粗糙的表面形成很多细孔隙，涂刷胶粘剂时，不但增加胶粘剂的用量，而且厚薄也不易均匀，粘贴后，由于细孔隙内胶粘剂较多，其中挥发性气体继续挥发，当积聚到一定程度后，就会在粘贴的薄弱部位形成板面起鼓或边角起翘的现象。有的孔隙内有积灰，这样也会减少板与基层的粘贴接触面，影响粘贴质量。所以基层施工时，不仅要用木抹子搓打密实，还应用铁抹子抹压光滑。

2）铺贴前，认真做好塑料板块的处理工作，即软质聚氯乙烯板材在铺贴前应在热水中浸泡做预热处理和脱脂除蜡处理，这是保证塑料板材面层施工质量的一条重要技术措施。

用于地面的软质和半硬质塑料板材，大多是经过高温处理后延轧出来的一种热塑性材料，在工厂生产成型时，表面涂有一层极薄的蜡膜，以使板材在包装、运输和堆放过程中起保护作用。

预热和除蜡处理，一般可将塑料板材放进温度为 75℃左右的热水中浸泡 10～20min，然后取出晾干，粘贴面用棉丝蘸丙酮：汽油＝1：8 的混合溶液进行轻轻揉擦，做脱脂除蜡处理。在热水中浸泡预热的主要作用：一是消除塑料板材在成型、包装时的内应力；二是消除在运输、堆放过程中的翘曲变形；三是可以减少铺贴时的胀缩变形。预热后的板材舒展平服，比较柔软，有利于施工操作和保证地面质量。

塑料板材在热水中浸泡预热，虽是一道简单的操作工序，但也是一道要求较高的施工操作工序。因为在热水中浸泡后，将促使塑料板材加速老化而增加硬度。如果浸泡时，热水温度高低不一，或是浸泡时间长短不一，都将造成塑料板材老化程序的差异，最终造成铺贴后塑料板材地面的颜色和软硬程度的不同，这样不但影响外形美观和使用效果，对于需要焊接的塑料地板，还将增加焊接工作的难度和影响焊接质量。因此，塑料板材的热水浸泡预热工作，应由专人负责，认真做好技术交底，严格控制热水温度和浸泡时间。为了掌握最佳的浸泡时间，施工前，应先做小块试验，切忌盲目施工。

预热不得采用炉火或电热炉。因为温度难以控制，也不易均匀，预热效果也差，甚至影响板材质量。

经过预热处理和脱脂除蜡后的塑料板材，应平放在待铺贴的房间内至少 24h，以适应铺贴环境温度。不然，如温差相差较大，容易引起板材铺贴后的胀缩变形而影响粘结效果。

3）涂刷底胶：为提高基层（找平层）与塑料板块面层的粘结效果，铺贴前，应刷一层底胶。

4）正式铺贴塑料板块，尚需注意以下几个问题：

①注意涂刷的先后顺序：基层表面和塑料板的粘贴面都应涂刷胶粘剂，但应先涂刷塑料板的粘贴面，后涂刷基层表面。这是因为水泥拌和物铺设的基层，尽管要求抹平、压光，但毕竟还是个多孔材料，吸湿性较强。所以涂刷胶粘剂时，先涂刷塑料板的粘贴面，后涂刷基层表面，这样两者的干燥程度，即胶粘剂中的水分及挥发性气体的挥发程度，容易协调一致，确保粘贴质量。

②涂刷胶粘层应薄而匀：厚度应控制在 1mm 以内。厚薄不匀的胶粘层，会使面层板材铺贴后呈现波浪形，外形观感和行走时脚感都不舒服。这主要是因为胶粘层涂刷后，不能立即铺贴面层板材，而是要待挥发性气体挥发后，胶粘层不粘手时才能铺贴。这时，胶粘层的流动性已经基本消失，所以胶粘层的厚薄将最终影响面层的平整。

③掌握恰当的粘贴时间：各种胶粘剂在涂刷时，一般都用汽油之类的挥发性溶剂进行稀释。因此，涂刷胶粘剂后，应待挥发性溶剂挥发出来后再行粘贴，视气候情况，经 10～20min，用手摸不粘手时再进行粘贴。因为过早粘贴，势必使挥发性气体长时间闷在粘结层内，不得挥发，日后逐步积聚到粘贴层的薄弱部位，成为板面空鼓或翘边、翘角的隐患。当然，也不能粘贴过迟，否则，也会影响粘贴效果。

为了确保施工质量，正式施工前，应作小样试贴，以掌握最佳的粘贴时间。

④上下胶粘层应纵横对贴，即基层胶粘剂的涂刷方向和塑料板块粘贴面胶粘剂的涂刷方向应纵横交叉，这样铺贴的板材面层粘贴效果较好。

⑤一次就会，粘贴紧密：塑料板块是根据弹线分格铺贴的。铺贴时，应将塑料板块的一边与已贴好的塑料板靠紧对齐，然后缓缓放下，一边铺贴，一边用手抹压，以挤走板下空气，做到一次就位正确。切忌整块下铺，用揪扯塑料板的方法来对齐就位，这样，板下容易残留空气。铺贴后，还应用橡皮小锤从板块中间向四周轻轻敲击，既增强粘结效果，又再次排挤板下的残留空气，确保粘贴密实。也可用滚筒滚压。当局部残留空气排挤不掉时，可用注射器进行抽气后再压实。

⑥塑料板块铺贴时，本身宜采用纵横纹间隔粘贴的方法。塑料地板大多是经过高温处理后延轧出来的一种热塑性材料，在温度作用下，有显著的胀缩性。由于有延伸性，所以一般纵向的收缩值较大，而横向不但不收缩，反而稍有膨胀。

施工时若全用纵向或全用横向进行粘贴，则在温度影响下，容易沿板的纵向产生收缩，将接缝撕裂；而沿板的横向则产生膨胀，把板缝胀裂。这对塑料地板的使用和外形美观都将产生不良的影响。采用纵横间隔粘贴的施工方法，能较好地弥补材料胀缩所造成的影响，这是保证塑料地板施工质量的一个重要措施。此外，由于大多塑料板材是延伸生产成型的，表面形成横纹和直纹之分，铺贴时如横纹和直纹间隔排列，外观效果将会更好。

2. 焊接法

(1) 施工工艺流程。聚氯乙烯块状地板的焊接法施工工艺流程如下：

清理基层→弹线→刷胶→铺贴→接缝焊缝→做踢脚板

(2) 施工方法

1) 清理基层：用拖布将浮灰清理干净，然后用二甲苯或汽油涂刷基层，若用汽油，可加10%～20%的404胶粘剂搅匀，这样不但能清除污物，还能增加粘结效果。

铺贴前基层应认真清理，刷404胶结剂晾干，刷胶的厚度掌握在每1kg刷3m^2（含卷材的刷胶），以保证粘贴效果和节约材料。

2) 弹线：铺贴前应根据房间尺寸和卷材长宽，决定纵铺或横铺，原则上以接缝越少越好。接缝最好与窗的投光方向平行，以使不显接缝。可同时从两边向中间铺贴，既可免去基层弹线，也可加快施工速度。

在清理好的基层上，按卷材宽度，考虑搭接尺寸进行弹线。

铺贴前将卷材铺平，根据房间尺寸弹线裁剪，刷404胶粘剂并晾干。刷胶面一定是背面，可以表面光洁程度鉴别，若随意铺贴，易造成表面光泽和色彩不一。

3) 刷胶：将404胶粘剂刷于基层和卷材背面后晾干，以手摸胶面不粘为宜（常温施工时不少于20min）。

一定要在胶干湿适度时再行铺贴，也就是掌握刷涂后晾干时间。若胶液未干即行铺贴，则因胶的粘结力不足，卷材很容易拉起，移动变形；若胶液太干，铺贴后很难拉起。铺贴时必须对准线慢慢粘贴。

4) 铺贴：铺贴时四人分四边同时将卷材提起，按预先弹好的搭接线，先将一端放下，再逐渐顺线铺贴，若离线时，应立即掀起移动调整；铺正后，从中间往两边用手式滚辊压赶铺平，若有未赶出的气泡，应将前端掀起赶出。

赶出卷材中的气泡应从中间开始，多人操作应分段负责，不要遗漏，若铺完后发现个别气泡未赶出，可用针头插入气泡内，用针管抽出空气，并压实粘牢。铺贴过程中要注意不使胶液污染卷材表面，污染后可用二甲苯或汽油擦掉，但会影响表面光泽。

对于塑料板材的施工，将塑料板铺在操作平台上，按基层上分格的大小和形状，在板面上画出切割线，用V形缝切口刀切割。然后用湿布将切好的板面擦洗干净，再用丙酮涂擦塑料板粘贴面，以脱脂去污。

将预铺好的塑料板翻开，先用丙酮或汽油把基层和塑料板粘贴面满刷一遍，以再次脱脂去污。待表面丙酮或汽油挥发后，将瓶装的401胶粘剂，按0.8kg/m^{2}的2/3量倒在基层和塑料板粘贴面上，用板刷纵横涂刷均匀，待3～4min后，将剩下的1/3胶液，以同样的方法涂刷在基层和塑料板上，5～6min后，将塑料板四周与基层分格线对齐，调整拼缝至符合要求后，再在板面施加压力粘胶，如图6-14所示。然后由板中央向四周用滚筒来回滚压，排出板下全部空气，使板面与基层粘贴紧密，然后排放砂袋压实。

5）接缝：卷材搭接缝，搭接最少20mm，并居中弹线，用钢板尺压线后，拿多用刀将两层叠合的卷材一次切断，撕下断开的边条，并将接缝处卷材压紧贴牢，再用小铁滚紧压一遍，保证接缝压实。

焊接，为使焊缝与板面色调一致，应使用同种塑料板切割的焊条，其断面要求厚薄一致，如图6-15所示。

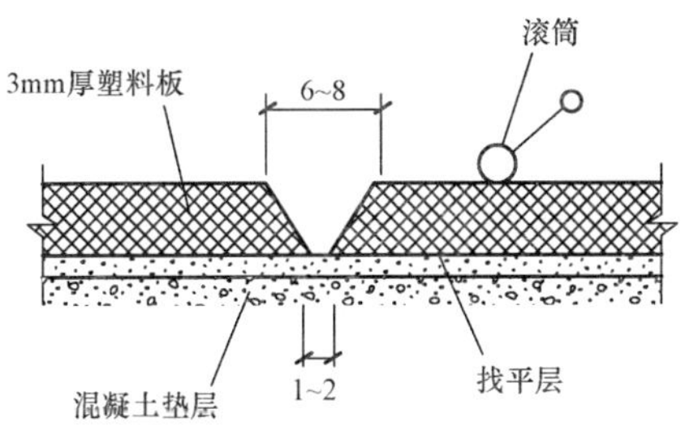

图6-14　粘贴示意图

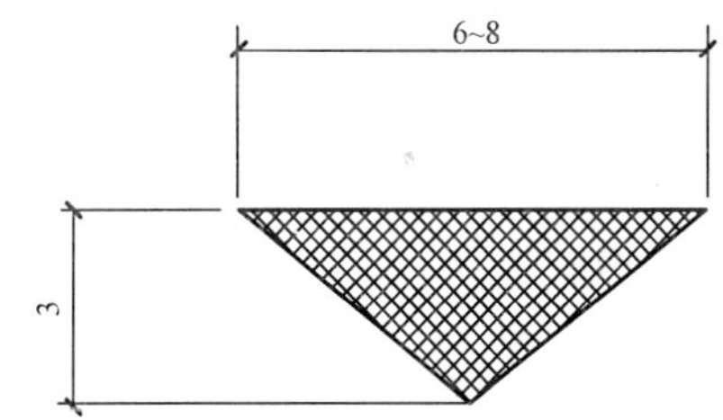

图6-15　焊条断面

粘贴好的塑料板至少经2d养护，才能对拼缝施焊。施焊前，先打开空压机，用焊枪吹去拼缝中的尘土和砂粒。再用丙酮或汽油将拼缝焊条表面清洗干净，等待施焊。

施焊前应检查压缩空气的纯度。然后接通电源，将调压变压器调节到100～120V，压缩空气控制在0.05～0.10MPa，热气流温度一般为200～250℃，进行施焊。施焊时，两人一组，一人持枪施焊，一人用压棍推压焊缝。施焊者左手持焊条，右手握焊枪，从左向右施焊，持压棍者紧跟焊条后施压。

为使焊条、拼缝同时均匀受热，必须使焊条、焊枪喷嘴和拼缝保持在拼缝轴线方向的同一垂直面内，且使焊枪喷嘴均匀上下撬动，撬动次数为1～2次/s，幅度为10mm左右。持压棍者同时在后推压，用力和推进速度应均匀。

6）做踢脚板：若踢脚也用卷材粘贴，则应先做地面再做踢脚，使踢脚卷材压地面，这样，阴角处的接缝不明显。粘结时，以下口平直为准，若上口高出原水泥踢脚，形成凹槽，上口可用 108 胶水泥砂浆填塞刮平，如图 6－16 所示。

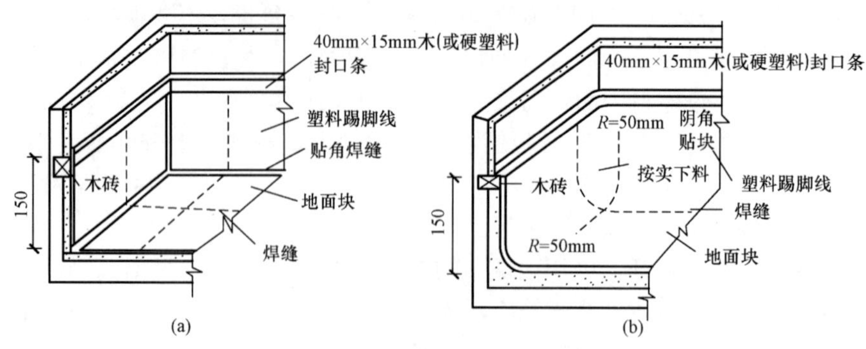

图 6－16 踢脚板做法

(a) 90°；(b) 小圆角

(3) 施工要点。塑料地板拼缝焊接施工，是一项重要而又细致的工作，应注意以下几个问题：

1) 掌握施焊时间。塑料板面层铺贴好后，不应过早地进行施焊，否则在胶粘剂尚未充分凝结硬化时就受热膨胀，易使焊缝两侧的塑料板造成空鼓。规范规定，在一般情况下，须经 48h 后方可施焊。

2) 重视 V 形槽的切割工作。拼缝的坡口切割工作宜在铺贴后、焊接前进行。切割工作过早，焊缝易被脏物沾污，影响焊接质量。切割工作应在焊接前，先做小样试验。根据焊条规格确定合理的坡口尺寸（角度），将相邻的塑料板边缘切成 V 形槽。切割时应做到平直、宽窄和深浅一致。由于焊接时，焊枪是等速前进的，如果坡口切割马虎，不平直，宽窄、深浅不一，则会造成大、深缝填不满，呈下凹状，小、浅缝又填不下，呈凸起状，弯曲或凹凸不平的拼缝将对使用和外形美观影响极大。

V 形槽的切割工作可采用图 6－17 的 V 形缝切口刀进行。V 形缝切口刀由三片钢板组成，其中两片组成 V 形刀架，刀架下方为水平底板，底板上开有两小段缝隙，用两张刮脸刀片作切刀，分别固定在刀架的两个斜面上，刀片的一角从底板的缝隙穿出形成切刀。

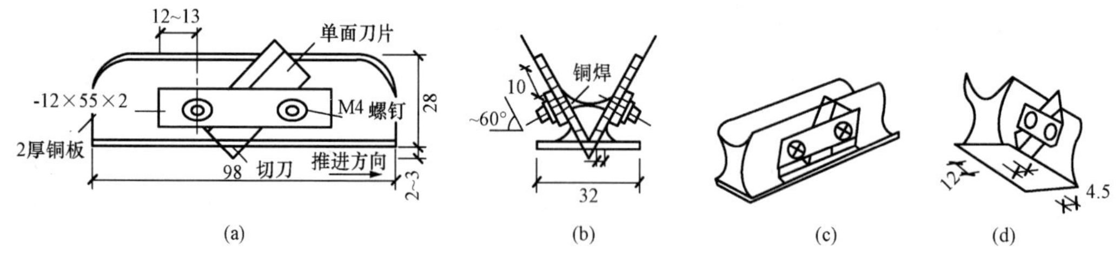

图 6－17 V 形缝切口刀

(a) 立面图；(b) 剖面图；(c) 俯视图；(d) 仰视图

3) 严格控制空气表压和焊接温度。控制一定的空气表压，主要是使焊枪喷嘴喷出的气流能保持一定的流速。因为空气压力过大，焊条熔化物易被吹到两边，而不能正确落入焊缝中，影响焊接质量；反之，若空气压力过小，则又将使焊条与塑料板不能充分熔化和粘结，也会影响焊接质量。规范规定了空气压力应控制在0.08～0.1MPa。

关于焊接温度，宜控制在180～250℃之间，视施工环境温度而定。聚氯乙烯在180℃以上就处于黏流状态，稍加用力即可彼此粘结。热空气从喷嘴喷向焊缝及焊条，若温度过高，会引起塑料分解，导致塑料本身的增塑剂（此是增加塑料柔软性的材料）迅速挥发而影响塑料板块的柔软性，促进塑料板块面层发黄，甚至烧焦；若温度过低，又将使焊条和塑料板不能充分受热而影响焊接质量。

由于塑料板材品种较多，质量情况也不一样，为了保证焊接质量，应在正式施焊前先进行试焊，获得正确的数据后，再行正式焊接施工。切忌盲目施工，以免造成不必要的返工损失。

施焊前，还应检查压缩空气是否纯净，若空气中含有油质或水分，也会影响焊接质量。施焊前，可将压缩空气向白纸上喷20～30s（此时可不接通电路，即不需加热压缩空气），若纸上无任何痕迹，即可认为压缩空气是纯净的。

4）正确选择焊条。目前常用的聚氯乙烯焊条品种较多，从成分上分，有含增塑剂的普通硬焊条和不含增塑剂的硬焊条两种；从外形上分，又有圆形和等边三角形两种。含增塑剂的普通硬焊条可降低塑化温度，有利于提高焊接速度，但耐腐蚀性和耐热性则有所降低。因此，对用于耐腐蚀楼面、地面的塑料板面层，应用不含增塑剂的硬焊条进行焊接。

施焊结束后的焊缝，应突出面层1.5～2mm，使焊缝呈圆弧形。这种焊缝强度高、质量好，经切削后就成为平整光滑整体无缝的楼、地面。

5）掌握好焊枪的倾角和移动速度。焊接时，焊枪喷嘴、焊条与焊缝三者应成一平面，并垂直于塑料板面。焊枪喷嘴与地面的夹角不应小于25°，以30°为宜。喷嘴与焊条及焊缝表面一般应距5mm左右为好，如图6-18所示。焊枪的移动速度一般为0.3～0.5m/min，这要根据焊接温度和施焊操作者的熟练程度来定。如施焊温度较高，而焊接操作较熟练，则可适当加快速度。反之，则不宜太快。该快不快，容易造成烧焦，使塑料板面发黄，甚至发黑；若移动过快，则又将使焊条与塑料板不能充分受热而影响焊接质量。

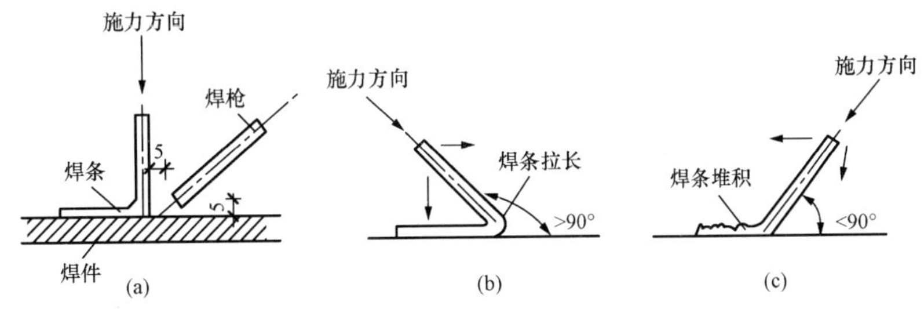

图6-18　塑料焊条、焊件、焊枪夹角位置图

(a) 正确的焊接角度；(b)、(c) 不正确的焊接角度

6）精心切削修正。切削修正是拼缝焊接的最后一道工序。常用刨刀切削，操作虽较简单，但也应精心进行。切削修正工作，应在焊缝冷却至室内常温后再予进行。严格防止“热切”（即焊缝尚未完全冷却的情况下就进行切削），否则冷却后往往收缩成凹形，影响美观。切削时，应保持深浅一致，防止焊缝两边的塑料板切削得过多。

第二节 聚氯乙烯卷材地板地面、楼面

采用聚氯乙烯卷材地板铺装建筑室内地面、楼面，除了具有聚氯乙烯块状地板的特点之外，其突出的优点是由于卷材的幅面较大，故施工更为简便快速，但是施工时要格外注意赶压其与基层之间存在的气泡，以免影响装修的质量。

现已颁布聚氯乙烯卷材地板制品的国家标准。

一、特性及构成

聚氯乙烯卷材地板具有聚氯乙烯块状地板的特点，而且因其幅面大，所以施工更为简便、快速，但缺点是局部破损不能像块状地板那样更换，只能修补。

聚氯乙烯卷材地板以其构成来分，可分为两类：带基材的聚氯乙烯卷材地板和有基材有背涂层的聚氯乙烯卷材地板。

二、品种、规格和性能

（一）带基材的聚氯乙烯卷材地板[1]

1. 品种

带基材的聚氯乙烯卷材地板的分类如下：

按中间层的结构分，可分为两种：发泡地板（代号：FB）和致密地板（代号：FB）；

按耐磨性分，可分为两种：通用型（代号：G）和耐用型（代号：H）。

2. 规格

带基材的聚氯乙烯卷材地板的幅面尺寸并无特别规定，可由供需双方商定。

市场上大多产品的规格为：宽度为1800mm、2000mm；厚度为1.5mm、2.0mm；长度为20m/卷、30m/卷。

3. 性能

（1）尺寸偏差。尺寸偏差要求见表6-10。

表6-10 带基材的聚氯乙烯卷材地板的尺寸偏差要求

试验项目	指标	试验项目	指标
长度/m	不小于公称长度	总厚度/mm	平均值：公称值$^{+0.18}_{-0.15}$ 单个值：公称值±0.20
宽度/mm	不小于公称宽度		

（2）物理性能。物理性能要求见表6-11。

---

[1] 参照GB/T 11982.1—2005《带基材的聚氯乙烯卷材地板》。

表 6-11　带基材的聚氯乙烯卷材地板的物理性能要求

试验项目		指标
单位面积质量（%）		公称值$^{+13}_{-10}$
纵、横向加热尺寸变化率（%）		≤0.40
加热翘曲/mm		≤8
色牢度/级		≥3
纵、横向抗剥离力/（N/50mm）	平均值	≥50
	单个值	≥40
残余凹陷/mm	通用型	≤0.35
	耐用型	≤0.20
耐磨性/转	通用型	≥1500
	耐用型	≥5000

（3）有害物质限量。有害物质限量见表 6-5。

（4）外观质量。外观质量要求见表 6-12。

表 6-12　带基材的聚氯乙烯卷材地板的外观质量要求

缺陷名称	指标	缺陷名称	指标
裂纹、断裂、分层	不允许	套印偏差、色差①	不明显
折皱、气泡①	轻微	污染①	不明显
漏印、缺膜①	轻微	图案变形①	轻微

① 可按供需双方合同约定。

（二）有基材有背涂层的聚氯乙烯卷材地板❶

1. 品种

有基材有背涂层的聚氯乙烯卷材地板分两种：有背涂发泡层地板（代号：FBF）和有背涂紧密层地板（代号：FBC）。

2. 规格

有基材有背涂层的聚氯乙烯卷材地板的规格见表 6-13。

表 6-13　有基材有背涂层的聚氯乙烯卷材地板的规格

品种	FBF	FBC
宽度/mm	2000	2000
厚度/mm	≥2.0	≥1.5
长度/m	≥20	≥30

注：长度和宽度规格可由供需双方协商确定，但其实际尺寸不得小于双方商定的标准值。

❶ 参照 GB/T 11982.2—1996《有基材有背涂层聚氯乙烯卷材地板》。

3. 性能

(1) 技术尺寸

1) 尺寸偏差。尺寸偏差要求见表 6 - 14。

表 6 - 14　　有基材有背涂层的聚氯乙烯卷材地板的尺寸偏差要求

项目	总厚度	长度	宽度
允许偏差	总厚度＜3mm，不偏离规定尺寸 0.2mm 总厚度≥3mm，不偏离规定尺寸 0.3mm	不小于规定尺寸	不小于规定尺寸

2) 每卷段数和最小段长。每卷段数应符合表 6 - 15 的规定。分段的卷应注明小段的长度，每卷长度至少增加不得少于两个完整的图案的长度。

表 6 - 15　　每卷段数和最小段长

等级 名称	优等品	一等品	合格品
每卷段数	1		≤2
段长/m	≥20		≥6

(2) 单位面积质量允许偏差。单位面积质量的单项值与平均值的允许偏差为±10%，平均值与规定值的允许偏差为±10%。

(3) 物理性能。物理性能指标应符合表 6 - 16 的规定。

表 6 - 16　　物 理 性 能 要 求

等级 项目		优等品	一等品	合格品
耐磨层厚度/mm		≥0.20	≥0.15	≥0.10
残余凹陷度/mm	总厚度＜3mm	≤0.20	≤0.25	≤0.30
	总厚度≥3mm	≤0.25	≤0.35	≤0.40
加热长度变化率（%）		≤0.20	≤0.25	≤0.40
翘曲度/mm		≤2		≤5
磨耗量/（g/cm^2）		≤0.0025	≤0.0030	≤0.0040
褪色性/级		≥6		≥5
层间剥离力/N		≥50		≥25
降低冲击声/dB		≥15		≥10

(4) 有害物质限量。有害物质限量见表 6 - 5。

(5) 外观质量。外观质量要求见表 6 - 17。

表 6-17 有基材有背涂层的聚氯乙烯卷材地板的外观质量要求

缺陷名称＼等级	优等品	一等品	合格品
裂纹、空洞、疤痕、分层	不允许		
条纹、气泡、折皱	不允许		轻微
漏印、缺膜	不允许		轻微
套印偏差、色差	不允许	不明显	不影响美观
污斑	不允许		不明显
图案变形	不允许		不明显
背面有非正常凹坑或凸起	不允许	不明显	不影响使用

三、聚氯乙烯卷材地板地面、楼面的应用设计

（一）应用构造

参见本章第一节“聚氯乙烯块状地板地面、楼面”中所介绍的相关内容。

（二）设计要点

参见本章第一节“聚氯乙烯块状地板地面、楼面”中所介绍的相关内容。

四、聚氯乙烯卷材地板地面、楼面的施工及施工要点

由于聚氯乙烯卷材地板的幅面大，故在施工中较块状地板要省时、简便，其施工方法大多采用粘结法，故可适当参考本章第一节“聚氯乙烯块状地板地面、楼面”中所介绍的相关内容。此外，还有采用干铺法的施工方法，即仅将卷材地板的四周采用胶粘剂将其固定，从而施工更为快速、简便。除上述之外，还应注意以下几点：

（1）铺贴塑料卷材地面，宜顺房间的纵长方向铺设，以减少拼缝。若房间为正方形，则应顺进门方向铺设。铺设时，可先将卷材反卷，然后将一边紧铺在靠墙处（有镶边的紧靠镶边线），再慢慢将卷材展开向前铺设。

（2）铺贴卷材用的胶粘剂，应首先选用塑料卷材厂配套供应的胶粘剂。使用时，严格按使用说明进行操作。使用其他胶粘剂时，应经相应的技术鉴定和小样试验后方可采用。

（3）塑料卷材铺贴后，应用橡胶滚筒从中间向四边滚压、赶平、压实。挤出的胶粘剂应及时清除干净。

（4）当塑料卷材需要两幅或两幅以上拼接时，其拼缝应使卷材侧边平接，不要搭接。拼缝处应尽量利用卷材原有的光边，拼接时，应注意将花纹对齐。

（5）对采用干铺的塑料卷材，可用胶粘剂将卷材四边粘贴于基层上，以防止卷材铺设后产生移位和翘边现象。在门口处的卷材，应全部粘贴牢。

第七章

涂饰材料地面、楼面

在建筑地面、楼面的装修中，采用涂料来对地面、楼面进行刮涂或刷涂是一种既简便、又经济的装饰方法。其施工简便、快速，省却了搬运大量的砂、石和瓷砖等的工作量，而且地面、楼面装饰层可成为一个完整的装饰面，清洁起来更为方便。虽然涂饰材料与花岗石、水磨石、陶瓷地砖相比，使用年限较短，但其自重轻，施工简便，易于维修。

用于地面、楼面装修的涂料在我国最早是于20世纪60年代由上海研制出的过氧乙烯地面、楼面涂料，而后又研制出苯乙烯地面、楼面涂料等。目前用于地面、楼面的涂料主要分为溶剂型涂料和水乳型两大类。由于溶剂型中使用溶剂气味大，对人体有害，故水乳型涂料较受欢迎。

地面、楼面涂料担负着保护地面和装饰地面的两种主要功能，因此要求各种地面、楼面涂料应具有下列各种性能：

(1) 良好的耐磨性能。由于建筑室内地面是人们经常行走、活动频繁的地方，既易磨损又容易弄脏，因此良好的耐磨性能是地面涂料一个非常重要的技术指标。

(2) 良好的耐碱性能。由于水泥砂浆地面基层常常带有碱性，因此要求地面涂料具有良好的耐碱性能。

(3) 良好的耐水性及耐湿刷性能。在日常工作和生活中，人们为了保持室内地面洁净，经常用湿布擦洗地面，因此地面涂料应具有良好的耐水性及耐湿刷性能。

(4) 良好的耐冲击性能。日常生活中，经常会发生重物掉在地面上的情况，因此要求地面涂料应具有良好的耐冲击性能，保证地面涂料在重物冲击下不开裂、不脱落。

(5) 重涂容易、施工方便。尤其对于那些人流量较大的地面，受磨损和污染比较快，建筑室内地面需要定期重涂更新。因此，地面涂料应能满足重涂容易、施工方便的要求。

(6) 价格合理。由于地面涂料大量用于普通民用生活住宅的室内建筑地面装饰，应尽量采用一些资源丰富、价格低廉的原料配制地面涂料。

常用的地面、楼面涂料多为树脂材料，有四种，其特点见表7-1。

表7-1　　常用的树脂地面、楼面涂料的特点

性能	环氧树脂	酚醛树脂	聚氨酯树脂	聚酯树脂
制品性能	一般性能比较全面，耐酸又耐碱，机械强度高，粘结强度高，收缩率小，吸水率低，耐热性较差（<10℃）	耐酸性强，耐热性较高（<150℃）吸水性小，性质较脆，粘结强度较低	耐腐蚀性能好、耐热性好、弹性优异、强耐磨性好、耐油性好	品种较多，差异较大，机械性能较好，一般型号耐碱性能差，改性后可提高耐碱性能，如3301号耐酸碱性能均较好

续表

性能	环氧树脂	酚醛树脂	聚氨酯树脂	聚酯树脂
工艺性能	有良好的工艺性。固化时无挥发物，易于改性，黏度较大	工艺性环氧树脂差，固化时有挥发物放出	工艺性好、胶液黏度低、固化时无挥发物粘附力强、养护期长	工艺性好，胶液黏度低，对玻璃纤维渗透性好，固化时无挥发物
毒性	胺类固化剂有毒性及刺激性，现有许多低毒性固化剂可选用	树脂中的游离酚有毒性，有腐蚀性和刺激作用	常用的固化剂无毒	常用的固化剂苯乙烯有毒
一般应用	用于腐蚀性不太强的介质，一般的酸碱	用于酸性较强的腐蚀介质中，改性后可提高耐碱性能	用于酸性较强的或酸碱交替作用的介质中，或用于温度较高的腐蚀介质中，综合性能优异，价格较高	一般型号用于腐蚀性较弱的介质中，改性后可提高耐碱性 新型的3301号可用于酸性或碱苯介质中

第一节　环氧树脂地面、楼面

一、特性及构成

环氧树脂涂料的主要成分是环氧树脂。环氧树脂是含有环氧基团的高分子聚合物，随着其分子量的增大其黏度也会增高。环氧树脂的特点是粘结力强、耐酸碱性好、机械性能强，并能在常温下使用胺类固化剂固化。但其价格较高，韧性较差，故常与其他树脂（如酚醛树脂、呋喃树脂、聚酯树脂和煤焦油等）混合使用，以增强韧性而又降低价格。

二、品种和性能

（一）品种

1. 环氧树脂

环氧树脂地面、楼面涂料的品种，根据所采用的环氧树脂的牌号不同来进行划分，如E-44、E-42、E-35和E-20等。

一般环氧树脂地面、楼面涂料中通常是以环氧树脂为主，而为了改进性能、降低成本，加入其他树脂，如酚醛树脂、呋喃树脂或聚醛等进行改性，而成为环氧酚醛树脂、环氧呋喃树脂和环氧聚酯树脂等。一般加入的改性树脂占总量的30%～50%。

2. 固化剂

环氧树脂所采用的固化剂为多胺类物质，如乙二胺，二乙烯二胺、三乙烯四胺-3-羟基乙胺等。其中以多乙烯多胺者较好，使用时无烟雾，对人体影响小。固化剂的使用量按下式计算

$$W = \frac{M}{a} \times E(g)$$

式中 M——胺类的分子量；

a——胺类中活泼氢的个数；

W——每100g树脂中需要固化剂的克数；

E——环氧当量（100g树脂中环氧基的当量数）。

环氧树脂常用固化剂的配制和使用如下：

（1）复合树脂固化剂的选用：环氧酚醛或环氧呋喃（7∶3）树脂固化剂，应选用环氧树脂的固化剂，加入量按环氧树脂量计算。

（2）各种树脂固化剂用量，应根据固化剂的实际纯度、施工时环境温度及施工条件，预先进行试配，确定配比及固化剂用量，再进行施工以保证工程质量，减少浪费。

（3）E-44即6101号，E-42即634号，E-35即637号。

（4）过氧化环乙酮固体易爆炸，它与萘酸钴不能直接混合，必须先加入聚酯中调匀后再加入促进剂萘酸钴。

（5）使用硫酸乙酯作固化剂时，必须预先配制备用。其配制方法为：将无水乙醇加入容器中，边搅拌边缓慢加入硫酸，并间接冷却，控制温度不超过50℃，在不断搅拌下，降至室温方可使用，或置于耐腐蚀的密闭容器中备用。

（6）使用乙二胺-丙酮溶液作固化剂时，必须预先配制备用。配制时，将丙酮与乙二胺按质量比1∶1加入容器中，混合均匀，控制温度不超过50℃。配好的溶液必须降至室温，并置于密闭容器内备用。贮存期一般为7d。

（7）将粉碎的间苯二胺和丙酮按质量比1∶1加入带盖容器中，加热至50℃左右，并搅拌使间苯二胺完全溶解后备用。

3. 稀释剂

常用非活性稀释剂，如乙醇、丙酮、苯、甲苯、二甲苯、苯乙烯等。两种非活性稀释剂可混合使用。

乙醇：俗称酒精，无毒性液体，易燃，易吸收水分，挥发快，沸点78.2℃。适用于酚醛、环氧-酚醛类材料及环氧玻璃钢面的铺贴法，不能作煤焦油的稀释剂。含水率应不大于2%。

丙酮：有毒性，挥发快，沸点为56.5℃，适用于呋喃、环氧-聚酯类及环氧玻璃钢连续铺贴法。含水率不大于1%。

二甲苯：毒性较低，溶解性较差，沸点为144℃，常用作环氧煤焦油的稀释剂。

苯：毒性最大，溶解性好，沸点为80.1℃，可作煤焦油的稀释剂。

甲苯：有毒性，溶解性介于苯与甲苯之间，沸点为110.8℃，适用于作环氧煤焦油的稀释剂。

苯乙烯：有毒性，但不厉害，沸点为146℃，是不饱和聚酯树脂的稀释剂。

4. 增韧剂

此外，在树脂中还需加入增韧剂用以增加树脂的韧性，提高抗弯、抗冲击强度。

（二）性能

1. 环氧树脂

常用环氧树脂的性能见表7-2。

表 7-2　常用环氧树脂的性能

项目	指标			
	E-44（原 6011）	E-42（原 634）	E-35（原 637）	E-20（原 601）
外观	淡黄色至棕黄色黏厚透明液体			
分子量	350～400	430～600	550～700	900～1000
环氧值/（当量/100g）	0.41～0.47	0.38～0.45	0.30～0.40	0.18～0.22
软化点/℃	12～20	21～27	20～35	64～76

2. 固化剂

环氧树脂常用固化剂的性能见表 7-3。

表 7-3　环氧树脂常用固化剂的性能

项目	乙二胺	二乙烯三胺	多乙烯多胺	间苯乙烯	120 β-羟基乙基二胺	590
状	无色有味液体	无色有味液体	黏稠液体	浅黄色晶体	无色液体	棕黑色高黏度液体
分子量	60	103.7	<200	108	104	—
当量	15	20.6	—	27.03	34.7	—
用量占树脂质量的(%)	6～8	8～11	12～15	14～15	16	15～20
适用期	短	短	—	较长	较长	4h
固化条件	25℃/7h 30℃/3h 150℃/2h	25℃/7d 100℃/2h	25℃/7d 60℃/12h 100℃/0.5h	常温 7d 80℃/3～4h 120～150℃/0.5h	常温 8d 80°～100℃/2～3h	60℃/12h 150℃/2h
特性	1. 黏度低，易和树脂混合，操作方便 2. 反应快，放热量大，适用期短 3. 易挥发，毒性较大 4. 成品较稳定，耐热性差	同乙二胺	1. 毒性较小 2. 适用期较长 3. 加温固化后性能好	1. 毒性大 2. 为固体，使用不如液体方便 3. 成品耐热性、机械强度较高	1. 毒性较小 2. 适用期较长固化速度增快 3. 黏度较大	毒性较小

3. 增韧剂

环氧树脂常用增韧剂的性能见表 7-4。

产品举例：

目前，市场上的环氧树脂地面、楼面涂料均是以调配好的成品，这样使用起来更为方便，当施工时仅需将涂料的 A 料（树脂）和 B 料（固化剂）按说明的比例现场混合均匀即可。

表 7-4 环氧树脂常用增韧剂的性能

名称 项目	邻苯二甲酸二丁酯	磷酸三苯脂	亚磷酸三苯脂	聚酯树脂（304）	聚酰胺（650 或 651）
外观	无色液体	白色结晶	无色液体 （易结晶）	深黄色黏性液体	黄褐色黏稠液体
比重 沸点/℃ 溶点/℃	1.05 335 −35	1.185 220 49～50	1.184 36 —	— — —	— — —
分子量		326.28	310.28	酸值<30	胺值 200±20（650） 400±20（651）
用量（%）	10～20	15～20	5～10	20～30	30～36
特点	为常用增韧剂	使用时需加热熔化，固化物耐热性能好，机械强度高但价格较高，且挥发物有毒	使用方便，耐热性好，机械强度高，毒性低	增韧作用较好	既是增韧剂又是固化剂，51 比 650 胺值高，黏度低

现以产品编号为 ZL-D8057 为例，其性能见表 7-5。

表 7-5 环氧树脂地面、楼面涂料 ZL-D8057 的性能

项目	指标	实测值
外观	均匀浆状物	合格
干燥时间（表干，h）	≤4	3
（实干，h）	≤24	18
固含量（%）	≥50	54
硬度（邵氏）	≥80	85
光泽（%）	≥70	75
耐水（96h）	无异常	合格
耐强酸（浓盐酸，48h）	无异常	合格
耐强碱（40%碱液，48h）	无异常	合格

三、环氧树脂涂料地面、楼面的应用设计

为了施工方便，降低混合料的黏度，可加入稀释剂，通常使用非活泼性稀释剂，如二甲苯、丙酮等。活性稀释剂由于价格贵，不常使用。稀释剂的加量只要能保证树脂有足够的流动性和对基层的润湿性，具有必要的涂布施工性能即可。加入量过少时配成的树脂砂浆施工性差，无流动性，表面易留下刮板的痕迹或高低不平；过量时则会使成品质量下降。一般加入树脂量 15%的二甲苯比较适宜。

加入填料的目的一方面是能改进性能，如减少收缩、提高耐燃性防滑性等；另一个目的是降低成本。填料分为细骨料和粗骨料。粗骨料是干燥的石英砂，根据铺设的厚度一般可选用 6 号砂。5 号砂因颗粒较粗大，容易在表面形成突起，同时施工时易沉

淀，造成局部砂粒集中，表面露砂。其加入量以树脂∶粗砂=1∶1～1.5为宜。细骨料用滑石粉较好，其他粉料如碳酸钙、石英粉等加入后容易结团，拌不匀。如粉料可以改进施工性能，防止砂子沉底或局部集中，并有利于物料在施工时均匀抹开。粉料加入量为树脂量的10％～20％，过多时施工性能差，易结团。

环氧涂布楼、地面可能根据需要配成各种颜色。常用的颜料有：

白色：钛白粉、氧化锌、锌钦白等，以钦白粉为最优。

红色：氧化铁红、镉红、苯甲胺红。

黄色：氧化铁黄。

蓝色：群青、钛青蓝。

绿色：氧化铬绿、酞青绿。

选用颜料要既经济又能达到着色目的。氧化铁类颜料价格便宜，但色泽不够鲜艳，着色力差；有些颜料价格贵，但着色力强，色泽好。调配颜色可先做一个小样，一般加量为1％～3％，根据色泽深浅而定。

配方举例：

液体物料的配方

6101环氧树脂	5000g
二甲苯	750g
邻苯二甲酸二丁酯	250g
二乙烯三胺	450g

固体物料的配方：

浅蓝色

6号石英砂	5000g
滑石英	500g
钛白粉	500g
群青	100～150g

黄色

6号石英	5000g
滑石英	500g
钛白粉	500g
氧化铁黄	100～150g

四、环氧树脂涂料地面、楼面的施工及施工要点

环氧树脂地面、楼面涂料涂布楼、地面的施工与普通水泥楼、地面的施工方法基本相同，工具也只需要一般的抹灰工具，如铁板、刮尺等。由于这种材料流平性好，施工时表面不需抹得很平，铁板的痕迹会自行流平、消失。但整个地面要求水平，这是因为涂布料的流动性较大，坡度过大时会造成施工后表面厚度不匀，甚至表面露砂等现象。较大的凹陷处至少应在施工前一天预先用同样的材料嵌平。如果在施工时临时用涂料修补，由于该处涂层较厚，会影响整个地面涂层的平整度。超过涂布厚度的突出物必须预先铲除，否则施工后会出现明显露地现象，因为环氧树脂与水泥地面有较好的润湿力和粘结性，因此施工前只要把地面上浮灰、垃圾、杂物除去，通常不需要打底或满批腻就可以施工。由于环氧树脂固化时不能与水接触，因而基层地面必须充分干燥，施工前一时期不应使地面接触水。如基层含有过量水分，环氧树脂涂层与水泥基层间的粘结力会下降，导致局部脱皮，甚至大片超导鼓。

涂布料的配制应保证颜料、粉料等固体充分分散与混匀，否则施工时分散的颜料会结团，在表面形成凸起。可以用手工，也可以用球磨机混合。用手工分散时可以在施工现场进行，把各种物料称量后倒在地面上，用铁抹子、刮刀等使颜料、填料充分混匀，到不见颜料颗粒、色泽均匀一致为止。待干料混合均匀后再配制液料，以免液料放置时间过长，树脂黏度增大，影响施工性能。可直接在施工的地面上拌和，把树脂混合料倒入固体物料混合物中，用铁板拌和均匀即可开始涂布。

由于环氧树脂固化时会放热，施工时一次配料的量不宜太多。太多时散热困难，易发生急速固化或爆聚现象，使树脂过早固化，变成废料。一般一次可配 5kg 树脂。

涂布工序由抹灰操作，发现有颗粒突起或其他杂物以及未分散的颜料颗粒时应随时挑出。由于树脂的流平性好，所以表面容易平整，工艺比抹水泥砂浆容易。在两批料的交接处应避免接茬痕迹。涂布厚度可根据需要决定，5kg 树脂料一般可涂布 5m^2，厚度约为 1.5mm 左右。涂布前可先在地面上用粉笔画好方格，每格 1m^2，供涂布时控制厚度参考。通常由里逐步向房门施工，最后退出。

除了单色的涂布地面外，还可以做成类似大理石的花纹。具体做法是在单色涂布完毕后，在上面倒上另一种颜料，一般用白色。白色涂料配方与上述配方相同，不加其他颜色料，只加钛白粉。可以让它自由流平，也可以用铁板拉花，注意只能拉 1～2 次，次数多了，花纹会消失。也可以做成仿水磨石的地面，即在单色树脂砂浆上点上其他颜色的斑点，或画成不规则的图案等以提高其装饰效果，同时使它在有污染时不致太明显。

涂布后的养护，仍应保持清洁，夏天一般 4～8h 可固化，冬天则需要 1～2d。为使其得到充分固化，交付前仍应养护一个星期。最后在固化后的涂布面上再罩一层环氧树脂清漆，但不加溶剂稀释。因为加溶剂后溶剂挥发不彻底时会使表面易被沾污。罩清漆可采用涂刷法，涂一遍即可。

不论是否罩清漆，交付使用前应打一次蜡，可以提高装饰效果与耐污染性。

最好的维护方法是定期打蜡，保持其外观光泽，但也可以用湿布拖。应避免拖动重物时划伤地面。

第二节　酚醛树脂地面、楼面

一、特性及构成

酚醛树脂涂料的主要成分是酚醛树脂。它是由酚类和醛类经缩聚而成的产物。在涂料中所采用的酚醛树脂是通过控制缩聚反应过程而获得的线型树脂，故具有流动性，在使用过程中需要加入固化剂，使其成为具有三向网状结构而形成固态。

酚醛树脂虽然面世很早（1909 年），但由于其原料来源广泛、价格低廉，至今仍广泛应用于玻璃钢、胶粘剂、涂料、保温材料中。

由于酚醛树脂中含有大量的羟甲基和酚羟基，故极性大，对金属和非金属均有良好的粘结性；含有大量的苯环，且能交联成体型结构，故具有较大的刚性和优异的耐热性、耐老化性；耐水性、耐化学介质性和耐霉菌性好。其不足之处是脆性大，剥离强度低，耐碱性低。为了扬长避短，用于涂料的酚醛树酯常常用聚乙烯醇缩丁醛、缩甲醛、缩甲乙醛等进行改性，使其具有综合的优良性能。

二、品种和性能

（一）品种

酚醛树脂地面、楼面涂料的品种，根据所采用的酚醛树脂牌号不同来进行划分，如 2130、2124、2126 和 213 等。

酚醛树脂所采用的固化剂多为酰氯类等。

酚醛树脂涂料中还常常加入增韧剂，一般为苯二甲二丁酯、桐油松香和桐油钙松香等，一般加入量为树脂的 10%（质量比）。

稀释剂主要采用无水乙醇，如要加快溶解也可以用丙酮，也可无水乙醇和丙酮混用。

（二）性能

1. 酚醛树脂

常用酚醛树脂的性能见表 7 - 6。

表 7 - 6　　常用酚醛树脂的性能

项　目		指　标
外观		棕红色黏稠液体
游离醛含量不大于		10%
游离酚含量不大于		2%
使用时含水率不大于		12%
使用黏度要求　涂-4　度计 s	用于胶泥 用于玻璃钢	1000～1500 600～1300

注：1. 贮存温度在 20℃左右时，贮存期一般为一个月。若加入 5%～10%的苯甲醇（纯度大于 99%）可适当延长贮存期苯甲醇加入后应充分搅拌均匀。
2. 酚醛树脂使用前须将表面析出的水倒去。

2. 固化剂

酚醛树脂常用固化剂的性能见表 7 - 7。

表 7 - 7　　酚醛树脂常用固化剂的性能

项目	对甲苯磺酰氯	苯磺酰氯	硫酸乙酯硫酸：乙醇＝1：2～3	复合固化剂（对甲苯磺酰氯硫酸乙酯＝7：3）
外观	灰白色晶体	无色油状液体	无色液体	性质介于对甲苯磺酰氯和硫酸乙酯之间
酸度（%）	低	适中	较高	
固化速度	慢	较快	快	
固化物质能	较好	好	差	
气味	有臭味	刺激性大	味小	
用量占树脂质量的%	8～10	6～10	8～10	

续表

项目	对甲苯磺酰氯	苯磺酰氯	硫酸乙酯硫酸：乙醇=1：2～3	复合固化剂（对甲苯磺酰氯硫酸乙酯=7：3）
使用情况	易吸水潮解，施工时先溶解于乙醇后使用或与填料混用	酸度均匀，硬化效果好，使用方便，但气味大	酸度可调配，刺激性小	介于两种固化剂之间

注：1. 对甲苯磺酰氯纯度越高，酸度越低，使用时固化速度慢，一般不宜采用。
2. 硫酸乙酯系由工业硫酸和工业无水乙醇配制而成，配制时，应将浓硫酸慢慢倒入无水乙醇中。因是放热反应，应注意控制温度不超过 50℃，以免引起醇沸腾。

三、酚醛树脂涂料地面、楼面的应用设计

酚醛树脂涂料地面、楼面的应用设计，可参照本章第一节“环氧树脂地面、楼面”所介绍的相关内容。

四、酚醛树脂涂料地面、楼面的施工及施工要点

酚醛树脂涂料地面、楼面的施工及施工要点，可参照本章第一节“环氧树脂地面、楼面”中所介绍的相关内容。

第三节 聚氨酯树脂地面、楼面

一、特性及构成

聚氨酯树脂涂料中的主要成分是聚氨酯。聚氨酯的分子链中含有异氰基（—NCO）和氨基甲酸酯基（—NH—COO—），故表现出高度的活性与极性，对各种金属或非金属材料具有很高的粘结性能。同时大分子链之间能够形成氢键，使其强度极高，且耐溶剂、耐磨。经改性后，聚氨酯树脂涂料中的分子链具有柔性分子链，因而具有很高的弹性，提高了抗冲击能力，耐低温性能优良。聚氨酯树脂涂料的价格一般较高，通常被用于较高要求的建筑室内地面、楼面。

二、品种和性能

聚氨酯树脂地面、楼面涂料一般是由甲组分和乙组分组成。甲组分是含端羟基的聚酯、聚醚等多羟基化合物，或用异氰酸酯改性的端羟基聚酯、聚醚；乙组分是多异氰酸酯，或用端羟基化合物（聚酯聚醚等）改性的异氰酸酯针端的预聚体。使用时按照一定的比例进行调配。故根据甲组分和乙组分的种类和性质的不同，以及调配的比例不同，可以有多个涂料品种。

聚氨酯树脂涂料（牌号：ZL-D8058）的性能见表 7-8。

表 7-8 聚氨酯树脂涂料(ZL-D8058)的性能

项　目	指标	实测值	项　目	指标	实测值
外观	均匀浆状物	合格	低温柔韧性	－20℃，10mm	合格
固体含量(%)	>90	95	硬度(邵氏)	>50	55

续表

项　目	指标	实测值	项　目	指标	实测值
干燥时间(表干，h)	≤4	2	细度(μm)	<30	20
(实干，h)	≤18	12	耐酸(24h)	无异常	合格
遮盖力/(g/m^2)	≤200	180	耐碱(24h)	无异常	合格
抗拉强度/MPa	>1.65	2.0	光泽(%)	≥70	75
伸长率(%)	>300	350			

三、聚氨酯树脂涂料地面、楼面的应用设计

聚氨酯树脂涂料地面、楼面的应用设计，可参照本章第一节“环氧树脂地面、楼面”中所介绍的相关内容。

四、聚氨酯树脂涂料地面、楼面的施工及施工要点

聚氨酯树脂涂料地面、楼面的施工及施工要点，可参照本章第一节“环氧树脂地面、楼面”中所介绍的相关内容。

第四节　聚酯树脂地面、楼面

一、特性及构成

聚酯树脂又称不饱和聚酯树脂。它是由不饱和二元羧酸（或酸酐）、饱和二元羧酸（或酸酐）与多元醇缩聚而成（并在缩聚反应结束后趁热加入一定量的乙烯基单体）的黏稠液体树脂。

聚酯树脂涂料具有黏度低（浸润性好）、粘结强度高、耐磨性好、耐热性好、价格适中（比环氨树脂涂料、聚氨酯树脂涂料价格低）、综合性能好的特点。不足之处是固化时收缩率较大（易开裂）、耐湿热性不佳。但是用于建筑室内地面、楼面的涂料，聚酯树脂涂料不失为一种较佳的选择。

二、品种、性能

（一）品种

聚酯树脂地面、楼面涂料，根据其聚酯树脂的组成不同，可分为多种，如771、711、306和3301等。

在聚酯树脂涂料中还要加入其他一些助剂，如交联剂、阻聚剂、引发剂、加速剂、填料等。

（1）交联剂：含有交联剂的聚酯树脂与引发剂酯合后即行固化。交联剂有苯乙烯、甲基丙烯酯甲酯、邻苯二甲酸二丙烯酯等。常用的是苯乙烯，加入量为树脂质量的20%～50%。一般树脂供应厂是把聚酯和交联剂制成混合液供应。聚酯树脂的黏度一般用交联剂调整，而不用稀释剂。

（2）阻聚剂：为增加贮存期可加阻聚剂，常用的是对苯二酚，加入量为树脂重量的0.01%，贮存期可以加入量的多少来控制。阻聚剂能消耗部分引发剂，使用时宜适当增加引发剂。

（3）引发剂（催化剂）：它是一些过氧化物，由于有炸性，常与增韧剂邻苯二甲酸

二丁酯配成糊状体。

(4) 加速剂(促进剂):它的作用是促使引发剂引发聚酯和交联剂反应,是冷固化中不可缺少的。常用加速剂为萘酸钴。

(5) 填料及细骨料:加入适当的填充料可改善性能和节约树脂用量。在胶液中填料的用量一般为树脂用量的20%~40%(质量),制腻子时可较多些,一般可为树脂用量的2~3倍。常用填料为石英粉、瓷粉,此外还有石墨粉、辉绿岩粉、滑石粉、云母粉。

(二) 性能

1. 聚酯树脂

常用聚酯树脂的性能见表7-9。

表7-9　常用聚酯树脂的性能

项目	指标及特性			
	771(原197)	711(原198)	306(原004)	3301不饱和聚酯
组成	以环氧改性的双酚顺丁酯在苯乙烯中的溶液	丙二醇,顺丁烯二酸聚酯在苯乙烯中的溶液	由乙二醇、邻苯二甲酸酐、失水苹果酸反应而成	环氧丙烷,氢氧化钠环酚A-丁烯二酸酐,丙二醇加入苯乙烯
外观	黄色液体	黄色透明液体	黄至深萤色透明半固体	浅黄色透明黏稠液体
酸值(mgNaOH/g)	9~17	20~28	<50	28
黏度	0.5~1Pa·s(25℃)	0.4~1Pa·s(25℃)	130~180s 涂4号杯	150~200s 涂4号杯
固体含量	47~53	61~67	—	>60
凝胶时间(25℃,min)	15~25	10~20	—	30~60
贮存期(暗处,26℃,月)	6	6	12	20℃　6
性能	耐稀酸稀碱性良好,机械强度较高	耐热性,耐老化性良好	耐酸性好	耐酸性好,耐稀碱性好

注:306型聚酯用间苯二甲酸改性后,可提高耐热性和耐蚀性。

2. 引发剂

常用的引发剂见表7-10。

表7-10　聚酯树脂常用引发剂

名称	组成	用量(占树脂质量的%)	适用条件
1号引发剂(催化剂糊B)	过氧化苯甲酰的糊状分散液	2~3	热固化
2号引发剂(催化剂糊N)	过氧化环己酮的糊状分散液	1.5~4	冷固化
3号引发剂(催化剂糊M)	过氧化甲乙酮的溶液	2	冷固化

注:为改变树脂制品颜色可加入引发剂,具有化学惰性的无机颜料。

3. 加速剂

常用的加速剂见表 7 - 11。

表 7 - 11　　常 用 加 速 剂

名　　称	组　　成	用量（占树脂质量的%）	适　用　条　件
1 号加速剂（加速剂 D）	胺类加速剂二甲基苯胺	1～4	与 1 号引发剂配合使用，供冷固化使用
2 号加速剂（加速剂 E）	钴皂加速剂萘酸钴	0.2～0.25	与 2 号或 3 号引发剂配套供冷固化使用

注：1. 加速剂是在苯乙烯中加入 8%～10%苯酸钴配成的溶液，呈紫蓝色，存贮期在 20℃时为 6 个月。
2. 引发剂和加速剂不能直接混合，以免引起爆炸。

4. 填料

常用的填料的性能见表 7 - 12。

表 7 - 12　　填料的主要技术指标

项　　目		要　　求
耐酸率（%）不小于		94
含水率（%）不大于		0.5
细度	1600 孔/cm² 筛余（%）不大于	5
	4900 孔/cm² 筛余（%）	10～30

注：1. 如用酸性固化剂时粉料耐酸率不小于 97%，无铁质杂物。
2. 如含水率过大，使用前应加热脱水。

三、聚酯树脂涂料地面、楼面的应用设计

聚酯树脂涂料地面、楼面的应用设计，可参照本章第一节“环氧树脂地面、楼面”中所介绍的相关内容。

四、聚酯树脂涂料地面、楼面的施工及施工要点

聚酯树脂涂料地面、楼面的施工及施工要点，可参照本章第一节“环氧树脂地面、楼面”中所介绍的相关内容。

第八章

地毯地面、楼面

一、特性及构成

地毯是一种应用于室内地面、楼面的高级装修材料，它具有质地柔软、色彩鲜艳、图案丰富、防滑减震的特点，并具有保温、隔热和吸声的特性。

室内楼面、地面铺设地毯可使室内顿生雍容华贵、华丽悦目的效果，特别是一些高档饭店、酒店、会堂等，铺设地毯已是必备的条件。

地毯的应用历史悠久，其已由最初的动物毛编织而成发展到如今可用棉、麻、丝、化学纤维通过机织而成，而且还生产出适应特殊需要的地毯品种，如抗静电地毡、防电地毯、防霉地毯。

二、品种和性能

（一）品种

1. 按材质分

地毯按其材质来分，可分为五种，见表 8-1。

表 8-1　　地毯按材质来分的品种

名　　称	性能特点		适用场所
纯毛地毯（羊毛地毯）	手织	图案优美，色彩鲜艳，质地厚实，经久耐用，柔软舒适，富丽堂皇 其重量约 1.6～2.6kg/m²	宾馆、会堂、舞台及其他公共建筑物的楼地面
	机织	纯羊毛无纺织地毯，新品种，具质地优良、物美价廉、消声抑尘、使用方便等特点	宾馆、体育馆、剧院及其他公共建筑等处
混纺地毯	品种很多。常以毛纤维和各种合成纤维混纺。如加 20%的尼龙纤维，耐磨性可提高五倍		
合成纤维地毯	也叫化纤地毯。品种极多，如十分漂亮的长毛多元醇酯地毯、防污的聚丙烯地毡等。感触像羊毛，耐磨而富弹性		可在宾馆、饭店等公共建筑中代替羊毛地毯使用
塑料地毯	用聚氯乙烯树脂、增塑剂等多种辅助材料，经均匀混炼、塑制而成的一种新型轻质地毯材料，柔软、鲜艳、耐用、自熄、不燃，污染后可用水洗刷		宾馆、商场、舞台、浴室、高层建筑等公共场所
植物纤维地毯	如用凉麻纤维等可做门毡、地毡		

2. 按使用场所分

地毯按其使用场所来分，可分为六个等级，见表 8-2。

表 8-2　　地毯按使用场所来分的等级

等　　级	所　用　场　所
轻度家用级	铺设在不常使用的房间或部位
中度家用级（或轻度专业使用级）	用于主卧室或家庭餐厅等
一般家用级（或中度专业使用级）	用于起居室及楼梯、走廊等行走频繁的部位
重度家用级（或一般专业使用级）	用于家中重度磨损的场所
重度专业使用级	用于特殊要求场合，价格较贵，家庭一般不用
豪华级	地毯品质好，绒毛纤维长，具有豪华气派，用于高级装饰的场合

3. 按规格尺寸分

地毯按其规格尺寸可分为两种：块状地毯和卷状地毯。

（1）块状地毯。不同材质的地毯均可成块供应，形状多为方形及长方形，通用规格尺寸从610mm×(610mm～3660mm～6710mm)，共计 56 种。另外还有椭圆形、圆形等。厚度则随质量等级而有所不同。纯毛块状地毯可成套供应，每套由若干规格和形状不同的地毯组成。花式方块地毯是由花色各不相同的 500mm×500mm 的方块地毯组成一箱，铺设时可组成不同的图案。

（2）卷状地毯。化纤地毯、剑麻地毯及无纺纯毛地毯等常按整幅成卷供货，其幅度为 1～4m 等多种，每卷长度一般为 20～50m，也可按要求加工。这种地毯一般适合于室内满铺固定式铺设，可使室内具有宽敞感、整洁感。楼梯及走廊用地毯为窄幅，属专用地毯，幅宽有 900、700mm 两种；也可按要求加工，整卷长度一般为 20m。

4. 按编织工艺来分

地毯按其编织工艺可分为三种：手工地毯、簇绒地毯和无纺地毯。

（1）手工编织地毯（专指纯毛地毯）。它是采用双经双纬，通过人工打结栽绒，将绒毛层与基底一起织做而成，做工精细，图案千变万化，是地毯中的高档品，但成本高，价格贵。

（2）簇绒地毯。又称栽绒地毯，是目前生产化纤地毯的主要工艺。它是通过往复式穿针的纺机，生产出厚实的圈绒地毯，再用刀片横向切割毛圈顶部而成的，故又称“割绒地毯”或“切绒地毯”。

（3）无纺地毯。是指无经纬编织的短毛地毯，是用于生产化纤地毯的方法之一。这种地毯工艺简单，价格低，但弹性和耐磨性较差，为提高其强度和弹性，可在毯底加贴一层麻布底衬。

5. 按花纹图案分

地毯按其花纹图案来分，大致可分为以下五种：

（1）北京式地毯（简称“京式地毯”）。图案工整对称，色调典雅，庄重古朴，常取材于中国古老艺术，如古代绘画、宗教纹样等，且所有图案均具有独特的寓意和象征性。

（2）美术式地毯。其特点是有主调颜色，其他颜色和图案都是衬托主调颜色的。图案色彩华丽，富有层次感，具有富丽堂皇的艺术风格。它借鉴了西欧装饰艺术的特点，常以盛开的玫瑰花、郁金香、苞蕾卷叶等组成花团锦簇，给人以繁花似锦之感。

(3) 仿古式地毯。以古代的古纹图案、风景、花鸟为题材，给人以古色古香、古朴典雅的感觉。

(4) 素凸式地毯。色调较为清淡，图案为单色凸花织作，纹样剪片后清晰美观，犹如浮雕，富有幽静、雅致的情趣。

(5) 彩花式地毯。图案突出清晰活泼的艺术格调，经深黑色作主色，配以小花图案，如同工笔花鸟画，浮现出百花争艳的情调，色彩绚丽，名贵大方。

(二) 性能

1. 耐磨性

地毯的耐磨性是地毯能否长久使用的一个最重要指标，其优劣与绒毛长度和面层材质有关。

地毯的耐磨性要求见表 8-3。

表 8-3　地毯的耐磨性能

面层织造工艺及材料	绒毛高度/mm	耐磨次数/次
机织法羊毛	8	2500
机织法丙纶	10	>10000
机织法腈纶	10	7000
机织法涤纶	6	>10000
簇绒法丙、腈纶	7	5800
日本簇绒法丙、腈纶	7	5100

注：地毯耐磨性是用在固定压力下磨损露出底材所磨次数表示，表列为实测结果。

2. 剥离强度

地毯的剥离强度要求见表 8-4。

表 8-4　地毯的剥离强度要求

面层织造工艺及材料	剥离强度/(N/cm)	面层织造工艺及材料	剥离强度/(N/cm)
针刺法纯羊毛	>9.8	机织法丙纶(横向)	11.3
簇绒法丙纶(横向)	11.1	日本簇绒法丙纶(横向)	10.8
簇绒法腈纶(横向)	11.2	日本簇绒法丙纶(横向)	10.8

3. 弹性

地毯的弹性要求见表 8-5。

表 8-5　地毯的耐磨性能

地毯面层材料	厚度损失百分率(%)			
	500 次碰撞后	1000 次碰撞后	1500 次碰撞后	2000 次碰撞后
腈纶地毯	23	25	27	28
丙纶地毯	37	43	43	44
羊毛地毯	20	22	24	26

注：地毯回弹性用地毯面层在动力荷载下厚度减少百分率表示的实测结果。

4. 耐燃性

地毯的耐燃性要求是：凡燃烧在 12min 之内，燃烧面积的直径在 17.96cm 以内者，则为耐燃性合格。

5. 绒毛粘合力

绒毛粘合力是指地毯绒毛在背衬上粘结的牢固程度。化纤簇地毯绒的粘合力以簇绒拔出力来表示。其要求如下：

圈绒毯拔出力大于 20N；平绒毯簇绒拔出力大于 12N。

化纤地毯以化学纤维为主要原料制成，化学纤维原料有丙纶、腈纶、涤纶、锦纶等。按其织法不同，化纤地毯可分为簇绒地毯、针刺地毯、机织地毯、粘结地毯、编织地毯、静电植绒地毯等多种，其中，以簇绒地毯产销量最大。对簇绒地毯的性能要求见表 8-6；对簇绒地毯的外观质量要求见表 8-7。

表 8-6　簇绒地毯的性能要求

项目		性能指标	
		平割线	平圈线
动态负载下厚度减少（绒高 7mm）/mm		≤3.5	≤2.2
中等静负载后厚度减少/mm		≤3	≤2
绒簇拔出力/N		≥12	≥20
绒头单位质量/(g/cm²)		≥375	≥250
耐光色牢度（氙弧）/级		≥4	
耐摩擦色牢度（干摩擦）/级		纵向、横向均≥3～4	
耐燃性（水平法）/mm		试样中心至损毁边缘的最大距离≤75	
尺寸偏差	宽度（%）	在幅宽的±0.5 内	
	长度（%）	卷装：卷长不小于公称尺寸 块状：在长度的±0.5 以内	
背衬剥离强力/N		纵向、横向均≥25	

表 8-7　簇绒地毯的外观质量要求

外观疵点	优等品	一等品	合格品
破损（破洞、撕裂、割伤）	不允许	不允许	不允许
污渍（油污、色渍、胶渍）	无	不明显	不明显
毯面折皱	不允许	不允许	不允许
修补痕迹	不明显	不明显	较明显
脱衬（背衬粘结不良）	无	不明显	不明显
纵、横向条痕	不明显	不明显	较明显
色条	不明显	较明显	较明显
毯边不平齐	无	不明显	较明显
渗胶过量	无	不明显	较明显

三、地毯地面、楼面的应用设计

1. 铺设方式

地毯的铺设方式可分为两种：固定式和非固定式。

(1) 固定铺设方式。地毯的固定铺设方式可分为两种：有衬垫式和无衬垫式。

1) 有衬垫式。有衬垫固定铺设方式是设置弹性衬垫，并将地毯与弹性衬垫一起采用木或金属天条将其固定于地面、楼面上。

2) 无衬垫式。无衬垫固定铺设方式是将地毯用胶粘剂将其直接粘贴于地面、楼面上。

(2) 活动铺设方式。地毯的活动铺设方式即将地毯浮放于地面、楼面上。

2. 设计注意事项

(1) 地面铺设地毯是室内装饰的重要因素之一。地毯的尺度、颜色和花式、质地等应与建筑物的内部空间环境（如顶棚、墙面以及窗帘等的装饰情况，室内家具的陈设情况等）气氛相协调，以求得最佳的整体效果。同时，地毯的颜色和质感对人们心理、情绪有较大的影响，又因用户不同的年龄、职业、民族、地区、风俗习惯等，对地毯颜色的欣赏和忌讳也有很大区别，所以设计使用地毯地面前，应充分了解和尊重用户意见。

(2) 地毯地面设计，应反映房间的使用功能。由于人们的实践经验，常把颜色和事物加以联想，便对颜色产生共同的心理反应。所以房间的使用功能不同，选择地毯的颜色也有所差别。比如卧室的地毯应使人感到安静；病房的地毯让人感觉除肃静外，还得清洁；冷食餐厅地毯使人感到凉爽；而游艺室地毯使人感到欢快。

(3) 地面地毯设计，应注意地毯的持久性。地毯的颜色应为多数人能接受，尤其是公共场所更是如此，短时间使用令人欣赏，长时间使用也不厌烦，适合一年四季使用。因此，要注意地毯的持久性使用效果。

(4) 有特殊要求的地段，地毯纤维应分别能满足防霉、防蛀、防盗和防静电等要求。

(5) 卧室、起居室地面宜用长绒、绒毛密度适中和材质柔软的地毯。

(6) 经常有人员走动或有小型推车行驶的地段，宜采用耐压、耐磨性能较好、绒毛密度较高的尼龙类地毯。

(7) 面积较大的地毯地面，应先做样板间或样板段，经有关方面对样板间或样板段验收认定后，再作设计和施工。

四、地毯地面、楼面的施工及施工要点

(一) 固定铺设方式

1. 施工顺序

地毯固定铺设方式的施工顺序如下：

基层处理→钉木（或金属）卡条→铺衬垫→裁剪地毯→铺设地毯→毯边收口→修整、清理。

2. 施工步骤

(1) 基层处理。铺设地毯的基层表面应平整、干燥、洁净。平整度用 2m 靠尺检查，最大空隙不应大于 4mm。表层含水率不大于 9%。有落地灰等杂物的应铲除并打

扫干净，有油迹等污染的，应用丙酮或松节油擦净。

（2）钉木（或金属）卡条。木（或金属）卡条应沿地面四周和柱脚的四周嵌钉，板上的小钉倾角应向墙面，板与墙面留有适当空隙，便于地毯掩边。在混凝土、水泥地面上固定，采用钢钉，钉距宜 300mm 左右。如地毯面积较大，宜用双排木（或金属）卡条，便于地毯张紧和固定。

（3）铺衬垫。铺设弹性衬垫应将胶粒或波形面朝下，四周与木（或金属）卡条相接处宜离开 10mm 左右，拼缝处用纸胶带全部或局部粘合，防止衬垫滑移。经常移动的地毯在基层上先铺一层纸毡以免造成衬垫与基层粘连。

（4）裁剪地毯。地毯裁剪时，应按地面形状和净尺寸，用裁边机断下的地毯料每段要比房间长度多出 20～30mm，宽度以裁去地毯的边缘后的尺寸计算。在拼缝处先弹出地毯的裁割线，切口应顺直整齐，以便于拼缝。

裁剪栽绒或植绒类地毯，相邻两裁口边应呈八字形，铺成后表面绒毛易紧密碰拢。在同一房间或区段内每幅地毯的绒毛走向应选配一致，将绒毛走向朝着背光面铺设，以免产生色泽差异。

裁前带有花纹、条格的地毯时，必须将缝口处的花纹、条格对准吻合。

（5）铺设地毯。将选配、裁剪好的地毯铺平，一端固定在木（金属）卡条上，用压毯铲将毯边塞入卡条与踢脚之间的缝隙内。常用两种方法：一种是将地毯的边缘掖到卡条的下端，如图 8-1 中（a）所示；另一种方法是将地毯毛边掖到卡条与踢脚的缝隙内，如图 8-1 中（b）所示，避免毛边外露，影响美观。

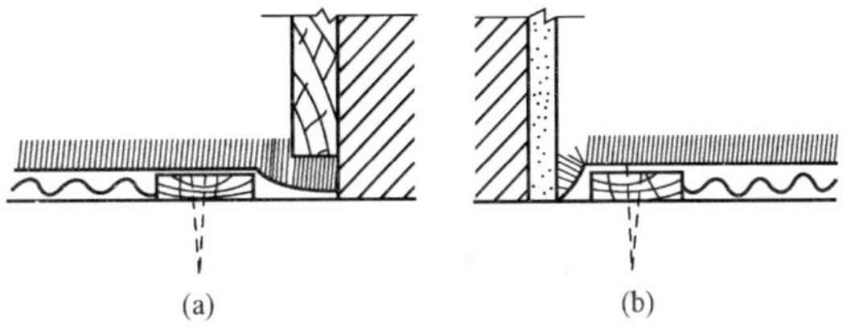

图 8-1　地毯的边缘处理

（a）掖到卡条下端；（b）掖到卡条与踢脚的缝隙内

铺设地毯时，还应使用张紧器（俗称地毯撑子）将地毯从固定一端向另一端推移张紧，用力应适度，防止用力过大扯破地毯。每张紧一段（约 1m 左右），使用钢钉临时固定，推到终端时，将地毯边固定在卡条上。

地毯的接缝，一般采用对缝拼接。当铺完一幅地毯后，在拼缝一侧弹通线，作为第二幅地毯铺设张紧的标准线。第二幅经张紧后，在拼缝处花纹、条格达到对齐、吻合、自然后，用钢钉临时固定。

薄型地毯可搭接裁割，在头一幅地毯铺设张紧后，后一幅搭盖头幅 30～40mm，在接缝处弹线，将直尺靠线用刀同时裁割两层地毯，扯去多余的边条后，合拢严密，不显拼缝。

接缝粘合：将已经铺设的地毯侧边掀起，在接缝中间放烫带（接缝胶带），其两端用木（或金属）卡条固定，用电熨斗将烫带的胶质熔化后，趁热用压毯铲将接缝碾平压实，使相邻的两幅连成整体。应掌握好电熨斗烫胶的温度，如温度过低，会使粘结不牢，如温度过高，易损伤烫带。

此外，地毯接缝也可采用缝合的方法，把两幅的边缘缝合连成整体。

（6）毯边收口。地毯铺设后在墙和柱的根部，不同材质地面相接处以及门口等地毯边缘处应做收口固定处理。

墙和柱的根部：将地毯毛边塞进卡条与踢脚的缝隙内，参见图 8-1。

不同材料地面相接：如地毯与大理石地面相接处标高近似的，应镶铜条或者用不锈钢条，起到衔接与收口的作用，如图 8-2 所示。

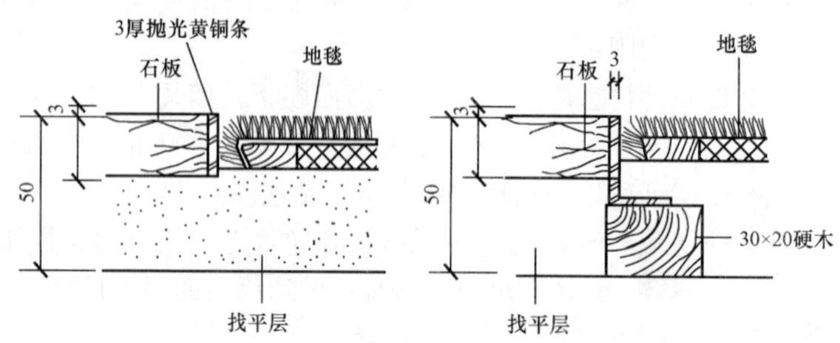

图 8-2 不同材质地面相接处的收口处理

门口与出入口处：铺地毯的标高与走道、卫生间地面的标高不一致时，在门口处应设收口条。用收口条压住地毯边缘显得整齐美观。地毯毛边如不作收口处理容易被行人踢起，造成卷曲和损坏，有损室内装饰环境。

（7）修整、清理。地毯铺设完成后要全面检查一次。如有飞边现象，应用压毯铲将地毯的飞边塞进卡条与踢脚的空隙内，使毯边不得外露；接缝处有绒毛凸出的，应使用剪刀或电铲修剪平整；临时固定用的钢钉应予拔掉；用软毛扫帚清扫毯面上的杂物，用吸尘器清理毯面上的灰尘。

加强成品保护。在出入口处安放地席或地垫，准备拖鞋，以避免和减少污物、泥砂等带进室内；在人流多的通道、大厅等部位，应铺盖塑料布、苫布等加以保护，以确保施工质量。

注意：当采用粘贴方式铺设地毯时，铺设前，应在基层上进行弹线找方，房间靠进门的一边应铺设整块地毯。

铺贴时胶粘剂不需满涂，仅在地毯的四周边角和中间部位作散点状涂刷即可。

（二）*活动铺设方式*

地毯活动铺设方式的施工顺序如下：

基层清整→弹线→浮铺地毯→粘结地毯。

（1）基层清理。基层要求同固定式地毯铺设。

（2）弹控制线。根据房间地面的实际尺寸和地毯的实际尺寸，在基层表面弹出铺设控制线，线迹应正确清楚。进门的一侧应铺设整块地毯，不够整块的应铺设于房间的次要一边或放置家具的一边，以提高地面的装饰效果。

（3）浮铺地毯。按控制线由中间开始向两铺设。铺设前应对地毯块进行挑选，对四周边缘棱角有缺陷的应予剔出，用于地面边角处或不明显处，或裁割后用于非整块处。铺设时应注意一块靠一块挤紧，经使用一段时间后，使块与块密合，不显拼缝。

铺放时，应注意绒毛方向，通常的做法是将一块的绒毛顺光，接着另一块的绒毛逆光，使绒毛方向交错布置，使表面呈现出一块明一块暗，明暗交叉铺设，富有艺术效果。

(4) 粘结地毯。在人们活动比较频繁的地面上铺设活动式地毯时，在基层上宜采用散点式形式涂刷胶粘剂，以增加地毯的稳固性，防止被行人踢起。

地毯铺设完成后，应加强成品保护，保护措施与固定式地毯铺设相同。

(三) 楼梯地毯的铺设

1. 施工顺序

楼梯地毯的铺设施工顺序如下：

基层清整→加设固定件→铺设衬垫→铺设地毯→钉防滑条。

2. 施工步骤

(1) 基层清理。将基层清理、打扫干净，阳角有损坏处用水泥砂浆修补完整。

(2) 加设固定件。楼梯上固定地毯的固定件有木（或金属）卡条和地毯棍两种形式。木（或金属）卡条固定在踏级的阴角处，卡条上的钉子要朝向阴角，两卡条之间应留 15mm 左右的空隙，如图 8-3 中（a）所示。

地毯棍可采用 $\phi18$ 无缝钢管镀铬或铜管抛光，固定在踏级阴角的踏级板上，如图 8-3中（b）所示。

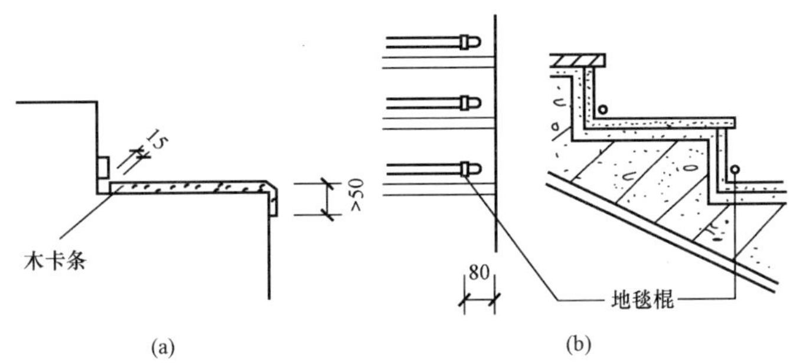

图 8-3 楼梯踏级上卡条和地毯棍

(a) 踏级上钉的卡条；(b) 踏级上设地毯棍

铺设地毯的楼梯踏级，在粉刷水泥砂浆面层时，宜将踏级的踢板适当向里倾斜；预制水泥混凝土踏级和木楼梯踏级，宜作钩脚（即踏级阳角边缘凸出一部分）处理，使行人上下楼梯时，有一个较宽松的感觉。

(3) 铺贴衬垫。弹性衬垫铺贴在踏脚板上，其宽度应超过踏脚板 50mm 以上做包角用，如图 8-3 中（a）所示。

(4) 铺设地毯。地毯铺设从每个楼梯的最高一级铺起，由上而下逐级进行。起始的接头留在顶级平台适当位置钉牢，在每个梯级的阴角处将地毯绷紧与卡条嵌挂，或者穿过地毯棍。

地毯长度按照踏级的高度与宽度之和乘以楼梯级数所得尺寸，如考虑地毯使用后需转换易磨损部位时，宜再加长 300～400mm 作预留量。

待铺至最后阶梯时，将地毯的预留量向内折叠钉在底级的踏板上，以便日后转移地毯的磨损部位。

(5) 钉防滑条。在踏级阳角边缘安装防滑条，防滑条宜用不锈钢膨胀螺钉固定，

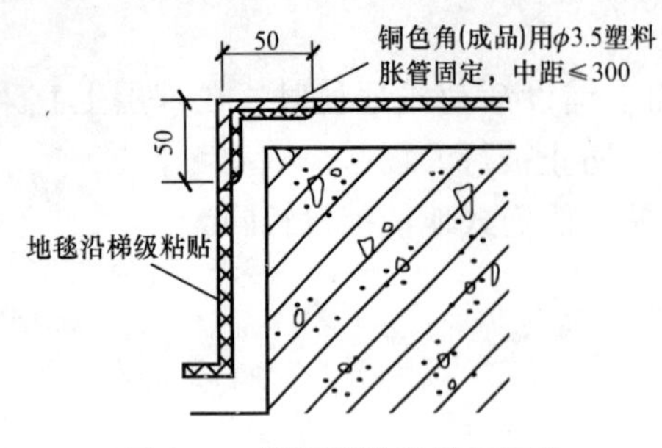

图 8-4 踏级粘贴地毯加压条

钉距 150～300mm，以稳固不松动为宜。

地毯如采用胶粘剂沿梯级粘贴时，在踏级的阳角上应设加压条，压条宜采用铜包角(成品)，用 ϕ3.5mm 塑料胀管固定，中距不大于 300mm，如图 8-4 所示。

楼梯由于是上下交通的主要通道，故地毯应在工程临交工前铺设，铺设后应注意加强成品保护，防止污染和损坏。

第九章

特种地面、楼面工程

这里所讲述的特种地面、楼面工程是指相对于本书中第二章至第八章中所介绍的各种常见的即普通地面、楼面工程而言。

所谓特种地面、楼面工程是指其有别于普通地面、楼面工程，它具有诸如：防水、防潮、防油渗、不发火（防爆）、防静电、防腐蚀、保温和采暖等特殊的功能。

第一节　防水地面、楼面工程

防水地面、楼面工程通常应用于长期有水或其他非腐蚀性液体存在的建筑中，如：洗浴中心、盥洗室、食品厂、造纸厂、印染车间、洗衣房等的地面、楼面。对其地面、楼面的要求是不能有水等液体渗透过地面、楼面。

防水地面、楼面工程中，最关键的环节是确保防水隔离层和防水面层的工程质量。

一、防水隔离层

隔离层是用于建筑地面上有水、油或其他液体经常作用（或浸蚀）时，为防止楼层地面（有时底层地面也用）出现向下渗漏现象而在面层下设置的构造层，如图 9-1 所示。

底层地面为防止地下水、潮湿气向上渗透到地面，在面层下也常设置隔离层。仅防止地下潮气透过地面时，可称作防潮层。

隔离层常采用防水类卷材、防水类涂料或沥青砂浆等铺设而成。防潮要求较低时，也可采用沥青胶泥涂覆式隔离层。

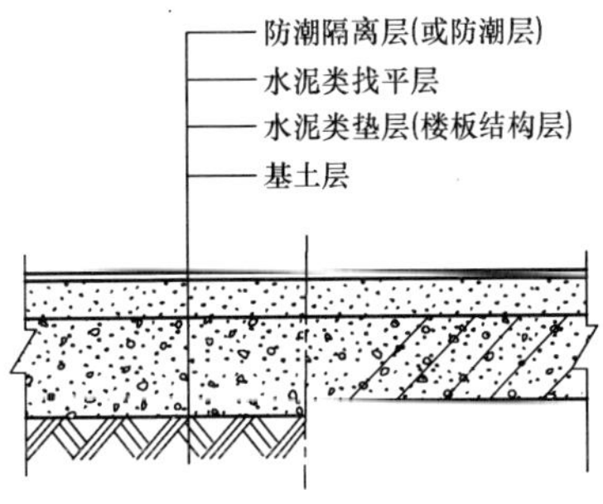

图 9-1　地面、楼面隔离层的构造

（一）材料要求

隔离层所采用的材料可分为三类：防水卷材、防水涂料和刚性防水材料。目前使用最多的则是防水卷材和防水涂料，在此介绍其主要产品，以供参考。

1. 防水卷材

防水卷材主要有沥青防水卷材、高聚物改性沥青防水卷材、高分子防水卷材。其产品质量要求如下：

（1）沥青防水卷材

1）石油沥青纸胎油毡。应符合 GB 326—1989《石油沥青纸胎油毡、油纸》的要求。

2）煤沥青纸胎油毡。应符合 JC/T 505—1996《煤沥青纸胎油毡》的要求。

3）石油沥青玻纤胎油毡。应符合 GB/T 14686—1993《石油沥青玻璃纤维胎油毡》的要求。

4）石油沥青玻璃布胎油毡。应符合 JC/T 84—1996《石油沥青玻璃布胎油毡》的要求。

（2）高聚物改性沥青防水卷材

1）SBS 改性沥青防水卷材。应符合 GB 18242—2000《弹性体改性沥青防水卷材》的要求。

2）APP 改性沥青防水卷材。应符合 GB 18243—2000《塑性体改性沥青防水卷材》的要求。

3）改性沥青聚乙烯胎防水卷材。应符合 GB 18967—2003《改性沥青聚乙烯胎防水卷材》的要求。

4）改性沥青复合胎防水卷材。应符合 JC/T 690—1998《沥青复合胎柔性防水卷材》的要求。

5）自粘橡胶改性沥青防水卷材。应符合 JC 840—1999《自粘橡胶沥青防水卷材》的要求。

（3）高分子防水卷材

1）氯化聚乙烯防水卷材。应符合 GB 12953—2003《氯化聚乙烯防水卷材》的要求。

2）氯化聚乙烯-橡胶共混防水卷材。应符合 JC/T 684—1997《氯化聚乙烯-橡胶共混防水卷材》的要求。

3）聚氯乙烯防水卷材。应符合 GB 12592—2003《聚氯乙烯防水卷材》的要求。

4）三元丁橡胶防水卷材。应符合 JC/T 645—1996《三元丁橡胶防水卷材》的要求。

2. 防水涂料

（1）高聚物改性沥青防水涂料。用于对沥青进行改性的高聚物品种较多，故目前并无针对某一种高聚物改性沥青防水涂料的标准，仅在 GB 50345—2004《屋面工程技术规范》中介绍了对高聚物改性沥青防水涂料的质量要求，见表 9 - 1，以便读者评价和选用具体到某一种高聚物改性沥青防水涂料时参考。

表 9 - 1　　高聚物改性沥青防水涂料性能要求

项　目		质量要求	
		水乳型	溶剂型
固体含量（%）		≥43	≥48
耐热性，80℃，5h		无流淌、起泡、滑动	
低温柔性，2h/℃		−10，绕 ϕ20mm 圆棒无裂纹	−10，绕 ϕ10mm 圆棒无裂纹
不透水性	压力/MPa	≥0.1	≥0.2
	保持时间/min	≥30	≥30
延伸性/mm		≥4.5	—
抗裂性/mm		—	基层裂缝 0.3mm，涂膜无裂纹

1）水乳型橡胶改性沥青涂料。水乳型橡胶改性沥青防水涂料是以石油沥青为基料，以水为分散介质，以橡胶为改性剂，并加入无机填料、增塑剂等助剂混合而制成的防水涂料。

①水乳型氯丁胶乳改性沥青防水涂料。其物理、化学性能要求见表9-2。

表9-2 水乳型氯丁胶乳改性沥青防水涂料的物理、化学性能要求

项目		指标	
外观		一等品	二等品
		搅拌后为黑色或蓝褐色均质液体，搅拌棒上不黏附任何颗粒	
延伸性/mm	无处理	≥6.0	≥4.5
	热处理	≥4.5	≥3.5
	碱处理	≥4.5	≥3.5
	老化250h后	≥4.5	≥3.5
柔韧性		−15℃±1℃	−10℃±1℃
		无裂纹、断裂	
固含量（%）		≥43	
耐热性		80℃±2℃5h无流淌、起泡和滑动	
粘结性/MPa		≥0.20	
不透水性		0.1MPa 30min不透水	
抗冻性		冻融循环20次不开裂	
涂膜干燥性		表干4h，实干24h	

注：参照“北京五星花防水材料有限公司”产品。

②水乳型丁苯胶乳改性沥青防水涂料。其物理、化学性能要求见表9-3。

表9-3 水乳型丁苯胶乳改性沥青防水涂料的物理、化学性能要求

项目		优等品	合格品	民用品
固体含量（%）		≥50		
延伸性/mm	无处理	≥4.5		
	处理后	≥3.5		
柔韧性，无裂纹、断裂/℃		−15±2	−10±1	−5±1
耐热性/℃		110	100	100
		5h无流淌、无起泡和滑动		
粘结性/MPa		≥0.2		
不透水性（0.1MPa，30min）		不透水		
抗冻性		循环20次无开裂		

注：参照“北京奥克兰建筑防水材料公司”产品。

③水乳型SBS改性沥青防水涂料。其物理、化学性能要求见表9-4。

表 9-4 水乳型 SBS 改性沥青防水涂料的物理、化学性能要求

项目		指标	
外观		优等品	合格品
		黑色均质膏体或黏稠液体	
延伸性/mm	无处理	≥6.0	≥4.5
	处理后	≥4.5	≥3.5
柔韧性/℃		−15±1	−10±1
		涂层无裂纹、断裂（2h，20mm 圆棒）	
固体含量（%）		≥43	
耐热性/℃		85±2	80±2
		涂层无流淌、起泡和滑动（45°倾斜 5h）	
粘结性/MPa		≥0.20	
不透水性		0.1MPa，30min 不渗水	
抗冻性		冻融循环 20 次无起泡、开裂、剥离	

注：参照“北京奥克兰建筑防水材料公司”产品。

④水乳型弹性厚质改性沥青防水涂料。水乳型弹性厚质改性沥青防水涂料除了具有其他高聚物改性沥青防水涂料的特点之外，其最突出的特点是具有优异的延伸性、回弹性、低温柔性和抗老化性，使用寿命可达 10 年以上。此外，由于其固体含量高，故可一次刮涂数毫米的厚度，可以与建筑表面形成牢固的弹性体防水层。

水乳型弹性厚质改性沥青防水涂料适用于各种预制、现浇混凝土结构以及建筑的屋面防水层，地下室等的防水、防渗及接缝防水，各种建筑上的接缝嵌缝等。

水乳型弹性厚质改性沥青防水涂料的物理、化学性能要求见表 9-5。

表 9-5 水乳型弹性厚质改性沥青防水涂料的物理、化学性能要求

项目	指标
外观	黑色或灰黑色膏状体
固体含量（%）	≥48
耐热性（80℃±2℃，5h）	不流淌
低温柔性	−10℃以下绕 ϕ20mm 圆棒无裂纹
粘结性/MPa	≥0.2
延伸性/mm	10～40
不透水性（0.1MPa，30min）	不渗漏
抗冻性（−20℃～20℃循环 20 次）	无开裂
贮存稳定性（室温）	≥1 年

注：参照“北京五星花防水材料公司”产品。

2）溶剂型橡胶改性沥青防水涂料。溶剂型橡胶改性沥青防水涂料是以石油沥青为基料，以溶剂为分散介质，以橡胶剂，并加入无机填料、增塑剂等助剂经溶解、混合而制成的防水涂料。

①溶剂型氯丁胶改性沥青防水涂料。其物理、化学性能要求见表 9-6。

表 9-6 溶剂型氯丁胶改性沥青防水涂料的物理、化学性能要求

项　　目	性 能 指 标
固含量（%）	≥48
耐热性（80℃±2℃，2h）	无变化
低温柔性	−10℃绕 ϕ10mm 圆棒，无裂纹
粘结强度（20℃±2℃，MPa）	≥0.2
不透水性（20℃±2℃）	0.1MPa，30min，不透水
耐碱性	饱和 $Ca(OH)_2$ 浸 15d，无变化
抗裂性（20℃±2℃）	基层裂缝≤0.4mm 宽，涂膜无裂纹

注：参照“沈阳星光防水集团”产品。

②溶剂型丁基胶改性沥青防水涂料。其物理、化学性能要求见表 9-7。

表 9-7 溶剂型丁基胶改性沥青防水涂料的物理、化学性能要求

项　　目	性 能 指 标
耐热性（80℃±2℃恒温 5h）	无皱皮、起泡等现象
低温柔性（−20℃，10mm 圆棒）	涂膜无网纹、裂纹、剥落等现象
粘结性（用“∞”字模法）	≥0.2MPa
耐裂性（20℃±2℃涂膜厚 1.0mm 时）	基层裂缝宽在小于 1.5mm 时涂膜不开裂
不透水性（动水压 0.1MPa，30min）	不透水
抗拉延伸率	>100%

注：参照“江苏武进市防水材料厂”产品。

③溶剂型 SBS 改性沥青防水涂料。其物理、化学性能要求见表 9-8。

表 9-8 溶剂型 SBS 改性沥青防水涂料的物理、化学性能要求

项　　目	指　　标	项　　目	指　　标
固体含量（%）	48	粘结强度/MPa	0.2
延伸性/mm	4.5	涂膜表干时间/h	2
耐热性（80℃±2℃，5h）	不流淌、不起泡	涂膜实干时间/h	24
柔度（−10℃，R=5mm）	不开裂		

注：参照“北京奥克兰建筑防水材料公司”产品。

（2）合成高分子防水涂料。目前，国外防水涂料的发展已达到相当高的水平，不少国家已制订出产品标准和施工规程。在工业发达的国家，合成高分子防水涂料的产量较高，其工程应用量已占防水材料总量的 12%左右。在美国、西欧和日本等国家，多以延伸性和耐候性优良的合成树脂和合成橡胶为主要原料发展各种合成高分子涂料，取得了很好的效果。

随着我国石油工业的迅速发展，合成高分子涂料在防水工程中的应用量也日益加大，特别是在国家颁布GB 50207—1994《屋面工程技术规范》的基础上，经修改颁布了GB 50207—2004《屋面工程技术规范》，这对合成高分子防水涂料的发展和应用技术提供了可靠的保证。现将该标准中对合成高分子防水涂料的性能要求，列于表9-9和表9-10，以供读者在选择和评价合成高分子防水涂料中参考。

表9-9 合成高分子防水涂料（反应固化型）性能要求

项目		性能要求	
		Ⅰ类	Ⅱ类
拉伸强度/MPa		≥1.9（单、多组分）	≥2.45（单、多组分）
断裂伸长率（%）		≥550（单组分） ≥450（多组分）	≥450（单、多组分）
低温柔性/℃，2h		−40（单组分），−35（多组分），弯折无裂纹	
不透水性	压力/MPa	≥0.3（单、多组分）	
	保持时间/min	≥30（单、多组分）	
固体含量（%）		≥80（单组分），≥92（多组分）	

注：产品按拉伸性能分为Ⅰ、Ⅱ两类。

表9-10 合成高分子防水涂料（挥发固化型）性能要求

项目		性能要求
拉伸强度/MPa		≥1.5
断裂伸长率（%）		≥300
低温柔性/℃，2h		−20，绕ϕ10mm圆棒无裂纹
不透水性	压力/MPa	≥0.3
	保持时间/min	≥30
固体含量（%）		≥65

1）聚氨酯防水涂料。聚氨酯防水涂料分为双组分反应固化型和单组分湿固化型两种。

双组分聚氨酯防水涂料中的甲组分（也称：A料）是由异氰酸酯与复合聚醚经聚合反应成为端基带有异氰酸根（—NCO）的预聚体；乙组分（也称：B料）是由含有多羟基的固化剂、交联剂、催化剂、增塑剂、填料和稀释剂等配制而成。施工时，仅需将甲、乙两组分相混合，然后涂于被保护的基面上，经过混合后的涂料中的甲、乙组分发生反应而固化后，即可形成均匀的、富于弹性的防水涂膜。双组分聚氨酯涂料可分为两种：沥青基聚氨酯防水涂料（适用于隐蔽防水工程）和纯聚氨酯防水涂料（一般为彩色，适用于外露防水工程）。

单组分聚氨酯防水涂料的生产技术要求严格，它有沥青基聚氨酯防水涂料、溶剂型聚氨酯防水涂料和以水为稀释剂的聚氨酯防水涂料等数种。施工时，仅将涂料施于被保护的基面上，当涂料中保留的异氰酸根与大气中的湿气发生反应而固化后，即可形成富有弹性的防水膜，故其为综合性能优异的防水涂料，但价格较贵。

聚氨酯防水涂料的产品质量要求，应符合 GB/T 19250—2003《聚氨酯防水涂料》中的规定。

2）聚氯乙烯防水涂料。应符合 JC/T 674—1997《聚氯乙烯弹性防水涂料》中的产品质量要求。

3）聚合物乳液防水涂料。应符合 JC/T 864—2000《聚合物乳液建筑防水涂料》中的产品质量要求。

4）有机硅防水涂料。应符合 JC/T 902—2002《建筑表面用有机硅防水剂》中的产品质量要求。

5）聚合物水泥防水涂料。应符合 JC/T 894—2001《聚合物水泥防水涂料》中的产品质量要求。

3. 刚性防水材料

刚性防水材料是指以水泥、砂、石子为原料，并掺入少量外加剂、高分子聚合物等材料，通过调整配合比、抑制或减少孔隙特征、增加各原材料界面间的密实性等方法，配制成的具有一定抗渗能力的防水水泥砂浆或防水混凝土。

由于刚性防水材料品种较多，在此仅介绍几种已颁布国家或行业标准的产品。

（1）渗透结晶型防水材料。渗透结晶型防水材料是一种掺入硅酸盐水泥或普通硅酸盐水泥、石英砂等基材中的防水材料，可参见 GB 18445—2001。

渗透结晶型防水材料的作用机理是：其与水作用后，材料中会有活性化学物质通过载体向混凝土内部渗透，并在混凝土中形成不溶于水的结晶体，以填塞毛细孔道，从而使混凝土结构致密、防水。

渗透结晶型防水材料一般是加入水泥、砂等中，制成砂浆或混凝土来实现其防水功能的，有时也使用它来配制成涂料。

渗透结晶型防水材料的均质性要求见表 9-11。

表 9-11　　渗透结晶型防水材料的均质性要求

项　目	性能指标
含水量	应在生产厂控制值相对量的 5%之内
总碱量（$Na_2O+0.65K_2O$）	
氯离子含量	
细度（0.315mm 筛）	应在生产厂控制值相对量的 10%之内

渗透结晶型防水涂料的物理性能要求见表 9-12。

表 9-12　　渗透结晶型防水涂料的物理性能要求

项　目		性能指标	
		Ⅰ	Ⅱ
安定性		合格	
凝结时间	初凝时间/min	≥20	
	终凝时间/h	≤24	
抗折强度/MPa	7d	≥2.80	
	28d	≥3.50	

续表

项目		性能指标	
		Ⅰ	Ⅱ
抗压强度/MPa	7d	≥12.0	
	28d	≥18.0	
湿基面粘结强度/MPa		≥1.0	
抗渗压力，28d/MPa		≥0.8	≥1.2
第二次抗渗压力，56d/MPa		≥0.6	0.8
渗透压力比，28d（%）		≥200	300

渗透结晶型防水混凝土的物理性能要求见表9-13。

表9-13 渗透结晶型防水混凝土的物理性能要求

项目		性能指标
减水率（%）		≥10
泌水率比（%）		≤70
抗压强度比	7d（%）	≥120
	28d（%）	≥120
含气量（%）		≤4.0
凝结时间差	初凝/min	>90
	终凝/min	—
收缩率比，28d（%）		≤125
渗透压力比，28d（%）		≥200
第二次抗渗压力，56d/MPa		≥0.6
对钢筋的锈蚀作用		对钢筋无锈蚀危害

（2）防水剂。防水剂是一种掺入水泥、石英砂等基材中的防水材料，可参见JC 474—1999。

防水剂有液体和粉状两种，使用时是将其加入到水泥、砂等中，制成砂浆或混凝土来实现其防水功能的。

防水剂的均质性要求见表9-14。

表9-14 防水剂的均质性要求

试验项目	指标
含固量	液体防水剂：应在生产厂控制值相对量的3%之内
含水量	粉状防水剂：应在生产厂控制值相对量的5%之内
总碱量（Na_2O+0.658K_2O）	应在生产厂控制值相对量的5%
密度	液体防水剂：应在生产厂控制值的±0.02g/cm^3之内
氯离子含量	应在生产厂控制值相对量的5%之内
细度（0.315mm筛）	筛余小于15%

注：含固量和密度可任选一项检验。

加入防水剂的防水砂浆的物理、化学性能要求见表9-15。

表9-15　加入防水剂的防水砂浆的物理、化学性能要求

试验项目		性能指标	
		一等品	合格品
净浆安定性		合格	合格
凝结时间	初凝/min	≥45	≥45
	终凝/h	≤10	≤10
抗压强度比（%）	7d	≥100	≥85
	28d	≥90	≥80
透水压力比（%）		≥300	≥200
48h吸水量比（%）		≤65	≤75
28d收缩率比（%）		≤125	≤135
对钢筋的锈蚀作用		应说明对钢筋有无锈蚀作用	

注：除凝结时间、安定性为受检净浆的试验结果外，表中所列数据均为受检砂浆与基准砂浆的比值。

加入防水剂的防水混凝土的物理、化学性能要求见表9-16。

表9-16　加入防水剂的防水混凝土的物理、化学性能要求

试验项目		性能指标	
		一等品	合格品
净浆安定性		合格	合格
泌水率比（%）		≤50	≤70
凝结时间差/min	初凝	≥90	
	终凝	—	
抗压强度比（%）	3d	≥100	≥90
	7d	≥110	≥100
	28d	≥100	≥90
渗透高度比（%）		≤30	≤40
48h吸水量比（%）		≤65	≤75
28d收缩率比（%）		≤125	≤135
对钢筋的锈蚀作用		应说明对钢筋有无锈蚀作用	

注：1. 除净浆安定性为净浆的试验结果外，表中所列数据均为受检混凝土与基准混凝土差值或比值。
2. “—”表示提前。

（3）膨胀剂。膨胀剂是一种掺入水泥、石英砂等基材中的防水材料，可参见JC 476—2001。

膨胀剂当与水泥、水拌和后，经水化反应而生成钙矾石或氢氧化钙，从而使混凝土产生膨胀，以消除混凝土中的细小缝隙，来实现其防水功能。

膨胀剂主要有以下三种：

1）硫铝酸钙类混凝土膨胀剂。是指与水泥、水拌和后经水化反应生成钙矾石的混凝土膨胀剂。

2）氧化钙类混凝土膨胀剂。是指与水泥、水拌和后经水化反应生成氢氧化钙的混凝土膨胀剂。

3）复合混凝土膨胀剂。是指硫铝酸钙类或氧化钙类混凝土膨胀剂分别与混凝土化学外加剂复合的，兼有混凝土膨胀剂与混凝土化学外加剂性能的混凝土膨胀剂。

硫铝酸钙类、氧化钙类混凝土膨胀剂的性能要求见表 9－17。

复合混凝土膨胀剂的限制膨胀率、抗压强度和抗折强度指标，应符合表 9－17 中的规定。其他性能指标应符合相关的混凝土化学外加剂标准的规定。

表 9－17 混凝土膨胀剂的性能要求

<table>
<tr><th colspan="4">项　目</th><th>性能指标</th></tr>
<tr><td rowspan="4">化学成分</td><td colspan="3">氧化镁（%）</td><td>≤5.0</td></tr>
<tr><td colspan="3">含水率（%）</td><td>≤3.0</td></tr>
<tr><td colspan="3">总碱量（%）</td><td>≤0.75</td></tr>
<tr><td colspan="3">氯离子（%）</td><td>≤0.05</td></tr>
<tr><td rowspan="12">物理性能</td><td rowspan="3">细度</td><td colspan="2">比表面积/（m²/kg）</td><td>≥250</td></tr>
<tr><td colspan="2">0.08mm 筛筛余（%）</td><td>≤12</td></tr>
<tr><td colspan="2">1.25mm 筛筛余（%）</td><td>≤0.5</td></tr>
<tr><td rowspan="2">凝结时间</td><td colspan="2">初凝/min</td><td>≥45</td></tr>
<tr><td colspan="2">终凝/h</td><td>≤10</td></tr>
<tr><td rowspan="3">限制膨胀率（%）</td><td rowspan="2">水中</td><td>7d</td><td>≥0.025</td></tr>
<tr><td>28d</td><td>≤0.10</td></tr>
<tr><td>空气中</td><td>21d</td><td>≥−0.020</td></tr>
<tr><td colspan="2" rowspan="2">抗压强度/MPa</td><td>7d</td><td>≥25.0</td></tr>
<tr><td>28d</td><td>≥45.0</td></tr>
<tr><td colspan="2" rowspan="2">抗折强度/MPa</td><td>7d</td><td>≥4.5</td></tr>
<tr><td>28d</td><td>≥6.5</td></tr>
</table>

注：细度用比表面积和 1.25mm 筛筛余或 0.08mm 筛筛余和 1.25mm 筛筛余表示，仲裁检验用比表面积和 1.25mm 筛筛余。

（4）无机防水堵漏材料。无机防水堵漏材料是一种以水泥及添加剂经一定工艺加工而成的粉状防水堵漏材料（但不适用于快速堵漏材料，即初凝时间＜2min 的堵漏材料），参见 JC 900—2002。

无机防水堵漏材料根据其凝结时间和用途分为两种：缓凝型（代号：Ⅰ型）和速凝型（代号：Ⅱ型）。

缓凝型主要用于潮湿和微渗基层上做防水抗渗工程。

速凝型主要用于渗漏或涌水基体上做防水堵漏工程。

无机防水堵漏材料的物理性能要求见表 9－18。

表 9-18 **无机防水堵漏材料的物理性能要求**

项目			缓凝型	速凝型
			Ⅰ型	Ⅱ型
凝结时间	初凝/min		≥10	≥2～<10
	终凝/min		≤360	≤15
抗压强度/MPa	1h		—	≥4.5
	3d		≥13.0	≥15.0
抗折强度/MPa	1h		—	≥1.5
	3d		≥3.0	≥4.0
抗渗压力差值/MPa 7d		涂层	≥0.4	—
抗渗压力/MPa 7d		试件	≥1.5	≥1.5
粘结强度/MPa 7d			≥1.4	≥1.2
耐热性，100℃，5h			无开裂、起皮、脱落	
冻融循环（－15～20℃），20 次			无开裂、起皮、脱落	

（二）应用设计与施工

1. 应用设计

如果采用防水卷材来作为隔离层的话，纸胎的油毡可采用二层的做法；其他的防水卷材若无特殊设计要求，通常采用一层的做法。

如果采用防水涂料来作为隔离层的话，大多需要 2～3 道，以使防水涂膜厚度达到 1.5～2.0mm。

2. 隔离层的施工

（1）施工工艺。防水隔离层的施工工艺流程（卷材防水、涂膜防水和刚性防水）如下：

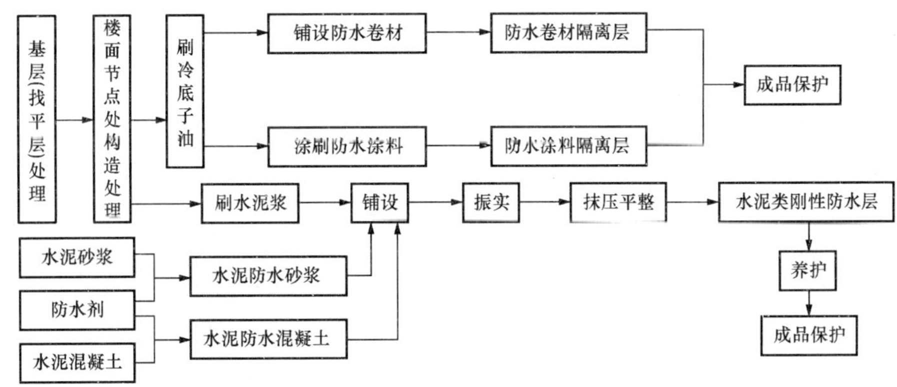

（2）施工要点

1）铺设隔离层前，应对基层（或找平层）进行认真处理，表面不得有空鼓、裂缝和起砂现象。当隔离层为沥青防水卷材类材料时，其表面应平整、洁净、干燥。当隔离层为水泥类刚性防水层时，其表面应平整、洁净、湿润。

在进行基层处理的同时，应做好楼面节点处的构造处理，对穿过楼层面的管道四周，对靠近墙面处、柱根部及有关阴、阳角部位，应增加卷材附加层及涂刷附加层，以防止接点处产生渗漏现象。

2）在水泥类基层（或找平层）上涂刷冷底子油时，要涂刷均匀，厚度以0.5mm为宜，不应露底和有麻点。

3）对防水卷材类隔离层，铺设时应展平压实，挤出的沥青胶结料要趁热刮去。已铺贴好的卷材面不得有皱折、空鼓、翘边和封口不严等缺陷。卷材的搭接长度，长边不小于100mm，短边不小于150mm。搭接接缝处应用沥青胶泥封严。

4）采用防水涂料隔离层时，涂刷一般不少于两遍，其上下层涂刷方向宜相互垂直，并须待先涂布的涂层干燥成膜后，方可进行上一层施工操作。防水涂料隔离层每层厚度宜为1.5～2mm。

在涂刷层干燥前，不得在防水层上进行其他施工作业，也不得在其上面直接堆放物品。

5）水泥防水砂浆的铺设厚度不应小于30mm，水泥防水混凝土的铺设厚度不应小于50mm，并在水泥终凝前完成平整压实工作。

6）防水隔离层铺设完毕后，必须做蓄水检验。蓄水深度应为20～30mm，在24小时内无渗漏为合格，并应做好验收记录后，方可进行下道工序的施工。

(3) 施工质量要求。防水隔离层的施工质量要求见表9-19。

表9-19　隔离层的质量要求

项	序	检验项目	允许偏差或允许值/mm	检验方法
主控项目	1	隔离层材料质量	1. 必须符合设计要求 2. 必须符合国家产品标准规定	观察检查和检查材质合格证明文件及检测报告
	2	厕浴间和有防水要求的建筑地面的结构导	1. 必须设置防水隔离层 2. 楼面结构层必须采用现浇混凝土或整块预制混凝土板，混凝土强度等级不应小于C20 3. 楼板四周除门洞外，应做混凝土翻边，高度不应小于120mm 4. 标高和预留孔洞位置应准确，严禁乱凿洞	观察和钢尺检查
	3	水泥类防水隔离层	防水性能和强度等级必须符合设计要求	观察检查和检查检测报告
	4	防水隔离层要求	严禁渗漏，坡向应正确，排水应通畅	观察检查和蓄水、泼水检验或坡度尺检查及检查检验记录
一般项目	5	隔离层厚度	应符合设计要求	观察和用钢尺检查
	6	表面质量情况	应平整、均匀，无脱皮、起壳、裂缝、鼓泡等缺陷	观察检查
	7	与下一层结合情况	结合应牢固，不得有空鼓	用小锤轻击检查
	8	表面平整度	3	用2m靠尺和楔形塞尺检查
	9	标高	±4	用水准仪检查
	10	坡度	不大于房间相应尺寸的2/1000，且不大于30	用坡度尺检查
	11	厚度	在个别地方不大于设计厚度的1/10	用钢尺检查

二、防水面层

在防水地面、楼面工程中的防水面层主要有三类：水泥类防水面层、防水混凝土面层和板块类防水面层。

（一）水泥类防水面层

1. 材料要求

（1）水泥：水泥宜采用硅酸盐水泥、普通硅酸盐水泥，其强度等级不应低于 32.5 级。不同品种和不同强度等级的水泥不得混合使用，过期水泥也不得使用。

（2）砂：砂应采用中砂或粗砂，含泥量不应大于 3%。

（3）石屑：石屑粒径宜为 3～5mm，其含粉量（含泥量）不应大于 3%。过多的含粉量，对提高面层的质量是极为不利的，因为含粉量过多，比表面积增大，需水量也随之增加。而水灰比增大，强度必然下降，且还容易引起面层起灰、裂缝等质量通病。当含泥量超过要求时，应采用淘洗、筛等办法处理。

（4）水：采用饮用水。

2. 应用设计与施工

（1）应用设计。水泥类防水面层是直接铺覆于隔离层上面，其强度一般为 C15。

（2）防水面层的施工。

1）施工工艺。水泥类防水面层的施工工艺流程如下：

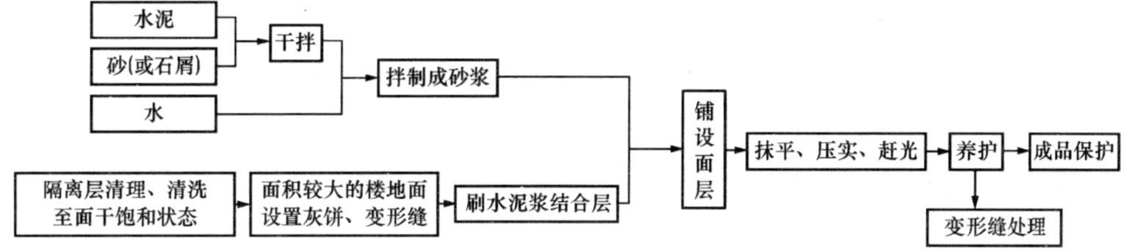

2）施工要点

①面层下的防水隔离层，应经蓄水试验合格后，方可铺设面层。

②施工面层时，应防止对防水隔离层造成损伤。

③面层的坡度应事先做出标志，保证坡度设置正确。

④使用水泥砂浆面层时，宜采用 1∶2 配合比；应严格控制砂浆水灰比，宜用干硬性砂浆铺设。铺设后，用平板振动器或滚子压实，以提高砂浆面层的密实度。

⑤搅拌时间不应小于 2min。有条件时应使用干硬性水泥砂浆铺设面层，以增强面层的抗压强度。铺设面层前，应在基层表面涂刷一层水泥浆粘结层，水灰比为 0.4～0.5，涂刷均匀，随刷浆，随铺设面层。

表 9-20 为相同体积配合比、不同水灰比的普通水泥砂浆和干硬性水泥砂浆所做试块的抗压强度对比值。从表中数值可知，干硬性水泥砂浆比普通水泥砂浆的强度值提高 100%以上。此外，干硬性水泥砂浆由于密实度较好，对提高水泥砂浆面层的耐磨性能也很显著。

⑥切实做好压光工作，掌握好压光最佳时间，以消除可能出现的细微裂缝，使面层达到平整、光洁、无裂缝。

面层施工宜在门、窗（含玻璃）安装后施工，避免穿堂风劲吹造成地面面层裂缝。

表 9-20 普通水泥砂浆和干硬性水泥砂浆强度对比

体积配合比	R_7/MPa		R_{28}/MPa	
	普通水泥砂浆	干硬性水泥砂浆	普通水泥砂浆	干硬性水泥砂浆
1∶2	18.9	—	30.6	—
1∶2.5	15.1	35.7	17.5	48.8
1∶2.8	12.8	31.2	17.0	36.4
1∶3.0	9.7	21.4	13.1	32.7
1∶3.2	—	20.2	—	29.0

⑦及时做好养护工作，如有可能，宜采用蓄水养护或满铺湿润材料后浇水养护，养护时间宜为10～14d。

⑧防止过早上人，将地面踩踏粗糙。养护期到后，应做好地面保护工作，防止其他工种（工序）施工时，对地面造成损伤。

（二）防水混凝土面层

1. 材料要求

（1）水泥：同“水泥类防水面层”中的要求。

（2）砂：同“水泥类防水面层”中的要求。

（3）石子：采用碎石或卵石，级配应适当。底层地面因厚度较厚，石子粒径可采用30～40mm，但最大粒径不应大于面层厚度的2/3。楼层地面因厚度较薄，石子粒径宜采用15mm左右的豆石或瓜子片。石子的含泥量不应大于2%。

（4）水：采用饮用水。

根据理论分析和实际施工经验总结，防水混凝土配合比常用参数如下。

水灰比：控制在0.6以下。

坍落度：以30～50mm为宜。

水泥用量：不小于320kg/m^3。

砂率（砂重量∶砂石总重量）：不小于35%，一般以35%～40%为宜。

灰砂比（水泥重量∶砂重量）：应不小于1∶2.5。

粗骨料最大粒径：不大于40mm。

对于外加剂防水混凝土，其配合比设计除参照上述常用参数外，还应根据不同施工条件和气候因素选择合适的外加剂品种，并严格控制掺量。

2. 应用设计与施工

（1）应用设计。防水混凝土面层是直接铺覆于隔离层上面，其强度等级应符合设计要求，且不应小于C20。

当防水地面采用水泥混凝土垫层（或结构层）兼面层做成时，大多采用防水混凝土浇筑，目前常用的防水混凝土有普通防水混凝土和外加剂防水混凝土两种。

1）普通防水混凝土面层。普通防水混凝土是在普通混凝土基础上发展起来的，是通过调整配合比，提高混凝土自身的密实度和抗渗性的一种混凝土。普通防水混凝土的配制除满足强度要求外，还应满足防水抗渗的要求。其中石子骨架的作用有所减弱，水泥浆的数量相应增加，除了满足填充和起粘结作用外，还要求在石子周围形成一定数量和质量（浓度）的砂浆包裹层，以提高混凝土的抗渗性能。

2）外加剂防水混凝土面层。外加剂防水混凝土是在混凝土拌和物中加入少量改善混凝土抗渗性能的外加剂。目前常用的外加剂种类有以下几种。

①加气型外加剂，如松香酸钠、松香热聚物等。它能使混凝土拌和时产生大量均匀而微小的封闭气泡，破坏混凝土内的毛细管，并能改善混凝土的和易性、泌水性和抗冻性。

②密实型外加剂，如氢氧化铁防水剂等。它能在混凝土拌和物内生成一种胶状悬浮颗粒，填充混凝土中的微小孔隙和毛细管通道，因而能有效地提高混凝土的密实性和不透水性。

③早强型外加剂，如三乙醇胺等。它是水泥胶凝体的活性激发剂，可加快水泥的水化作用，增多水化生成物，使水泥石结晶变细，结构密实，从而提高混凝土的抗渗性和不透水性。

④减水型外加剂，如 MF 型减水剂和 NNO 型减水剂等。它对水泥颗粒有较好的分散作用，因而可改善混凝土拌和物的和易性，减少用水量，减少由于多余水分的蒸发而留下的毛细孔体积，且使毛细孔孔径变细，结构致密，水泥的水化生成物分布均匀，因而能提高混凝土的密实性和抗渗性。

（2）防水面层的施工

1）施工工艺。防水混凝土面层的施工工艺流程如下：

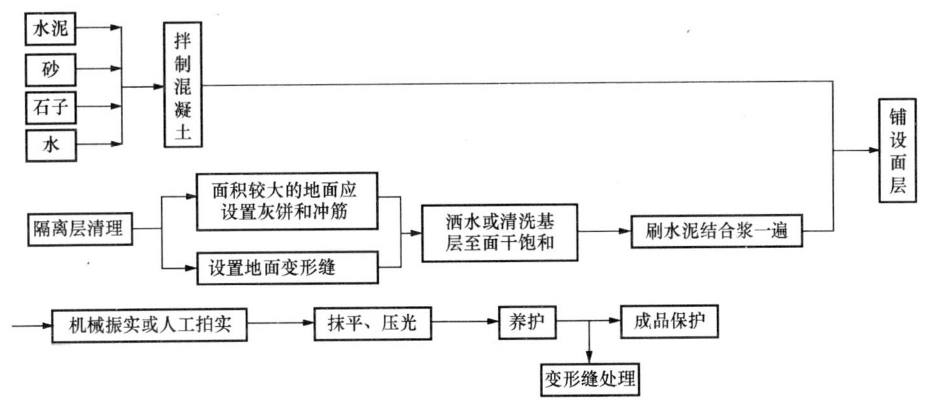

2）施工要点。防水混凝土施工应尽可能一次浇筑完成，不留（或少留）施工缝。同时，前后之间的衔接时间应严格控制在水泥的初凝时间内。在整个施工过程中，各个环节都要采取严密的质量措施。因此，对施工准备也相应提出了较高的要求。

①～③同水泥类防水面层。

④由于防水混凝土要求较高的密实性，所以拌制也要求有较好的均匀性。防水混凝土应采用机械搅拌，每次搅拌从投料到出料，一般不少于 120s。

⑤当使用外加剂时，应将外加剂配制成一定浓度的溶液后加入搅拌机内（粉剂和水剂均应如此），不得将外加剂干粉或高浓度外加剂直接加入搅拌机内，防止搅拌不均匀而局部集中，既失去外加剂作用，又容易使混凝土出现质量问题。

⑥防水混凝土配合比设计。

A. 防水混凝土抗渗等级的确定。防水混凝土的抗渗等级根据最大作用水头和混凝土垫层厚度等参数来选择，通常根据设计图纸要求确定，也可参考有关规定。

B. 防水混凝土配合比设计。防水混凝土施工前，应根据其抗渗等级和实际使用材料，由试验部门先行试配，测定其抗压强度和抗渗等级，从中选定最佳配合比作为施工配合比。

（三）板块类防水面层

板块类防水面层是指采用本书第二章和第三章中所介绍的天然花岗石板、天然大理石板、水磨石板、陶瓷锦砖、陶瓷面砖等板块状的制品作为防水面层。

1. 材料要求

所采用的防水面层板块制品的要求，详见本书第二章和第三章中的相关内容。

2. 应用设计与施工

(1) 应用设计。所采用的防水面层板块的应用设计，详见本书第二章和第三章中的相关内容。

(2) 防水面层的施工

1) 施工工艺。所采用的防水面层板块的施工工艺流程，详见本书第二章和第三章中的相关内容。

2) 施工要点

①铺贴前应对基层（或找平层、隔离层等）做好清洁工作，保证结合牢固，防止面层铺设后造成空鼓等质量弊病。

②重视接缝质量。各种地砖、缸砖，不宜采用狭缝、密缝铺设，宜采用宽缝（不小于 5mm）铺缝。塑料地板板缝的焊接应由专业焊工操作，保证焊接施工质量。

③做好灌缝工作。灌缝前应认真清理缝隙，扫清垃圾杂物；灌缝应用 1∶1 水泥砂浆或纯水泥浆；在水泥终凝前，用比缝隙略小的压条将缝隙内砂浆压实压光。

④灌缝后应做好养护工作，养护时间不应少于 10d。养护期满后，应加强成品保护，不应过早上人。

第二节 保温地面、楼面工程

目前，建筑地面以其是否直接与土壤接触来分，可分为两种：直接接触土壤的地面和不直接接触土壤的地面。

按地面的热工性能来分，可分为三类，见表 9-21。

表 9-21　　地面热工性能分类

类　别	吸热指数 B 值 [W/(m^2·h$^{-1/2}$·K)]	适用的建筑类型
Ⅰ	<17	高级居住建筑，托幼、医疗建筑等
Ⅱ	17～23	一般居住建筑，办公、学校建筑等
Ⅲ	>23	临时逗留及室温高于 23℃的采暖房间

注：1. 表中 B 值是反映地面从人体脚部吸收热量多少和速度的一个指数。厚度为 3～4mm 的面层材料的热渗透系数对 B 值的影响最大。热渗透系数 $b=\sqrt{\lambda c \rho}$，故面层宜选择密度、比热容和热导率小的材料较为有利。

2. 本表摘自 GB 50176—1993《民用建筑热工设计规范》。

几种地面的吸热指数 B 值及热工性能类别，见表 9 - 22。

表 9 - 22　　几种地面吸热指数 *B* 值及热工性能类别

名　称	地面构造	B 值	热工性能类别
硬木地面	1. 硬木地板（20） 2. 粘贴层（3） 3. 水泥砂浆（20） 4. 素混凝土（100）	9.1	Ⅰ
厚层塑料地面	1. 聚氯乙烯地板（15） 2. 粘贴层（3） 3. 水泥砂浆（20） 4. 素混凝土（100）	8.6	Ⅰ
薄层塑料地面	1. 聚氯乙烯地面（3） 2. 粘贴层（3） 3. 水泥砂浆（20） 4. 素混凝土（100）	18.2	Ⅱ
轻骨料混凝土垫层水泥砂浆地面	1. 水泥砂浆地面（20） 2. 轻骨料混凝土（120） （ρ_0<1500）	20.5	Ⅱ
水泥砂浆地面	1. 水泥砂浆地面（20） 2. 素混凝土（100）	23.3	Ⅲ
水磨石地面	1. 水磨石地面（30） 2. 水泥砂浆（20） 3. 素混凝土（100）	24.3	Ⅲ

一、对地面、楼面的保温性能要求

针对建筑地面的不同结构，采用不同的保温材料而设计出地面的保温结构，如果设计者所选择的建筑地面保温结构的传热系数小于或等于对该建筑所规定的地面传热系数值，那么就说明所选择的结构（包括地面结构材料，保温材料的品种和厚度等）是可行的。

(一) 居住建筑地面、楼面

对居住建筑地面的保温性能要求，应根据该建筑所在的气候分区，符合表 9-23 中的要求。

表 9-23　　居住建筑不同气候分区楼地面的传热系数要求

气候分区	楼地面部位	传热系数 K/[W/(m²·K)]
严寒地区 A 区	底面接触室外空气的架空或外挑楼板	≤0.48
	周边地面及非周边地面	≤0.28
严寒地区 B 区	底面接触室外空气的架空或外挑楼板	≤0.45
	周边地面及非周边地面	≤0.35
严寒地区 C 区	底面接触室外空气的架空或外挑楼板	≤0.50
	周边地面及非周边地面	≤0.35
寒冷地区 A 区	底面接触室外空气的架空或外挑楼板	≤0.50
	周边地面及非周边地面	≤0.50
寒冷地区 B 区	底面接触室外空气的架空或外挑楼板	≤0.60
	周边地面及非周边地面	—
夏热冬冷地区	底部自然通风的架空楼板	≤1.50
	上下为居室的层间楼板	≤2.00

注：周边地面系指距外墙内表面 2m 以内的地面。

(二) 公共建筑地面、楼面

对公共建筑地面的保温性能要求，应根据该建筑所在的气候分区，符合表 9-24 中的要求。

表 9-24　　公共建筑不同气候分区楼地面及地下室外墙的传热系数

气候分区	楼地面部位	传热系数 K/[W/(m²·K)]		热阻 R/(m²·K/W)
		体形系数≤0.3	体形系数>0.3	
严寒地区 A 区	底面接触室外空气的架空或外挑楼板	≤0.45	≤0.40	—
	采暖房间与非采暖房间的楼板	≤0.60		—
	周边地面	—		≥2.00
	非周边地面	—		≥1.80
	采暖地下室外墙（与土壤接触的墙）	—		≥2.00
严寒地区 B 区	底面接触室外空气的架空或外挑楼板	≤0.50	≤0.45	—
	采暖房间与非采暖房间的楼板	≤0.80		—
	周边地面	—		≥2.00
	非周边地面	—		≥1.80
	采暖地下室外墙（与土壤接触的墙）	—		≥1.80
寒冷地区	底面接触室外空气的架空或外挑楼板	≤0.60	≤0.50	—
	采暖房间与非采暖房间的楼板	≤1.50		—
	周边及非周边地面	—		≥1.50
	采暖、空调地下室外墙（与土壤接触的墙）	—		≥1.50

续表

气候分区	楼地面部位	传热系数 K/[W/(m²·K)]		热阻 R/(m²·K/W)
		体形系数≤0.3	体形系数>0.3	
夏热冬冷地区	底面接触室外空气的架空或外挑楼板	≤1.00		—
	地面及地下室外墙（与土壤接触的墙）	—		≥1.20
夏热冬暖地区	底面接触室外空气的架空或外挑楼板	≤1.50		—
	地面及地下室外墙（与土壤接触的墙）	—		≥1.00

注：1. 周边地面是指距外墙内表面 2m 以内的地面。
2. 地面热阻是指建筑基础持力层以上各层材料的热阻之和。
3. 地下室外墙热阻是指土壤以内各层材料热阻之和。

（三）建筑地面、楼面保温设计要点

（1）采暖建筑楼地面面层的热工设计，宜从人们的健康、舒适及采暖方式综合考虑采取不同的表面材料。对于不是采用地板辐射采暖方式的采暖建筑的楼地面，宜采用材料密度小、热导率也小的地面材料。

（2）从提高底层地面的保温和防潮性能考虑，宜在地面的垫层中采用不小于 20mm 厚度的挤塑聚苯板等，以提高地面的热阻；用板、块状保温材料做垫层，使地面的热阻接近于居住建筑的地面热阻。

（3）夏热冬冷和夏热冬暖地区的建筑底层地面，在每年的梅雨季节都会由于湿热空气的差迟而产生地面结露，底层地板的热工设计宜采取下列措施：

1）地面构造层的热阻应不少于外墙热阻的 1/2，以减少向基层的传热，提高地表面温度，避免结露。

2）面层材料的热导率要小，使地表面温度易于紧随室内空气温度变化。

3）面层材料有较强的吸湿性，具有对表面水分的“吞吐”作用，不宜使用硬质的地面砖或石材等做面层。

4）采用空气层防潮技术，勒脚处的通风口应设置活动遮挡板。

5）当采用空铺实木地板或胶结强化木地板做面层时，下面的垫层应有防潮层。

（4）楼地面的节能技术，可根据底面是不接触室外空气的层间楼板、底面接触室外空气的架空或外挑楼板以及底层地面，采用不同的节能技术。保温系统组成材料的防火及卫生指标应符合现行相关标准的规定。

（5）层间楼板可采取保温层直接设置在楼板上表面或楼板底面，也可采取铺设木龙骨（空铺）或无木龙骨的实铺木地板。

1）在楼板上面的保温层，宜采用硬质挤塑聚苯板、泡沫玻璃保温板等板材或强度符合地面要求的保温砂浆等材料，其厚度应满足建筑节能设计标准的要求。

2）在楼板底面的保温层，宜采用强度较高的保温砂浆抹灰，其厚度应满足建筑节能设计标准的要求。

3）铺设木龙骨的空铺木地板，宜在木龙骨间嵌填板状保温材料，使楼板层的保温和隔声性能更好。

（6）底面接触室外空气的架空或外挑楼板宜采用外保温系统。

（7）严寒及寒冷地区采暖建筑的底层地面应以保温为主，在持力层以上土壤层的

热阻已符合地面热阻规定值的条件下，宜在地面面层下铺设适当厚度的板状保温材料，进一步提高地面的保温性能。

二、地面、楼面保温的结构设计及其保温性能

（一）典型地面保温构造的热工性能

1. 层间楼板

典型层间楼板地面保温构造及其热工性能，见表 9 - 25。

表 9 - 25　　层间楼板地面的热工性能

简　图	构造层次（由上至下）	保温材料厚度/mm	传热系数 K/[W/(m^2·K)]
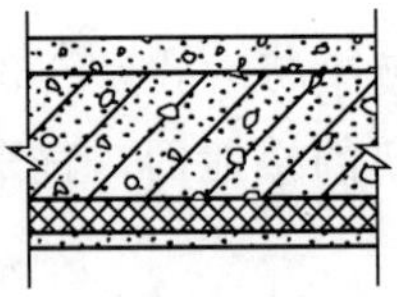	1—20mm 水泥砂浆找平层 2—100mm 现浇钢筋混凝土楼板 3—保温砂浆 4—5mm 抗裂石膏（网格布）	20	1.96
		25	1.79
		30	1.64
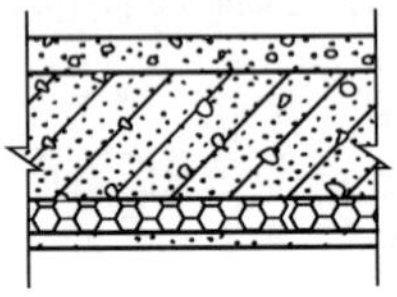	1—20mm 水泥砂浆找平层 2—100mm 现浇钢筋混凝土楼板 3—聚苯颗粒保温浆料 4—5mm 抗裂石膏（网格布）	20	1.79
		25	1.61
		30	1.46
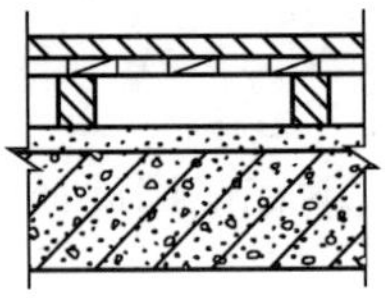	1—12mm 实木地板 2—15mm 细木工板 3—30×40 杉木龙骨@400 4—20mm 水泥砂浆找平层 5—100mm 现浇钢筋混凝土楼板	—	1.39
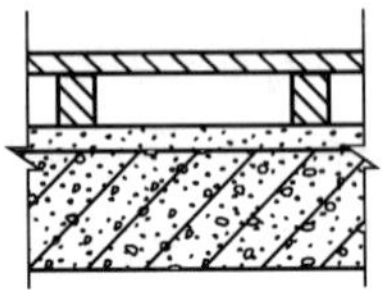	1—18mm 实木地板 2—30×40 杉木龙骨@400 3—20mm 水泥砂浆找平层 4—100mm 现浇钢筋混凝土楼板	—	1.68
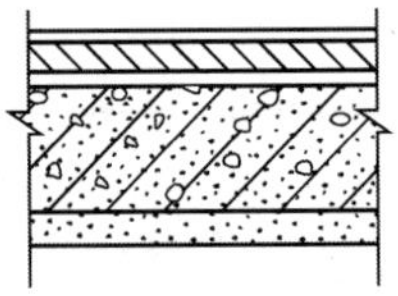	1—20mm 水泥砂浆找平层 2—保温层： （1）挤塑聚苯板（XPS） （2）高强度珍珠岩板 （3）乳化沥青珍珠岩板 （4）复合硅酸盐板 3—20mm 水泥砂浆找平及粘结层 4—120mm 现浇钢筋混凝土楼板	（1）20	1.51
		（2）40	1.70
		（3）40	1.70
		（4）30	1.52

注：表中保温砂浆热导率 $\lambda=0.8$W/(m·K)，修正系数 $\alpha=1.30$；聚苯颗粒保温浆料热导率 $\lambda=0.06$W/(m·K)，修正系数 $\alpha=1.30$；高强度珍珠岩板热导率 $\lambda=0.12$W/(m·K)，修正系数 $\alpha=1.30$；乳化沥青珍珠岩板热导率 $\lambda=0.12$W/(m·K)，修正系数 $\alpha=1.30$；复合硅酸盐板热导率 $\lambda=0.07$W/(m·K)，修正系数 $\alpha=1.30$。

2. 底部自然通风架空楼板地面

底部自然通风架空楼板地面保温构造及其热工性能，见表 9-26。

表 9-26　　底部自然通风架空楼板地面的热工性能

简　图	基本构造（由上至下）	保温材料厚度/mm	传热系数 K/[W/(m²·K)]
	1—20mm 水泥砂浆找平层 2—100mm 现浇钢筋混凝土楼板胶粘剂 3—挤塑聚苯板（胶粘剂粘贴） 4—3mm 聚合物砂浆（网格布）	15	1.32
		20	1.13
		25	0.98
	1—20mm 水泥砂浆找平层 2—100mm 现浇钢筋混凝土楼板 3—膨胀聚苯板（胶粘剂粘贴） 4—3mm 聚合物砂浆（网格布）	20	1.41
		25	1.24
		30	1.10
	1—18mm 实木地板 2—30mm 矿（岩）棉或玻璃棉板 30×40 杉木龙骨@400 3—20mm 水泥砂浆找平层 4—100mm 现浇钢筋混凝土楼板	20	1.29
		25	1.18
		30	1.09
	1—12mm 实木地板 2—15mm 细木工板 3—30mm 矿（岩）棉或玻璃棉板，30×40 杉木龙骨@400 4—20mm 水泥砂浆找平层 5—100mm 现浇钢筋混凝土楼板	20	1.10
		25	1.02
		30	0.95

注：表中挤塑聚苯板的热导率 λ=0.03W/(m·K)，修正系数 α=1.15；聚苯板热导率 λ=0.042W/(m·K)，修正系数 α=1.20；矿（岩）棉或玻璃棉板热导率 λ=0.05W/(m·K)，修正系数 α=1.30。

（二）地面不同保温材料的保温构造及热工性能

1. 直接接触土壤的地面

对于直接接触土壤的非周边地面，一般不需作保温处理，其传热系数即可满足要求；对于直接接触土壤的周边地面（即从外墙内侧算起 2.0m 范围内的地面），应采用保温措施，使地面的传热系数小于或等于 0.30W/(m²·K)。满足这一要求的地面保温构造，如图 9-2 所示。

图 9-3 为几种国外典型的地面保温结构。

2. 不直接接触土壤的地面

对于接触室外空气的地板（如骑楼、过街楼的地板），以及不采暖地下室上部的地板等，应采取保温措施，使地板的传热系数小于或等于表 9-27 中所要求的数值。

表 9-27 为几种保温地板的结构及热工性能。

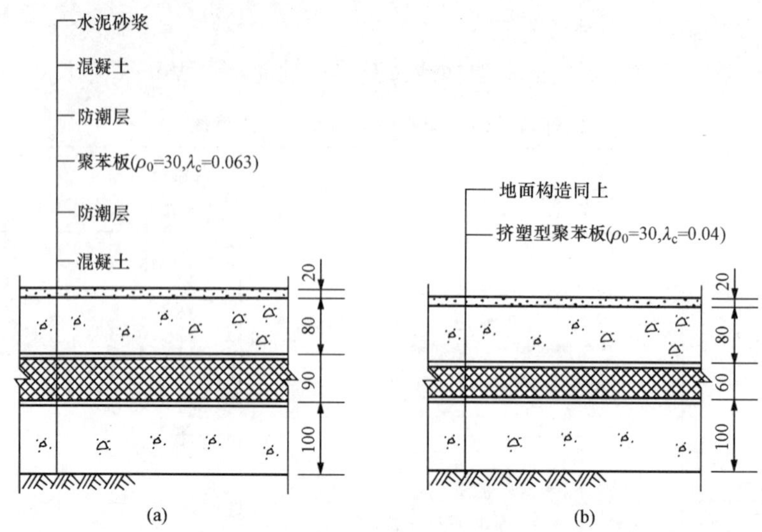

图 9-2 地面保温的结构

（a）普通聚苯板保温地面；（b）挤塑型聚苯板保温地面

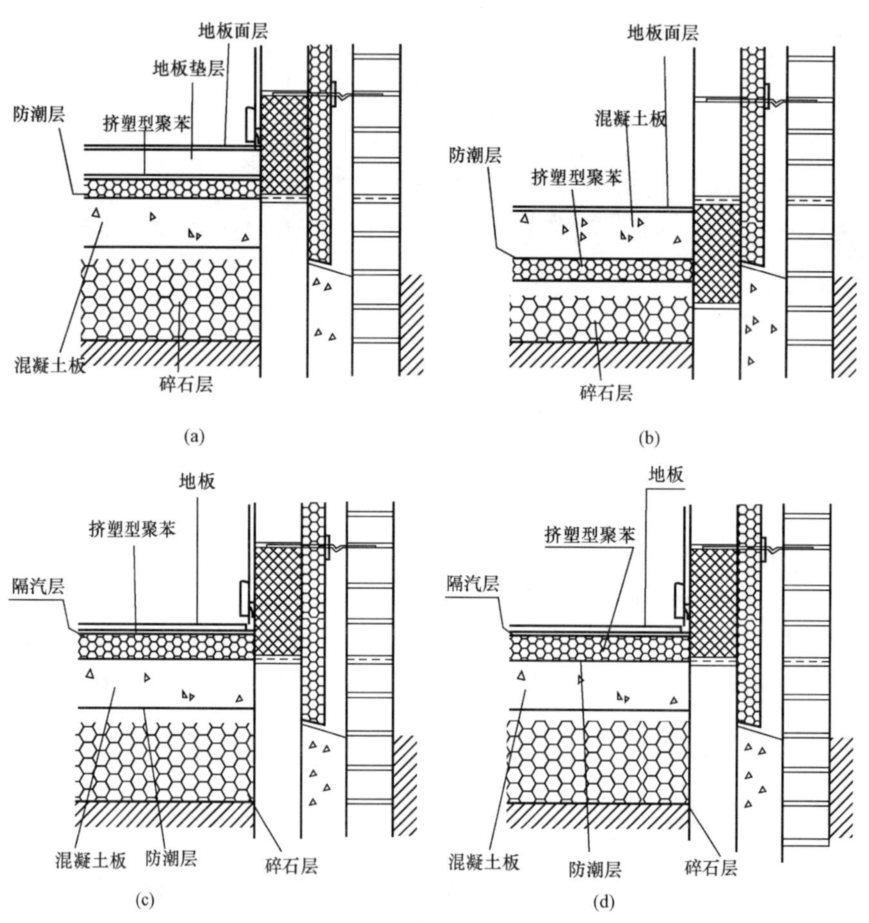

图 9-3 几种典型的地面保温结构

表 9-27　几种保温地板的结构及热工性能

编号	地板构造	保温层厚度 δ/mm	地板总厚度 /mm	热阻 R/(m^2·K/W)	传热系数 K/[W/(m^2·K)]
(1)	水泥砂浆 钢筋混凝土圆孔板 粘结层 聚苯板(ρ_0=20,λ_c=0.05) 纤维增强层 20, 130, 10, δ, 10	60	230	1.44	0.63
		70	240	1.64	0.56
		80	250	1.84	0.50
		90	260	2.04	0.46
		100	270	2.24	0.42
		120	290	2.64	0.36
		140	310	3.04	0.31
		160	330	3.44	0.28
(2)	地板构造同（1） 地板为 180mm 厚 钢筋混凝土圆孔板	60	280	1.49	0.61
		70	290	1.69	0.54
		80	300	1.89	0.49
		90	310	2.09	0.45
		100	320	2.29	0.41
		120	340	2.69	0.35
		140	360	3.09	0.31
		160	380	3.49	0.27
(3)	地板构造同（1） 地板为 110mm 厚 钢筋混凝土板	60	210	1.39	0.65
		70	220	1.59	0.57
		80	230	1.79	0.52
		90	240	1.99	0.47
		100	250	2.19	0.43
		120	270	2.59	0.36
		140	290	2.99	0.32
		160	310	3.39	0.28

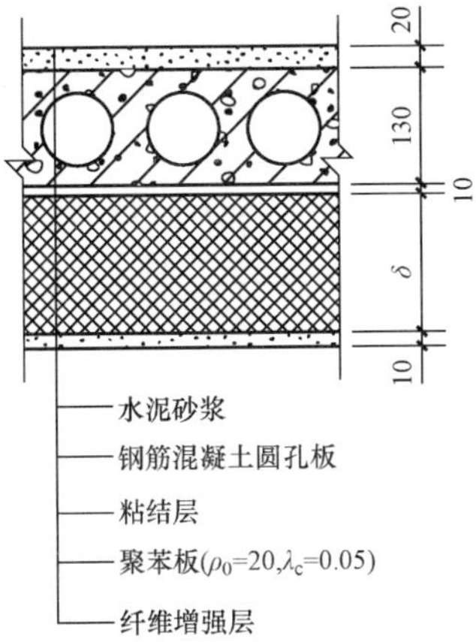

三、常用的保温材料

（一）聚苯乙烯泡沫塑料

聚苯乙烯泡沫塑料是以聚苯乙烯树脂为基料，加入发泡剂等辅助材料，经加热发泡而成的轻质材料。按是否掺入阻燃剂，分阻燃型（ZR）和普通型（PT）两种。用于一般建筑、冷库、车厢等的保温隔热层，应采用阻燃型。普通型常用于包装填充和制作模型。按采用的成型工艺不同，分模塑型和挤塑型两种。挤塑型为封闭形孔形结构，材料强度较高，蒸汽渗透阻较大，长期在潮湿环境中使用不易受潮，适用于倒铺屋面、冷库围护结构、地面特别是大荷载地面的保温隔热层。挤塑型聚苯乙烯泡沫塑料价格较高，约为模塑型 2.5～3.0 倍，故一般建筑物的外墙和屋顶的保温隔热层仍采用模塑型。

此外，还常使用一些价格相对较低的膨胀珍珠岩制品。

1. 模塑聚苯乙烯泡沫塑料（EPS）

（1）品种

1）按密度划分。模塑聚苯乙烯泡沫塑料按其密度来分，可分为六种：Ⅰ、Ⅱ、Ⅲ、Ⅳ、Ⅴ、Ⅵ。

2）按燃烧性能划分。模塑聚苯乙烯泡沫塑料按其燃烧性能来分，可分为两种：普通型和阻燃型。

（2）规格。模塑聚苯乙烯泡沫塑料的规格大致可分为四种：长度和宽度小于1000mm、1000～2000mm、2000～4000mm和大于4000mm。

（3）性能

1）密度。模塑聚苯乙烯泡沫塑料的密度要求见表9-28。

表9-28　模塑聚苯乙烯泡沫塑料的密度要求

类别	密度范围/(kg/m³)	类别	密度范围/(kg/m³)
Ⅰ	≥15～<20	Ⅳ	≥40～<50
Ⅱ	≥20～<30	Ⅴ	≥50～<60
Ⅲ	≥30～<40	Ⅵ	≥60

2）尺寸偏差。模塑聚苯乙烯泡沫塑料的尺寸偏差要求见表9-29。

表9-29　模塑聚苯乙烯泡沫塑料的尺寸偏差要求　（单位：mm）

长度、宽度尺寸	允许偏差	厚度尺寸	允许偏差	对角线尺寸	对角线差
<1000	±5	<50	±2	<1000	5
1000～2000	±8	50～75	±3	1000～2000	7
>2000～4000	±10	>75～100	±4	>2000～4000	13
>4000	正确差不限，−10	>100	供需双方决定	>4000	15

3）物理性能。模塑聚苯乙烯泡沫塑料的物理性能要求见表9-30。

表9-30　模塑聚苯乙烯泡沫塑料的物理性能要求

项目		单位	性能指标					
			Ⅰ	Ⅱ	Ⅲ	Ⅳ	Ⅴ	Ⅵ
表观密度		kg/m³	≥15.0	≥20.0	≥30.0	≥40.0	≥50.0	≥60.0
压缩强度		kPa	≥60	≥100	≥150	≥200	≥300	≥400
热导率		W/(m·K)	≤0.041		≤0.039			
尺寸稳定性		%	≤4	≤3	≤2	≤2	≤2	≤1
水蒸气透过系数		ng/(Pa·m·s)	≤6	≤4.5	≤4.5	≤4	≤3	≤2
吸水率（体积分数）		%	≤6	≤4	≤2			
熔结性①	断裂弯曲负荷	N	≥15	≥25	≥35	≥60	≥90	≥120
	弯曲变形	mm	≥20		—			
燃烧性能②	氧指数	%	≥30					
	燃烧分级		达到B_2级					

① 断裂弯曲负荷或弯曲变形有一项能符合指标要求即为合格。

② 普通型聚苯乙烯泡沫塑料板材不要求。

4）外观质量。模塑聚苯乙烯泡沫塑料的外观质量要求如下：

①色泽：均匀，阻燃型应掺有颜色的颗粒，以示区别。

②外形：表面平整，无明显收缩变形和膨胀变形。

③熔结：熔结良好。

④杂质：无明显油渍和杂质。

2. 挤塑聚苯乙烯泡沫塑料（XPS）

（1）品种

1）按压缩强度 p 和表皮划分。按挤塑聚苯乙烯泡沫塑料制品的压缩强度 p 和是否带表皮来分，可分为十种：

①X150—$p\geqslant$150kPa，带表皮。

②X200—$p\geqslant$200kPa，带表皮。

③X250—$p\geqslant$250kPa，带表皮。

④X300—$p\geqslant$300kPa，带表皮。

⑤X350—$p\geqslant$350kPa，带表皮。

⑥X400—$p\geqslant$400kPa，带表皮。

⑦X450—$p\geqslant$450kPa，带表皮。

⑧X500—$p\geqslant$500kPa，带表皮。

⑨W200—$p\geqslant$200kPa，不带表皮。

⑩W300—$p\geqslant$200kPa，不带表皮。

注：其他表面结构的产品，由供需双方商定。

2）按边缘结构划分。挤塑聚苯乙烯泡沫塑料制品的边缘结构来分，可分为四种，如图 9-4 所示。

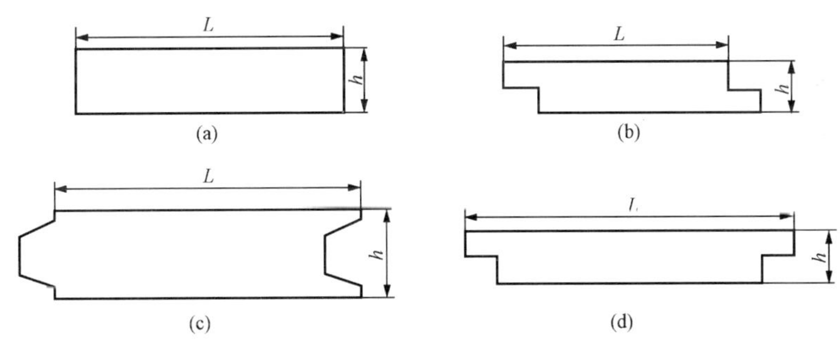

图 9-4 挤塑聚苯乙烯泡沫塑料制品的边缘结构形式

（a）SS 型；（b）SL 型；（c）TG 型；（d）RC 型

注：边缘结构型式表示方式：SS 表示四边平头；SL 表示两长边搭接；TG 表示两长边为榫槽型；RC 表示两长边为雨槽型。若需四边接、四边榫槽或四边雨槽型需特殊说明。

（2）规格。挤塑聚苯乙烯泡沫塑料的规格如下：

长度：1200mm、1250mm、2450mm、2500mm。

宽度：600mm、900mm、1200mm。

厚度：20mm、25mm、30mm、40mm、50mm、75mm、100mm。

(3) 性能

1) 尺寸偏差。挤塑聚苯乙烯泡沫塑料的尺寸偏差要求见表 9-31。

表 9-31　　挤塑聚苯乙烯泡沫塑料的尺寸偏差要求　　(单位：mm)

长度和宽度，L		厚度，h		对角线差	
尺寸，L	允许偏差	尺寸，h	允许偏差	尺寸，T	对角线差
$L<1000$	±5	$h<50$	±2	$T<1000$	5
$1000\leqslant L<2000$	±7.5	$h\geqslant 50$	±3	$1000\leqslant T<2000$	7
$L\geqslant 2000$	±10			$T\geqslant 2000$	13

2) 物理性能。挤塑聚苯乙烯泡沫塑料的物理性能要求见表 9-32。

表 9-32　　挤塑聚苯乙烯泡沫塑料的物理性能要求

项　目		单　位	性　能　指　标									
			带　表　皮								不带表皮	
			X150	X200	X250	X300	X350	X400	X450	X500	W200	W300
压缩强度		kPa	≥150	≥200	≥250	≥300	≥350	≥400	≥450	≥500	≥200	≥300
吸水率，浸水 96h		%（体积分数）	≤1.5	≤1.0							≤2.0	≤1.5
透湿系数，23℃±1℃，RH50%±5%		ng/(m·s·Pa)	≤3.5	≤3.0				≤2.0			≤3.5	≤3.0
绝热性能	热阻厚度 25mm 时平均温度 10℃ 25℃	$m^2\cdot K/W$	≥0.89 ≥0.83					≥0.93 ≥0.86			≥0.76 ≥0.71	≥0.83 ≥0.78
	热导率平均温度 10℃ 25℃	W/(m·K)	≤0.028 ≤0.030					≤0.027 ≤0.029			≤0.033 ≤0.035	≤0.030 ≤0.032
尺寸稳定性，70℃±2℃下，48h		%	≤2.0	≤1.5				≤1.0			≤2.0	≤1.5
燃烧性能			B_2									

3) 外观质量。挤塑聚苯乙烯泡沫塑料的外观质量要求如下：产品表面应平整，无夹杂物，颜色均匀；不应有明显影响使用的可见缺陷，如起泡、裂口、变形等。

(二) 膨胀珍珠岩及其制品

1. 膨胀珍珠岩

膨胀珍珠岩具有低密度、低热导率，良好的耐热性能和吸声性能，电绝缘性能好，耐酸性好，能与不同胶结剂配合制成各种形状的制品，而且价格低廉。缺点是吸水率高，不耐碱。

膨胀珍珠岩是以珍珠岩矿石为原料，经过破碎、筛分，然后预热至400～500℃，再于回转窑中焙烧至1250～1300℃后，经冷却而成。

膨胀珍珠岩的性能要求见表9-33和表9-34。

表9-33　　膨胀珍珠岩的物理性能要求

<table>
<tr><td rowspan="4">标号</td><td>堆积密度</td><td>重量含水率</td><td colspan="4">粒　　度</td><td colspan="3">热导率</td></tr>
<tr><td>kg/m³</td><td>%</td><td colspan="4">%</td><td colspan="3">W/(m·K)
[kcal/(m·h·C)]</td></tr>
<tr><td rowspan="3">最大值</td><td rowspan="3">最大值</td><td>5mm筛孔筛余量</td><td colspan="3">0.15mm筛孔通过量</td><td colspan="3">平均温度 (298±5)K
温度梯度 5～10K/cm</td></tr>
<tr><td rowspan="2">最大值</td><td colspan="3">最大值</td><td colspan="3">最大值</td></tr>
<tr><td></td><td>优等品</td><td>一等品</td><td>合格品</td><td>优等品</td><td>一等品</td><td>合格品</td></tr>
<tr><td>70号</td><td>70</td><td rowspan="5">2</td><td rowspan="5">2</td><td rowspan="5">2</td><td rowspan="5">4</td><td rowspan="5">6</td><td>0.047
(0.040)</td><td>0.049
(0.042)</td><td>0.051
(0.044)</td></tr>
<tr><td>100号</td><td>100</td><td>0.052
(0.045)</td><td>0.054
(0.046)</td><td>0.056
(0.048)</td></tr>
<tr><td>150号</td><td>150</td><td>0.058
(0.050)</td><td>0.060
(0.052)</td><td>0.062
(0.053)</td></tr>
<tr><td>200号</td><td>200</td><td>0.064
(0.055)</td><td>0.066
(0.057)</td><td>0.068
(0.058)</td></tr>
<tr><td>250号</td><td>250</td><td>0.070
(0.060)</td><td>0.072
(0.062)</td><td>0.074
(0.064)</td></tr>
</table>

表9-34　　膨胀珍珠岩的堆积密度均匀性要求

等级	堆积密度均匀性
一等品	5袋试样中最大堆积密度或最小堆积密度与5袋试样堆积密度平均值之差的绝对值不超过5袋试样平均值的10%
二等品	5袋试样中最大堆积密度或最小堆积密度与5袋试样堆积密度平均值之差的绝对值不超过5袋试验平均值的15%
合格品	5袋试样堆积密度的平均值符合表9-33的规定

2. 膨胀珍珠岩制品

膨胀珍珠岩制品是以膨胀珍珠岩为骨料，以水泥、水玻璃等为胶结剂，按一定的工艺过程制成砖、板、瓦、管等各种形状和规格的产品。膨胀珍珠岩制品主要有水泥膨胀珍珠岩制品、水玻璃膨胀珍珠岩制品、磷酸盐膨胀珍珠岩制品、沥青膨胀珍珠岩制品等数种。目前国家已颁布GB/T 10303—2001《膨胀珍珠岩绝热制品》的国家标准，在此标准中没有特定指出是针对上述哪一种制品，因此它具有广泛的适用性。

膨胀珍珠岩制品的尺寸偏差要求见表9-35。

表 9-35　膨胀珍珠岩制品的尺寸偏差要求　（单位：mm）

项目		板		管壳	
		优等品	合格品	优等品	合格品
尺寸公差	长度	±3	±5	±3	±5
	宽度	±3	±5	—	
	厚度	±3	±5	±3	$\pm^{5}_{3}$
	对角线差	≤6	≤10	—	
	内径	—		$^{+3}_{0}$	$^{+5}_{0}$
裂纹		优等品：长度不超过裂纹方向制品边长 1/4 的裂纹不超过一条 合格品：长度不超过裂纹方向制品边长 1/3 的裂纹不超过二条。两条裂纹不得在一直线上			
缺棱		优等品：1. 深度小于 10mm 的缺棱不得超过所在边长的 1/6，同条边的缺棱长度应累计 2. 不得有深度超过 10mm 的缺棱 合格品：1. 深度小于 20mm 的缺棱不得超过所在边长的 1/3，同条边的缺棱长度应累计 2. 不得有深度超过 20mm 的缺棱			
掉角		优等品：深度小于 10mm 的掉角不得超过一个 合格品：深度小于 20mm 的掉角不得超过二个			
最大弯曲值		优等品≤3		合格品≤4	
垂直度		—	—	≤3	≤5
配合间隙		—	—	≤5	≤7

膨胀珍珠岩制品的物理性能要求见表 9-36。

表 9-36　膨胀珍珠岩制品的物理性能要求

项目	200		250		300		350	
	优等品	合格品	优等品	合格品	优等品	合格品	优等品	合格品
密度/(kg/m³)	≤200		≤250		≤300		≤350	
热导率 25±5℃[W/(m·K)]	≤0.056	≤0.060	≤0.064	≤0.068	≤0.072	≤0.076	≤0.080	≤0.087
抗压强度/kPa	≥392	≥294	≥490	≥392	≥490	≥392	≥490	≥392
重量含水率（%）	≤2	≤5	≤2	≤5	≤3	≤5	≤4	≤6

（1）水泥膨胀珍珠岩制品。水泥膨胀珍珠岩制品是以膨胀珍珠岩为骨料，以水泥为胶结材料，按一定配比混合（一般体积比为 42.5 级水泥：膨胀珍珠岩＝1：10）加水后，经搅拌、成型、养护而成。该种制品具有密度较小，热导率低、承压能力较高、施工方便、经济耐久等特点。

水泥膨胀珍珠岩制品的物理性能见表 9-37。

表 9-37 水泥膨胀珍珠岩制品的物理性能

项目		性能数据	备注
表观密度/(kg/m³)		300～400	采用的胶结剂为 52.5 级硅酸盐水泥。水泥∶膨胀珍珠岩=1∶10（体积比）制品有砖、板、管等
抗压强度/MPa		0.5～1.0	
热导率[W/(m·K)]	常温	0.058～0.087	
	低温	0.081～0.116	
	高温	0.067～0.152	
抗折强度/MPa		>0.3	
吸湿率，24h（%）		0.87～1.55	
吸水率，24h（%）		110～130	

水泥膨胀珍珠岩制品的吸声性能见表 9-38。

表 9-38 水泥膨胀珍珠岩制品的吸声性能

原料规格		配比		吸声系数
膨胀珍珠岩	水泥	水泥∶膨胀珍珠岩（体积比）	水灰比	$\left(\frac{音频(Hz)}{吸声系数}\right)$
表观密度<1200kg/m³ 粒径<1.5mm	32.5 或 42.5 级（普通硅酸盐水泥）	1∶10	约 1∶2	$\frac{250}{0.5}$，$\frac{320}{0.64}$，$\frac{400}{0.71}$，$\frac{500}{0.71}$，$\frac{640}{0.67}$，$\frac{800}{0.62}$，$\frac{1000}{0.66}$，$\frac{1250}{0.69}$，$\frac{1600}{0.72}$，$\frac{2000}{0.70}$，$\frac{2500}{0.75}$，$\frac{3200}{0.70}$，$\frac{4000}{0.80}$

（2）水玻璃膨胀珍珠岩制品。水玻璃膨胀珍珠岩制品是以膨胀珍珠岩为骨料，以水玻璃为胶结材料，并加入赤泥（炼铝废渣），按一定配比混合（一般重量百分比为膨胀珍珠岩∶水玻璃∶赤泥=43.6∶54.8∶1.8。其中膨胀珍珠岩表观密度应为 60～150kg/m³；水玻璃的波美浓度为 38～42°Bé。比重为 1.38～1.42），经搅拌、成型、干燥、烘焙而成。该种制品具有表观密度小、热导率低、耐热性好、吸声性能好等特点，而且施工方便。

水玻璃膨胀珍珠岩制品的物理性能见表 9-39。

表 9-39 水玻璃膨胀珍珠岩制品的物理性能

项目	性能数据	备注
密度/(kg/m³)	200～300	吸湿率的试验条件：相对湿度 93%～100%
抗压强度/MPa	0.6～1.2	
热导率/[W/(m·K)]	0.056～0.065	
吸水率，96h（%）	120～180	
吸湿率，20d（%）	17～23	
最高使用温度/℃	650	

水玻璃膨胀珍珠岩制品的吸声性能见表 9-40。

表 9-40 水玻璃膨胀珍珠岩制品的吸声性能

品种	试件状况	吸声率（%）												
		100 Hz	125 Hz	160 Hz	200 Hz	250 Hz	315 Hz	400 Hz	500 Hz	630 Hz	800 Hz	1000 Hz	1250 Hz	1600 Hz
膨胀珍珠岩的颗粒粒径为0.6～1.2mm	基本干燥	—	35	52	62	64	64	63	59	59	62	62	63	64
	吸水70%	13	19	31	42	51	61	61	57	54	55	59	56	59
膨胀珍珠岩的颗粒粒径为<0.6mm	基本干燥	30	42	57	63	60	58	57	56	54	60	60	62	66
	吸水70%	16	21	31	37	40	44	44	42	41	42	44	41	46

注：试件厚度均为9mm。

（3）沥青膨胀珍珠岩制品

1）石油沥青膨胀珍珠岩制品。石油沥青膨胀珍珠岩制品是以膨胀珍珠岩为骨料，以石油沥青为胶结材料，按一定配比混合（一般膨胀珍珠岩与石油沥青的体积比为11∶1，当成型压缩比为1.9时，$1m^3$ 的制品需用膨胀珍珠岩为 $1.65m^3$，石油沥青为160kg。其中膨胀珍珠岩容重小于 $120kg/m^3$，石油沥青为10号建筑石油沥青)、加温搅拌、压制成型而成。该种制品具有容重小、热导率较低、吸水率低、耐水性好等特点，故常用于屋面保温层或低温设备的保冷材料。

石油沥青膨胀珍珠岩制品的性能见表9-41。

表 9-41 石油沥青膨胀珍珠岩制品的性能

项目	制品容重/(kg/m^3)		
	220～300	300～400	400～500
抗压强度/MPa	0.3～0.4	0.4～0.7	0.7～1.0
热导率/[W/(m·K)]	0.05～0.078	0.07～0.09	0.08～0.10
使用温度/℃	−45～80	−50～80	−50～80
吸湿率（%）	<1	≤1	≤1

2）乳化沥青膨胀珍珠岩制品。乳化沥青膨胀珍珠岩制品是以膨胀珍珠岩为骨料，以乳化沥青为粘结材料，在常温下按一定配比混合，经搅拌、成型、干燥而成。该种制品具有密度较小、热导率较低、成型方便、防水性能好的特点，故多用于建筑物的墙体和屋面的保温层材料（有时也采用施工现场现浇的方法）。

乳化沥青膨胀珍珠岩制品的性能见表9-42。

表 9-42 乳化沥青膨胀珍珠岩制品的性能

项目	性能数据	项目	性能数据
容重/(kg/m^3)	250～400	使用温度/℃	−50～60
抗压强度/MPa	2.33～5.10	吸湿率（%）	0.2
热导率/[W/(m·K)]	0.056～0.068		

（4）石膏膨胀珍珠岩制品。石膏膨胀珍珠岩制品是以膨胀珍珠岩为骨料，以石膏为

粘结材料，按一定配比加水混合，经搅拌、成型、干燥而成。该种制品一般为砌块、空心条板等墙体材料，其最大特点是较传统墙体材料容重小，保温性能较好，施工也较快。

四、施工及施工要点

(1) 铺贴保温材料层的地面基层（含楼板底表面），表面必须平整、干燥。如需设置找平层的，找平层表面应用木抹子搓打密实、平整，待充分干燥后，再铺（贴）设保温材料层。

(2) 采用的保温材料宜用阻燃型的，其密度应符合设计要求，板厚应均匀一致。铺（贴）设时板缝应错开。

(3) 底层地面保温材料层的上、下面和楼层地面保温材料层的上面，应设置防潮层，防止保温材料层在施工中浸水受潮，因受潮后将降低保温效果。

(4) 保温材料层应采用 EC 型胶粘剂或 EC 型砂浆作散点状粘结于基层表面。在地板上表面粘结时，其粘结面积应不小于板面积的 15%；在地板下表面粘结时，其粘结面积应不小于板面积的 50%。

(5) 在保温材料层上面施工混凝土等面层时，应采取措施，防止损坏保温材料层及防潮层。

(6) 保温地面还应十分重视门扇与地面间的密封处理，防止在门扇与地面交接的缝隙中散失热能。图 9-5 为门扇与地面交接处的几种密封处理方法。

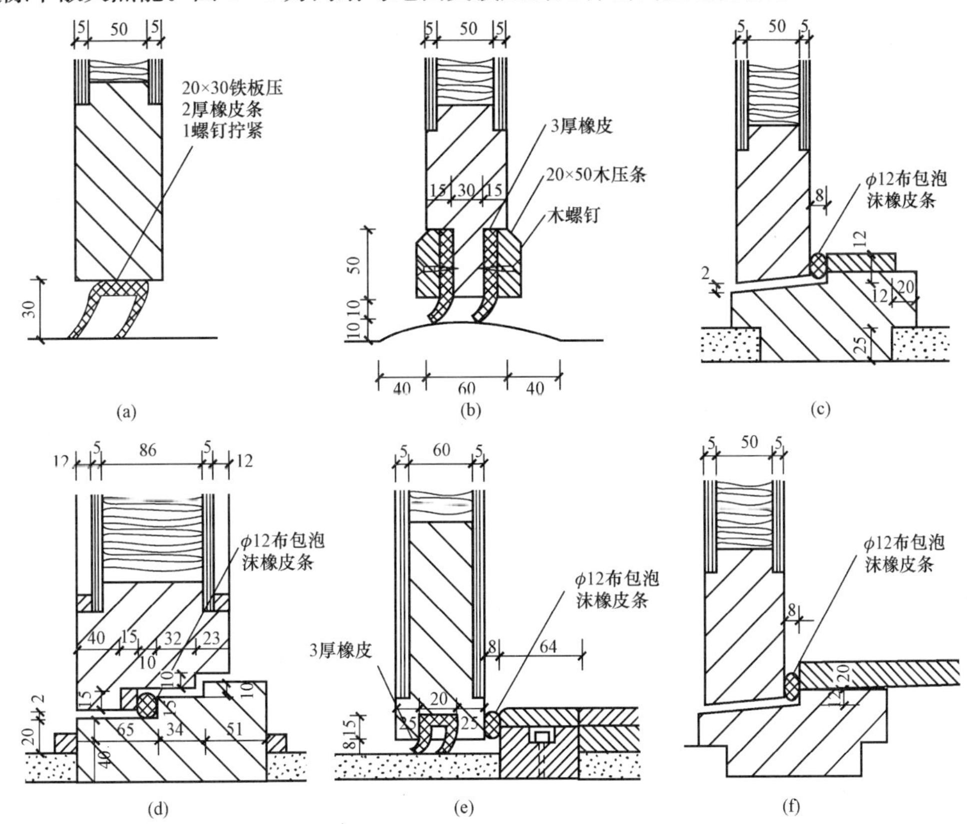

图 9-5 门扇与地面交接处的密封处理

(a) 不设门槛；(b)、(c)、(d) 设门槛；(e)、(f) 利用地面不同标高

(7) 保温地面面层的质量指标，其主控项目和一般项目，应符合相应地面面层的质量标准，检验方法也应相同。

(8) 保温材料层的铺设应平整、紧密，板块缝隙应错开，表面设有纤维增强层的应粘结牢固。表面平整度用2m靠尺检查，不应超过5mm。

(9) 保温材料层在施工中应严格防止浸水受潮，如有受潮，应采取吹（烘）干措施后，再施工上面结构层及面层。

第三节 采暖地面、楼面工程

多年以来，我国的建筑采暖大多是采用热电厂或中央锅炉房为热源，再通过热网输送热源到各个用户，这就必然存在着输送过程中的热损耗，而且很难做到分户计量的缺点。

近些年，在建筑采暖方式上出现了可以单户自我供热的技术，主要有低温（水媒）辐射采暖地面和低温发热电缆辐射采暖地面、楼面。

一、低温（水媒）辐射采暖地面、楼面

低温（水媒）辐射采暖系统是由加热器、管道泵、主干管、压力表、过滤器、阀门、分水器、集水器和温度计等组成，并将采暖地面划分成为几个区域，而每个区域又可划分成为若干块。低温热水地面辐射采暖系统如图9-6所示。

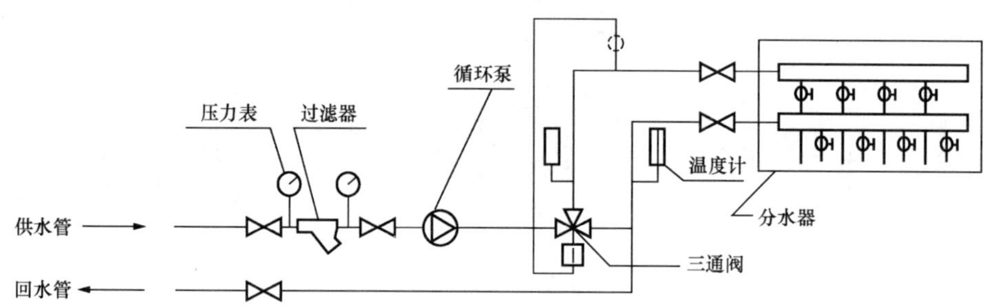

图9-6 低温（水媒）、辐射采暖系统图

低温（水媒）辐射采暖地面、楼面的构造，如图9-7和图9-8所示。

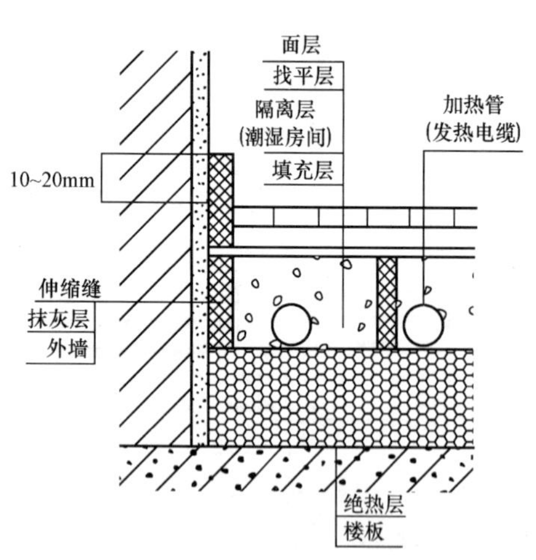

图9-7 楼层地面构造示意图

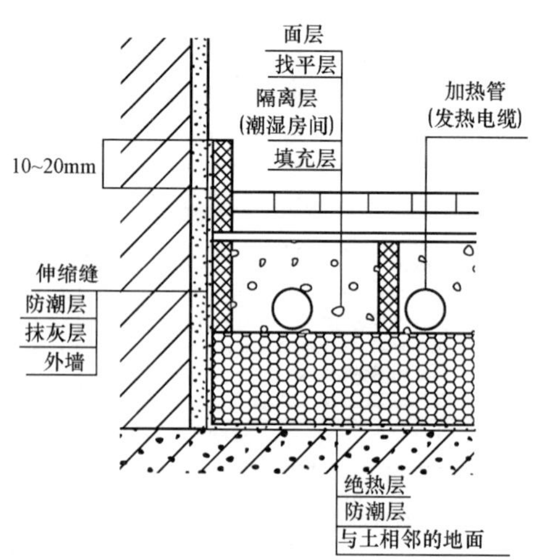

图9-8 与土相邻的地面构造示意图

（一）材料要求

1. 绝热材料

（1）绝热材料应采用热导率小、难燃或不燃，具有足够承载能力的材料，且不宜含有殖菌源，不得有散发异味及可能危害健康的挥发物。

（2）地面辐射供暖工程中采用的聚苯乙烯泡沫塑料主要技术指标应符合表 9－43 的规定。

表 9－43　聚苯乙烯泡沫塑料主要技术指标

项　　目	单　位	性能指标
表观密度	kg/m^3	≥20.0
压缩强度（即在 10％形变下的压缩应力）	kPa	≥100
热导率	W/(m・K)	≤0.041
吸水率（体积分数）	％（v/v）	≤4
尺寸稳定性	％	≤3
水蒸气透过系数	ng/(Pa・m・s)	≤4.5
熔结性（弯曲变形）	mm	≥20
氧指数	％	≥30
燃烧分级	达到 B_2 级	

（3）当采用其他绝热材料时，其技术指标应符合表 9－43 的规定，选用同等效果绝热材料。

2. 加热管

目前常用的加热管材有 PE-X 管（交联聚乙烯管）、PE-RT 管（耐热聚乙烯管）、PP-R 管（无规共聚聚丙烯管）、PP-B（嵌段共聚聚丙烯管）、XPAP 管（铝塑复合管）、PB 管（聚丁烯管）和铜管等，这些管材的共同特点是抗老化、耐腐蚀、承高压、不结垢、不渗漏、无环境污染、无水阻力及膨胀系数小，在 50℃环境下使用年限可达 50 年。对其要求如下：

（1）低温热水系统的加热管应根据其工作温度、工作压力、使用寿命、施工和环保性能等因素，经综合考虑和技术经济比较后确定。

（2）加热管质量必须符合国家现行标准中的各项规定；加热管的物理性能应符合表 9－44～表 9－46 的规定。

表 9－44　铝塑复合管的物理力学性能

公称直径/mm	管环径向拉伸力/N		静液压强度/MPa		爆破压力/MPa	
	搭接焊	对接焊	搭接焊（82℃ 10h）	对接焊（95℃ 1h）	搭接焊	对接焊
12	2100	—	2.72	—	7.0	—
16	2300	2400	2.72	2.42	6.0	8.0
20	2500	2600	2.72	2.42	5.0	7.0

注：1. 交联度要求：硅烷交联大于或等于 65％，辐照交联大于或等于 60％。

2. 热熔胶熔点大于或等于 120℃。

3. 搭接焊铝层拉伸强度大于或等于 100MPa，断裂伸长率大于或等于 20％；对接焊铝层拉伸强度大于或等于 80MPa，断裂伸长率应不小于 22％。

4. 铝塑复合管层间粘合强度，按规定方法试验，层间不得出现分离和缝隙。

表 9-45 塑料加热管的物理力学性能

项　目	PE-X 管	PE-RT 管	PP-R 管	PB 管	PP-B 管
20℃、1h 液压试验环应力/MPa	12.00	10.00	16.00	15.50	16.00
95℃、1h 液压试验环应力/MPa	4.80	—	—	—	—
95℃、22h 液压试验环应力/MPa	4.70	—	4.20	6.50	3.40
95℃、165h 液压试验环应力/MPa	4.60	3.55	3.80	6.20	3.00
95℃、1000h 液压试验环应力/MPa	4.40	3.50	3.50	6.00	2.60
110℃、8760h 热稳定性试验环应力/MPa	2.50	1.90	1.90	2.40	1.40
纵向尺寸收缩率（%）	≤3	≤3	≤2	≤2	≤2
交联度（%）	见注	—	—	—	—
0℃耐冲击	—	—	破损率<试样的 10%	—	破损率<试样的 10%
管材与混配料熔体流动速率之差	—	变化率≤原料的 30%（在 190℃、2.16kg 的条件下）	变化率≤原料的 30%（在 230℃、2.16kg 的条件下）	≤ 0.3g/10min（在 190℃、5kg 的条件下）	变化率≤原料的 30%（在 230℃、2.16kg 的条件下）

注：交联度要求：过氧化物交联大于或等于 70%，硅烷交联大于或等于 65%，辐照交联大于或等于 60%，偶氮交联大于或等于 60%。

表 9-46 铜管机械性能要求

状　态	公称外径 /mm	抗拉强度，σ_b/MPa	伸长率不小于	
		不小于	δ_5(%)	δ_{10}(%)
硬态（Y）	≤100	315	—	—
	>100	295		
半硬态（Y_2）	≤54	250	30	25
软态（M）	≤35	205	40	35

（3）加热管外壁标识应按相关管材标准执行，有阻氧层的加热管宜注明。

（4）与其他供暖系统共用同一集中热源的热水系统、且其他供暖系统采用钢制散热器等易腐蚀构件时，塑料管宜有阻氧层或在热水系统中添加除氧剂。

（5）加热管的内外表面应光滑、平整、干净，不应有可能影响产品性能的明显划痕、凹陷、气泡等缺陷。

（6）塑料管或铝塑复合管的公称外径、壁厚与偏差，应符合表 9-47 和表 9-48 的要求。

表 9-47　　塑料管公称外径、最小与最大平均外径　　（单位：mm）

塑料管材	公称外径	最小平均外径	最大平均外径
PE-X 管、PB 管、PE-RT 管、PP-R 管、PP-B 管	16	16.0	16.3
	20	20.0	20.3
	25	25.0	25.3

表 9-48　　铝塑复合管公称外径、壁厚与偏差　　（单位：mm）

铝塑复合管	公称外径	公称外径偏差	参考内径	壁厚最小值	壁厚偏差
搭接焊	16	+0.3	12.1	1.7	+0.5
	20		15.7	1.9	
	25		19.9	2.3	
对接焊	16	+0.3	10.9	2.3	+0.5
	20		14.5	2.5	
	25（26）		18.5（19.5）	3.0	

3. 分水器、集水器

分水器、集水器应包括分水干管、集水干管、排气及泄水试验装置、支路阀门和连接配件等，对其要求如下：

（1）分水器、集水器（含连接件等）的材料宜为铜质。

（2）分水器、集水器（含连接件等）的表观。内外表面应光洁，不得有裂纹、砂眼、冷隔、夹渣、凹凸不平等缺陷；表面电镀的连接件，色泽应均匀，镀层牢固，不得有脱镀的缺陷。

（3）金属连接件间的连接及过渡管件与金属连接件间的连接密封应符合国家现行标准 GB/T 7306《55°密封管螺纹》的规定。永久性的螺纹连接，可使用厌氧胶密封粘结；可拆卸的螺纹连接，可使用不超过 0.25mm 总厚的密封材料密封连接。

（4）铜制金属连接件与管材之间的连接结构形式宜为卡套式或卡压试夹紧结构。

（5）连接件的物理力学性能测试应采用管道系统适用性试验的方法，管道系统适用性试验条件及要求应符合管材国家现行标准的规定。

4. 地面面层材料

供暖地面的面层材料，原则上讲水泥砂浆、水磨石、混凝土、地面面砖、大理石、花岗石以及木质类材料都可以使用，但从使用效果来讲，木质类材料面层更好一些。根据地面辐射采暖的特点，目前建材市场上已经有专门适合这种供热方式的耐（地）热木地板销售。这种地板的特点是，地板厚度尺寸偏薄，宽度尺寸偏窄，含水率低，受热后热稳定性好，尺寸稳定，不容易变形，也有利于热交换和传导。

适宜于地面辐射采暖系统的木地板有以下几种：

（1）7～8mm 厚的强化木地板，用 2～3mm 的泡沫塑料垫层。

（2）8～12mm厚的三层或多层实木复合地板，用2～3mm的泡沫塑料垫层。

（3）8mm厚的拼花木地板，用2～3mm泡沫塑料垫层。

（4）10～12mm厚的实木平口地板。

（5）长、宽、厚分别小于600mm×60mm×15mm的实木企口地板，或用200mm×40mm×10mm规格的地板，铺设成方形或人字形，使其热变形均匀。

（二）应用设计

（1）分户热计量的低温热水地面辐射供暖系统应符合下列要求：

1）应采用共用立管的分户独立系统形式。

2）热量表前应设置过滤器。

3）供暖系统的水质应符合现行国家标准GB/T 1576—2008《工业锅炉水质》的规定。

4）共用立管和入户装置，宜设置在管道井内；管道井宜邻楼梯间或户外公共空间。

5）每一对共用立管在每层连接的户数不宜超过3户。

（2）低温热水地面辐射供暖系统室内温度控制，可根据需要选取下列任一种方式：

1）在加热管与分水器、集水器的接合处，分路设置调节性能好的阀门，通过手动调节来控制室内温度。

2）各个房间的加热管局部沿墙槽抬高至1.4m，在加热管上装置自力式恒温控制阀，控制室温保持恒定。

3）在加热管与分水器、集水器的接合处，分路设置远传型自力式或电动式恒温控制阀，通过各房间内的温控器控制相应回路上的调节阀，控制室内温度保持恒定。调节阀也可内置于集水器中。采用电动控制时，房间温控器与分水器、集水器之间应预埋电线。

（3）各个环路加热管的进、出水口，应分别与分水器、集水器相连接。分水器、集水器内径不应小于总供、回水管内径，且分水器、集水器最大断面流速不宜大于0.8m/s。每个分水器、集水器分支环路不宜多于8路。各路加热管的长度宜接近，并不宜超过120m。每个分支环路供回水管上均应设置可关断阀门。

（4）在分水器之前的供水连接管道上，顺水流方向应安装阀门、过滤器、阀门及泄水管。在集水器之后的回水连接管上，应安装泄水管并加装平衡阀或其他可关断调节阀。对有热计量要求的系统应设置热计量装置。

（5）在分水器的总进水管与集水器的总出水管之间宜设置旁通管，旁通管上应设置阀门。

分水器、集水器上均应设置手动或自动排气阀。

（6）进深大于6m的房间，宜以距外墙6m为界分区，分别进行热负荷计算和管线布置。敷设加热管的建筑地面，不应计算地面的传热损失。

地面的固定设备和卫生洁具下，不应布置加热管。

（7）分户热计量的地面辐射供暖系统的热负荷计算，应考虑间歇供暖和户间传热等因素。

（8）低温（水媒）辐射采暖的构造做法及热工性能见表9-49。

表 9-49　　低温（水媒）辐射采暖的构造做法及热工性能

简　图	层次及材料（由上至下）	厚度 δ /mm	干密度 ρ_0 /(kg/m³)	计算热导率 λ_c /[W/(m·K)]	传热阻 R_0 /(m²·K/W)	传热系数 K /[W/(m²·K)]
	1—水泥砂浆找平层	20	1800	0.93	0.82 (0.78)	1.22 (1.28)
	2—钢筋网 C15 细石混凝土	40	2500	1.74		
	3—埋于细石混凝土层中的循环加热管	塑料管径为 ϕ20，按设计要求排管和固定				
	4—聚苯板（挤塑板）	30 (20)	25 (40)	0.05 (0.03)		
	5—防水层	—	—	—		
	6—水泥砂浆找平层	20	1800	0.93		
	7—钢筋混凝土楼板	120	2500	1.74		
	8—水泥砂浆抹灰	20	1800	0.93		

注：1. 本表所列构造做法适用于上铺瓷砖、花岗石或合成木地板面层的楼地面。
2. 聚苯板铺至外墙边沿处应沿墙上铺 50mm。
3. 本表所列 R_0 及 K 值是指包括聚苯板在内的以下各层及边界层的热工性能指标。
4. 本表所列构造做法也适用于底层地面。如用于底层地面，钢筋混凝土楼板层应改为底层地面的垫层（一般为混凝土）。
5. 如上、下层为同一住户，可不用设置表中的 4、5 层。

（9）地面辐射供暖工程施工图设计文件的内容和深度，应符合下列要求：

1）施工图设计文件应以施工图纸为主，包括图纸目录、设计说明、加热管平面布置图、温控装置布置图及分水器、集水器、地面构造示意图等内容。

2）设计说明中应详细说明供暖室内外计算温度、热源及热媒参数、加热管技术数据及规格；标明使用的具体条件如工作温度、工作压力以及绝热材料的热导率、密度、规格及厚度等。

3）平面图中应绘出加热管的具体布置形式，标明敷设间距、加热管的管径、计算长度和伸缩缝要求等。

（三）施工及施工要点

1. 基层处理

铺设绝热保温层的基层表面应平整、干燥、无杂物。墙面根部应平直，且无积灰现象。所有地面留洞应在填充层施工前完成。

2. 绝热保温层铺设

绝热保温层应铺设平整，相互间接合应严密。并用密封胶带粘贴牢固。在绝热保温层上敷设无纺布基铝箔层时，除将加热管固定在绝热层的塑料卡钉穿越外，不得有其他破损。

直接与土接触或有潮湿气体侵入的地面在铺设绝热保温层前，应先铺设一层防潮隔离层。

3. 加热管的敷设

（1）加热管的敷设方式。加热管采取不同布置形式时，导致的地面温度分布是不同的。布管时，应按设计图纸规定，本着保证地面温度均匀的原则进行，宜将高温管段优先布置于外窗、外墙侧，使室内温度分布尽可能均匀。

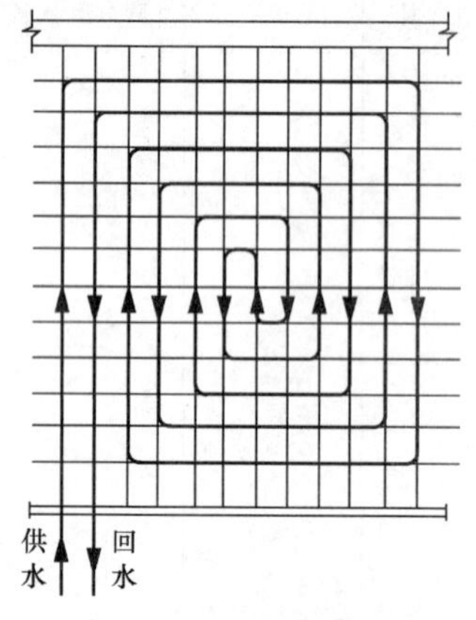

图 9-9 回折型布置

加热管的布置常用方式有回折型（旋转型）或平行型（直列型），如图 9-9～图 9-11 所示。管道布置的剖面如图 9-12 所示。

地面散热量的计算，都是建立在加热管间距均匀布置的基础上的。实际上房间的热损失，主要发生在与室外空气邻接的部位，如外墙、外窗、外门等处。为了使室内温度分布尽可能均匀，在邻近这些部位的区域如靠近外墙、外窗处，管间距可适当的缩小，而在其他区域则可以将管间距适当的放大，如图 9-13 和图 9-14 所示。为了使地面温度分布不会有过大的差异，最大间距不宜超过 300mm。

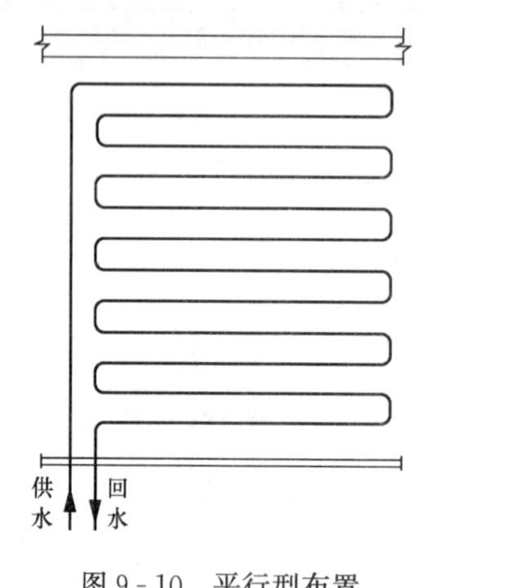

图 9-10 平行型布置

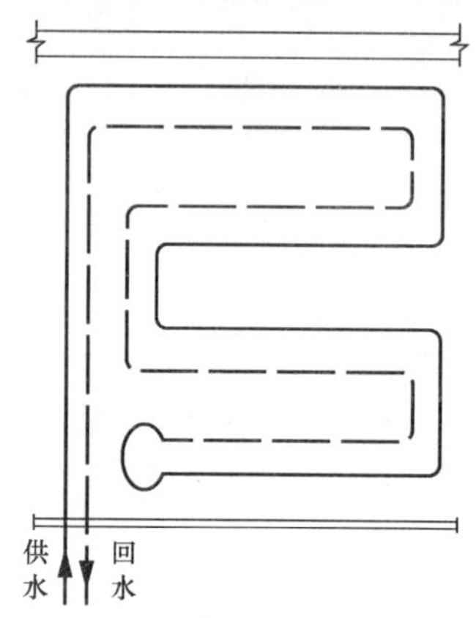

图 9-11 双平行型布置

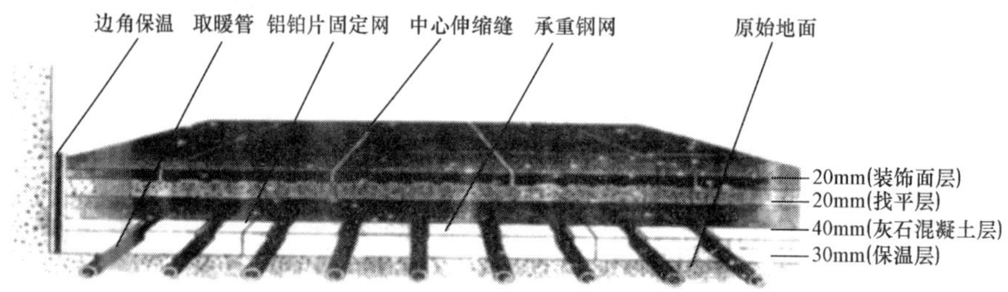

图 9-12 地板内管道布置横剖面图

(2) 加热管敷设前应核对所用管材的品种、规格等是否符合设计图纸要求，还应检查外观质量，管内部不得有杂质（物）。加热管应敷设平整，管间的安装误差不应大于 10mm。加热管安装间断或完毕时，敞口处应随时封堵。

(3) 塑料及铝塑复合加热管的弯曲半径不宜小于 6 倍加热管的外径，铜管的弯曲半径不宜小于 5 倍管外径。弯曲管道时，圆弧的顶部应加以限制，并用管卡进行固定，不得出现“死折”。

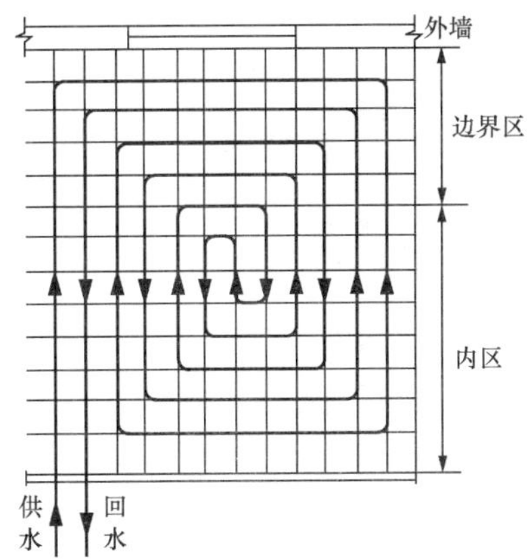

图 9-13　带有边界和内部地带的回折型布置

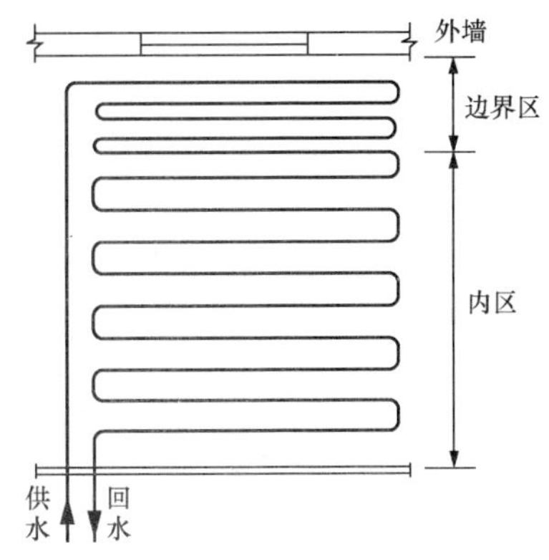

图 9-14　带有边界和内部地带的平行型布置

(4) 加热管切割应采用专用工具，切口应平整，断口面应垂直管轴线。

加热管道安装时应防止管道扭曲。埋入填充层内的加热管不应有接头。

(5) 加热管应设固定装置，常用的固定方法有：

1) 用固定卡将加热管直接固定在绝热保温层上或设有复合面层的绝热保温板上。

2) 用扎带将加热管固定在铺设于绝热层上的网格上。

3) 直接卡在铺设于绝热层表面的专用管架或管卡上。

4) 直接固定于绝热层表面凸起间形成的凹槽内。

加热管弯头两端宜设固定卡；加热管固定点的间距，直管段固定点间距宜为 0.5～0.7m，弯曲管段固定点间距宜为 0.2～0.3m。

(6) 在分水器、集水器附近以及其他局部加热管排列比较密集的部位，当管间距小于 100mm 时，加热管外部应采取设置柔性套管等措施。

进入卫生间以及经常有水房间地面的加热管，穿墙处应采取防水止漏措施。

(7) 加热管出地面至分水器、集水器连接处，弯管部分不宜露出地面装饰层。加热管出地面至分水器、集水器下部球阀接口之间的明装管段，外部应加装塑料套管。套管应高出装饰面 150～200mm。

(8) 加热管与分水器、集水器连接，应采用卡套式、卡压式挤压夹紧连接，连接件材料宜为铜质；铜质连接件与 PP-R 或 PP-B 直接接触的表面必须镀镍。

(9) 加热管的环路布置不宜穿越填充层内的伸缩缝。必须穿越时，伸缩缝处应设长度不小于 200min 的柔性套管，以确保加热管在填充层内发生热胀冷缩变化时的自由度。

(10) 分水器、集水器宜在开始铺设加热管之前进行安装。水平安装时，宜将分水器安装在上，集水器安装在下，中心距宜为 200mm，集水器中心距地面不应小于 300mm。

在分水器的进水处，应装设过滤器，防止异物进入地面的加热管内。

分水器、集水器安装示意图如图 9-15 所示。

加热管敷设结束后，应绘制竣工图，正确标注加热管位置。

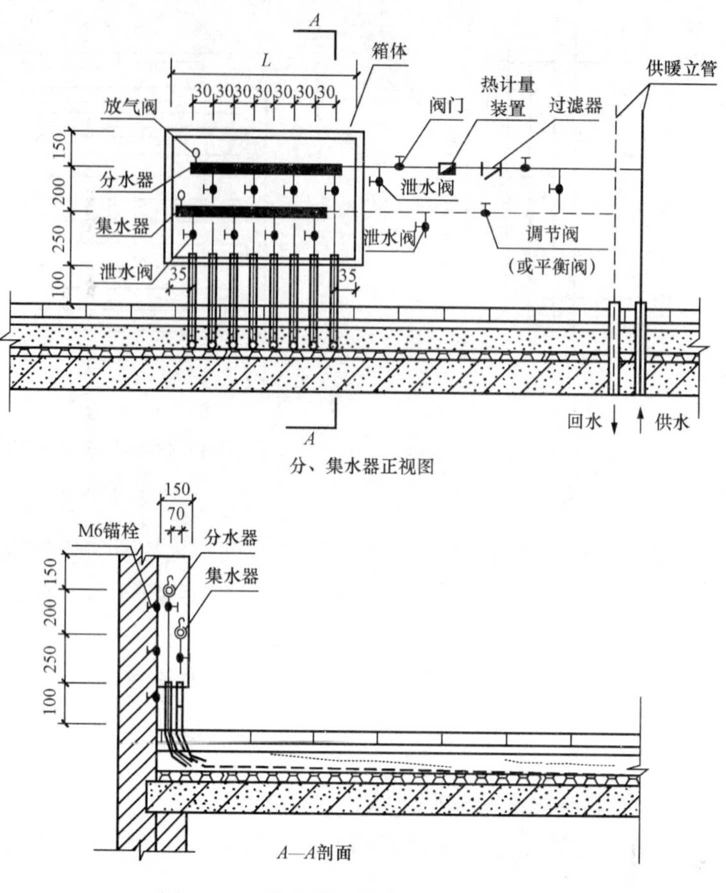

图 9-15 分水器、集水器安装示意图

(11) 分水器、集水器、阀门组件安装前，应做强度和严密性试验。试验应在每批数量中抽查 10%，且不得少于一个。对安装在分水器进口、集水器出口及旁通管上的旁通阀门，应逐个做强度和严密性试验，合格后方可使用。

阀门的强度试验压力应为工作压力的 1.5 倍，严密性试验压力为工作压力的 1.1 倍；公称直径不大于 50mm 的阀门强度和严密性试验持续时间应为 15s，其间压力应保持不变，且壳体、填料及密封面应无渗漏。

(12) 伸缩缝的设置应符合下列规定：

1) 在内外墙、柱等垂直构件交接处应留不间断的伸缩缝，伸缩缝填充材料应采用搭接方式连接，搭接宽度不应小于 10mm；伸缩缝填充材料与墙、柱应有可靠的固定措施，与地面绝热层连接应紧密，伸缩缝宽度不宜小于 10mm。伸缩缝填充材料宜采用高发泡聚乙烯泡沫塑料。

2) 当地面面积超过 $30m^2$ 或边长超过 6m 时，应按不大于 6m 间距设置伸缩缝，伸缩缝宽度不应小于 8mm。伸缩缝宜采用高发泡聚乙烯泡沫塑料或满填弹性膨胀膏。

3) 伸缩缝应从绝热层的上边缘做到填充层的上边缘。

4. 管道水压试验

(1) 加热管安装完毕，在浇筑混凝土填充层前以及填充层混凝土养护期满后，应进行两次水压试验。水压试验应以每组分水器、集水器为单位，逐个回路进行。

(2) 水压试验前应对加热管道系统进行冲洗。冲洗应在分水器、集水器以外主供、回水管道冲洗合格后再进行室内供暖系统的冲洗。

(3) 水压试验的压力应为工作压力的 1.5 倍，且不应小于 0.6MPa。在试验压力下，稳定 1h，其压力降不应大于 0.05MPa。

水压试验宜采用手动泵缓慢升压，升压过程中应随时观察与检查，不得有渗漏；不宜以气压试验代替水压试验。

(4) 在有冻结可能的情况下做水压试验时，应采取防冻措施，试压完成后应及时将管内的水吹净、吹干。

5. 中间验收

在混凝土填充层浇筑前的水压试验完成并合格后，应按隐蔽工程要求，由施工单位会同监理单位进行中间验收，下列项目应达到相应技术要求：

(1) 绝热保温层的厚度、材料的物理性能及铺设应符合设计要求。

(2) 加热管规格、敷设间距、弯曲半径等应符合设计要求，并应固定可靠。

(3) 伸缩缝应按设计要求敷设完毕。

(4) 加热管与分水器、集水管的连接处应无渗漏，供暖系统水压试验合格。

分水器、集水器、阀门的强度和严密性试验资料齐全并符合设计要求。

(5) 填充层内加热管不应有接头。

6. 铺设钢筋（丝）网

铺设时应用砂浆垫块将网片垫起，不得直接压在加热管上面。铺设应平整，搭接接头不小于 60mm。用扎带或塑料卡钉将网片固定于加热管上。

7. 混凝土填充层施工

(1) 混凝土填充层施工应具备以下条件：

1) 加热管安装完毕且水压试验合格、加热管处于有压状态下。

2) 所有伸缩缝已安装完毕。

3) 通过隐蔽工程中间验收。

(2) 混凝土填充层应由有资质的土建施工方承担，供暖系统施工单位应予密切配合。

(3) 混凝土填充层施工中，加热管内的水压不应低于 0.6MPa；混凝土养护过程中，系统水压不应低于 0.4MPa，待混凝土达到养护期后，管道系统方可泄压。

(4) 混凝土填充层施工中，严禁使用机械振捣设备；施工人员应穿软底鞋，采用平头铁锹操作。严禁踩踏在加热管上进行操作，防止加热管受损坏。

(5) 在加热管的铺设区内，严禁穿凿、钻孔或进行射钉作业。

(6) 混凝土填充层施工完毕且养护期满后，管道系统应再做一次水压试验，验收并做好记录。

8. 水泥砂浆找平层

在混凝土填充层上应铺设厚度为 15～20mm 厚的 1：3 水泥砂浆找平层，以确保面层铺设的平整度。

卫生间及经常有水的房间地面，在填充层上面应再做一层隔离层，如图 9-16

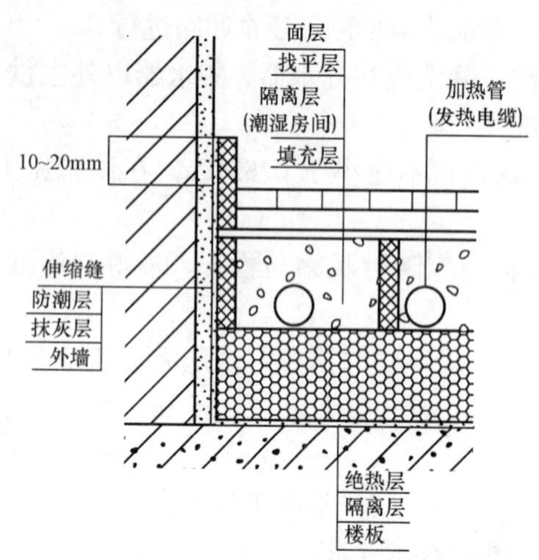

图 9-16 卫生间地面构造

所示。

9. 面层施工

面层施工前，混凝土填充层应达到面层需要的干燥度。面层施工除应符合土建施工设计图纸的各项要求外，尚应注意下列事项：

(1) 施工面层时，不得剔、凿、割、钻和钉填充层，不得向填充层内楔入任何物件。

(2) 面层的施工，应在混凝土填充层达到要求强度后进行。

(3) 石材、面砖在与外墙、柱等垂直构件交接处，应留 10mm 宽伸缩缝；木地板铺设时，应留不小于 14mm 的伸缩缝。伸缩缝应从填充层的上边缘做到高出装饰层上表面 10～20mm，装饰层敷设完毕后，应裁去多余部分。伸缩缝填充材料宜采用高发泡聚乙烯泡沫塑料。

面砖、大理石、花岗石面层施工时，在伸缩缝处宜采用干贴方法施工。

(4) 以木质地板作面层时，木材应经干燥处理，并应在正常运行时的最高水温(即设计水温) 保持 24h 以上，使其上面的混凝土填充层和水泥砂浆找平层内的水分充分蒸发后进行，尽量减少木地板在使用过程中吸湿膨胀变形因素。

铺设木地板的安装工人，应经过专门培训，掌握铺设方法和相应技巧。

铺设木地板前，应在地面上（即水泥砂浆找平层上）先铺设一层塑料布，以隔绝下面潮气，然后铺设木地板专用的泡沫塑料垫层，最后铺设面木地板。

踢脚板的铺设时间宜比木地板的铺设时间推迟 48h，待地板胶完全干透后进行铺钉。

10. 调试和试运行

(1) 地面辐射供暖系统的运行调试，应在具备正常供暖的条件下进行。

未经调试和试运行，严禁投入运行使用。

(2) 地面辐射供暖系统的调试和试运行，应在施工完毕且混凝土填充层养护期满后，正式采暖运行前进行。

调试工作应由施工单位在建设单位配合下进行，并作好记录。

(3) 初始加热时，热水升温应平缓，供水温度应控制在比当时环境温度高 10℃左右，且不应高于 32℃，并应连续运行 48h；以后每隔 24h 水温升高 3℃，直至达到设计供水温度。在此温度下应对每组分水器、集水器连接的加热管逐路进行调节，直至达到设计要求。

(4) 地面辐射供暖系统的供暖效果，应以房间中央离地 1.5m 处黑球温度计指示的温度，作为评价和检测的依据。

二、低温发热电缆辐射采暖地面、楼面

低温发热电缆辐射采暖是地面采暖的另一种形式，它将发热电缆直接埋设在地面

结构层中，利用电力加热地面垫层及面层而供暖。由于发热电缆直接发热传递热量，它集热源与终端设备为一体，因而具有明显的优势。此外，它和低温热水地面辐射供暖一样，具有诸多的优点和特点。

发热电缆辐射采暖系统地面构造的隔离层、绝热层、填充层、找平层、面层等设置要求，可参见“低温（水媒）辐射采暖地面、楼面”中所介绍的相关内容。

（一）材料要求

（1）发热电缆应经国家电线电缆质量监督检验部门检验合格，产品的电气安全性能、机械性能应符合表 9 - 50 的规定。

表 9 - 50　发热电缆的电气和机械性能要求

类　别	检　验　项　目	标　准　要　求
标志	成品电缆表面标志 标志间距离	字迹清楚、容易辨认、耐擦 最大 500mm
电压试验 绝缘电阻	室温成品电缆电压试验（2.0kV/5min） 高温成品电缆电压试验（100℃，1.5kV/150min） 绝缘电阻（100℃）	不击穿 不击穿 最小 0.03MΩ・km
导　体	导体电阻（20℃） 电阻温度系数	在标定值（Ω/m）的+10%和−5%之间 不为负数
成品 性能试验	变形试验（300N，1.5kV/30s） 拉力试验 正反卷绕试验 低温冲击试验（−15℃） 屏蔽的耐穿透性	不击穿 最小 120N 不击穿 不开裂 试针推入绝缘需触及屏蔽
绝缘层	绝缘厚度 　平均厚度 　最薄处厚度	 最小 0.80mm 最小 0.72mm
	机械物理性能 　老化前抗张强度 　老化前断裂伸长率 空气箱老化（7×24h，135℃） 　抗张强度变化率 　断裂伸长率变化率 空气弹老化（40h，127℃） 　抗张强度变化率 　断裂伸长率变化率	 最小 4.2N/mm² 最小 200% 最大±30% 最大±30% 最大±30% 最大±30%
	非污染试验（7×24h，90℃） 　抗张强度变化率 　断裂伸长率变化率	 最大±30% 最大±30%
	热延伸（15min，250℃） 　伸长率 　永久伸长率	 最大 175% 最大 15%
	耐臭氧试验（臭氧浓度 0.025%～0 030%，24h）	不开裂

续表

类 别	检 验 项 目	标 准 要 求
外护套	外护套厚度 平均厚度 最薄处厚度	 最小 0.8mm 最小 0.58mm
	机械物理性能 老化前抗张强度 老化前断裂伸长率 空气箱老化（10×24h，135℃） 老化后抗张强度 老化后断裂伸长率 抗张强度变化率 断裂伸长率变化率 非污染试验（7×24h，90℃） 老化后抗张强度 老化后断裂伸长率 抗张强度变化率 断裂伸长率变化率	 最小 15.0N/mm² 最小 150% 最小 15.0N/mm² 最小 150% 最大±25% 最大±25% 最小 15.0N/mm² 最小 150% 最小±25% 最小±25%
	失重试验（10×24h，115℃）	最大 2.0mg/cm²
	抗开裂试验（1h，150℃）	不开裂
	90℃高温压力试验-变形率	最大 50%
	低温卷绕试验（－15℃）	不开裂
	热稳定性（200℃）	最小 180min

（2）发热电缆系统用的温控器是该系统的一个重要组成部分，其作用是调节温度、控制系统工作状态。它由控温和测温两部分组成，由生产厂家整体供应，其质量标准应符合国家现行标准 JJG 874—2007《温度指示控制仪》和 GB 14536.10—2008《家用和类似用途电自动控制器 温度敏感控制器的特殊要求》的规定。

发热电缆系统的温控器外观不应有划痕，标记应清晰，面板扣合应严密、开关应灵活自如，温度调节部件应使用正常。

（3）发热电缆热线部分的结构在径向上从里到外应由发热导线、绝缘层、接地屏蔽层和外护套等组成，其外径不宜小于 6mm。

发热电缆的发热导体宜使用纯金属或金属合金材料。

发热电缆必须有接地屏蔽层。

（4）发热电缆的轴向上分别为发热用的热线和连接用的冷线，其冷热导线的接头应安全可靠，并应满足至少 50 年的非连续正常使用寿命。

发热电缆的型号和商标应有清晰标志，冷热线接头位置应有明显标志。

（二）应用设计

（1）当面层采用带龙骨的架空木地板时，发热电缆应敷设在木地板与龙骨之间的绝热层上，可不设置豆石混凝土填充层；发热电缆的线功率不宜大于 10W/m；绝热层与地板间净空不宜小于 30mm。

（2）发热电缆地面辐射供暖系统的混凝土填充层厚度不宜小于 35mm。

(3) 在靠近外窗、外墙等局部热负荷较大区域，发热电缆应较密铺设。发热电缆之间的最大间距不宜超过 300mm，且不应小于 50mm；距离外墙内表面不得小于 100mm。

(4) 发热电缆的布置，可选择采用平行型（直列型）或回折型（旋转型），布置形式可参见图 9-9～图 9-14。设计平面图中应绘出加热电缆的具体布置形式。

发热电缆的布置应考虑地面家具的影响。地面的固定设备和卫生洁具下面不应布置发热电缆。

(5) 每个房间宜独立安装一根发热电缆，不同温度要求的房间不宜共用一根发热电缆；每个房间宜通过发热电缆温控器单独控制温度。

发热电缆温控器的工作电流不得超过其额定电流。

(6) 发热电缆地面辐射供暖系统采用温控器与接触器等其他控制设备结合的形式实现控制功能，按照感温对象的不同分为室温型、地温型和双温型三种，温控器的选用类型应符合以下要求：

1) 高大房间、浴室、卫生间、游泳池等区域，应采用地温型温控器。

2) 对需要同时控制室温和限制地表温度的场合应采用双温型温控器。

发热电缆温控器的选型应考虑使用环境的潮湿情况。

(7) 发热电缆温控器应设置在附近无散热体、周围无遮挡物、不受风直吹、不受阳光直晒、通风干燥、能正确反映室内温度位置，不宜设在外墙上，设置高度宜距地面 1.4m。地温传感器不应被家具等覆盖或遮挡，宜布置在人员经常停留的位置。

(8) 发热电缆系统的供电方式，宜采用 AC 220V 供电。当进户回路负载超过 12kW 时，可采用 AC 220V/380V 三相四线制供电方式，多根发热电缆接入 220V/380V 三相系统时应使三相平衡。

发热电缆的线功率不宜大于 20W/m。

(9) 配电箱应具有过流保护和漏电保护功能，每个供电回路应设带漏电保护装置的双极开关。

(10) 发热电缆地面辐射供暖系统的电气设计应符合国家现行标准 JCJ/T 16《民用建筑电气设计规范》和 GB 50303—2002《建筑电气工程施工质量验收规范》中的有关规定。

(11) 发热电缆的接地线必须与电源的地线连接。

地温传感器穿线管应选用硬质套管。

(12) 供暖电耗要求单独计费时，发热电缆系统的电器回路宜单独设置。

(三) 施工及施工要点

(1) 发热电缆地面辐射供暖地面对基层质量、绝热保温层铺设以及填充层、面层施工的要求，参见“低温热水地面辐射供暖地面”中所介绍的相关内容。

(2) 发热电缆系统的安装

1) 发热电缆应按照施工图纸标定的电缆间距和走向敷设，发热电缆应保持平直，电缆间距的安装误差不应大于 10mm。发热电缆敷设前，应对照施工图纸核对发热电缆的型号，并应检查电缆的外观质量，测量其标称电阻和绝缘电阻，并做好记录。

2) 发热电缆出厂后严禁剪裁和拼接，有外伤或破损的发热电缆严禁敷设。

3）发热电缆施工前，应确认电缆冷线预留管、温控器接线盒、地温传感器预留管、供暖配电箱等预留、预埋工作已完毕。

4）电缆的弯曲半径不应小于生产企业规定的限值，且不得小于6倍电缆直径。

5）发热电缆下应铺设钢丝网或金属固定带，发热电缆不得被压入绝缘材料中。

发热电缆应采用扎带固定在钢丝网上，或直接用金属固定带固定。

6）发热电缆的热线部分严禁进入冷线预留管。

发热电缆的冷热线接头应设在填充层内。

7）发热电缆间有交叉搭接时，严禁电缆通电。施工过程中，严禁操作人员踩踏发热电缆。

8）发热电缆安装完毕后，应绘制竣工图，并应正确标注发热电缆敷设位置及地温传感器埋设地点。

9）发热电缆安装完毕，应再次检测其标称电阻和绝缘电阻，并做好记录。

10）发热电缆温控器的温度传感器安装应按生产企业相关技术要求进行。

发热电缆的温控器应水平安装，并应牢固固定，温控器应设在通风良好且不被风直吹处，也不得被家具遮挡，温控器的四周不得有热源体。

11）发热电缆温控器安装时，应将发热电缆可靠接地。

12）在填充层施工完毕后，还应对发热电缆进行一次标称电阻和绝缘电阻的检测，并做好记录。

（3）伸缩缝的设置，参见“低温热水地面辐射供暖”中的相关内容。

（4）调试和试运行

1）发热电缆地面辐射供暖系统未经调试，严禁运行使用。调试工作应在具备供暖和供电的条件下进行。

2）发热电缆地面辐射供暖系统的调试工作应由施工单位在建设单位的配合下进行。

调试和试运行工作，应在地面混凝土填充层养护期满后，正式采暖运行前进行。

3）发热电缆地面辐射供暖系统初始通电加热时，应控制室温平缓上升，直至达到设计要求。

4）发热电缆温控器的调试应按照不同型号温控器安装调试说明书进行。

5）地面辐射供暖系统的供暖效果，应以房间中央离地1.5m处黑球温度计指示的温度，作为评价和检测的依据。

第四节 防静电地面、楼面工程

能将楼地面上产生的静电及时释放的地面，称为防（导）静电地面，它适用于军工、民爆器材、石油、化工、电子等行业以及存在静电危害的一切场所，如易燃、易爆工房、库房、实验室、手术室、加油站、电子计算机房、宾馆、饭店等建筑物。

防静电地面、楼面工程的类型主要分为三大类：防静电塑料地面、楼面工程，防静电活动地板地面、楼面工程和防静电水磨石地面、楼面工程。

一、防静电塑料地面、楼面

塑料是一种高分子化合物，绝大部分为绝缘体。由于塑料具有良好的加工性能和经济性，人们对它进行了较长时间的研究，开发出了以聚氯乙烯树脂为主体的塑料防静电技术。在防静电地面工程中，所使用的塑料是通过一定的技术手段将其改性，或掺入导电材料等，加工成贴面板或涂料，粘贴于地面或敷设于地面，与事先设置的接地系统相结合，形成一个导静电的网络，达到消除静电荷的目的。

目前，国内常用于防静电工程的塑料有聚氯乙烯塑料、三聚氰胺塑料、聚氨酯塑料等，环氧树脂、不饱和聚酯树脂经过技术处理后，也可使用于防静电地面工程。

下面将以防静电贴面和防静电涂料来分别介绍防静电塑料地面、楼面工程。

（一）防静电贴面板地面、楼面

1. 材料要求

（1）贴面板

1）防静电三聚氰胺贴面板。该种防静电贴面板是以纸浸渍酚醛树脂作为基层，以三聚氰胺树脂、装饰纸作为面层（在其中加入防静电剂或导电材料），经热压成型而制成。其特点是：幅面尺寸大、装饰性好，价格较低，但不适宜使用在湿度较高的环境。

①规格及尺寸偏差。防静电三聚氰胺贴面板的规格及尺寸偏差见表 9-51。

表 9-51　三聚氰胺贴面板幅面、厚度尺寸及偏差　（单位：mm）

厚度		长度		宽度		方正度	最大翘曲度
基本尺寸	极限偏差	基本尺寸	极限偏差	基本尺寸	极限偏差		
0.8、1.0、1.2	±0.12	2135 2440	+10 0	915 1220	+10 0	两对角线长度之差不超过 6	120
1.5、1.8、2.0	±0.15						

注：供需双方协议可生产其他厚度、幅面尺寸。

②物理性能。防静电三聚氰胺贴面板的物理性能要求见表 9-52。

表 9-52　三聚氰胺贴面板物理性能

检验项目	性能	单位/最大或最小	指标
耐沸水煮性能	质量增加（%）	≤2	GB/T 7911—1999
	厚度增加（%）	≤3	GB/T 7911—1999
	外观	等级，不低于 2 级	GB/T 17657—1999
耐干热性能	外观光泽	不低于 3 级	GB/T 17657—1999
	其他	不低于 2 级	GB/T 17656—1999
抗冲击性能	落球高度/cm	最小 100	100
	凹痕直径/mm	最大 10	10
防静电性能	表面电阻/Ω	$1.0\times10^5\sim1.0\times10^9\Omega$	
	体积电阻/Ω	$1.0\times10^5\sim1.0\times10^8\Omega$	
燃烧性能	—	不低于 FV-1	

续表

检验项目	性　　能	单位/最大或最小	指　　标
耐磨性能	耐磨（r）	不低于400	400
	高耐磨（r）	不低于1000	1000
	超耐磨（r）	不低于3000	3000
	磨耗值（100r）/(g/cm^2)	不大于0.08	0.08
抗拉强度	MPa	≥60	60
耐老化	表面情况	无开裂	无开裂

③外观质量。防静电三聚氰胺贴面板的外观质量要求见表9-53。

表9-53　三聚氰胺贴面板产品外观质量要求

缺陷名称		允许极限
干、湿花		明显的不许有；不明显的不超过板面的5%
污斑	明显	直径在0.5～2，每平方米允许2个； 长度不大于5，宽度不大于0.5，每平方米允许2条
	不明显	允许平均值径小于3
压、划痕	压痕	直径不大于15，每平方米允许2个
	条状压痕	长度不超过200，宽度不超过2，每平方米允许1条
	线状压、划痕	长度20～50，宽度不大于0.3，每平方米允许3条；长度50～200，宽度不大于0.3，不得密集，损坏装饰层不许有
色泽不均		明显的不允许有
边缘缺陷		崩边宽度不大于2 毛边宽度不大于3

2）防静电PVC贴面板。该种防静电贴面板是采用PVC树脂作为主体材料，加入助剂、填料、着色剂、抗静电剂或固体导电材料后，经过高温轧制、拉片、压光或轧光等工艺而制成的。

防静电PVC贴面板是目前国内使用量最大的一种防静电贴面板，它有普通型和永久型两种。普通型是在树脂混合的物料中加入抗静电剂，永久型则是在树脂混合的物料中加入导电材料和少量的抗静电剂。

①规格及尺寸偏差。防静电PVC贴面板的规格及尺寸偏差要求见表9-54。

表9-54　防静电PVC贴面板幅面、厚度尺寸及偏差要求　（单位：mm）

厚度		长度		宽度		直角度
基本尺寸	极限偏差	基本尺寸	极限偏差	基本尺寸	极限偏差	
1.0、1.2、1.5	±0.1	300 500 600 800	±0.3	300 500 600 800	±0.3	角尺一边最大间隙在0.30下
2.0、2.5、3.0、3.5	±0.2					

注：经供需双方协议可生产其他厚度、幅面尺寸。

②物理性能。防静电 PVC 塑料贴面板的物理性能要求见表 9-55。

表 9-55 防静电 PVC 塑料贴面板物理性能要求

项目	指标
体积及表面电阻/Ω	导静电型，<1.0×10^6 静电耗散型，1.0×10^6～1.0×10^9
加热质量损失率（%）	≤0.50
加热尺寸变化率（%）	≤0.20
凹陷度/mm 23℃ 45℃	 ≤0.30 ≤0.60
残余凹陷度/mm	≤0.15
燃烧性能	FV-0
耐磨试验(1000r)/(g/cm^2)	≤0.020

③外观质量。防静电 PVC 塑料贴面板的外观质量要求见表 9-56。

表 9-56 防静电 PVC 塑料贴面板外观质量要求

缺陷种类	规定指标
缺口、龟裂、分层	不允许
凹凸不平、纹痕、光泽不匀、色调不匀、污染、伤痕、异物	不明显

（2）导电胶。导电胶应是非水溶性的。常规使用的是氯丁橡胶强力胶粘剂，以此作为主体材料，加入二甲苯等溶剂稀释，同时加入导电炭黑等导电材料，边加边搅拌，边用稀释剂调整其黏度，使其胶液具有可操作性。其电阻值可用万用电表测试，电阻值应小于 $1.0\times10^4\Omega$。

（3）塑料焊条。塑料焊条应采用色泽均匀、外径一致、柔性好的 PVC 塑料焊条，这种焊条应具有防静电功能，其电阻值应与贴面板的电阻值相当。

（4）铜箔。导电地网用铜箔，厚度应不小于 0.05mm，宽度 20～30mm。

（5）双面胶带。双面胶带的宽度与铜箔相同。

（6）施工设备。常用施工设备（含工具）应包括橡胶榔头，割刀，直尺，刮板，刷帚，打蜡机等及无缝地板施工用开槽机，塑料焊枪，铲刀等工具设备。

2. 应用设计

（1）合理确定生产场所是否存在可点燃的介质，应掌握介质或混合物的最大能量。当存在两种以上可点燃物质时，则应按其中一种或混合物的最小点火能量作为设计依据。

（2）了解是否存在受静电电击易损的产品，如各种集成电路及其组成的微机、仪器、仪表等，并根据产品的性质、工艺过程及操作条件，确定最小击穿电压，做好工程设计，确保安全生产和合理的经济投资。

（3）了解人体在从事生产活动中起静电电压，起电能量，起电动作的速率，起静电的频数、周期，并掌握正常操作值和可能出现的最高极限值。

(4) 人体积聚的最大静电能量，可按下式计算：

$$E_{max}=\frac{1}{2}CV_{max}^2$$

式中 C——人体对地的电容（F）；

V_{max}——测得的人体顶峰电压（V）。

1）应确保人体积聚的最大能量小于生产现场易燃易爆物质的最小点火能量，越小越好。

2）人体带电电位越高，放电的可能性越大。若人体带电电位低于100V时，就不容易产生火花放电。

3）对于一些易被低于100V电压所击穿受损坏的敏感器件，要根据具体情况采取相应的其他措施。

(5) 防（导）静电地面应有良好的接地系统。根据设计要求，在房屋基础施工时，就应埋设相应的接地装置，接地形式按不同的防静电要求而有不同。在房屋主体结构施工时，接地系统的导电装置应正确可靠地埋设于主体结构的墙或柱中，直至防静电房间四周地面标高以上。

一般情况下，人和大地之间可形成静电荷泄漏通路，人体积聚的静电荷通过防（导）静电鞋和地面各构造层泄漏于大地。

当地面各构造层中若有一层材料的电性能参数较高时，泄漏通路就会受到影响，当超过设计要求的范围时，就要采取接地措施。

防（导）静电地面接地措施的界限，是根据地面电阻值设计指标和环境的温湿度及基层条件而定的，见表9-57。接地设计方案见表9-58。

表9-57　　接地措施的界限

地面电阻值指标/Ω		场地环境条件	接地措施
底层地面	$<10^6$	室温正常、干燥季节基土体积电阻率$<10^4\Omega\cdot m$	可不接地
	$<10^6$	室温经常>30℃，有热力管道的地沟，土体积电阻率$>1\times10^4\Omega\cdot m$	需有接地措施
楼层地面	$<10^6$	各个楼层	采用接地网带
	$\leqslant10^8$	二层楼	可不考虑接地
		三层楼及以上的地面	宜考虑接地

表9-58　　接地设计方案

地面类型	设计方案	备注
水泥类楼、地面和不发火花沥青类导静电地面	面层下面敷设接地金属网	一个接地网和接地带至少有两处与接地干线可靠地连接
导静电橡胶板及不饱和聚酯树脂和聚氨酯类导静电楼面	薄铜带接地	

接地设计应注意的事项：

1）设计选用材料时，必须结合生产实际，如在氮化铅生产工房，就不能采用铜作为接地材料。

2）防（导）静电地面的面层材料，必须具有不发火花的性能，材料的不发火花性应经试验确定。

3）防（导）静电橡胶板不应在遇油、酸、碱和高温环境中使用。如有机油进入的场所，可采用具有特殊用途的耐油防（导）静电橡胶板。

（6）设计防（导）静电地面时，应考虑影响地面电阻值的各种因素。

影响地面电阻值的主要因素是面层材料的体积电阻系数 ρ_V 值，对于不同的面层材料，影响地面电阻值的因素也不同。如水泥类面层的主要影响因素是地面的含水量，其影响情况见表 9-59。

表 9-59　　水泥类地面含水量和体积电阻率（实测值）

含水量（%）	＜1	1～3	＞3
体积电阻率 $\rho_V/(\Omega \cdot m)$	$10^8 \sim 10^{10}$	$10^7 \sim 10^5$	$10^5 \sim 10^4$

对于黑色橡胶板、聚氨酯、沥青砂浆类防（导）静电地面，只要表面保持清洁、不受污染，其地面电阻值的变化一般不会超过一个数量级。这类地面材料主材中掺和了导电材料，因而具有比较均匀、稳定的导静电性能。此外，此类地面吸湿性小，有较好的防水性能。

浅色橡胶板和不饱和树脂类防（导）静电地面这两类地面的电阻值，虽也受到空气中含湿量的影响，但比水泥类地面所受到的影响要小，其电阻值的稳定性不如黑色橡胶板、聚氨酯、沥青砂浆类。

（7）几种防（导）静电地面的性能与选择，见表 9-60。

表 9-60　　导（防）静电的性能与选择

分类名称	优　　点	缺　　点	技术性能	适用场所
导（防）静电橡胶板地面	1. 弹性好 2. 分别或同时具有耐酸、耐碱、耐热、耐油性能（只有黑色一种） 3. 导电橡胶板受环境温、湿度变化的影响较小 4. 浅色防静电橡胶板分单色和复合两种，具有颜色可选，分辨率好，外表美观	1. 导电橡胶板浮铺法施工，对于多粉尘、特别是易燃易爆的粉尘性的生产贮存场所，板缝和板下易积聚粉尘，必须经常冲洗，消除隐患（此时，应采用粘贴方式，并填缝） 2. 浅色防静电橡胶板的价格高于黑色橡胶板	1. 黑色导电橡胶板：$\rho_V = 10^2 \sim 10^3 \Omega \cdot m$ 2. 彩色防静电橡胶板：$\rho_V = 10^4 \sim 10^6 \Omega \cdot m$ 扯断力：≥8MPa 扯断伸长率≥350% 硬度（邵氏）60～75 度 老化系数（70℃/72h）≥0.75 地面电阻值：$10^6 \sim 10^7 \Omega$	1. 一些不能受摩擦、撞击的产品生产工房 2. 地面要求不起尘，便于清扫的洁净工房 3. 分别或同时具有耐酸、耐碱、耐热、耐油作用的工房 4. 基层电阻值在 $10^4 \sim 10^6 \Omega$ 5. 黑色橡胶板宜用于旧工房改造、生产线调整、尤其适用临时性浮铺场所 6. 彩色橡胶板广泛用于电子计算机房（站）、化工、电子、医药等行业

续表

分类名称	优　点	缺　点	技术性能	适用场所
整体浇筑导静电混凝土地面	1. 采用分层设置整体浇筑施工工艺，地面的整体性能好，并兼顾了耐磨防尘、不发火，形成多功能导静电混凝土地面技术 2. 所选材料和施工工艺合理，静电泄导系统可靠 3. 综合技术指标稳定，达到国际先进 4. 有较完备的静电性能测试手段 5. 具有广泛的使用价值	现有的施工机械相对落后于工业发达国家	系统电阻： $5.0\times10^{5}\Omega\sim5.0\times10^{8}\Omega$ 摩擦起电电位：≤20V［测定条件：DC500V，T(20±2)℃，RH（60±8）%］导静电混凝土地面主要物理力学性能指标：抗压强度（28d）：40～80MPa 抗折强度（28d）：5～8MPa 不发火型试验：不发火型合格	1. 有控制静电放电要求的航天航空工业、通信电子元器件生产厂车间、大型计算机房、通讯控制中心地面 2. 石化、火工、纺织等行业仓库地面 3. 高强型耐磨地面，适用于现代大型工业厂房，交通频繁的各类地面
一般水泥类导（防）静电地面	1. 所选用的面层骨料是不发生火花的骨料 2. 比橡胶板和沥青地面耐压、耐冲击、耐水泡、整体性好 3. 具有广泛的使用价值	比较坚硬、易起尘	地面电阻值大多数在 $10^{4}\sim10^{6}\Omega$ 之间	不宜用于怕摩擦、怕撞击的产品生产工房、药剂生产工房、洁净工房
不发火花导静电沥青地面	1. 黏弹性能好、整铺性好、防水性能好 2. 具有稳定的导静电性能 3. 基本上不受环境温、湿的影响 4. 正常环境下使用，不发软，不脆裂 5. 具有一定的抗压强度，比橡胶地面耐压、耐冲击、整体性能好 6. 材料来源广，造价低	1. 颜色的选择性差，只有黑色 2. 施工的技术难度大	1. 体积电阻率：$\rho_V=10^{3}\sim10^{6}\Omega\cdot m$ 2. 20℃极限抗压强度：3.5MPa 40℃极限抗压强度：1.2MPa 3. 水稳性系数：0.94 4. 温度稳定系数：2.9 5. 地面的电阻值：$10^{4}\sim10^{5}\Omega$	作为防摩擦、防撞击、易坏产品，防火花、防静电引起灾、危害的一些生产工房及场所，如煤气站、弹药燃配、火工品，某些化工生产等场所的地面
不饱和聚酯树脂防静电地面			材料： 1. 体积电阻率：$\rho_V=10^{4}\sim10^{6}\Omega\cdot m$ 2. 力学物理性能：抗拉强度：≥2.0MPa 抗压强度：≥15MPa 与水泥粘结强度：≥2.0MPa 延伸率：≥15% 3. 固化时间（室温）：4～8h 地面电阻值：$10^{5}\sim10^{7}\Omega$	

续表

分类名称	优　点	缺　点	技术性能	适用场所
导（防）静电聚氨酯地面	1. 具有稳定的导（防）静电性能和良好力学物理性能 2. 耐磨性强、耐低温、耐老化、耐水、耐酸、耐碱性能 3. 具有广泛使用的弹性地面 4. 施工简便，流平性和整体性好		材料： 1. 体积电阻率 JAD-1 型 10^3～$5\times10^5\Omega\cdot m$ JAD-2 型 5×10^5～$10^7\Omega\cdot m$ 2. 力学物理性能断裂强度：1.5～2.5MPa 断裂拉伸率：160%～200% 硬度（邵氏）：35～60 度 撕裂强度：1.0～2.0MPa 3. 初始固化时间：24h 电面电阻值： JAD-1 型 3×10^4～$1\times10^6\Omega$ JAD-2 型 10^5～$10^8\Omega$	1. 适用于工房、实验室、宾馆、饭店的地面、台面、桌面 2. 有耐水隔潮、耐油要求的地面 3. 洁净工房地面

注：1. 防静电橡胶分黑色与浅色，浅色又分单色和复合两种，复合是指下层是黑色导电橡胶板，上层是彩色。
2. 水泥类地面包括水泥砂浆、水磨石、细石混凝土及预制水磨石板等。
3. 整体浇筑导静电混凝土地面分为高强型、普通型、不发火型三种功能。

3. 施工及施工要点

（1）防静电贴面板的施工

1）寻找地面中心线，并画出中心十字线，然后再根据贴面板大小在纵横轴线上划垂直线。

2）铺贴铜箔，根据以上所划线条，粘贴双面胶带，或涂刮氯丁橡胶型胶粘剂（地面和铜箔上均应刮胶），指干（即手指摸时不黏手）后，再铺贴铜箔，或直接铺贴在双面胶带上，在铜箔交接处，应用导电胶连接，铜箔间的电阻值应$<10^5\Omega$。

3）配制导电胶，前面已有说明，这里不再详细叙述。导电胶电阻值应小于$1\times10^4\Omega$。可用普通电表测试。

4）铺贴

①首先在地面和贴面板上，均匀刮涂一层氯丁型胶粘剂，放置待指干再使用。胶粘剂的用量约 $200g/m^2$ 左右。

②在铜箔的十字交接处或相当于贴面中心点的位置局部涂刷导电胶，在贴面板的中心位置也涂一层导电胶，其余部分则涂刮一层普通胶粘剂。这个工作，应与地面及贴面板刮涂胶液要同时进行。

③待地面和贴面板背面胶粘剂在似干非干的状态下，即指干，开始铺贴。铺贴时，首块贴面板的中心十字线应对准房间十字中心线进行粘贴，其余则以此为准向四周展开。边贴边用橡胶榔头敲击，使其粘结牢固，密实，直至整个地面铺设完毕。板与板之间应有 1mm 左右的间隙。

④所有贴面板在其中心（包括墙旁的非标准板）均有铜箔通过。

⑤施工过程中，应经常用兆欧表测试贴面板间的电阻值，检查其电阻是否符合设计要求。如有不通，应查出原因，重新铺贴或采取其他的一些补救措施。

⑥当铺贴到接地端子处时，应将连接接地的铜箔引出，用锡焊或压接的方法进行

连接固定。

5）无缝地板施工

①沿地板接缝处，用开槽机开槽，槽宽 4mm 左右。要求槽线平直，无缺口等。

②用防静电 PVC 塑料焊条进行焊接。焊接速度均匀，待焊缝冷却后，用锋利的铲刀将焊条的凸出部分铲平。在焊接时应注意：不可划伤贴面板，焊枪行进速度要均匀，贴面板表面不能有焦化、变色、脱焊或未焊透及空洞等问题的出现。

③铺贴作业完成后，应将地面清理干净，并用防静电蜡上光。

（2）施工要点

1）施工现场应符合下列要求：

①基层地面为水泥地面或磨石子地面时，应将地面上的杂物清除干净。地面应平整，用 2m 直尺检查，间隙应小于 2mm。若有凹凸不平或有裂痕处，必须补平，并用砂轮将凸出的毛刺或疙瘩磨平，大的疙瘩应铲平。地面应干燥，水泥地面应发白，坚硬不起砂，不起灰，不能有酥松的问题。达不到上述要求，必须铲除后重新用 1∶3 水泥砂浆抹面。若为底层地面，应进行防水处理。

②基层地面为其他地面时，如木地板、瓷地砖、塑料贴面时，应将其拆除，并清理掉所有的残留物。

③确定接地端子位置。面积在 $100m^2$ 以内，接地端子应不少于 1 个；面积每增加 $100m^2$，应增设接地端子 1～2 个。

④施工前应清扫基层地面，地面上不得留有浮尘等脏物。

2）测试与质量检验：

①测量环境：温度应在 15～30℃之间，相对湿度在 75％以下。

②贴面板地面的表面电阻和系统电阻按以下方法进行测量：使用仪表可为直流 500 型兆欧表或 100 伏数字兆欧表。

首先将整个区域分割成 2～$4m^2$ 的测量区域。随机抽取 30％～50％的测量区域，将两电极分别置于贴面板的中间，并垫衬导电海绵。当然首先要将贴面板上的灰尘之类清除干净，以消除接触电阻，提高测量的正确性。在抽取的 2～$4m^2$ 的区域内应测出 4～8 个数据，并作记录。

③质量评定方法，应按 GB/T 2828.1—2003 进行。

④电性能应满足设计要求：

要求导静电型的，表面电阻和系统电阻应小于 $1\times10^6\Omega$；

要求静电耗散型的，其表面电阻和系统电阻应在 $1\times10^6\Omega$～$1\times10^9\Omega$ 之间。

外观性能应符合下列要求：

不得有鼓泡、分点、龟裂，无明显凹凸不平、脱壳，无明显划痕、色差等弊病。

有缝地板，相邻地板间的间隙不大于 1mm，其接缝错位不大于 2mm，同时无明显的施工污染。

（二）防静电涂料地面、楼面

防静电涂料地面、楼面是指采用经过改性的高分子树脂涂料，涂覆于地面、楼面。在此以聚氨酯树脂涂料为例予以介绍。

1. 材料要求

(1) 面层材料。防静电聚氨酯自流平地面面层材料技术性能要求见表 9-61。

表 9-61 面层材料技术性能要求

名 称	固体含量(%)	磨耗值/g	体积电阻/Ω	表面干燥时间/h	实体干燥时间/h
指 标	≥48	≤0.005	$1.0\times10^5\sim1.0\times10^9$	≤2	≤24

注:表中“磨耗值”的检测条件:500g/1000r。

(2) 找平层材料。防静电聚氨酯自流平地面找平材料技术性能要求见表 9-62。

表 9-62 找平层材料技术性能要求

名 称	拉伸强度/MPa		硬度(邵氏 A 度)		伸长率(%)		阻燃性(级)	体积电阻/Ω
	Ⅰ	Ⅱ	Ⅰ	Ⅱ	Ⅰ	Ⅱ		
指 标	≥0.8	≥1.0	50~70	80~95	≥90	≥20	Ⅰ	$1.0\times10^5\sim1.0\times10^9$

防静电聚氨酯自流平地面封底层材料技术性能指标应符合表 9-63 的规定。

表 9-63 封底材料技术性能要求

名 称	固体含量/g	体积电阻/Ω	表面干燥时间/h	实体干燥时间/h
指 标	≥10	$1.0\times10^4\sim1.0\times10^6$	≤2	≤24

(1) 防静电聚氨酯自流平地面施工用导电胶,可采用固体含量 100%的双组分聚氨酯或环氧树脂导电胶,其体积电阻率应小于 $1.0\times10^4\Omega/cm^2$。

要实现上述指标,通常加入导电炭黑。现以环氧树酯作为主体材料为例,首先将环氧树脂加热溶化,加入二丁酯增韧剂约 10%,然后加入溶剂,丙酮或无水酒精稀释,再加入导电炭黑,搅匀,用万用表检测。导电炭黑的加入量视电阻值达到上述要求为止。如果浓度太高,可继续增加溶剂的用量直至可操作为止。固化剂可采用无水乙二胺或 T31 潜伏型固化剂。前者性暴,难控制;后者容易控制。因此,笔者建议采用潜伏型类固化剂。

(2) 施工材料和溶剂在贮存、使用过程中,不得与酸、碱、水接触;严禁有明火或置于室外暴晒。

(3) 常用施工设备(含工具)应包括低速带式搅拌机、刮板、消泡踏板、消泡毛刷(塑料刷)、射钉枪、吸尘器、运料车及度量衡器等。其规格、性能和技术指标应符合施工工艺要求。

2. 应用设计

可参见本节“防静电贴面板”中所介绍的相关内容。

3. 施工及施工要点

(1) 防静电涂料的施工

1) 安装接地端子

①应根据施工图确定接地端子位置。

②应采用镀锌膨胀螺栓固定接地端子。

2) 铺设导电网络。可使用导电铜箔或导电金属丝制作导电网络。应根据不同场合、不同要求确定不同材质的导电网络。

①用宽15～20mm，厚0.05～0.08mm的铜箔，按6m×6m的网格铺设于基层地面。对小于6m×6m开间的地面，将铜箔条铺成十字形。其十字交叉位于房间的中心，铜箔交叉处用锡焊接，铜箔与接地端子连接处用锡焊或用螺栓压接牢固。

②用导电胶将铜箔粘贴在基层地面上，铜箔粘贴要求平整，无皱折，牢固。可使用橡胶辊从铜箔条中心部位向两端碾展。

③用溶剂将铜箔上的浮胶清洗干净。

3）铺设封底层的施工工艺

①按表9-64要求配料，一次配料不得超过5kg。将料倒入搅拌机内搅拌均匀，然后用60～80目丝网过滤。

表9-64　　聚氨酯自流平地面封底层配料表

名　称	配比（重量比）	名　称	配比（重量比）
聚氨酯涂料	100	导电材料	20～40
固化剂	30～40	稀释剂	0～30

注：聚氨酯涂料指固体为50%的聚氨酯弹性涂料，宜采用醇类型或胺类型。

②用毛辊滚涂地面。每千克料液涂铺5～7m²，要求涂铺均匀，不得漏涂。料液应现配现用。一次配料在20min内用完，距墙10cm处可不涂铺。

③待干后，检测封底层系统电阻，其电阻值应在（1.0×10^4～1.0×10^6）Ω。合格后方可进行下道工序的施工。

4）铺设找平层的施工工艺

①按表9-65要求配料，一次配料量20～60kg。投料顺序为B组→A组→C组，依次投入搅拌机内。

表9-65　　聚氨酯自流平地面找平层配料表

名　称	配比（重量比）		备　注
A组	Ⅰ型	100	—
	Ⅱ型	100	—
B组	Ⅰ型	300	—
	Ⅱ型	200	—
C组	0.5～3.5		—
石英砂	适量		50～100目

注：表中“A组”指固体含量100%的聚氨酯树脂，“B组”为固化剂色浆，C组为复合催化剂及导电材料。为提高塑料面层的承载能力，可适量加入石英砂等填料，一般不宜采用。

②开动搅拌机，应先正向搅拌1min，后反向搅拌1.5min。

③将搅拌好的料放入料桶内，用运料车迅速运到施工现场，运料时间不得超过5min。

④找平层厚度根据设计要求，用特制的、可控制厚度的滚筒或刮板进行施工。作业应按先里后外，先复杂区域、后开阔区域的顺序进行，逐渐到达房间的出口处，最后施工人员退出房间完成剩余部分。要求在滚刮过程中，其走向要求一致，速度要均

匀。两批料液衔接时间应小于 15min。

当施工面积大于 $10m^2$ 时，可先将配好的料液按滚、刮走向，分点定量倒在基面上，数人同时滚、刮料液。运料桶内的料液应在 10min 内用完。

⑤刮、滚涂后，5min 即可进行消泡操作。消泡宜用毛长 80～100mm，宽 200～300mm，把柄长 500～600mm 的聚丙烯塑料刷或鬃毛刷。操作时，施工人员应站在跳板上，来回刷扫地面。用力应均匀，走向应有规律，不可漏消。应在 30min 内完成消泡作业 1～2 遍。

⑥配料、搅拌、运料、滚涂、刮涂、消泡等作业应协调一致，配合有序，应在规定的时间内完成各项操作。

⑦找平层施工完成后，地面必须经养护后（夏季 48h，冬季 72h 为宜）方可进行下道作业。养护期间，应保持周围环境的清洁，严防脏物污染地面，严禁在地面上放置物品，严禁人员行走。在进行下道作业时，施工人员应穿软底鞋并套干净脚套。

5）铺设面层的施工工艺

①配料：按表 9 - 66 要求配料，并搅拌均匀，然后用 100～120 目铜网筛过滤，静置 10～30min 后使用，不同批次料液色彩应一致。

表 9 - 66　聚氨酯自流平地面导电面层配料表

名　　称	配合比（重量比）
导电涂料	100
稀释剂	适量

②当要求面层为无色透明时，应采用滚涂作业。滚涂前应先用毛刷刷涂边缘区域。滚涂作业宜选用毛长 5～10mm，宽 200～250mm 中高档马海毛毛辊，毛辊必须经脱毛处理后才可使用。在滚涂时，应面朝光线的方向进行。每升料液涂复 6～$10m^2$。根据要求，最好滚涂两次，第一次完成后，间隔 6～12h 再进行第二次作业。滚涂后，经 48h 的固化定型，方可进行下道作业。

③当面层为彩色调时，应采用刮涂作业。刮涂宜选用橡胶刃口刮板，橡胶刃口宽 200～500mm，厚 4～5mm，刃口呈圆弧状。施工时，应先将料液均匀地铺设在找平层上，根据刮涂方向，按每人 1.0～1.5m 的宽度刮涂，多人同时操作，交接处不得留有痕迹；每升料液涂布 2～$5m^2$，刮涂 1～2 遍；刮涂作业完成后应养护 7d 左右。

面层料液的颜色应与找平层料的颜色基本一致。

④防静电聚氨酯自流平地面的施工，每次配料必须一次用完，每天收工前应将配料器具清洗干净，可采用乙酸乙酯或二甲苯等作为清洗剂。

⑤面层施工完成后，应彻底清理现场。

清理时，工人应穿袜子或软底鞋操作。严禁无关人员踩踏地面。

将踢脚板等部位的保护胶条，钙基黄油和围挡清除干净。必要时，可用溶剂擦洗。

将混料、搅拌机、运料通道等场所清理干净。

6）接地。接地系统施工，按图纸进行。

7）测试与质量检验

①防静电聚氨酯自流平地面的检测仪器主要有：

A. 数字兆欧表，测试电压 100 伏，量程应大于 1.0×10^3～$1.0\times10^{11}\Omega$，精度等级不得低于 2.5 级。也可用直流 500 型兆欧表。

B. 电极，两只，ϕ50mm、0.5kg 或 ϕ63mm、2.5kg，两端光滑平整，最好能镀铬，用于表面电阻和系统电阻的测试。

C. 测量电极垫片。采用干燥导电海绵或导电橡胶制作，其体积电阻应不大于 $1.0\times10^3\Omega$。

D. 接地电阻测量仪，用于测量接地极与大地间的接地电阻。其量程和精度等级应满足测量要求。

E. 直尺，长度 2m，用于检查地板平整度。防静电性能的检测仪器应正确无误，在计量鉴定有效期内。

②防静电性能的检验应在地面施工结束后 2～3 个月进行。

③表面电阻及系统电阻检测：测试温度在 15～30℃，相对湿度 30%～75%，两电极间距 900mm，所测部位的灰尘、异物等应一并清除干净。必要时，可用中性洗涤剂清洗，24h 后使用。严禁使用抗静电剂涂刷地面或防静电蜡涂刷后再测试。

系统电阻就是地面表面至接地端子间的电阻值。测试时，只要将一个电极放置在地面上，另一电极放置在接地端子上，中间垫衬导电海绵或导电橡胶进行测试。除以上规定外，应按 SJ/T 10694 要求进行。质量评定方法按 GB 2828 进行。

（2）施工要点

1）当基层面层是水泥类面层时

①表面应坚硬、干燥、发白，不得有酥松、粉化、脱壳、脱皮等问题。

②地面应平整。用 2m 长直尺检查，其空隙不得大于 3mm。如有裂缝、空鼓、凹凸不平等现象，应在施工前 1～2d，采用耐水建筑胶配制的腻子修补处理。直至达到要求。

2）当基层面层为水磨石、瓷地砖、木地板等板类面层时，可在原面层上施工，但必须对原有板面进行补平，板面上的缝隙应用腻子嵌平。当相邻两板面的高差大于 1.5mm 时，应用腻子填充刮平。同时，板面不得有松动、空鼓等问题。

3）当基层为油漆、树脂等涂料地面，涂层不得有翘曲、脱皮等问题。如有上述情况，应将该部位的涂层清除并砂平，凹陷处用腻子补平，待腻子硬化后才可进行下一步作业。

4）应将面层上的灰尘、油污、胶水、蜡等残留物清除干净。

5）彻底清洁施工区内地面。用拧干拖把将其拖揩后备用。门、窗应紧闭。正式施工时，方可开启。

6）在施工区内的门口、通道、分隔处应用 3mm 厚板条设置围挡，以阻止胶液外溢流淌。

7）对施工区内的踢脚板、门底边、设备底脚等处应用胶带或钙基黄油涂复保护。

二、防静电活动地板地面、楼面

防静电活动地板适用于防尘、防静电要求和管线敷设较集中的专业用房，如电子计算机房、通信枢纽、电化教室、变电所控制室、程控交换机房以及卫星地面接收站等建筑地面工程。

防静电活动地板由金属支架（钢质或铝质）、横梁、地板块及缓冲垫组成。支架固定在地面上，相互间用横梁连接，在支架顶和横梁上安放橡胶缓冲垫，从而形成一个网架，在网架上安放地板块，同时与接地端子连接形成一个导静电的网络。

防静电活动地板有承重型和复合型之分，其性能要求有所不同。如地板块的承重材料为金属类，则为承重型；如承重材料为木质类材料，则为复合板；承重能力较差，属轻型类。

(1) 木质类活动地板块（含复合地板块)。其构造如图 9-17 所示。该地板块常用刨花板、中密度板等人造板作为承载层，用铝合金薄板或镀锌铁皮封盖底面，在四周用铝合金包边条和防静电胶条镶嵌粘贴(用导电胶)，在板面上粘贴防静电贴面板。组装完成后，应进行防静电性能的测试，其值必须满足设计要求。

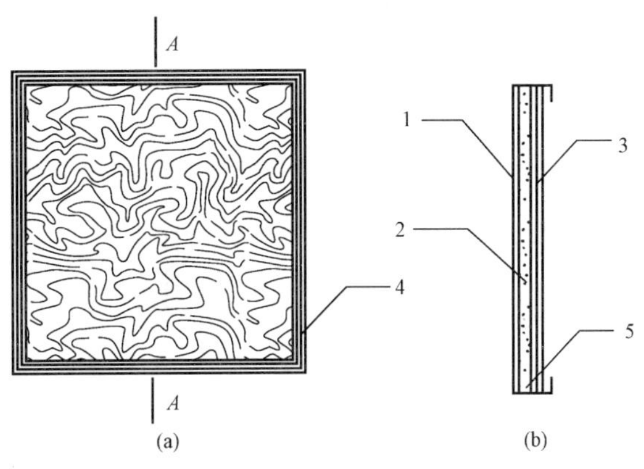

图 9-17　木质类活动地板块示意图

(a) 平面图；(b) A—A 剖面图

1—防静电贴面板；2—人造木板；3—铝板或镀锌铁皮；4—导静电橡皮条；5—铝合金包边条

木质类活动地板的性能特点是轻质，价格低廉，制作工艺简单，容易上马。不足之处是承载能力较差，刚度不足，防潮性能差，难燃性也较差，适用于板面荷载较小、比较干燥的环境中。由于制作工艺简单，目前生产制造单位较多，产品质量良莠不齐，因此，使用单位和监理部门应认真进行监督把关。

(2) 钢质活动地板。其构造如图 9-18 所示。一般由两层钢板组成，下层为用高延伸性钢板，经冲压加工成多个连续半球状作为底板，中间层用特制的平压刨花板或用泡沫混凝土，上层为钢薄平板，上下两层钢板焊接成整体，并进行防锈处理，在面上则粘贴防静电贴面板。在地板四周镶嵌防静电胶条。组装完毕后，必须测试贴面板与底面间的电阻值。

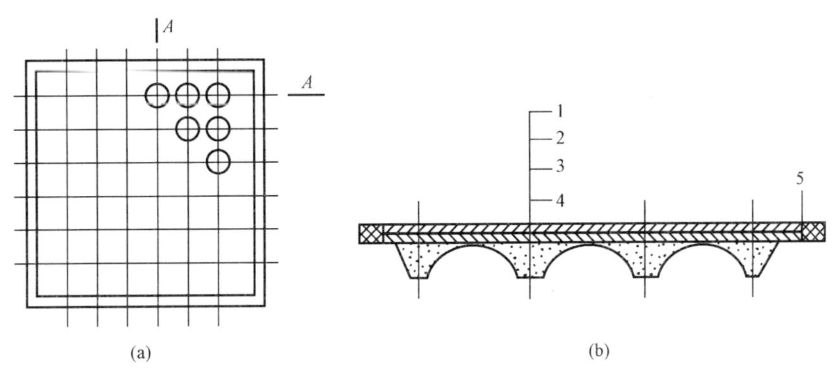

图 9-18　钢质活动地板块示意图

(a) 平面图；(b) A—A 剖面图

1—防静电贴面板；2—钢面板；3—泡沫混凝土；4—钢底板；5—导静电胶条

钢质活动地板的性能特点是承载力强，刚度好，难燃，价格适中。不足之处是重量大，安装和制造时的劳动强度大，制作工艺较复杂，耐锈蚀性较差，适宜使用在比较干燥的场所。

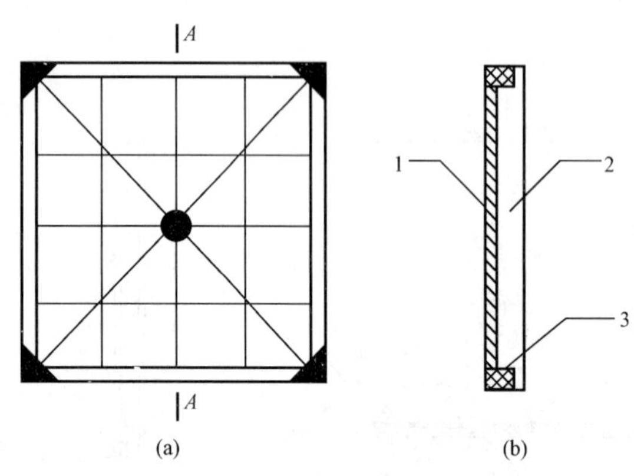

图 9-19 铝合金活动地板块示意图
(a) 平面图；(b) A—A 剖面图
1—防静电贴面板；2—铝合金底板；3—导静电胶条

(3) 铝合金活动地板。其构造如图 9-19 所示。其承载力由铝合金底板承受，结构简单，制造工艺也简单，只需在板面上粘贴防静电贴面板，四周镶嵌防静电胶条就完成组装任务。每块地板块必须测试贴面表面至底面的电阻值，其值必须满足设计要求。

铝合金活动地板块的性能特点是轻质高强，耐锈蚀，制作工艺简单，阻燃性好，使用寿命长，质量上佳。如用网状永久性防静电贴面板做其面层，从目前的技术水平来讲，应属最佳组合之列了。不足之处是成本较高，推广应用上受到一定的影响。

(4) 其他材料活动地板。目前国内大多数活动地板为木质活动地板和金属（钢或铝合金）活动地板。近年来国外已研制出硫酸钙为主要材料的活动地板，还有以碎大理石和瓷片与胶凝材料复合，其中以钢筋网为加强材料的复合地板，该种地板不但具有很高的抗压、抗折强度，而且耐磨、美观，又节约了大量资源，保护了环境，如图 9-20和图 9-21 所示。

图 9-20 硫酸钙活动地板

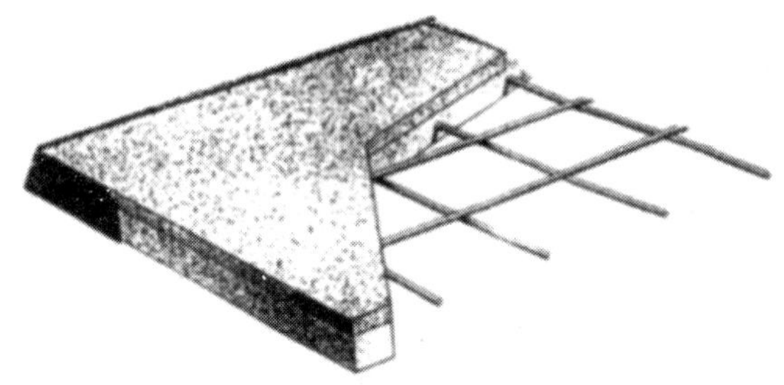

图 9-21 碎大理石、瓷片、钢筋复合

活动地板按其功能来分，大致可分为三种：普通活动地板、通风活动地板和走线活动地板，如图 9-22 所示。

由于活动地板地面是由支架及横梁将地板架空，因此可以满足敷设纵横交错的线缆和各种管线的需要。此外，在架空活动地板的某些部位可以设置具有通风功能的活动地板，从而满足室内通风或调温的需要。

活动地板除具有重量轻、强度高、尺寸精准、表面平整、质感强和装饰性好的特点外，还具有运用灵活，铺装简便、快速的优良的施工性能。

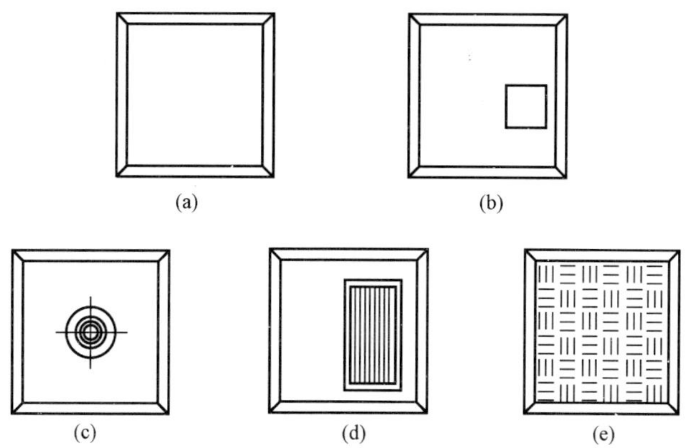

图 9-22　活动地板的品种（按功能分）

（a）普通地板；（b）走线地板；（c）通风地板（旋转风口）；
（d）通风地板（可调风口）；（e）通风地板（大面风量）

（一）材料要求

抗静电活动地板种类较多，在此仅以抗静电活动地板为例，予以介绍。

1. 抗静电木质活动地板（LY/T 1330—1999）

（1）规格及尺寸偏差。抗静电木质活动地板的公称厚度为 20mm、25mm、30mm、35mm、40mm 等。

注：经供需双方协商，可生产其他厚度的抗静电木质活动地板。

抗静电活动地板的幅面尺寸及偏差要求见表 9-67。

表 9-67　幅面尺寸及偏差要求

名称 / 等级	幅面尺寸 /mm	极限偏差 /mm	翘曲度 (‰)	邻边垂直度 /mm
优等	600×600 500×500	±0.2	≤1	0.5
一等		±0.3		0.8

注：经供需双方协商，可生产其他幅面尺寸的抗静电木质活动地板。

抗静电木质活动地板任意点厚度偏差要求见表 9-68。

表 9-68　厚度公差要求　（单位：mm）

公称厚度 / 偏差 / 等级	≤25	>25
优等	±0.2	±0.3
一等	±0.3	±0.5

（2）物理力学性能。抗静电木质活动地板的物理力学性能要求见表 9-69。

表 9-69　物理力学性能要求

名称 / 等级	集中载荷 /N	变形 /mm	破坏载荷 /N
优等	>3000	≤2	$\geq 10^4$
一等	>2000	≤2	$\geq 0.8\times 10^4$

(3) 电阻、防火性能。在相对湿度 (50±5)%，温度 (20±2)℃条件下，抗静电木质活动地板的系统电阻应为 $1.0\times10^{5}\sim1.0\times10^{9}\Omega$。

抗静电木质活动地板的防火性能应符合 GB/T 50222 中的有关规定。

(4) 系统高度。系统高度要求见表 9-70。

表 9-70 系统高度要求

(单位：mm)

系统高度	可调范围
200	+20
300	

(5) 外观质量。抗静电木质活动地板外观质量要求四周封边严密，表面平整，不得有鼓泡、压痕、开胶、边角缺损的现象。表面材料应为柔光耐污染，其质量应符合相应表面材料的标准要求。

2. 配件

(1) 横梁。要求平直表面进行防锈处理。

(2) 垫条。厚度要求均匀一致，体积电阻值应不大于 $1.0\times10^{5}\Omega$。

(3) 支架。要求承载能力大于 10 000N，表面光滑，不得有毛刺、砂眼等缺陷，其中心线应与底面垂直，底面应平整，不得外凸。

(二) 应用设计

1. 应用形式

活动地板一般是将支架置于室内混凝土基层上，其间距应根据活动地板的规格等因素考虑，并在支架上固定横梁，最后将活动地板铺置于横梁上。其架设结构如图 9-23 所示。

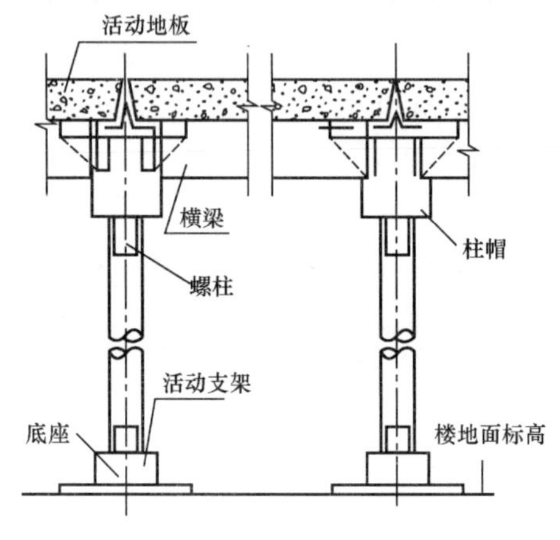

图 9-23 活动地板架设结构

2. 承重形式

活动地板在使用中，可根据其承重情况来确定其地板的规格和品种，以及支架的规格，并确定是否使用横梁，使用横梁的形式及规格。

一般来说，活动地板有五种支撑结构形式，如图 9-24 所示。

3. 活动地板数量的确定

地板块数 $$N_B = \frac{a}{A} \times \frac{b}{B}$$

式中 N_B——活动地板的数量（块）；

A——活动地板的边长（mm）；

a——室内地面的长度（mm）；

b——室内地面的宽度（mm）。

注：若室内地面的尺寸不是活动地板边长尺寸的整数倍时，所安装的活动地板会出现不完整体，这时可将室内尺寸（a 或 b）扩大成为活动地板边长尺寸（A）的整数倍，然后再按上式计算。

4. 支架数量的确定

$$N_Z = \left(\frac{a}{A} + 1\right)\left(\frac{b}{A} + 1\right)$$

式中 N_Z——支架的数量（个）；

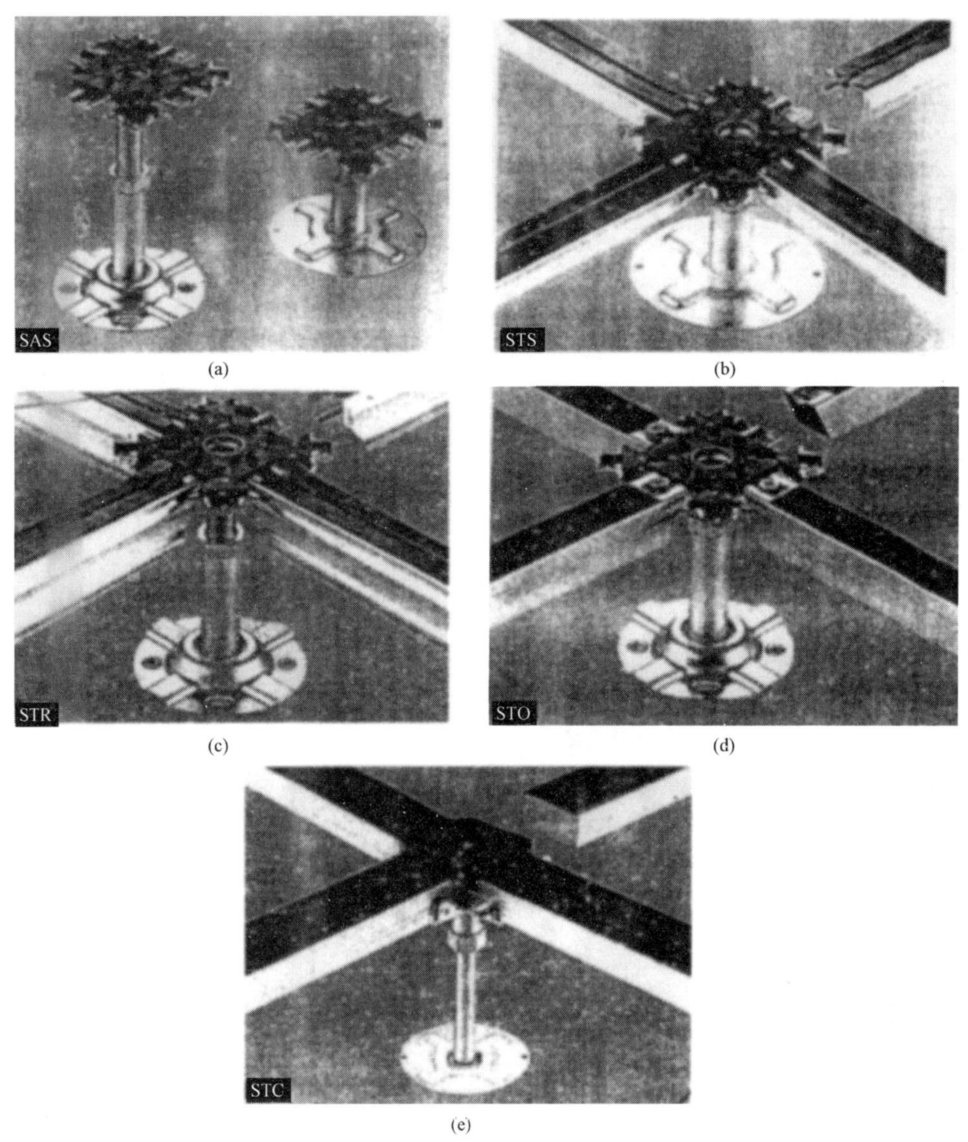

(a)　(b)　(c)　(d)　(e)

图 9－24　活动地板的支架结构类型

(a) 超轻型；(b) 轻型；(c) 中型；(d) 重型；(e) 极重型

A——活动地板的边长（mm）；

a——室内地面的长度（mm）；

b——室内地面的宽度（mm）。

5. 横梁数量的确定

$$N_H = 2 \times \frac{a}{A} \times \frac{b}{A} + \frac{a}{A} \times \frac{b}{A}$$

式中　N_H——横梁的数量（根）；

A——活动地板的边长（mm）；

a——室内地面的长度（mm）；

b——室内地面的宽度（mm）。

6. 活动地板系统高度

活动地板系统的高度要求见表9-71。

表9-71 活动地板系统的高度要求

（单位：mm）

系统高度/mm	可调范围	备 注
200 350	±20 ±20	—

7. 基层的强度

架设活动地板的支架由于是金属的，故应架设在水泥类的基层上，混凝土应为整体浇筑的，故不应采用预制空心楼板。一般对于小型计算机系统房间，其混凝土强度不应小于C30；对于中型计算机系统房间，其混凝土强度不应小于C50。

8. 基层的标高

为了便于活动地板面层与过道或其他房间的地面面层衔接，其面层的标高应根据所选用的支架型号，相应的要低于活动地板面层的标高。否则，应在入口处设置踏步或坡道等过渡构造形式。

（三）施工及施工要点

1. 活动地板的施工

（1）清整基层。首先应将基层表面清扫干净，除去油污、灰渣等，基层表面应平整、光洁。然后在基层表面刷两道清漆。

（2）划线。根据设计要求，首先在室内四周墙壁上划出活动地板的标高位置控制线。然后根据室内铺设地板的方向和顺序，划出基准点，并在基层表面上按活动地板的幅面规格划线以形成方格网，同时也应标出活动地板的高度。

（3）架设支架、横梁。以基准线为依据，依次将支架和横梁架设于上面所述的划线形成的方格网的交叉点。

（4）校正。待支架和横梁架设完后，应仔细校核横梁所形成的表面是否符合设计要求的标高，是否在一个水平面上，支架是否就位准确、垂直。如有偏差，应及时进行调整。

（5）固定支架。当有支架和横梁构成为一体之后，并经水平仪校验合格后，可采用在支架底座与基层之间注入胶粘剂（环氧树脂、聚氨酯树脂等），也可以采用膨胀螺栓或射钉来进行固定。

（6）铺设活动地板。首先在横梁上铺设缓冲条，缓冲条可用乳胶将其与横梁黏合。

铺设活动地板时，可从一角或相邻的两个边依次向外或另外两个边铺设。铺设时，可调转地板位置，以使地板四个角接触处平整、严密（严禁在活动地板下加垫的不规范做法）。

（7）验收。待活动地板全部安装完毕后，应再次进行检验，发现问题，立即进行处理。最后，将地板板面清理、擦洗干净，并进行验收。

2. 施工要点

（1）根据室内平面的尺寸，选择适当的活动地板幅面尺寸。当平面尺寸是活动地板的幅面尺寸的整倍数时，可由里向外铺设；若平面尺寸不是活动地板幅面尺寸的整倍数时，可由外向里铺设。

（2）活动地板下面需要安装的管线，应在铺设活动地板块之前就位。

（3）活动地板的安装，应使用吸板器或橡胶皮碗，以免损伤活动地板。

（4）对木质活动地板进行切割或打孔时，应注意加工后的平整、光滑，对于边角应进行打磨，然后采用环氧树脂或聚氨酯树脂与滑石粉调成腻子进行封边处理，以便防潮，也可用铝合金型材镶嵌。

（5）活动地板与墙边的接缝处，可根据情况采用泡沫塑料条嵌实。

（6）对于非整块使用的活动地板（由于室内平面尺寸局限所致），应将其切割后（木质活动地板应进行封边处理，以便防潮），将其镶补于其所在的墙边的位置，并应在其下面采取适当的支撑结构，如图 9-25 所示。

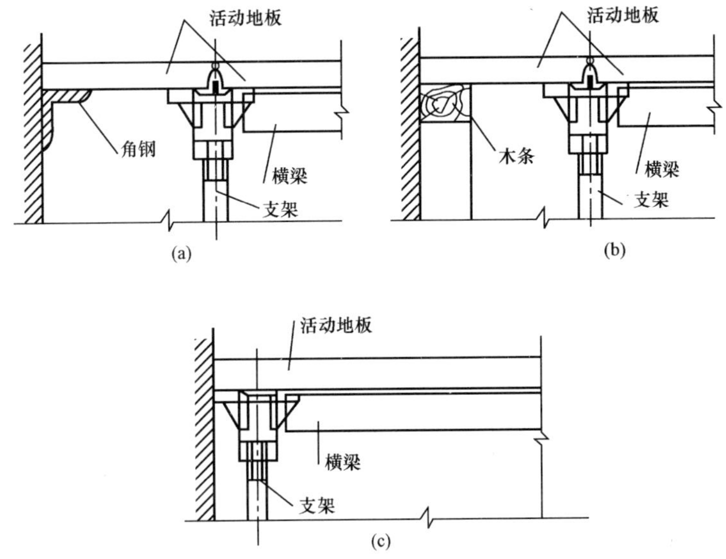

图 9-25 墙边镶补活动地板的支撑结构

(a) 角钢支撑；(b) 木条支撑；(c) 支架支撑

注：若采用支架支撑所镶补的活动地板时，应将支架上托的四个定位销去掉三个，仅保留沿墙的一个，以使靠墙边的活动地板块可越过支架紧贴墙面。

三、防静电水磨石地面、楼面

防静电水磨石地面、楼面是通过在水磨石下敷设导电地网来实现其防静电功能的。

（一）材料要求

（1）水泥：强度等级不小于 42.5 的硅酸盐水泥或矿渣水泥；彩色地面面层的水泥颜色采用白色或彩色；同一单项工程地面施工，应使用同一出厂批号的水泥。

（2）砂子：洁净，无杂质，粒径为粗中砂，含泥量不大于 3%。

（3）石子：无风化坚硬石子（白云石、大理石等），大小均匀，色泽基本一致，其粒径规格 4～12mm。可将大、中、小粒径的石子按一定比例混合使用。同一单项工程应采用同批次、同产地、同配比的石子，颜色、规格不同的石子应分类保管。

（4）分格条：可用玻璃条、铜条或塑料条。分格条的尺寸规格为宽 3～5mm，高 10～15mm（视石子粒径定），长度按分割块尺寸确定。

玻璃条：用普通平板玻璃裁制而成。

铜条：采用工字形铜条。使用前必须调直，铜条表面应做绝缘处理，绝缘材料的电阻值应不小于 $1.0\times10^{12}\Omega$。

塑料条：用聚氯乙烯板材裁制而成。

(5) 颜料：采用耐光、耐碱性好的颜料，其掺入量为水泥量的3%～6%。

(6) 导电粉：采用无机材料构成的多组分复合导电粉。

(7) 导电地网用钢筋：采用 ϕ4～6mm 钢筋，使用前必须张拉调直。

(8) 草酸：浓度为5%～10%的水溶液，用于面层处理及去污。

(9) 防静电地板蜡：体积电阻在 $5.0\times10^{4}\sim1.0\times10^{9}\Omega$ 的专用防静电地板蜡。

(10) 绝缘漆：B级，绝缘电阻值不小于 $1.0\times10^{12}\Omega$。

(二) 应用设计

参见本书第二章第四节“水磨石板、现浇水磨石地面、楼面”中所介绍的相关内容。

(三) 施工及施工要点

1. 防静电水磨石地面、楼面的施工

(1) 清理基层：必须清除地面残留砂浆、结块，然后将面层打毛；基层地面如有空鼓、凹凸等情况应进行修补处理，然后清洁地面。

(2) 涂覆绝缘漆：应将露出基层表面的金属（如钢筋、管道）涂绝缘漆两遍后晾干。

(3) 敷设导电地网：应首先将经调直的钢筋彻底除锈，清洁表面，并按图纸尺寸下料。根据地网布置图将钢筋、接地端子（指安装在地面上的）敷设于已清洁干净的基层上。钢筋的交叉连接处应焊接牢固，地网与接地端子用焊接或压接法连接牢固。应根据接地系统图，在地网上焊接接地引下线。

导电地网施工完成后，应对其进行电性能检测。自身导电性能应良好，且与建筑物其他导体不得有短路现象。

(4) 当施工接地引下线、地下接地体时，接地引下线的长度应尽量短，接地体的埋设应符合 GB 50169《电气装置安装工程接地装置施工及验收规范》规定。接地引下线与导电地网和地下接地体的连接应牢固、可靠。

(5) 防静电现浇水磨石地面宜单独接地，其系统接地电阻值应小于100Ω。若与其他系统共用接地装置时，必须按有关标准、规范执行，系统接地电阻值应满足其中最小电阻值的要求。与防雷接地系统共用时必须加设接地保护装置。

(6) 施工找平层：应在已敷设好导电地网的基层上刷混凝土界面剂或用水湿润基层表面。宜使用1∶3干性水泥砂浆（按水泥重量的配比掺入复合导电粉并搅拌均匀），覆盖于导电地网上。找平层厚度应在25～30mm。

(7) 镶嵌分格条：采用铜分格条时，应首先检查铜条表面的绝缘层是否良好。敷设时不得交叉和连接，相邻处应有3mm间距。分格条与导电地网及基层地面中的预埋管线间距不应小于10mm；特殊情况小于10mm时，应进一步作绝缘处理（采用塑料或玻璃分割条不受此限制）。

当采用玻璃分格条时，施工中应防止其断裂、破碎。

(8) 抹石子浆：应将复合导电粉与颜料按水泥重量配比混合均匀后加入石子浆中，然后搅拌均匀。石子颜色、品种、粒径及水泥的颜色应符合设计要求。抹浆厚度宜为15～20mm。抹后应用轧辊压实。

(9) 磨光地面：应在石子浆已凝固、表面干燥后研磨地面。研磨不得少于三遍，两次研磨之间应补浆一遍，应使地面光滑、平整，不应有塄坎和孔、洞、缝隙。磨光后应进行地面保护。

(10) 地面保护：宜在地面表面上加一层覆盖物，并派专人看管。如有损坏应按以上施工工艺要求及时修复。

(11) 细磨出光作业：应在整体施工基本完成后进行细磨出光作业。首先将5%～10%浓度的草酸溶液洒在地面上，然后用磨石机（金刚砂细度为 280～320 目）研磨地面，直至地面面层光亮、平整。细磨后在地面上应再洒一遍草酸溶液。

(12) 打蜡抛光：细磨出光后的地面，经清洁干净后，应在其表面均匀地涂一层防静电地板蜡，并做抛光处理。

2. 施工要点

(1) 检测：施工过程中，每一道工序结束后，应进行质量检测，并应认真填写工序施工记录。未达到质量标准的不得进行下道作业。

(2) 接地装置的装设地点的选择

1) 接地装置应埋设在距建筑物 3m 以外的地方。

2) 应安装在土壤电阻系数低的地方，并应避免靠近有热源的地方，以免电阻率的增高。

3) 不应在垃圾、灰渣及对接地装置有腐蚀的土壤中埋设。

4) 当埋设在距建筑物入口或与人行道的距离小于 3m 时，应在接地装置上面铺设沥青层，厚度 50～80mm。

5) 如铺设在腐蚀性较强的场所，应采用镀锌、镀锡等防腐蚀措施，或适当加大接地体所用材料的截面或使用含腐蚀强的金属材料。

6) 如必须铺设在土壤电阻率高的地方，可采用如加木炭屑、食盐和水等技术措施来降低土壤电阻率。

(3) 接地线的铺设

1) 接地线的铺设，不应妨碍设备的拆除、检修。接地装置的埋入深度，一般距地面 0.5～0.8m，并应埋在冻土层以下。

2) 埋设时，角钢下端要削尖，其规格应是 L45×4，钢管的下端要加工成尖或将钢管打扁，垂直打入地下。扁钢或圆钢埋放地下，要立放。扁钢厚度要求为 4mm，其截面不小于 48mm^2；圆钢规格为 ϕ12 以上；钢管规格则为 ϕ48～60，壁厚 4mm。

3) 所有连接部分，必须用电焊或气焊焊接固定，接触面一般不得小于 10cm^2，锡焊。

4) 埋入后接地体周围要回填新土并夯实，不得填入砖石、煤渣等。

5) 尽可能设立独立的静电入地装置，与防雷接地装置要相距 20m 以上的距离，避免引起事故。

防静电地线必须是永久的。所有接头处应焊接牢固。

第五节 洁净地面、楼面工程

洁净地面、楼面已成为现代人们的生产、生活中重要的组成部分，目前在电子工业、航天工业、精密机械、冶炼、轻化工业、食品工业以及医药工业、医疗部门得到应用。洁净地面就是装修的建筑地面具有较高清洁要求的地面，因为地面的洁净程度在相当程度上影响着产品的加工精度、设备的使用寿命和人们工作及日常活动的环境质量。采用洁净技术的建筑物，要求对空气中的灰尘含量加以控制，并分成若干等级。

(1) 空气洁净度分级。空气洁净度的分级见表 9-72。

表 9-72　空气洁净度分级

等　级	每立方米（每升）空气中 ≥0.5μm 尘粒数	每立方米（每升）空气中 ≥0.5μm 尘粒数
100 级 1000 级	≤35×100 (3.5) ≤35×1000 (35)	≤250 (0.25)
10 000 级 100 000 级	≤35×10 000 (350) ≤35×100 000 (3500)	≤2500 (2.5) ≤25 000 (25)

注：1. 对于空气洁净度为 100 级的洁净室内大于等于 5μm 尘粒的计数，应进行多次采样，当其多次出现时，方可认为该测试数值是可靠的。
2. 洁净室空气洁净度等级的检验，是在动态条件下按《洁净厂房设计规范》有关规定测试。

(2) 洁净地面与空气洁净度。空气洁净度等级与洁净地面设计，除一般要求外，还有着相互对应要求，见表 9-73。

表 9-73　洁净地面与空气洁净度

洁净度等级	洁净地面设计技术要求	说　明
100 级 (垂直层流)	1. 采用格栅式通风地板，如铸铝通风地板、钢板焊接后电镀或涂塑通风地板 2. 通风地板不采用现浇水磨石，在水泥类地面上涂刷树脂类涂料或瓷砖面层	1. 铸铝通风地板和钢板焊接通风地板相比，前者价格太高，后者较廉，强度则后者不亚于前者 2. 塑料、铸铁等通风地板，前者较易变形、老化，后者有效通风面积较小。缺点较多，不宜采用 3. 金属材料此处一般不会生锈
100 级 (水平层流) 1000 级 10 000 级	1. 采用导静电塑料贴面面层、聚氨酯自流平面层 2. 导静电塑料贴面面层宜成卷或有较大块材铺贴，并用配套的静电胶粘合	1. 聚氨酯自流平面层，优点很多，且静电积聚弱于聚氯乙烯塑料，可作为导静电的材料。要求：基层十分平整、干燥；漆膜成型时有毒，施工时注意通风良好 2. 软质或半硬质的聚氯乙烯板地面，静电积聚厉害，施工麻烦，易老化、损坏，缺点较多，不作推荐
10 000 级 100 000 级	采用现浇水磨石面层和水泥类基层上涂刷聚氨酯涂料和环氧涂料等树脂类面层	1. 对这类地面设计要求不高，但有一定要求。优先采用涂刷树脂类涂料 2. 现浇水磨石成本低，但脚感差 3. 现浇水磨石不宜用玻璃嵌条，但金属嵌条（铜、铝合金）对某些生产工艺（如荧光粉的生产）有害，就只好用玻璃嵌条了

一、材料要求

洁净地面、楼面工程中，所采用的材料见表 9-74。

表 9-74　常用洁净建筑地面、楼面材料

面层材料	洁净度等级				洁净区走道	人员净化区	附　注
	100	1000	10 000	100 000			
现浇高级水磨石			√	√	√	√	①
聚氯乙烯塑料卷材		√	√	√	√	√	
半硬质聚氯乙烯塑料板			√	√	√	√	
聚氨基甲酸涂料	√	√	√				
环氧树脂砂浆胶泥	√	√	√				②
聚酯树脂砂浆胶泥	√	√	√				③
天缝塑料卷（板）材	√	√	√				
马赛克						√	
工程塑料、金属格栅	√						④

① 嵌铜条，表面打蜡。
② 耐腐蚀。
③ 耐腐蚀，耐氢氟酸。
④ 适用于垂直层流洁净室地面或回风地沟地板。

表 9-74 中的各种材料，由于品种较多，限于篇幅，在此不予以一一介绍，读者可参考本书中所介绍相关的章节中的内容。

二、应用设计

(1) 地面装修材料应选择在温、湿度变化和振动等作用下，具有变形小、气密性好、不易开裂、不剥落、耐磨、表面光滑、不起尘、易清洁、不产生静电吸附等特性的面层材料。

(2) 生物洁净建筑的地面应具有防霉菌和耐酸碱的性能。

(3) 采用不燃、难燃或燃烧的材料时，不会产生有毒气体。

(4) 避免眩光，光反射系数一般为 0.15～0.35。

(5) 富有弹性和较低的热导率，具有舒适感。

(6) 地面结构的整体性好，不易变形和裂缝。地面的构造和缝隙，应采取可靠的密封措施。

(7) 根据使用环境，综合考虑。例如可根据环境是否有防水、防潮、耐磨、耐腐蚀等要求，并从造价等诸多因素中，综合考虑，选择性价比最优者。

三、施工及施工要点

由于用于洁净地面、楼面工程中的材料较多，且大多在本书的其他章节中均已介绍，故在此不予介绍，读者可参考本书中的相关章节的内容。

第六节　体育馆（所）地面、楼面工程

随着国民经济的快速发展，人们对体育运动的要求也日益提高，目前在许多小区甚至也有了较正规的体育活动馆（所）。其地面、楼面因使用功能的不同，构造和层次

差异较大，但共同的特点是要求平整度高、弹性好，而对于采用的木地板还有耐磨和防滑的要求。

总体来讲，体育馆（所）地面、楼面工程中常用的材料主要为两种：塑胶和木质地板。

一、木质地板地面、楼面

它适用于体育馆内供篮球、排球、手球、乒乓球、羽毛球、体操、武术等竞赛、训练、教学和健身使用的木质地板，但不适用于承受举重项目杠铃和田径项目投掷器械冲击的木质地板。

目前，国家已颁布 GB/T 20239—2006《体育馆用木质地板》，其中，将使用的木质地板种类分为四种：实木地板、实木复合地板、实木集成地板和竹地板。这四种地板在本书第 4 章中已分别介绍，但因其现用于体育活动中，故有所差异，读者可相互比较参考。

（一）材料要求（GB/T 20239—2006）

1. 实木地板

（1）规格

1）长度≥200mm，宽度为 50～150mm。

2）厚度为 22mm、24mm。

3）加工精度应符合 GB/T 15036.1—2001 中表 2 和表 3 中的规定，未涂饰地板厚度偏差为$^{+0.5}_{0}$mm。

注：规格尺寸也可根据供需双方协议确定。

（2）性能。体育馆用实木地板物理力学性能要求见表 9-75。

表 9-75　　体育馆用实木地板物理力学性能要求

项　目	指　标　值
含水率（%）	6.0≤含水率≤我国各地区的平衡含水率
漆板表面耐磨/(g/100r)	≤0.15，且磨 100r 后漆膜未磨透
漆膜附着力/级	0～1
漆膜硬度	≥H

注：含水率是指实木地板产品在未拆封和使用前的含水率，我国各地区的平衡含水率见 GB/T 6491—1999 中的附录 A。

（3）外观质量。应符合 GB/T 15036.1—2001 中表 1 中一等品的规定。

2. 实木复合地板

（1）规格

1）长度≥900mm，宽度≥90mm。

2）厚度为 12～30mm。

3）表层厚度≥4mm。

4）加工精度应符合 GB/T 18103—2000 中表 4 的规定，未涂饰地板厚度偏差为$^{+0.5}_{0}$mm。

注：规格尺寸也可根据供需双方协议确定。

（2）性能。体育馆用实木复合地板理化性能要求见表 9-76。

表 9-76　体育馆用实木复合地板理化性能要求

项　目	指　标　值
含水率（%）	5.0～14.0
浸渍剥离	任意试件每一边的任一胶层开胶的累计长度不超过该胶层长度的 1/3（3mm 以下不计）
静曲强度/MPa	≥30
弹性模量/MPa	≥4000
漆膜附着力	割痕及割痕交叉处允许有少量断续剥落
表面耐磨/(g/100r)	≤0.15，且磨 100r 后漆膜未磨透
表面耐污染	无污染痕迹
甲醛释放量/(mg/L)	≤1.5

注：含水率是指实木复合地板产品在未拆封和使用前的含水率。

（3）外观质量。应符合 GB/T 18103—2000 中表 1 一等品的规定。

3. 实木集成地板

（1）规格

1）长度≥900mm，宽度为≥90mm。

2）厚度为 22mm、24mm。

3）加工精度应符合 LY/T 1614—2004 中表 3 的规定，未涂饰地板厚度偏差为$^{+0.5}_{0}$mm。

注：规格尺寸也可根据供需双方协议确定。

（2）性能。体育馆用实木集成地板理化性能要求见表 9-77。

表 9-77　体育馆用实木集成地板理化性能要求

项　目		性　能　指　标
含水率（%）		6.0～14.0
浸渍剥离		单个试件两端胶线剥离总长度不超过两端胶线长度总和的 10%，且每个胶线剥离长度不超过该胶线长度的 1/3
抗弯载荷		基本厚度 t_n≤16mm 时，破坏载荷平均值≥200N，最小值≥160N 基本厚度 16mm<t_n≤18mm 时，破坏载荷平均值≥300N，最小值≥240N 基本厚度 18mm<t_n≤20mm 时，破坏载荷平均值≥400N，最小值≥320N 基本厚度 t_n>20mm 时，破坏载荷平均值≥500N，最小值≥400N
漆膜附着力		不低于 3 级
表面耐磨/(g/100r)		≤0.15，且磨 100r 后表面漆膜未磨透
检验项目	单位	性能指标
表面耐污染	—	无污染痕迹
甲醛释放量	mg/L	≤1.5

注：1. 若是无横向拼接的实木集成地板，不测试浸渍剥离性能。

2. 含水率是指实木集成地板产品在未拆封和使用前的含水率。

（3）外观质量。应符合 LY/T 1614—2004 中表 1 一等品的规定。

4. 竹地板

（1）规格

1）厚度为 10～30mm。

2）长度和宽度以及加工精度应符合 GB/T 20240—2006 中表 1 的规定，未涂饰地板厚度偏差为$^{+0.5}_{0}$mm。

注：规格尺寸也可根据供需双方协议确定。

（2）性能

1）理化性能。体育馆用竹地板理化性能要求见表 9-78。

表 9-78　　体育馆用竹地板理化性能要求

项　　目	指　标　值
含水率（%）	6.0～15.0
静曲强度/MPa	厚度≤15mm 时，≥80 厚度>15mm 时，≥75
浸渍剥离试验/mm	任意试件每一边的任一胶层开胶的累计长度不超过该胶层长度的 1/3（3mm 以下不计）
表面漆膜耐磨性/(g/100r)	≤0.15，且磨 100r 后表面留有漆膜
表面漆膜附着力	不低于 3 级
表面漆膜耐污染性	无污染痕迹
表面抗冲击性能/mm	压痕直径≤10，无裂纹
甲醛释放量/(mg/L)	≤1.5

注：含水率是指竹地板产品在未拆封和使用前的含水率。

2）功能要求。体育馆用竹地板的功能性要求见表 9-79。

表 9-79　　体育馆用木质地板功能性要求

项　　目	竞赛用体育馆用木质地板	训练、教学和健身用木质地板
冲击吸收率（%）	≥53	≥35
标准垂直变形/mm	≥2.3①	≥1.0
相对垂直变形率（%）	≤15	
滚动载荷	不起毛刺，没有裂纹、断裂、劈裂、漆膜损坏 残余压痕≤0.5mm	
球的反弹率（%）	≥90	
滑动摩擦系数	0.4～0.6	

① 可由合同双方协定。

（3）外观质量。应符合 GB/T 20240—2006 中表 2 一等品的规定。

（二）应用设计

木质地板地面、楼面的应用设计主要有四种类型：架空搁栅双层木地板地面、楼面，双层龙骨弹性木地板地面、楼面，双层龙骨双层木地板地面、楼面和弹簧木地板地面、楼面。

1. 架空搁栅双层木地板地面、楼面

此类架空搁栅双层木地板地面常用于普通的室内运动场地地面，如训练馆等，其构造形式如图 9-26～图 9-28 所示。

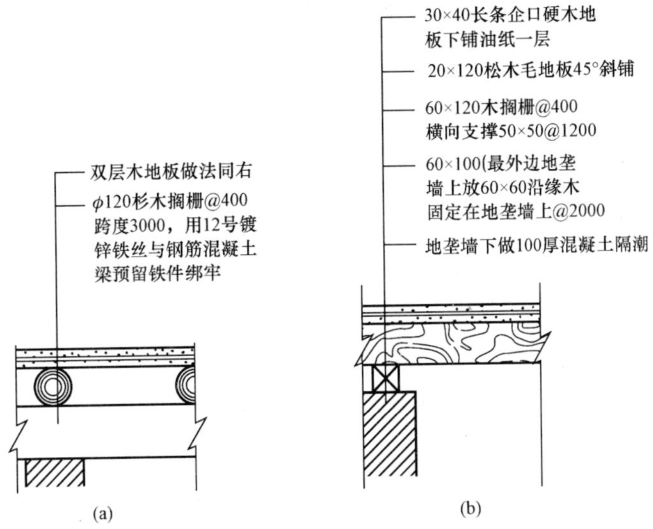

图 9-26　架空搁栅双层木地板构造图

(a) 圆木搁栅；(b) 方木搁栅

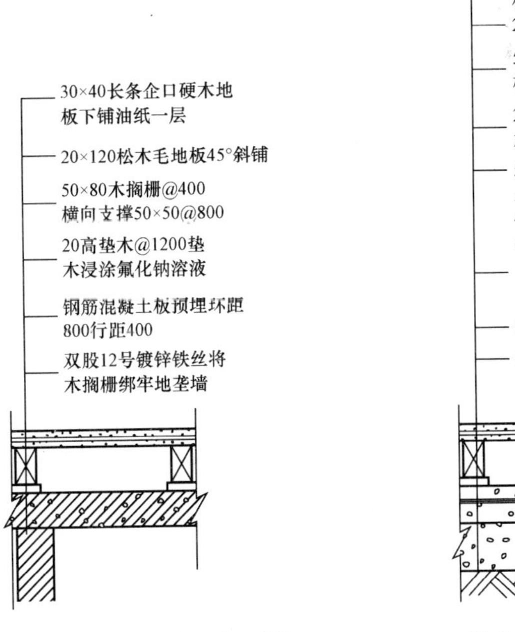

图 9-27　架空混凝土板双层木地板构造图

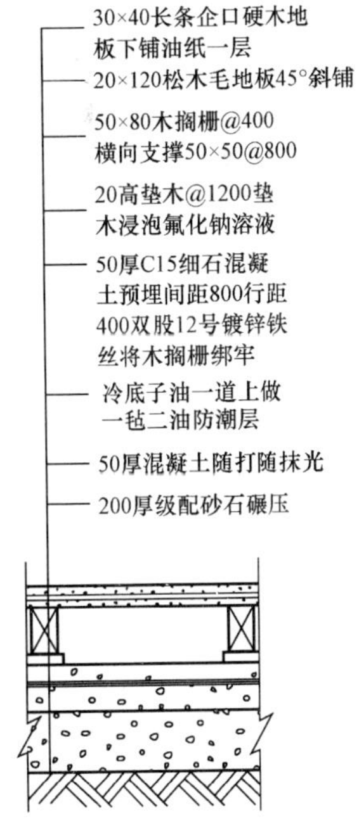

图 9-28　地面基层双层木地板构造图

木地板表面的油漆应选用耐磨性能较好的聚氨酯油漆。油漆内掺防滑剂，掺入量根据运动项目的不同要求，经试验确定，一般按重量比掺入 40%左右。

木地板的弹性主要取决于木材品种、木板厚度、层数及木搁栅的断面和跨度，应根据运动项目的不同要求进行选择。

直接铺设于底层的架空木地板，其架空层下面应做 C10 或 C15 混凝土隔潮层或设置防潮层。木搁栅、垫木、支撑木以及木地板向下的一面应刷防腐剂。板下空间应有良好的通风条件。

2. 双层龙骨弹性木地板地面、楼面

这种木地板地面富有弹性，且坚固、坚硬、稳定，使用效果良好，符合国际性的比赛场地要求。

国家奥林匹克体育中心体育馆大厅比赛场地可进行各种球类比赛，地面做法选用丹麦产的双层龙骨弹性木地板；国家网球中心的壁球馆地面和北京清河二炮综合体育馆的球类馆地面，也采用同类做法。

双层龙骨弹性木地板的构造设计见表 9-80。

表 9-80　双层龙骨弹性木地板构造层次

构造层次	分层做法
面　层	3700mm×129mm×22mm 木板（进口木板），榫接胶粘钉牢
填充料	50mm 厚岩棉板块，填充龙骨之间
上层龙骨	70mm×35mm 红、白松龙骨，中距为木板长的$\frac{1}{9}$～$\frac{1}{7}$，与底层龙骨之间垫十字橡胶软垫
底层龙骨	45mm×45mm 红、白松龙骨，中距 400～700m，用塑料楔垫平
防潮层	0.15mm 厚聚乙烯塑料薄膜
找平层	20mm 厚 1∶3 水泥砂浆找平
楼　板	钢筋混凝土楼板

3. 双层龙骨双层木地板地面、楼面

这种木地板地面采用双层龙骨、双层木板的做法，具有良好的弹性和吸声效果，常用于体育馆比赛场地的地面。

本类型地面构造大致分为三部分，即底板部分、架空层部分和面层木地板部分。

(1) 底板部分。底板部分需设置防潮隔离层，具体构造做法如图 9-29 所示。

(2) 架空层部分。在底板之上与木板面层间即是地板的架空层。架空层净高 1.5m。在底板上按 2000mm 的间距砌地垄墙，墙顶现浇钢筋混凝土压顶梁，放置预制钢筋混凝土板，板上再现浇钢筋混凝土整体层，然后在整体现浇层上做木地板面层。

(3) 面层木地板部分。面层木地板部分的构造层如图 9-30 所示。先采用 20mm 厚双面刨光的松木毛地板作 45°角（与龙骨夹角）斜向铺钉，然后用 30mm 厚双面刨光的企口木面板铺钉面层。

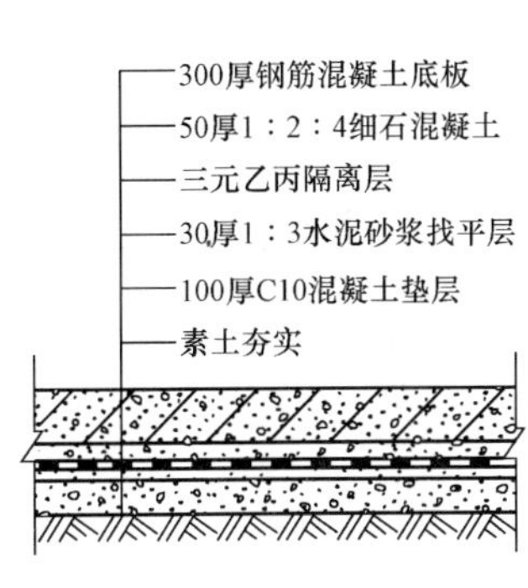

图 9-29　底板部分做法

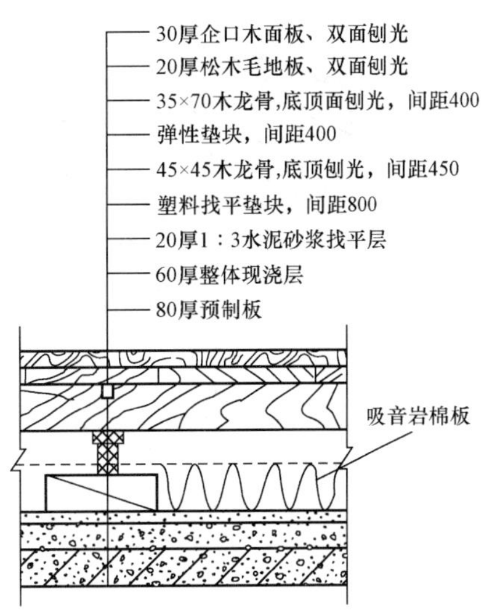

图 9-30　面层木地板部分构造层次

4. 弹簧木地板地面

弹簧木地板地面适用于室内体育用房，如排练厅以及舞台等对地面弹性有特殊要求的场所，其构造特点是在地面的木搁栅下设置橡皮垫块、木弓、钢弓等措施，以增加木地板的弹性。实际施工中，以橡皮垫块使用较多。

弹簧木地板地面类型有以下三种：

(1) 木搁栅下采用橡皮垫块的弹簧木地板，其地面构造形式如图 9-31 所示。

(2) 木搁栅下采用木弓的弹簧木地板，其地面构造形式如图 9-32 所示。

(3) 木搁栅下采用钢弓的弹簧木地板，其地面构造形式如图 9-33 所示。

(三) 施工及施工要点

1. 架空搁栅双层木地板地面、楼面

架空搁栅双层木地板地面、楼面的施工及施工要点，读者可参考本书第四章第二节“各种木质地板、竹质地板的地面、楼面”中“空铺法”所介绍的相关内容。

2. 双层龙骨弹性木地板地面、楼面

(1) 木地板安装应在屋面防水工程做完，水暖设备安装调试结束以及基层的埋件、孔洞均留设、调整完毕后进行。

(2) 施工操作时最佳的环境湿度为 50%。

(3) 防潮层铺设应待找平层干燥后进行，塑料薄膜的搭接宽度不小于 300mm，接缝处用 30mm 宽的胶带粘贴，无漏贴和损坏现象。

(4) 底层龙骨四周应涂刷防腐剂，并应垫起距基层间留空隙 30mm，用 180mm×80mm×18mm 的垫木（应涂刷防腐剂）与基层用射钉固定。在垫木上用一对特殊的空心塑料楔子，将龙骨垫平垫稳。龙骨的接头必须在塑料楔子上，对应楔子的龙骨下部锯出锯口。龙骨距墙间隙不小于 30mm。

(5) 上层龙骨的铺设应与底层龙骨相垂直安放，并安放十字橡胶垫。先用骑马钉

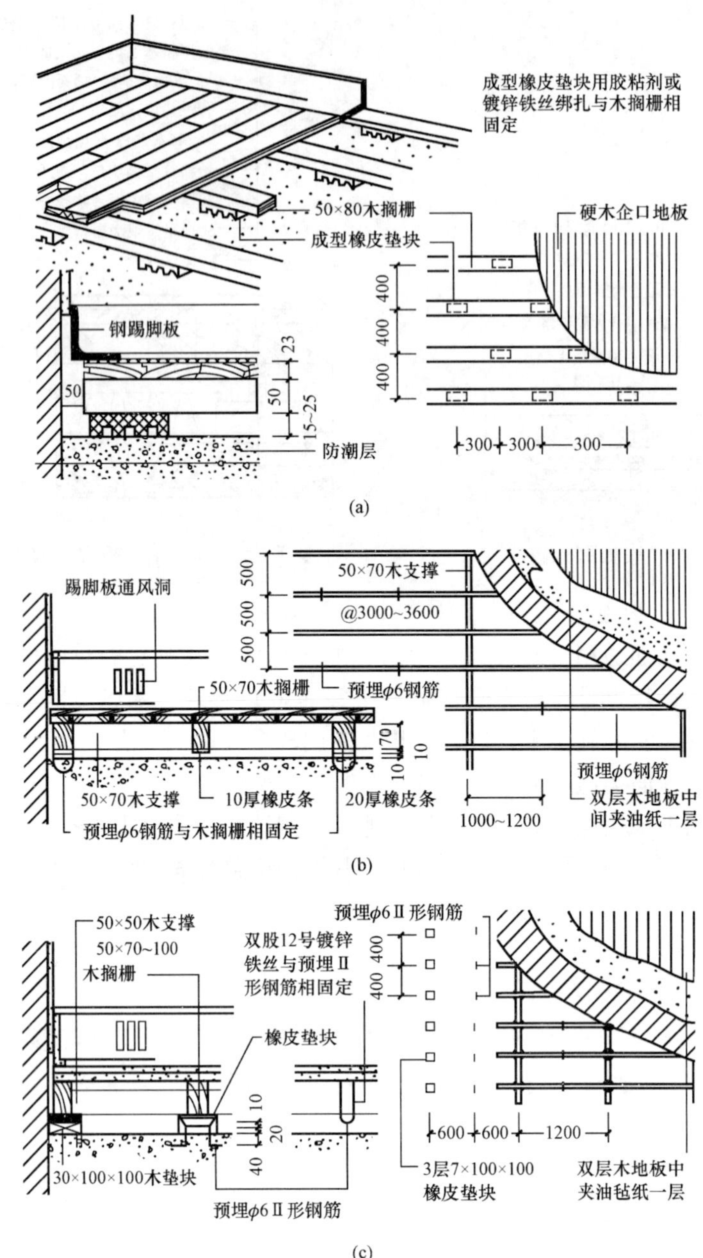

图 9-31 木搁栅下采用橡皮垫块的弹簧木地板构造

(a) 成型橡皮垫块；(b) 橡皮条（橡皮条与木搁栅粘结并用镀锌铁丝固定）；

(c) 橡皮垫块（3～5层）

将胶垫钉牢在底层龙骨上，然后铺设上层龙骨。上层龙骨在胶垫处应锯出锯口。上层龙骨的接头必须落在底层龙骨上，龙骨距墙间隙不小于 30mm。

上层龙骨铺设后，应做水平度检查，在龙骨平整度符合要求后，将楔子与垫木、基层钉牢，最后用手提式气枪将双层龙骨连同垫木一同钉牢。

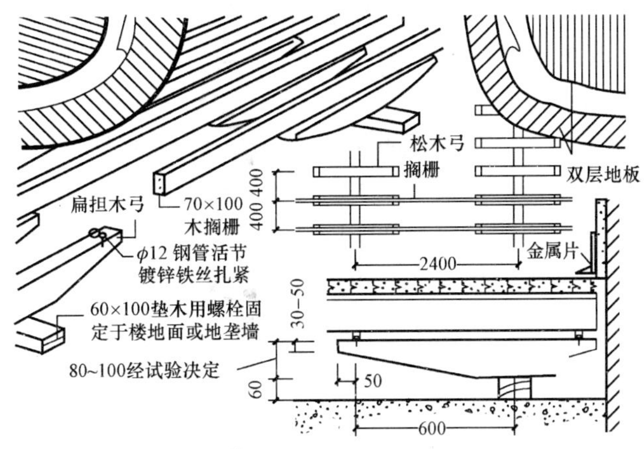

图 9 - 32 木搁栅下采用木弓的弹簧木地板构造

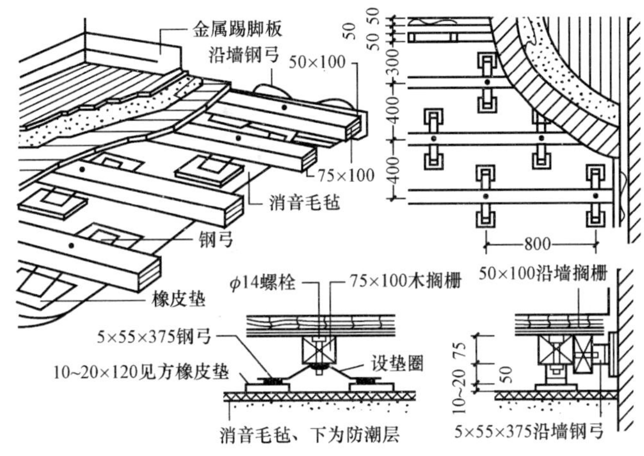

图 9 - 33 木搁栅下采用钢弓的弹簧木地板构造

(6) 双层龙骨安装完毕并检验符合要求后，在龙骨之间填塞 50mm 厚的岩棉板块，起隔潮、吸声等作用，由于它能吸收振动波，使地板各点的回弹力趋于一致。

(7) 铺设面层板前，应在龙骨上弹出中心线和若干条控制线，然后由中心向四周展开铺设，接头要错开，防止通缝。槽榫吻合，缝隙适宜，以专用藏头钉钉牢在上层龙骨上。

由于面层木板采用的是进口淡色山毛榉半成品，表面已做过涂料处理，铺设后不用刨光和其他饰面，即达到成品要求。如果面层木板采用非半成品，则铺设后应做磨光、油漆等处理。

3. 双层龙骨双层木地板地面、楼面

(1) 基层填土应分层压实，密实度应达到设计要求。

(2) 防潮隔离层的铺设应待找平层干燥后进行，四周沿墙处，防潮隔离层应翻上 200mm，用钉钉牢在墙上，最后用踢脚板盖住。

(3) 铺钉双层龙骨以及铺设吸声岩棉板等的作法，参照上面“双层龙骨弹性木地板地面”做法和要求。

4. 弹簧地板地面、楼面

(1) 设置于底层地面的弹簧木地板，其基层应分层压（夯）实，并设置防潮层，应有效隔绝地下潮气。

(2) 基层表面应设置一层 60～100mm 厚、强度等级为 C20 的混凝土结构层，随浇筑随手抹压，其表面应有相应的平整度和光洁度，并准确埋设固定搁栅的铁件。浇筑后应注意养护。

(3) 上部操作应待混凝土结构层充分干燥后进行。木搁栅、木弓和地板向下的一面应涂刷防腐剂，钢弓应涂刷防锈剂。

铺设木搁栅时，应弹线进行。成型橡皮垫块按设计位置、间距用胶粘剂粘贴于混凝土面上，也可用事先埋设于混凝土中的铁丝或钢筋锚固件与木搁栅一起固定牢。

(4) 木搁栅铺设后，应做表面平整度检验，并做一次清扫。

(5) 面层双层木地板铺设按常规进行，四周与墙面之间应留出 10～20mm 的缝隙。

(6) 踢脚板上应留置通风洞。

二、塑胶地面、楼面

体育馆（所）采用塑胶地面、楼面是目前较为普遍的，其特点是施工简便、快速，而且比木质地板地面、楼面的造价低得多，而且平整度、耐磨度较高，日常维护方便。

体育馆（所）塑胶地面的构造如图 9-34 和图 9-35 所示。

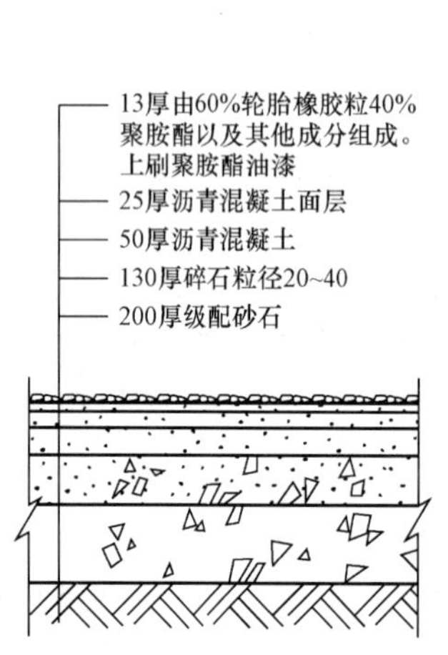

图 9-34 室内塑胶场地地面构造

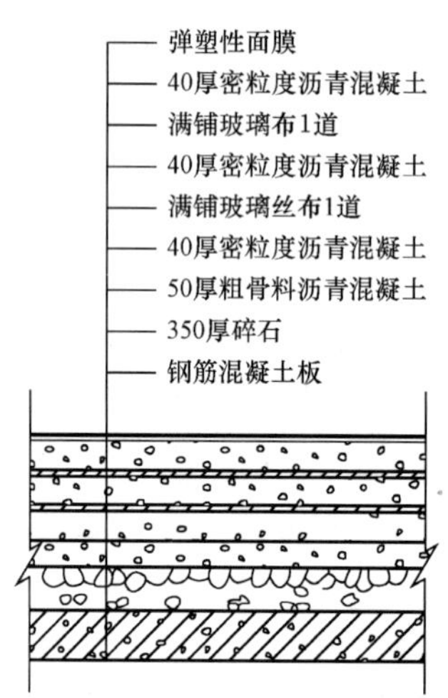

图 9-35 网球比赛场地弹塑性地面构造

以上所举的构造是对比较高的比赛用场地而言，对于一般要求不严格的活动场所，可根据实际情况适当精减。

常用的塑胶地板多为低硬度聚氨酯弹性体。表 9-81 中列出适用于各种用途的塑料地板，以供参考。

表 9-81　运动场塑胶地板的类型、用途

类　型	构　成	适用范围	地板厚度/mm	应用场地
QS 型	全塑性，由胶层及防滑面层构成，全部为塑胶弹性体	高能量运动场地	9～25 2～10	跑道 篮排球场
HH 型	混合型，由胶层及防滑面层构成，胶层含 10%～50%橡胶颗粒	高能量运动场地	9～25 4～10	跑道 篮排球场
KL 型	颗粒型，由塑胶黏合橡胶颗粒构成，表面涂有一层橡胶	一般球场	9～25 8～10	跑道 篮排球场
FH 型	复合型，由颗粒型的底胶层、全塑型的中胶层及防滑面层构成	田径跑道	9～25 8～10	跑道 篮排球场

注：保定合成橡胶厂生产。

附录 建筑地面工程施工质量验收规范

建筑地面、楼面工程的质量控制是关系到工程质量的关键环节，现根据最新颁布的国家标准GB 50209—2010《建筑地面工程施工质量验收规范》，摘录于此，以便读者参考。

1 总 则

1.0.1 为了加强建筑工程质量管理，保证工程质量，统一建筑地面工程施工质量的验收，制定本规范。

1.0.2 本规范适用于建筑地面工程（含室外散水、明沟、踏步、台阶和坡道）施工质量的验收。不适用于超净、屏蔽、绝缘、防止放射线以及防腐蚀等特殊要求的建筑地面工程施工质量验收。

1.0.3 建筑地面工程施工中采用的承包合同文件、设计文件及其他工程技术文件对施工质量验收的要求不得低于本规范的规定。

1.0.4 本规范应与现行国家标准GB 50300《建筑工程施工质量验收统一标准》配套使用。

1.0.5 建筑地面工程施工质量验收除应执行本规范外，尚应符合国家现行有关标准规范的规定。

2 术 语（略）

3 基 本 规 定

3.0.1 建筑地面工程子分部工程、分项工程的划分应按表3.0.1的规定执行。

表3.0.1 建筑地面工程子分部工程、分项工程的划分表

分部工程	子分部工程		分项工程
建筑装饰装修工程	地面	整体面层	基层：基土、灰土垫层、砂垫层和砂石垫层、碎石垫层和碎砖垫层、三合土及四合土垫层、炉渣垫层、水泥混凝土垫层和陶粒混凝土垫层、找平层、隔离层、填充层、绝热层
			面层：水泥混凝土面层、水泥砂浆面层、水磨石面层、硬化耐磨面层、防油渗面层、不发火（防爆）面层、自流平面层、涂料面层、塑胶面层、地面辐射供暖的整体面层
		板块面层	基层：基土、灰土垫层、砂垫层和砂石垫层、碎石垫层和碎砖垫层、三合土及四合土垫层、炉渣垫层、水泥混凝土垫层和陶粒混凝土垫层、找平层、隔离层、填充层、绝热层
			面层：砖面层（陶瓷锦砖、缸砖、陶瓷地砖和水泥花砖面层）、大理石面层和花岗石面层、预制板块面层（水泥混凝土板块、水磨石板块、人造石板块面层）、料石面层（条石、块石面层）、塑料板面层、活动地板面层、金属板面层、地毯面层、地面辐射供暖的板块面层

续表

分部工程	子分部工程		分 项 工 程
建筑装饰装修工程	地面	木、竹面层	基层：基土、灰土垫层、砂垫层和砂石垫层、碎石垫层和碎砖垫层、三合土及四合土垫层、炉渣垫层、水泥混凝土垫层和陶粒混凝土垫层、找平层、隔离层、填充层、绝热层
			面层：实木地板、实木集成地板、竹地板面层（条材、块材面层）、实木复合地板面层（条材、块材面层）、浸渍纸层压木质地板面层（条材、块材面层）、软木类地板面层（条材、块材面层）、地面辐射供暖的木板面层

3.0.2 从事建筑地面工程施工的建筑施工企业应有质量管理体系和相应的施工工艺技术标准。

3.0.3 建筑地面工程采用的材料或产品应符合设计要求和国家现行有关标准的规定。无国家现行标准的，应具有省级住房和城乡建设行政主管部门的技术认可文件。材料或产品进场时还应符合下列规定：

1　应有质量合格证明文件。

2　应对型号、规格、外观等进行验收，对重要材料或产品应抽样进行复验。

3.0.4 建筑地面工程采用的大理石、花岗石、料石等天然石材以及砖、预制板块、地毯、人造板材、胶粘剂、涂料、水泥、砂、石、外加剂等材料或产品应符合国家现行有关室内环境污染控制和放射性、有害物质限量的规定。材料进场时应具有检测报告。

3.0.5 厕浴间和有防滑要求的建筑地面应符合设计防滑要求。

3.0.6 有种植要求的建筑地面，其构造做法应符合设计要求和现行行业标准 JGJ 155《种植屋面工程技术规程》的有关规定。设计无要求时，种植地面应低于相邻建筑地面 50mm 以上或作槛台处理。

3.0.7 地面辐射供暖系统的设计、施工及验收应符合现行行业标准 JGJ 142《地面辐射供暖技术规程》的有关规定。

3.0.8 地面辐射供暖系统施工验收合格后，方可进行面层铺设。面层分格缝的构造做法应符合设计要求。

3.0.9 建筑地面下的沟槽、暗管、保温、隔热、隔声等工程完工后，应经检验合格并做隐蔽记录，方可进行建筑地面工程的施工。

3.0.10 建筑地面工程基层（各构造层）和面层的铺设，均应待其下一层检验合格后方可施工上一层。建筑地面工程各层铺设前与相关专业的分部（子分部）工程、分项工程以及设备管道安装工程之间，应进行交接检验。

3.0.11 建筑地面工程施工时，各层环境温度的控制应符合材料或产品的技术要求，并应符合下列规定：

1　采用掺有水泥、石灰的拌和料铺设以及用石油沥青胶结料铺贴时，不应低于5℃。

2　采用有机胶粘剂黏贴时，不应低于10℃。

3　采用砂、石材料铺设时，不应低于0℃。

4　采用自流平、涂料铺设时，不应低于5℃，也不应高于30℃。

3.0.12 铺设有坡度的地面应采用基土高差达到设计要求的坡度；铺设有坡度的

楼面（或架空地面）应采用在结构楼层板上变更填充层（或找平层）铺设的厚度或以结构起坡达到设计要求的坡度。

3.0.13 建筑物室内接触基土的首层地面施工应符合设计要求，并应符合下列规定：

1 在冻胀性土上铺设地面时，应按设计要求做好防冻胀土处理后方可施工，并不得在冻胀土层上进行填土施工。

2 在永冻土上铺设地面时，应按建筑节能要求进行隔热、保温处理后方可施工。

3.0.14 室外散水、明沟、踏步、台阶和坡道等，其面层和基层（各构造层）均应符合设计要求。施工时应按本规范基层铺设中基土和相应垫层以及面层的规定执行。

3.0.15 水泥混凝土散水、明沟应设置伸、缩缝，其延长米间距不得大于10m，对日晒强烈且昼夜温差超过15℃的地区，其延长米间距宜为4～6m。水泥混凝土散水、明沟和台阶等与建筑物连接处及房屋转角处应设缝处理。上述缝的宽度应为15～20mm，缝内应填嵌柔性密封材料。

3.0.16 建筑地面的变形缝应按设计要求设置，并应符合下列规定：

1 建筑地面的沉降缝、伸缝、缩缝和防震缝，应与结构相应缝的位置一致，且应贯通建筑地面的各构造层。

2 沉降缝和防震缝的宽度应符合设计要求，缝内清理干净，以柔性密封材料填嵌后用板封盖，并应与面层齐平。

3.0.17 当建筑地面采用镶边时，应按设计要求设置并应符合下列规定：

1 有强烈机械作用下的水泥类整体面层与其他类型的面层邻接处，应设置金属镶边构件。

2 具有较大振动或变形的设备基础与周围建筑地面的邻接处，应沿设备基础周边设置贯通建筑地面各构造层的沉降缝（防震缝），缝的处理应执行本规范第3.0.16条的规定。

3 采用水磨石整体面层时，应用同类材料镶边，并用分格条进行分格。

4 条石面层和砖面层与其他面层邻接处，应用顶铺的同类材料镶边。

5 采用木、竹面层和塑料板面层时，应用同类材料镶边。

6 地面面层与管沟、孔洞、检查井等邻接处，均应设置镶边。

7 管沟、变形缝等处的建筑地面面层的镶边构件，应在面层铺设前装设。

8 建筑地面的镶边宜与柱、墙面或踢脚线的变化协调一致。

3.0.18 厕浴间、厨房和有排水（或其他液体）要求的建筑地面面层与相连接各类面层的标高差应符合设计要求。

3.0.19 检验同一施工批次、同一配合比水泥混凝土和水泥砂浆强度的试块，应按每一层（或检验批）建筑地面工程不少于1组。当每一层（或检验批）建筑地面工程面积大于1000m^2时，每增加1000m^2应增做1组试块；小于1000m^2按1000m^2计算，取样1组；检验同一施工批次、同一配合比的散水、明沟、踏步、台阶、坡道的水泥混凝土、水泥砂浆强度的试块，应按每150延长米不少于1组。

3.0.20 各类面层的铺设宜在室内装饰工程基本完工后进行。木、竹面层、塑料板面层、活动地板面层、地毯面层的铺设，应待抹灰工程、管道试压等完工后进行。

3.0.21 建筑地面工程施工质量的检验，应符合下列规定：

1 基层（各构造层）和各类面层的分项工程的施工质量验收应按每一层次或每层

施工段（或变形缝）划分检验批，高层建筑的标准层可按每三层（不足三层按三层计）划分检验批。

2 每检验批应以各子分部工程的基层（各构造层）和各类面层所划分的分项工程按自然间（或标准间）检验，抽查数量应随机检验不应少于3间；不足3间，应全数检查，其中走廊（过道）应以10延长米为1间，工业厂房（按单跨计）、礼堂、门厅应以两个轴线为1间计算。

3 有防水要求的建筑地面子分部工程的分项工程施工质量每检验批抽查数量应按其房间总数随机检验不应少于4间，不足4间，应全数检查。

3.0.22 建筑地面工程的分项工程施工质量检验的主控项目，应达到本规范规定的质量标准，认定为合格；一般项目80%以上的检查点（处）符合本规范规定的质量要求，其他检查点（处）不得有明显影响使用，且最大偏差值不超过允许偏差值的50%为合格。凡达不到质量标准时，应按现行国家标准GB 50300《建筑工程施工质量验收统一标准》的规定处理。

3.0.23 建筑地面工程的施工质量验收应在建筑施工企业自检合格的基础上，由监理单位或建设单位组织有关单位对分项工程、子分部工程进行检验。

3.0.24 检验方法应符合下列规定：

1 检查允许偏差应采用钢尺、1m直尺、2m直尺、3m直尺、2m靠尺、楔形塞尺、坡度尺、游标卡尺和水准仪。

2 检查空鼓应采用敲击的方法。

3 检查防水隔离层应采用蓄水方法，蓄水深度最浅处不得小于10mm，蓄水时间不得少于24h；检查有防水要求的建筑地面的面层应采用泼水方法。

4 检查各类面层（含不需铺设部分或局部面层）表面的裂纹、脱皮、麻面和起砂等缺陷，应采用观感的方法。

3.0.25 建筑地面工程完工后，应对面层采取保护措施。

4 基 层 铺 设

4.1 一般规定

4.1.1 本章适用于基土、垫层、找平层、隔离层、绝热层和填充层等基层分项工程的施工质量检验。

4.1.2 基层铺设的材料质量、密实度和强度等级（或配合比）等应符合设计要求和本规范的规定。

4.1.3 基层铺设前，其下一层表面应干净、无积水。

4.1.4 垫层分段施工时，接槎处应做成阶梯形，每层接槎处的水平距离应错开0.5～1.0m。接槎处不应设在地面荷载较大的部位。

4.1.5 当垫层、找平层、填充层内埋设暗管时，管道应按设计要求予以稳固。

4.1.6 对有防静电要求的整体地面的基层，应清除残留物，将露出基层的金属物涂绝缘漆两遍晾干。

4.1.7 基层的标高、坡度、厚度等应符合设计要求。基层表面应平整，其允许偏差和检验方法应符合表4.1.7的规定。

表 4.1.7　　基层表面的允许偏差和检验方法

项次	项目	允许偏差/mm														检验方法
		基土	垫层					找平层				填充层		隔离层	绝热层	
						垫层地板										
		土	砂、砂石、碎石、碎砖	灰土、三合土、四合土、炉渣、水泥混凝土、陶粒混凝土	木搁栅	拼花实木地板、拼花实木复合地板、软木类地板面层	其他种类面层	用胶粘剂做结合层铺设板块面层	用水泥砂浆做结合层铺设板块面层	用胶粘剂做结合层铺设拼花木板、浸渍纸层压木质地板、实木复合地板、竹地板、软木地板面层	金属板面层	松散材料	板、块材料	防水、防潮、防油渗	板块材料、浇筑材料、喷涂材料	
1	表面平整度	15	15	10	3	3	5	3	5	2	3	7	5	3	4	用 2m 靠尺和楔形塞尺检查
2	标高	0 −50	±20	±10	±5	±5	±8	±5	±8	±4	±4	±4	±4	±4	±4	用水准仪检查
3	坡度	不大于房间相应尺寸的 2/1000，且不大于 30														用坡度尺检查
4	厚度	在个别地方不大于设计厚度的 1/10，且不大于 20														用钢尺检查

4.2　基土

4.2.1　地面应铺设在均匀密实的基土上。土层结构被扰动的基土应进行换填，并予以压实。压实系数应符合设计要求。

4.2.2　对软弱土层应按设计要求进行处理。

4.2.3　填土应分层摊铺、分层压（夯）实、分层检验其密实度。填土质量应符合现行国家标准 GB 50202《建筑地基基础工程施工质量验收规范》的有关规定。

4.2.4　填土时应为最优含水量。重要工程或大面积的地面填土前，应取土样，按击实试验确定最优含水量与相应的最大干密度。

Ⅰ　主　控　项　目

4.2.5　基土不应用淤泥、腐殖土、冻土、耕植土、膨胀土和建筑杂物作为填土，填土土块的粒径不应大于 50mm。

检验方法：观察检查和检查土质记录。

检查数量：按本规范第 3.0.21 条规定的检验批检查。

4.2.6　Ⅰ类建筑基土的氡浓度应符合现行国家标准 GB 50325《民用建筑工程室内环境污染控制规范》的规定。

检验方法：检查检测报告。

检查数量：同一工程、同一土源地点检查一组。

4.2.7　基土应均匀密实，压实系数应符合设计要求，设计无要求时，不应小于 0.9。

检验方法：观察检查和检查试验记录。

检查数量：按本规范第 3.0.21 条规定的检验批检查。

Ⅱ　一　般　项　目

4.2.8　基土表面的允许偏差应符合本规范表 4.1.7 的规定。

检验方法：按本规范表 4.1.7 中的检验方法检验。

检查数量：按本规范第 3.0.21 条规定的检验批和第 3.0.22 条的规定检查。

4.3　灰土垫层

4.3.1　灰土垫层应采用熟化石灰与黏土（或粉质黏土、粉土）的拌和料铺设，其厚度不应小于 100mm。

4.3.2　熟化石灰粉可采用磨细生石灰，也可用粉煤灰代替。

4.3.3　灰土垫层应铺设在不受地下水浸泡的基土上。施工后应有防止水浸泡的措施。

4.3.4　灰土垫层应分层夯实，经湿润养护、晾干后方可进行下一道工序施工。

4.3.5　灰土垫层不宜在冬期施工。当必须在冬期施工时，应采取可靠措施。

Ⅰ　主　控　项　目

4.3.6　灰土体积比应符合设计要求。

检验方法：观察检查和检查配合比试验报告。

检查数量：同一工程、同一体积比检查一次。

Ⅱ 一 般 项 目

4.3.7 熟化石灰颗粒粒径不应大于5mm；黏土（或粉质黏土、粉土）内不得含有有机物质，颗粒粒径不应大于16mm。

检验方法：观察检查和检查质量合格证明文件。

检查数量：按本规范第3.0.21条规定的检验批检查。

4.3.8 灰土垫层表面的允许偏差应符合本规范表4.1.7的规定。

检验方法：按本规范表4.1.7中的检验方法检验。

检查数量：按本规范第3.0.21条规定的检验批和第3.0.22条的规定检查。

4.4 砂垫层和砂石垫层

4.4.1 砂垫层厚度不应小于60mm；砂石垫层厚度不应小于100mm。

4.4.2 砂石应选用天然级配材料。铺设时不应有粗细颗粒分离现象，压（夯）至不松动为止。

Ⅰ 主 控 项 目

4.4.3 砂和砂石不应含有草根等有机杂质；砂应采用中砂；石子最大粒径不应大于垫层厚度的2/3。

检验方法：观察检查和检查质量合格证明文件。

检查数量：按本规范第3.0.21条规定的检验批检查。

4.4.4 砂垫层和砂石垫层的干密度（或贯入度）应符合设计要求。

检验方法：观察检查和检查试验记录。

检查数量：按本规范第3.0.21条规定的检验批检查。

Ⅱ 一 般 项 目

4.4.5 表面不应有砂窝、石堆等现象。

检验方法：观察检查。

检查数量：按本规范第3.0.21条规定的检验批检查。

4.4.6 砂垫层和砂石垫层表面的允许偏差应符合本规范表4.1.7的规定。

检验方法：按本规范表4.1.7中的检验方法检验。

检查数量：按本规范第3.0.21条规定的检验批和第3.0.22条的规定检查。

4.5 碎石垫层和碎砖垫层

4.5.1 碎石垫层和碎砖垫层厚度不应小于100mm。

4.5.2 垫层应分层压（夯）实，达到表面坚实、平整。

Ⅰ 主 控 项 目

4.5.3 碎石的强度应均匀，最大粒径不应大于垫层厚度的2/3；碎砖不应采用风化、酥松、夹有有机杂质的砖料，颗粒粒径不应大于60mm。

检验方法：观察检查和检查质量合格证明文件。

检查数量：按本规范第3.0.21条规定的检验批检查。

4.5.4 碎石、碎砖垫层的密实度应符合设计要求。

检验方法：观察检查和检查试验记录。

检查数量：按本规范第3.0.21条规定的检验批检查。

Ⅱ 一 般 项 目

4.5.5 碎石、碎砖垫层的表面允许偏差应符合本规范表4.1.7的规定。

检验方法：按本规范表4.1.7中的检验方法检验。

检查数量：按本规范第3.0.21条规定的检验批和第3.0.22条的规定检查。

4.6 三合土垫层和四合土垫层

4.6.1 三合土垫层应采用石灰、砂（可掺入少量黏土）与碎砖的拌和料铺设，其厚度不应小于100mm；四合土垫层应采用水泥、石灰、砂（可掺少量黏土）与碎砖的拌和料铺设，其厚度不应小于80mm。

4.6.2 三合土垫层和四合土垫层均应分层夯实。

Ⅰ 主 控 项 目

4.6.3 水泥宜采用硅酸盐水泥、普通硅酸盐水泥；熟化石灰颗粒粒径不应大于5mm；砂应用中砂，并不得含有草根等有机物质；碎砖不应采用风化、酥松和有机杂质的砖料，颗粒粒径不应大于60mm。

检验方法：观察检查和检查质量合格证明文件。

检查数量：按本规范第3.0.21条规定的检验批检查。

4.6.4 三合土、四合土的体积比应符合设计要求。

检验方法：观察检查和检查配合比试验报告。

检查数量：同一工程、同一体积比检查一次。

Ⅱ 一 般 项 目

4.6.5 三合土垫层和四合土垫层表面的允许偏差应符合本规范表4.1.7的规定。

检验方法：按本规范表4.17中的检验方法检验。

检查数量：按本规范第3.0.21条规定的检验批和第3.0.22条的规定检查。

4.7 炉渣垫层

4.7.1 炉渣垫层应采用炉渣或水泥与炉渣或水泥、石灰与炉渣的拌和料铺设，其厚度不应小于80mm。

4.7.2 炉渣或水泥炉渣垫层的炉渣，使用前应浇水闷透；水泥石灰炉渣垫层的炉渣，使用前应用石灰浆或用熟化石灰浇水拌和闷透；闷透时间均不得少于5d。

4.7.3 在垫层铺设前，其下一层应湿润；铺设时应分层压实，表面不得有泌水现象。铺设后应养护，待其凝结后方可进行下一道工序施工。

4.7.4 炉渣垫层施工过程中不宜留施工缝。当必须留缝时，应留直槎，并保证间隙处密实，接槎时应先刷水泥浆，再铺炉渣拌和料。

Ⅰ 主控项目

4.7.5 炉渣内不应含有有机杂质和未燃尽的煤块，颗粒粒径不应大于 40mm，且颗粒粒径在 5mm 及其以下的颗粒，不得超过总体积的 40%；熟化石灰颗粒粒径不应大于 5mm。

检验方法：观察检查和检查质量合格证明文件。

检查数量：按本规范第 3.0.21 条规定的检验批检查。

4.7.6 炉渣垫层的体积比应符合设计要求。

检验方法：观察检查和检查配合比试验报告。

检查数量：同一工程、同一体积比检查一次。

Ⅱ 一般项目

4.7.7 炉渣垫层与其下一层结合应牢固，不应有空鼓和松散炉渣颗粒。

检验方法：观察检查和用小锤轻击检查。

检查数量：按本规范第 3.0.21 条规定的检验批检查。

4.7.8 炉渣垫层表面的允许偏差应符合本规范表 4.1.7 的规定。

检验方法：按本规范表 4.1.7 中的检验方法检验。

检查数量：按本规范第 3.0.21 条规定的检验批和第 3.0.22 条的规定检查。

4.8 水泥混凝土垫层和陶粒混凝土垫层

4.8.1 水泥混凝土垫层和陶粒混凝土垫层应铺设在基土上。当气温长期处于 0℃ 以下，设计无要求时，垫层应设置缩缝，缝的位置、嵌缝做法等应与面层伸、缩缝相一致，并应符合本规范第 3.0.16 条的规定。

4.8.2 水泥混凝土垫层的厚度不应小于 60mm；陶粒混凝土垫层的厚度不应小于 80mm。

4.8.3 垫层铺设前，当为水泥类基层时，其下一层表面应湿润。

4.8.4 室内地面的水泥混凝土垫层和陶粒混凝土垫层，应设置纵向缩缝和横向缩缝；纵向缩缝、横向缩缝的间距均不得大于 6m。

4.8.5 垫层的纵向缩缝应做平头缝或加肋板平头缝。当垫层厚度大于 150mm 时，可做企口缝。横向缩缝应做假缝。平头缝和企口缝的缝间不得放置隔离材料，浇筑时应互相紧贴。企口缝尺寸应符合设计要求，假缝宽度宜为 5～20mm，深度宜为垫层厚度的 1/3，填缝材料应与地面变形缝的填缝材料相一致。

4.8.6 工业厂房、礼堂、门厅等大面积水泥混凝土、陶粒混凝土垫层应分区段浇筑。分区段应结合变形缝位置、不同类型的建筑地面连接处和设备基础的位置进行划分，并应与设置的纵向、横向缩缝的间距相一致。

4.8.7 水泥混凝土、陶粒混凝土施工质量检验尚应符合国家现行标准 GB 50204《混凝土结构工程施工质量验收规范》和 JGJ 51《轻骨料混凝土技术规程》的有关规定。

Ⅰ 主控项目

4.8.8 水泥混凝土垫层和陶粒混凝土垫层采用的粗骨料，其最大粒径不应大于垫层厚度的 2/3，含泥量不应大于 3%；砂为中粗砂，其含泥量不应大于 3%。陶粒中粒径小于5mm的颗粒含量应小于10%；粉煤灰陶粒中大于15mm的颗粒含量不应大于5%；陶粒中不得混夹杂物或黏土块。陶粒宜选用粉煤灰陶粒、页岩陶粒等。

检验方法：观察检查和检查质量合格证明文件。

检查数量：同一工程、同一强度等级、同一配合比检查一次。

4.8.9 水泥混凝土和陶粒混凝土的强度等级应符合设计要求。陶粒混凝土的密度应在800～1400kg/m^3之间。

检验方法：检查配合比试验报告和强度等级检测报告。

检查数量：配合比试验报告按同一工程、同一强度等级、同一配合比检查一次；强度等级检测报告按本规范第3.0.19条的规定检查。

Ⅱ 一 般 项 目

4.8.10 水泥混凝土垫层和陶粒混凝土垫层表面的允许偏差应符合本规范表4.1.7的规定。

检验方法：按本规范表4.1.7中的检验方法检验。

检查数量：按本规范第3.0.21条规定的检验批和第3.0.22条的规定检查。

4.9 找平层

4.9.1 找平层宜采用水泥砂浆或水泥混凝土铺设。当找平层厚度小于30mm时，宜用水泥砂浆做找平层；当找平层厚度不小于30mm时，宜用细石混凝土做找平层。

4.9.2 找平层铺设前，当其下一层有松散填充料时，应予铺平振实。

4.9.3 有防水要求的建筑地面工程，铺设前必须对立管、套管和地漏与楼板节点之间进行密封处理，并应进行隐蔽验收；排水坡度应符合设计要求。

4.9.4 在预制钢筋混凝土板上铺设找平层前，板缝填嵌的施工应符合下列要求：

1 预制钢筋混凝土板相邻缝底宽不应小于20mm。

2 填嵌时，板缝内应清理干净，保持湿润。

3 填缝应采用细石混凝土，其强度等级不应小于C20。填缝高度应低于板面10～20mm，且振捣密实；填缝后应养护。当填缝混凝土的强度等级达到C15后方可继续施工。

4 当板缝底宽大于40mm时，应按设计要求配置钢筋。

4.9.5 在预制钢筋混凝土板上铺设找平层时，其板端应按设计要求做防裂的构造措施。

Ⅰ 主 控 项 目

4.9.6 找平层采用碎石或卵石的粒径不应大于其厚度的2/3，含泥量不应大于2%；砂为中粗砂，其含泥量不应大于3%。

检验方法：观察检查和检查质量合格证明文件。

检查数量：同一工程、同一强度等级、同一配合比检查一次。

4.9.7 水泥砂浆体积比、水泥混凝土强度等级应符合设计要求，且水泥砂浆体积比不应小于1∶3（或相应强度等级）；水泥混凝土强度等级不应小于C15。

检验方法：观察检查和检查配合比试验报告、强度等级检测报告。

检查数量：配合比试验报告按同一工程、同一强度等级、同一配合比检查一次；

强度等级检测报告按本规范第 3.0.19 条的规定检查。

4.9.8 有防水要求的建筑地面工程的立管、套管、地漏处不应渗漏，坡向应正确、无积水。

检验方法：观察检查和蓄水、泼水检验及坡度尺检查。

检查数量：按本规范第 3.0.21 条规定的检验批检查。

4.9.9 在有防静电要求的整体面层的找平层施工前，其下敷设的导电地网系统应与接地引下线和地下接电体有可靠连接，经电性能检测且符合相关要求后进行隐蔽工程验收。

检验方法：观察检查和检查质量合格证明文件。

检查数量：按本规范第 3.0.21 条规定的检验批检查。

Ⅱ 一 般 项 目

4.9.10 找平层与其下一层结合应牢固，不应有空鼓。

检验方法：用小锤轻击检查。

检查数量：按本规范第 3.0.21 条规定的检验批检查。

4.9.11 找平层表面应密实，不应有起砂、蜂窝和裂缝等缺陷。

检验方法：观察检查。

检查数量：按本规范第 3.0.21 条规定的检验批检查。

4.9.12 找平层的表面允许偏差应符合本规范表 4.1.7 的规定。

检验方法：按本规范表 4.1.7 中的检验方法检验。

检查数量：按本规范第 3.0.21 条规定的检验批和第 3.0.22 条的规定检查。

4.10 隔离层

4.10.1 隔离层材料的防水、防油渗性能应符合设计要求。

4.10.2 隔离层的铺设层数（或道数）、上翻高度应符合设计要求。有种植要求的地面隔离层的防根穿刺等应符合现行行业标准 JGJ 155《种植屋面工程技术规程》的有关规定。

4.10.3 在水泥类找平层上铺设卷材类、涂料类防水、防油渗隔离层时，其表面应坚固、洁净、干燥。铺设前，应涂刷基层处理剂。基层处理剂应采用与卷材性能相容的配套材料或采用与涂料性能相容的同类涂料的底子油。

4.10.4 当采用掺有防渗外加剂的水泥类隔离层时，其配合比、强度等级、外加剂的复合掺量等应符合设计要求。

4.10.5 铺设隔离层时，在管道穿过楼板面四周，防水、防油渗材料应向上铺涂，并超过套管的上口；在靠近柱、墙处，应高出面层 200～300mm 或按设计要求的高度铺涂。阴阳角和管道穿过楼板面的根部应增加铺涂附加防水、防油渗隔离层。

4.10.6 隔离层兼作面层时，其材料不得对人体及环境产生不利影响，并应符合现行国家标准 GB 15193.1《食品安全性毒理学评价程序和方法》和 GB 5749《生活饮用水卫生标准》的有关规定。

4.10.7 防水隔离层铺设后，应按本规范第 3.0.24 条的规定进行蓄水检验，并做记录。

4.10.8 隔离层施工质量检验还应符合现行国家标准 GB 50207《屋面工程施工质量验收规范》的有关规定。

Ⅰ　主　控　项　目

4.10.9　隔离层材料应符合设计要求和国家现行有关标准的规定。

检验方法：观察检查和检查型式检验报告、出厂检验报告、出厂合格证。

检查数量：同一工程、同一材料、同一生产厂家、同一型号、同一规格、同一批号检查一次。

4.10.10　卷材类、涂料类隔离层材料进入施工现场，应对材料的主要物理性能指标进行复验。

检验方法：检查复验报告。

检查数量：执行现行国家标准 GB 50207《屋面工程质量验收规范》的有关规定。

4.10.11　厕浴间和有防水要求的建筑地面必须设置防水隔离层。楼层结构必须采用现浇混凝土或整块预制混凝土板，混凝土强度等级不应小于 C20；房间的楼板四周除门洞外应做混凝土翻边，高度不应小于 200mm，宽同墙厚，混凝土强度等级不应小于 C20。施工时结构层标高和预留孔洞位置应准确，严禁乱凿洞。

检验方法：观察和钢尺检查。

检查数量：按本规范第 3.0.21 条规定的检验批检查。

4.10.12　水泥类防水隔离层的防水等级和强度等级应符合设计要求。

检验方法：观察检查和检查防水等级检测报告、强度等级检测报告。

检查数量：防水等级检测报告、强度等级检测报告均按本规范第 3.0.19 条的规定检查。

4.10.13　防水隔离层严禁渗漏，排水的坡向应正确、排水通畅。

检验方法：观察检查和蓄水、泼水检验、坡度尺检查及检查验收记录。

检查数量：按本规范第 3.0.21 条规定的检验批检查。

Ⅱ　一　般　项　目

4.10.14　隔离层厚度应符合设计要求。

检验方法：观察检查和用钢尺、卡尺检查。

检查数量：按本规范第 3.0.21 条规定的检验批检查。

4.10.15　隔离层与其下一层应粘结牢固，不应有空鼓；防水涂层应平整、均匀，无脱皮、起壳、裂缝、鼓泡等缺陷。

检验方法：用小锤轻击检查和观察检查。

检查数量：按本规范第 3.0.21 条规定的检验批检查。

4.10.16　隔离层表面的允许偏差应符合本规范表 4.1.7 的规定。

检验方法：按本规范表 4.1.7 中的检验方法检验。

检查数量：按本规范第 3.0.21 条规定的检验批和第 3.0.22 条的规定检查。

4.11　填充层

4.11.1　填充层材料的密度应符合设计要求。

4.11.2　填充层的下一层表面应平整。当为水泥类时，尚应洁净、干燥，并不得有空鼓、裂缝和起砂等缺陷。

4.11.3 采用松散材料铺设填充层时，应分层铺平拍实；采用板、块状材料铺设填充层时，应分层错缝铺贴。

4.11.4 有隔声要求的楼面，隔声垫在柱、墙面的上翻高度应超出楼面20mm，且应收口于踢脚线内。地面上有竖向管道时，隔声垫应包裹管道四周，高度同卷向柱、墙面的高度。隔声垫保护膜之间应错缝搭接，搭接长度应大于100mm，并用胶带等封闭。

4.11.5 隔声垫上部应设置保护层，其构造做法应符合设计要求。当设计无要求时，混凝土保护层厚度不应小于30mm，内配间距不大于200mm×200mm的ϕ6mm钢筋网片。

4.11.6 有隔声要求的建筑地面工程尚应符合现行国家标准GB/T 50121《建筑隔声评价标准》、GB J 118《民用建筑隔声设计规范》的有关要求。

Ⅰ 主 控 项 目

4.11.7 填充层材料应符合设计要求和国家现行有关标准的规定。

检验方法：观察检查和检查质量合格证明文件。

检查数量：同一工程、同一材料、同一生产厂家、同一型号、同一规格、同一批号检查一次。

4.11.8 填充层的厚度、配合比应符合设计要求。

检验方法：用钢尺检查和检查配合比试验报告。

检查数量：按本规范第3.0.21条规定的检验批检查。

4.11.9 对填充材料接缝有密闭要求的应密封良好。

检验方法：观察检查。

检查数量：按本规范第3.0.21条规定的检验批检查。

Ⅱ 一 般 项 目

4.11.10 松散材料填充层铺设应密实；板块状材料填充层应压实、无翘曲。

检验方法：观察检查。

检查数量：按本规范第3.0.21条规定的检验批检查。

4.11.11 填充层的坡度应符合设计要求，不应有倒泛水和积水现象。

检验方法：观察和采用泼水或用坡度尺检查。

检查数量：按本规范第3.0.21条规定的检验批检查。

4.11.12 填充层表面的允许偏差应符合本规范表4.1.7的规定。

检验方法：按本规范表4.1.7中的检验方法检验。

检查数量：按本规范第3.0.21条规定的检验批和第3.0.22条的规定检查。

4.11.13 用作隔声的填充层，其表面允许偏差应符合本规范表4.1.7中隔离层的规定。

检验方法：按本规范表4.1.7中隔离层的检验方法检验。

检查数量：按本规范第3.0.21条规定的检验批和第3.0.22条的规定检查。

4.12 绝热层

4.12.1 绝热层材料的性能、品种、厚度、构造做法应符合设计要求和国家现行有关标准的规定。

4.12.2　建筑物室内接触基土的首层地面应增设水泥混凝土垫层后方可铺设绝热层，垫层的厚度及强度等级应符合设计要求。首层地面及楼层楼板铺设绝热层前，表面平整度宜控制在3mm以内。

4.12.3　有防水、防潮要求的地面，宜在防水、防潮隔离层施工完毕并验收合格后再铺设绝热层。

4.12.4　穿越地面进入非采暖保温区域的金属管道应采取隔断热桥的措施。

4.12.5　绝热层与地面面层之间应设有水泥混凝土结合层，构造做法及强度等级应符合设计要求。设计无要求时，水泥混凝土结合层的厚度不应小于30mm，层内应设置间距不大于200mm×200mm的ϕ6mm钢筋网片。

4.12.6　有地下室的建筑，地上、地下交界部位楼板的绝热层应采用外保温做法，绝热层表面应设有外保护层。外保护层应安全、耐候，表面应平整、无裂纹。

4.12.7　建筑物勒脚处绝热层的铺设应符合设计要求。设计无要求时，应符合下列规定：

1　当地区冻土深度不大于500mm时，应采用外保温做法。

2　当地区冻土深度大于500mm且不大于1000mm时，宜采用内保温做法。

3　当地区冻土深度大于1000mm时，应采用内保温做法。

4　当建筑物的基础有防水要求时，宜采用内保温做法。

5　采用外保温做法的绝热层，宜在建筑物主体结构完成后再施工。

4.12.8　绝热层的材料不应采用松散型材料或抹灰浆料。

4.12.9　绝热层施工质量检验尚应符合现行国家标准GB 50411《建筑节能工程施工质量验收规范》的有关规定。

Ⅰ　主 控 项 目

4.12.10　绝热层材料应符合设计要求和国家现行有关标准的规定。

检验方法：观察检查和检查型式检验报告、出厂检验报告、出厂合格证。

检查数量：同一工程、同一材料、同一生产厂家、同一型号、同一规格、同一批号检查一次。

4.12.11　绝热层材料进入施工现场时，应对材料的热导率、表观密度、抗压强度或压缩强度、阻燃性进行复验。

检验方法：检查复验报告。

检查数量：同一工程、同一材料、同一生产厂家、同一型号、同一规格、同一批号复验一组。

4.12.12　绝热层的板块材料应采用无缝铺贴法铺设，表面应平整。

检查方法：观察检查、楔形塞尺检查。

检查数量：按本规范第3.0.21条规定的检验批检查。

Ⅱ　一般 项 目

4.12.13　绝热层的厚度应符合设计要求，不应出现负偏差，表面应平整。

检验方法：直尺或钢尺检查。

检查数量：按本规范第3.0.21条规定的检验批检查。

4.12.14 绝热层表面应无开裂。

检验方法：观察检查。

检查数量：按本规范第3.0.21条规定的检验批检查。

4.12.15 绝热层与地面面层之间的水泥混凝土结合层或水泥砂浆找平层，表面应平整，允许偏差应符合本规范表4.1.7中“找平层”的规定。

检验方法：按本规范表4.1.7中“找平层”的检验方法检验。

检查数量：按本规范第3.0.21条规定的检验批和第3.0.22条的规定检查。

5 整体面层铺设

5.1 一般规定

5.1.1 本章适用于水泥混凝土（含细石混凝土）面层、水泥砂浆面层、水磨石面层、硬化耐磨面层、防油渗面层、不发火（防爆）面层、自流平面层、涂料面层、塑胶面层、地面辐射供暖的整体面层等面层分项工程的施工质量检验。

5.1.2 铺设整体面层时，水泥类基层的抗压强度不得小于1.2MPa；表面应粗糙、洁净、湿润并不得有积水。铺设前宜凿毛或涂刷界面剂。硬化耐磨面层、自流平面层的基层处理应符合设计及产品的要求。

5.1.3 铺设整体面层时，地面变形缝的位置应符合本规范第3.0.16条的规定；大面积水泥类面层应设置分格缝。

5.1.4 整体面层施工后，养护时间不应少于7d；抗压强度应达到5MPa后方准上人行走；抗压强度应达到设计要求后，方可正常使用。

5.1.5 当采用掺有水泥拌和料做踢脚线时，不得用石灰混合砂浆打底。

5.1.6 水泥类整体面层的抹平工作应在水泥初凝前完成，压光工作应在水泥终凝前完成。

5.1.7 整体面层的允许偏差和检验方法应符合表5.1.7的规定。

表5.1.7 整体面层的允许偏差和检验方法

项次	项 目	允许偏差/mm									检验方法
		水泥混凝土面层	水泥砂浆面层	普通水磨石面层	高级水磨石面层	硬化耐磨面层	防油渗混凝土和不发火（防爆）面层	自流平面层	涂料面层	塑胶面层	
1	表面平整度	5	4	3	2	4	5	2	2	2	用2m靠尺和楔形塞尺检查
2	踢脚线上口平直	4	4	3	3	4	4	3	3	3	拉5m线和用钢尺检查
3	缝格顺直	3	3	3	2	3	3	2	2	2	

5.2 水泥混凝土面层

5.2.1 水泥混凝土面层厚度应符合设计要求。

5.2.2 水泥混凝土面层铺设不得留施工缝。当施工间隙超过允许时间规定时，应对接槎处进行处理。

Ⅰ 主 控 项 目

5.2.3 水泥混凝土采用的粗骨料，最大粒径不应大于面层厚度的2/3，细石混凝土面层采用的石子粒径不应大于16mm。

检验方法：观察检查和检查质量合格证明文件。

检查数量：同一工程、同一强度等级、同一配合比检查一次。

5.2.4 防水水泥混凝土中掺入的外加剂的技术性能应符合国家现行有关标准的规定，外加剂的品种和掺量应经试验确定。

检验方法：检查外加剂合格证明文件和配合比试验报告。

检查数量：同一工程、同一品种、同一掺量检查一次。

5.2.5 面层的强度等级应符合设计要求，且强度等级不应小于C20。

检验方法：检查配合比试验报告和强度等级检测报告。

检查数量：配合比试验报告按同一工程、同一强度等级、同一配合比检查一次；强度等级检测报告按本规范第3.0.19条的规定检查。

5.2.6 面层与下一层应结合牢固，且应无空鼓和开裂。当出现空鼓时，空鼓面积不应大于400cm^2，且每自然间或标准间不应多于2处。

检验方法：观察和用小锤轻击检查。

检查数量：按本规范第3.0.21条规定的检验批检查。

Ⅱ 一 般 项 目

5.2.7 面层表面应洁净，不应有裂纹、脱皮、麻面、起砂等缺陷。

检验方法：观察检查。

检查数量：按本规范第3.0.21条规定的检验批检查。

5.2.8 面层表面的坡度应符合设计要求，不应有倒泛水和积水现象。

检验方法：观察和采用泼水或用坡度尺检查。

检查数量：按本规范第3.0.21条规定的检验批检查。

5.2.9 踢脚线与柱、墙面应紧密结合，踢脚线高度和出柱、墙厚度应符合设计要求且均匀一致。当出现空鼓时，局部空鼓长度不应大于300mm，且每自然间或标准间不应多于2处。

检验方法：用小锤轻击、钢尺和观察检查。

检查数量：按本规范第3.0.21条规定的检验批检查。

5.2.10 楼梯、台阶踏步的宽度、高度应符合设计要求。楼层梯段相邻踏步高度差不应大于10mm；每踏步两端宽度差不应大于10mm，旋转楼梯梯段的每踏步两端宽度的允许偏差不应大于5mm。踏步面层应做防滑处理，齿角应整齐，防滑条应顺直、牢固。

检验方法：观察和用钢尺检查。

检查数量：按本规范第 3.0.21 条规定的检验批检查。

5.2.11 水泥混凝土面层的允许偏差应符合本规范表 5.1.7 的规定。

检验方法：按本规范表 5.1.7 中的检验方法检验。

检查数量：按本规范第 3.0.21 条规定的检验批和第 3.0.22 条的规定检查。

5.3 水泥砂浆面层

5.3.1 水泥砂浆面层的厚度应符合设计要求。

Ⅰ 主 控 项 目

5.3.2 水泥宜采用硅酸盐水泥、普通硅酸盐水泥，不同品种、不同强度等级的水泥不应混用；砂应为中粗砂，当采用石屑时，其粒径应为 1～5mm，且含泥量不应大于 3%；防水水泥砂浆采用的砂或石屑，其含泥量不应大于 1%。

检验方法：观察检查和检查质量合格证明文件。

检查数量：同一工程、同一强度等级、同一配合比检查一次。

5.3.3 防水水泥砂浆中掺入的外加剂的技术性能应符合国家现行有关标准的规定，外加剂的品种和掺量应经试验确定。

检验方法：观察检查和检查质量合格证明文件、配合比试验报告。

检查数量：同一工程、同一强度等级、同一配合比、同一外加剂品种、同一掺量检查一次。

5.3.4 水泥砂浆的体积比（强度等级）应符合设计要求，且体积比应为 1∶2，强度等级不应小于 M15。

检验方法：检查强度等级检测报告。

检查数量：按本规范第 3.0.19 条的规定检查。

5.3.5 有排水要求的水泥砂浆地面，坡向应正确、排水通畅；防水水泥砂浆面层不应渗漏。

检验方法：观察检查和蓄水、泼水检验或坡度尺检查及检查检验记录。

检查数量：按本规范第 3.0.21 条规定的检验批检查。

5.3.6 面层与下一层应结合牢固，且应无空鼓和开裂。当出现空鼓时，空鼓面积不应大于 400cm^2，且每自然间或标准间不应多于 2 处。

检验方法：观察和用小锤轻击检查。

检查数量：按本规范第 3.0.21 条规定的检验批检查。

Ⅱ 一 般 项 目

5.3.7 面层表面的坡度应符合设计要求，不应有倒泛水和积水现象。

检验方法：观察和采用泼水或坡度尺检查。

检查数量：按本规范第 3.0.21 条规定的检验批检查。

5.3.8 面层表面应洁净，不应有裂纹、脱皮、麻面、起砂等现象。

检验方法：观察检查。

检查数量：按本规范第 3.0.21 条规定的检验批检查。

5.3.9 踢脚线与柱、墙面应紧密结合，踢脚线高度及出柱、墙厚度应符合设计要求且均匀一致。当出现空鼓时，局部空鼓长度不应大于300mm，且每自然间或标准间不应多于2处。

检验方法：用小锤轻击、钢尺和观察检查。

检查数量：按本规范第3.0.21条规定的检验批检查。

5.3.10 楼梯、台阶踏步的宽度、高度应符合设计要求。楼层梯段相邻踏步高度差不应大于10mm；每踏步两端宽度差不应大于10mm，旋转楼梯梯段的每踏步两端宽度的允许偏差不应大于5mm。踏步面层应做防滑处理，齿角应整齐，防滑条应顺直、牢固。

检验方法：观察和用钢尺检查。

检查数量：按本规范第3.0.21条规定的检验批检查。

5.3.11 水泥砂浆面层的允许偏差应符合本规范表5.1.7的规定。

检验方法：按本规范表5.1.7中的检验方法检验。

检查数量：按本规范第3.0.21条规定的检验批和第3.0.22条的规定检查。

5.4 水磨石面层

5.4.1 水磨石面层应采用水泥与石粒拌和料铺设，有防静电要求时，拌和料内应按设计要求掺入导电材料。面层厚度除有特殊要求外，宜为12～18mm，且宜按石粒粒径确定。水磨石面层的颜色和图案应符合设计要求。

5.4.2 白色或浅色的水磨石面层应采用白水泥；深色的水磨石面层宜采用硅酸盐水泥、普通硅酸盐水泥或矿渣硅酸盐水泥；同颜色的面层应使用同一批水泥。同一彩色面层应使用同厂、同批的颜料，其掺入量宜为水泥重量的3%～6%或由试验确定。

5.4.3 水磨石面层的结合层采用水泥砂浆时，强度等级应符合设计要求且不应小于M10，稠度宜为30～35mm。

5.4.4 防静电水磨石面层中采用导电金属分格条时，分格条应经绝缘处理，且十字交叉处不得碰接。

5.4.5 普通水磨石面层磨光遍数不应少于3遍。高级水磨石面层的厚度和磨光遍数应由设计确定。

5.4.6 水磨石面层磨光后，在涂草酸和上蜡前，其表面不得污染。

5.4.7 防静电水磨石面层应在表面经清净、干燥后，在表面均匀涂抹一层防静电剂和地板蜡，并应做抛光处理。

Ⅰ　主　控　项　目

5.4.8 水磨石面层的石粒应采用白云石、大理石等岩石加工而成，石粒应洁净无杂物，其粒径除特殊要求外应为6～16mm；颜料应采用耐光、耐碱的矿物原料，不得使用酸性颜料。

检验方法：观察检查和检查质量合格证明文件。

检查数量：同一工程、同一体积比检查一次。

5.4.9 水磨石面层拌和料的体积比应符合设计要求，且水泥与石粒的比例应为1∶1.5～1∶2.5。

检验方法：检查配合比试验报告。

检查数量：同一工程、同一体积比检查一次。

5.4.10 防静电水磨石面层应在施工前及施工完成表面干燥后进行接地电阻和表面电阻检测，并应做好记录。

检验方法：检查施工记录和检测报告。

检查数量：按本规范第3.0.21条规定的检验批检查。

5.4.11 面层与下一层结合应牢固，且应无空鼓、裂纹。当出现空鼓时，空鼓面积不应大于400cm^2，且每自然间或标准间不应多于2处。

检验方法：观察和用小锤轻击检查。

检查数量：按本规范第3.0.21条规定的检验批检查。

Ⅱ 一 般 项 目

5.4.12 面层表面应光滑，且应无裂纹、砂眼和磨痕；石粒应密实，显露应均匀；颜色图案应一致，不混色；分格条应牢固、顺直和清晰。

检验方法：观察检查。

检查数量：按本规范第3.0.21条规定的检验批检查。

5.4.13 踢脚线与柱、墙面应紧密结合，踢脚线高度及出柱、墙厚度应符合设计要求且均匀一致。当出现空鼓时，局部空鼓长度不应大于300mm，且每自然间或标准间不应多于2处。

检验方法：用小锤轻击、钢尺和观察检查。

检查数量：按本规范第3.0.21条规定的检验批检查。

5.4.14 楼梯、台阶踏步的宽度、高度应符合设计要求。楼层梯段相邻踏步高度差不应大于10mm；每踏步两端宽度差不应大于10mm，旋转楼梯梯段的每踏步两端宽度的允许偏差不应大于5mm。踏步面层应做防滑处理，齿角应整齐，防滑条应顺直、牢固。

检验方法：观察和用钢尺检查。

检查数量：按本规范第3.0.21条规定的检验批检查。

5.4.15 水磨石面层的允许偏差应符合本规范表5.1.7的规定。

检验方法：按本规范表5.1.7中的检验方法检验。

检查数量：按本规范第3.0.21条规定的检验批和第3.0.22条的规定检查。

5.5 硬化耐磨面层

5.5.1 硬化耐磨面层应采用金属渣、屑、纤维或石英砂、金刚砂等，并应与水泥类胶凝材料拌和铺设或在水泥类基层上撒布铺设。

5.5.2 硬化耐磨面层采用拌和料铺设时，拌和料的配合比应通过试验确定；采用撒布铺设时，耐磨材料的撒布量应符合设计要求，且应在水泥类基层初凝前完成撒布。

5.5.3 硬化耐磨面层采用拌和料铺设时，宜先铺设一层强度等级不小于M15、厚度不小于20mm的水泥砂浆，或水灰比宜为0.4的素水泥浆结合层。

5.5.4 硬化耐磨面层采用拌和料铺设时，铺设厚度和拌和料强度应符合设计要求。当设计无要求时，水泥钢（铁）屑面层铺设厚度不应小于30mm，抗压强度不应小于40MPa；水泥石英砂浆面层铺设厚度不应小于20mm，抗压强度不应小于30MPa；钢纤维混凝土面层铺设厚度不应小于40mm，抗压强度不应小于40MPa。

5.5.5 硬化耐磨面层采用撒布铺设时，耐磨材料应撒布均匀，厚度应符合设计要求。混凝土基层或砂浆基层的厚度及强度应符合设计要求。当设计无要求时，混凝土基层的厚度不应小于50mm，强度等级不应小于C25；砂浆基层的厚度不应小于20mm，强度等级不应小于M15。

5.5.6 硬化耐磨面层分格缝的间距及缝深、缝宽、填缝材料应符合设计要求。

5.5.7 硬化耐磨面层铺设后应在湿润条件下静置养护，养护期限应符合材料的技术要求。

5.5.8 硬化耐磨面层应在强度达到设计强度后方可投入使用。

Ⅰ　主　控　项　目

5.5.9 硬化耐磨面层采用的材料应符合设计要求和国家现行有关标准的规定。

检验方法：观察检查和检查质量合格证明文件。

检查数量：采用拌和料铺设的，按同一工程、同一强度等级检查一次；采用撒布铺设的，按同一工程、同一材料、同一生产厂家、同一型号、同一规格、同一批号检查一次。

5.5.10 硬化耐磨面层采用拌和料铺设时，水泥的强度不应小于42.5MPa。金属渣、屑、纤维不应有其他杂质，使用前应去油除锈、冲洗干净并干燥；石英砂应用中粗砂，含泥量不应大于2%。

检验方法：观察检查和检查质量合格证明文件。

检查数量：同一工程、同一强度等级检查一次。

5.5.11 硬化耐磨面层的厚度、强度等级、耐磨性能应符合设计要求。

检验方法：用钢尺检查和检查配合比试验报告、强度等级检测报告、耐磨性能检测报告。

检查数量：厚度按本规范第3.0.21条规定的检验批检查；配合比试验报告按同一工程、同一强度等级、同一配合比检查一次；强度等级检测报告按本规范第3.0.19条的规定检查；耐磨性能检测报告按同一工程抽样检查一次。

5.5.12 面层与基层（或下一层）结合应牢固，且应无空鼓、裂缝。当出现空鼓时，空鼓面积不应大于400cm^2，且每自然间或标准间不应多于2处。

检验方法：观察和用小锤轻击检查。

检查数量：按本规范第3.0.21条规定的检验批检查。

Ⅱ　一　般　项　目

5.5.13 面层表面坡度应符合设计要求，不应有倒泛水和积水现象。

检验方法：观察和采用泼水或用坡度尺检查。

检查数量：按本规范第3.0.21条规定的检验批检查。

5.5.14 面层表面应色泽一致，切缝应顺直，不应有裂纹、脱皮、麻面、起砂等缺陷。

检验方法：观察检查。

检查数量：按本规范第3.0.21条规定的检验批检查。

5.5.15 踢脚线与柱、墙面应紧密结合，踢脚线高度及出柱、墙厚度应符合设计要求且均匀一致。当出现空鼓时，局部空鼓长度不应大于300mm，且每自然间或标准间不应多于2处。

检验方法：用小锤轻击、钢尺和观察检查。

检查数量：按本规范第3.0.21条规定的检验批检查。

5.5.16 硬化耐磨面层的允许偏差应符合本规范表5.1.7的规定。

检验方法：按本规范表5.1.7中的检查方法检查。

检查数量：按本规范第3.0.21条规定的检验批和第3.0.22条的规定检查。

5.6 防油渗面层

5.6.1 防油渗面层应采用防油渗混凝土铺设或采用防油渗涂料涂刷。

5.6.2 防油渗隔离层及防油渗面层与墙、柱连接处的构造应符合设计要求。

5.6.3 防油渗混凝土面层厚度应符合设计要求，防油渗混凝土的配合比应按设计要求的强度等级和抗渗性能通过试验确定。

5.6.4 防油渗混凝土面层应按厂房柱网分区段浇筑，区段划分及分区段缝应符合设计要求。

5.6.5 防油渗混凝土面层内不得敷设管线。露出面层的电线管、接线盒、预埋套管和地脚螺栓等的处理，以及与墙、柱、变形缝、孔洞等连接处泛水均应采取防油渗措施并应符合设计要求。

5.6.6 防油渗面层采用防油渗涂料时，材料应按设计要求选用，涂层厚度宜为5～7mm。

Ⅰ 主控项目

5.6.7 防油渗混凝土所用的水泥应采用普通硅酸盐水泥；碎石应采用花岗石或英石，不应使用松散、多孔和吸水率大的石子，粒径为5～16mm，最大粒径不应大于20mm，含泥量不应大于1%；砂应为中砂，且应洁净无杂物；掺入的外加剂和防油渗剂应符合有关标准的规定。防油渗涂料应具有耐油、耐磨、耐火和粘结性能。

检验方法：观察检查和检查质量合格证明文件。

检查数量：同一工程、同一强度等级、同一配合比、同一粘结强度检查一次。

5.6.8 防油渗混凝土的强度等级和抗渗性能应符合设计要求，且强度等级不应小于C30；防油渗涂料的粘结强度不应小于0.3MPa。

检验方法：检查配合比试验报告、强度等级检测报告、粘结强度检测报告。

检查数量：配合比试验报告按同一工程、同一强度等级、同一配合比检查一次；强度等级检测报告按本规范第3.0.19条的规定检查；抗拉粘结强度检测报告按同一工程、同一涂料品种、同一生产厂家、同一型号、同一规格、同一批号检查一次。

5.6.9 防油渗混凝土面层与下一层应结合牢固、无空鼓。

检验方法：用小锤轻击检查。

检查数量：按本规范第3.0.21条规定的检验批检查。

5.6.10 防油渗涂料面层与基层应粘结牢固，不应有起皮、开裂、漏涂等缺陷。

检验方法：观察检查。

检查数量：按本规范第 3.0.21 条规定的检验批检查。

Ⅱ 一般项目

5.6.11 防油渗面层表面坡度应符合设计要求，不得有倒泛水和积水现象。

检验方法：观察和采用泼水或用坡度尺检查。

检查数量：按本规范第 3.0.21 条规定的检验批检查。

5.6.12 防油渗混凝土面层表面应洁净，不应有裂纹、脱皮、麻面和起砂等现象。

检验方法：观察检查。

检查数量：按本规范第 3.0.21 条规定的检验批检查。

5.6.13 踢脚线与柱、墙面应紧密结合，踢脚线高度及出柱、墙厚度应符合设计要求且均匀一致。

检验方法：用小锤轻击、钢尺和观察检查。

检查数量：按本规范第 3.0.21 条规定的检验批检查。

5.6.14 防油渗面层的允许偏差应符合本规范表 5.1.7 的规定。

检验方法：按本规范表 5.1.7 中的检验方法检验。

检查数量：按本规范第 3.0.21 条规定的检验批和第 3.0.22 条的规定检查。

5.7 不发火（防爆）面层

5.7.1 不发火（防爆）面层应采用水泥类拌和料及其他不发火材料铺设，其材料和厚度应符合设计要求。

5.7.2 不发火（防爆）各类面层的铺设应符合本规范相应面层的规定。

5.7.3 不发火（防爆）面层采用的材料和硬化后的试件，应做不发火性试验。

Ⅰ 主控项目

5.7.4 不发火（防爆）面层中碎石的不发火性必须合格；砂应质地坚硬、表面粗糙，其粒径应为 0.15～5mm，含泥量不应大于 3%，有机物含量不应大于 0.5%；水泥应采用硅酸盐水泥、普通硅酸盐水泥；面层分格的嵌条应采用不发生火花的材料配制。配制时应随时检查，不得混入金属或其他易发生火花的杂质。

检验方法：观察检查和检查质量合格证明文件。

检查数量：按本规范第 3.0.19 条的规定检查。

5.7.5 不发火（防爆）面层的强度等级应符合设计要求。

检验方法：检查配合比试验报告和强度等级检测报告。

检查数量：配合比试验报告按同一工程、同一强度等级、同一配合比检查一次；强度等级检测报告按本规范第 3.0.19 条的规定检查。

5.7.6 面层与下一层应结合牢固，且应无空鼓和开裂。当出现空鼓时，空鼓面积不应大于 $400cm^2$，且每自然间或标准间不应多于 2 处。

检验方法：观察和用小锤轻击检查。

检查数量：按本规范第 3.0.21 条规定的检验批检查。

5.7.7 不发火（防爆）面层的试件应检验合格。

检验方法：检查检测报告。

检查数量：同一工程、同一强度等级、同一配合比检查一次。

Ⅱ 一 般 项 目

5.7.8 面层表面应密实，无裂缝、蜂窝、麻面等缺陷。

检验方法：观察检查。

检查数量：按本规范第 3.0.21 条规定的检验批检查。

5.7.9 踢脚线与柱、墙面应紧密结合，踢脚线高度及出柱、墙厚度应符合设计要求且均匀一致。当出现空鼓时，局部空鼓长度不应大于 300mm，且每自然间或标准间不应多于 2 处。

检验方法：用小锤轻击、钢尺和观察检查。

检查数量：按本规范第 3.0.21 条规定的检验批检查。

5.7.10 不发火（防爆）面层的允许偏差应符合本规范表 5.1.7 的规定。

检验方法：按本规范表 5.1.7 中的检验方法检验。

检查数量：按本规范第 3.0.21 条规定的检验批和第 3.0.22 条的规定检查。

5.8 自流平面层

5.8.1 自流平面层可采用水泥基、石膏基、合成树脂基等拌和物铺设。

5.8.2 自流平面层与墙、柱等连接处的构造做法应符合设计要求，铺设时应分层施工。

5.8.3 自流平面层的基层应平整、洁净，基层的含水率应与面层材料的技术要求相一致。

5.8.4 自流平面层的构造做法、厚度、颜色等应符合设计要求。

5.8.5 有防水、防潮、防油渗、防尘要求的自流平面层应达到设计要求。

Ⅰ 主 控 项 目

5.8.6 自流平面层的铺涂材料应符合设计要求和国家现行有关标准的规定。

检验方法：观察检查和检查型式检验报告、出厂检验报告、出厂合格证。

检查数量：同一工程、同一材料、同一生产厂家、同一型号、同一规格、同一批号检查一次。

5.8.7 自流平面层的涂料进入施工现场时，应有以下有害物质限量合格的检测报告：

1 水性涂料中的挥发性有机化合物（VOC）和游离甲醛；

2 溶剂型涂料中的苯、甲苯+二甲苯、挥发性有机化合物（VOC）和游离甲苯二异氰酸酯（TDI）。

检验方法：检查检测报告。

检查数量：同一工程、同一材料、同一生产厂家、同一型号、同一规格、同一批号检查一次。

5.8.8 自流平面层的基层的强度等级不应小于 C20。

检验方法：检查强度等级检测报告。

检查数量：按本规范第 3.0.19 条的规定检查。

5.8.9 自流平面层的各构造层之间应粘结牢固，层与层之间不应出现分离、空鼓现象。

检验方法：用小锤轻击检查。

检查数量：按本规范第 3.0.21 条规定的检验批检查。

5.8.10 自流平面层的表面不应有开裂、漏涂和倒泛水、积水等现象。

检验方法：观察和泼水检查。

检查数量：按本规范第 3.0.21 条规定的检验批检查。

Ⅱ　一　般　项　目

5.8.11 自流平面层应分层施工，面层找平施工时不应留有抹痕。

检验方法：观察检查和检查施工记录。

检查数量：按本规范第 3.0.21 条规定的检验批检查。

5.8.12 自流平面层表面应光洁，色泽应均匀、一致，不应有起泡、泛砂等现象。

检验方法：观察检查。

检查数量：按本规范第 3.0.21 条规定的检验批检查。

5.8.13 自流平面层的允许偏差应符合本规范表 5.1.7 的规定。

检验方法：按本规范表 5.1.7 中的检验方法检验。

检查数量：按本规范第 3.0.21 条规定的检验批和第 3.0.22 条的规定检查。

5.9 涂料面层

5.9.1 涂料面层应采用丙烯酸、环氧、聚氨酯等树脂型涂料涂刷。

5.9.2 涂料面层的基层应符合下列规定：

1 应平整、洁净；

2 强度等级不应小于 C20；

3 含水率应与涂料的技术要求相一致。

5.9.3 涂料面层的厚度、颜色应符合设计要求，铺设时应分层施工。

Ⅰ　主　控　项　目

5.9.4 涂料应符合设计要求和国家现行有关标准的规定。

检验方法：观察检查和检查型式检验报告、出厂检验报告、出厂合格证。

检查数量：同一工程、同一材料、同一生产厂家、同一型号、同一规格、同一批号检查一次。

5.9.5 涂料进入施工现场时，应有苯、甲苯＋二甲苯、挥发性有机化合物（VOC）和游离甲苯二异氰醛酯（TDI）限量合格的检测报告。

检验方法：检查检测报告。

检查数量：同一材料、同一生产厂家、同一型号、同一规格、同一批号检查一次。

5.9.6 涂料面层的表面不应有开裂、空鼓、漏涂和倒泛水、积水等现象。

检验方法：观察和泼水检查。

检查数量：按本规范第 3.0.21 条规定的检验批检查。

Ⅱ 一 般 项 目

5.9.7 涂料找平层应平整，不应有刮痕。

检验方法：观察检查。

检查数量：按本规范第 3.0.21 条规定的检验批检查。

5.9.8 涂料面层应光洁，色泽应均匀、一致，不应有起泡、起皮、泛砂等现象。

检验方法：观察检查。

检查数量：按本规范第 3.0.21 条规定的检验批检查。

5.9.9 楼梯、台阶踏步的宽度、高度应符合设计要求。楼层梯段相邻踏步高度差不应大于 10mm；每踏步两端宽度差不应大于 10mm，旋转楼梯梯段的每踏步两端宽度的允许偏差不应大于 5mm。踏步面层应做防滑处理，齿角应整齐，防滑条应顺直、牢固。

检验方法：观察和用钢尺检查。

检查数量：按本规范第 3.0.21 条规定的检验批检查。

5.9.10 涂料面层的允许偏差应符合本规范表 5.1.7 的规定。

检验方法：按本规范表 5.1.7 中的检验方法检验。

检查数量：按本规范第 3.0.21 条规定的检验批和第 3.0.22 条的规定检查。

5.10 塑胶面层

5.10.1 塑胶面层应采用现浇型塑胶材料或塑胶卷材，宜在沥青混凝土或水泥类基层上铺设。

5.10.2 基层的强度和厚度应符合设计要求，表面应平整、干燥、洁净，无油脂及其他杂质。

5.10.3 塑胶面层铺设时的环境温度宜为 10～30℃。

Ⅰ 主 控 项 目

5.10.4 塑胶面层采用的材料应符合设计要求和国家现行有关标准的规定。

检验方法：观察检查和检查型式检验报告、出厂检验报告、出厂合格证。

检查数量：现浇型塑胶材料按同一工程、同一配合比检查一次；塑胶卷材按同一工程、同一材料、同一生产厂家、同一型号、同一规格、同一批号检查一次。

5.10.5 现浇型塑胶面层的配合比应符合设计要求，成品试件应检测合格。

检验方法：检查配合比试验报告、试件检测报告。

检查数量：同一工程、同一配合比检查一次。

5.10.6 现浇型塑胶面层与基层应粘结牢固，面层厚度应一致，表面颗粒应均匀，不应有裂痕、分层、气泡、脱（秃）粒等现象；塑胶卷材面层的卷材与基层应粘结牢固，面层不应有断裂、起泡、起鼓、空鼓、脱胶、翘边、溢液等现象。

检验方法：观察和用敲击法检查。

检查数量：按本规范第 3.0.21 条规定的检验批检查。

Ⅱ　一　般　项　目

5.10.7　塑胶面层的各组合层厚度、坡度、表面平整度应符合设计要求。

检验方法：采用钢尺、坡度尺、2m 或 3m 水平尺检查。

检查数量：按本规范第 3.0.21 条规定的检验批检查。

5.10.8　塑胶面层应表面洁净，图案清晰，色泽一致；拼缝处的图案、花纹应吻合，无明显高低差及缝隙，无胶痕；与周边接缝应严密，阴阳角应方正、收边整齐。

检验方法：观察检查。

检查数量：按本规范第 3.0.21 条规定的检验批检查。

5.10.9　塑胶卷材面层的焊缝应平整、光洁，无焦化变色、斑点、焊瘤、起鳞等缺陷，焊缝凹凸允许偏差不应大于 0.6mm。

检验方法：观察检查。

检查数量：按本规范第 3.0.21 条规定的检验批检查。

5.10.10　塑胶面层的允许偏差应符合本规范表 5.1.7 的规定。

检验方法：按本规范表 5.1.7 中的检验方法检验。

检查数量：按本规范第 3.0.21 条规定的检验批和第 3.0.22 条的规定检查。

5.11　地面辐射供暖的整体面层

5.11.1　地面辐射供暖的整体面层宜采用水泥混凝土、水泥砂浆等，应在填充层上铺设。

5.11.2　地面辐射供暖的整体面层铺设时不得扰动填充层，不得向填充层内楔入任何物件。面层铺设尚应符合本规范第 5.2 节、5.3 节的有关规定。

Ⅰ　主　控　项　目

5.11.3　地面辐射供暖的整体面层采用的材料或产品除应符合设计要求和本规范相应面层的规定外，还应具有耐热性、热稳定性、防水、防潮、防霉变等特点。

检验方法：观察检查和检查质量合格证明文件。

检查数量：同一工程、同一材料、同一生产厂家、同一型号、同一规格、同一批号检查一次。

5.11.4　地面辐射供暖的整体面层的分格缝应符合设计要求，面层与柱、墙之间应留不小于 10mm 的空隙。

检验方法：观察和用钢尺检查。

检查数量：按本规范第 3.0.21 条规定的检验批检查。

5.11.5　其余主控项目及检验方法、检查数量应符合本规范本章第 5.2 节、5.3 节的有关规定。

Ⅱ　一　般　项　目

5.11.6　一般项目及检验方法、检查数量应符合本规范第 5.2 节、5.3 节的有关规定。

6 板块面层铺设

6.1 一般规定

6.1.1 本章适用于砖面层、大理石和花岗石面层、预制板块面层、料石面层、塑料板面层、活动地板面层、金属板面层、地毯面层、地面辐射供暖的板块面层等面层分项工程的施工质量验收。

6.1.2 铺设板块面层时，其水泥类基层的抗压强度不得小于1.2MPa。

6.1.3 铺设板块面层的结合层和板块间的填缝采用水泥砂浆时，应符合下列规定：

1 配制水泥砂浆应采用硅酸盐水泥、普通硅酸盐水泥或矿渣硅酸盐水泥；

2 配制水泥砂浆的砂应符合现行行业标准JGJ 52《普通混凝土用砂、石质量及检验方法标准》的有关规定；

3 水泥砂浆的体积比（或强度等级）应符合设计要求。

6.1.4 结合层和板块面层填缝的胶结材料应符合国家现行有关标准的规定和设计要求。

6.1.5 铺设水泥混凝土板块、水磨石板块、人造石板块、陶瓷锦砖、陶瓷地砖、缸砖、水泥花砖、料石、大理石、花岗石等面层的结合层和填缝材料采用水泥砂浆时，在面层铺设后，表面应覆盖、湿润，养护时间不应少于7d。当板块面层的水泥砂浆结合层的抗压强度达到设计要求后，方可正常使用。

6.1.6 大面积板块面层的伸、缩缝及分格缝应符合设计要求。

6.1.7 板块类踢脚线施工时，不得采用混合砂浆打底。

6.1.8 板块面层的允许偏差和检验方法应符合表6.1.8的规定。

6.2 砖面层

6.2.1 砖面层可采用陶瓷锦砖、缸砖、陶瓷地砖和水泥花砖，应在结合层上铺设。

6.2.2 在水泥砂浆结合层上铺贴缸砖、陶瓷地砖和水泥花砖面层时，应符合下列规定：

1 在铺贴前，应对砖的规格尺寸、外观质量、色泽等进行预选；需要时，浸水湿润晾干待用；

2 勾缝和压缝应采用同品种、同强度等级、同颜色的水泥，并做养护和保护。

6.2.3 在水泥砂浆结合层上铺贴陶瓷锦砖面层时，砖底面应洁净，每联陶瓷锦砖之间、与结合层之间以及在墙角、镶边和靠柱、墙处应紧密贴合。在靠柱、墙处不得采用砂浆填补。

6.2.4 在胶结料结合层上铺贴缸砖面层时，缸砖应干净，铺贴应在胶结料凝结前完成。

Ⅰ 主控项目

6.2.5 砖面层所用板块产品应符合设计要求和国家现行有关标准的规定。

检验方法：观察检查和检查型式检验报告、出厂检验报告、出厂合格证。

表 6.1.8　　板、块面层的允许偏差和检验方法

项次	项目	允许偏差/mm											检验方法
		陶瓷锦砖面层、高级水磨石板、陶瓷地砖面层	缸砖面层	水泥花砖面层	水磨石板块面层	大理石面层、花岗石面层、人造石面层、金属板面层	塑料板面层	水泥混凝土板块面层	碎拼大理石、碎拼花岗石面层	活动地板面层	条石面层	块石面层	
1	表面平整度	2.0	4.0	3.0	3.0	1.0	2.0	4.0	3.0	2.0	10	10	用2m靠尺和楔形塞尺检查
2	缝格平直	3.0	3.0	3.0	3.0	2.0	3.0	3.0	—	2.5	8.0	8.0	拉5m线和用钢尺检查
3	接缝高低差	0.5	1.5	0.5	1.0	0.5	0.5	1.5	—	0.4	2.0	—	用钢尺和楔形塞尺检查
4	踢脚线上口平直	3.0	4.0	—	4.0	1.0	2.0	4.0	1.0	—	—	—	拉5m线和用钢尺检查
5	板块间隙宽度	2.0	2.0	2.0	2.0	1.0	—	6.0	—	0.3	5.0	—	用钢尺检查

检查数量：同一工程、同一材料、同一生产厂家、同一型号、同一规格、同一批号检查一次。

6.2.6 砖面层所用板块产品进入施工现场时，应有放射性限量合格的检测报告。

检验方法：检查检测报告。

检查数量：同一工程、同一材料、同一生产厂家、同一型号、同一规格、同一批号检查一次。

6.2.7 面层与下一层的结合（粘结）应牢固，无空鼓（单块砖边角允许有局部空鼓，但每自然间或标准间的空鼓砖不应超过总数的 5%）。

检验方法：用小锤轻击检查。

检查数量：按本规范第 3.0.21 条规定的检验批检查。

Ⅱ 一 般 项 目

6.2.8 砖面层的表面应洁净、图案清晰，色泽应一致，接缝应平整，深浅应一致，周边应顺直。板块应无裂纹、掉角和缺楞等缺陷。

检验方法：观察检查。

检查数量：按本规范第 3.0.21 条规定的检验批检查。

6.2.9 面层邻接处的镶边用料及尺寸应符合设计要求，边角应整齐、光滑。

检验方法：观察和用钢尺检查。

检查数量：按本规范第 3.0.21 条规定的检验批检查。

6.2.10 踢脚线表面应洁净，与柱、墙面的结合应牢固。踢脚线高度及出柱、墙厚度应符合设计要求，且均匀一致。

检验方法：观察和用小锤轻击及钢尺检查。

检查数量：按本规范第 3.0.21 条规定的检验批检查。

6.2.11 楼梯、台阶踏步的宽度、高度应符合设计要求。踏步板块的缝隙宽度应一致；楼层梯段相邻踏步高度差不应大于 10mm；每踏步两端宽度差不应大于 10mm，旋转楼梯梯段的每踏步两端宽度的允许偏差不应大于 5mm。踏步面层应做防滑处理，齿角应整齐，防滑条应顺直、牢固。

检验方法：观察和用钢尺检查。

检查数量：按本规范第 3.0.21 条规定的检验批检查。

6.2.12 面层表面的坡度应符合设计要求，不倒泛水、无积水；与地漏、管道结合处应严密牢固，无渗漏。

检验方法：观察、泼水或用坡度尺及蓄水检查。

检查数量：按本规范第 3.0.21 条规定的检验批检查。

6.2.13 砖面层的允许偏差应符合本规范表 6.1.8 的规定。

检验方法：按本规范表 6.1.8 中的检验方法检验。

检查数量：按本规范第 3.0.21 条规定的检验批和第 3.0.22 条的规定检查。

6.3 大理石面层和花岗石面层

6.3.1 大理石、花岗石面层采用天然大理石、花岗石（或碎拼大理石、碎拼花岗石）板材，应在结合层上铺设。

6.3.2　板材有裂缝、掉角、翘曲和表面有缺陷时应予剔除，品种不同的板材不得混杂使用；在铺设前，应根据石材的颜色、花纹、图案、纹理等按设计要求，试拼编号。

6.3.3　铺设大理石、花岗石面层前，板材应浸湿、晾干；结合层与板材应分段同时铺设。

Ⅰ　主　控　项　目

6.3.4　大理石、花岗石面层所用板块产品应符合设计要求和国家现行有关标准的规定。

检验方法：观察检查和检查质量合格证明文件。

检查数量：同一工程、同一材料、同一生产厂家、同一型号、同一规格、同一批号检查一次。

6.3.5　大理石、花岗石面层所用板块产品进入施工现场时，应有放射性限量合格的检测报告。

检验方法：检查检测报告。

检查数量：同一工程、同一材料、同一生产厂家、同一型号、同一规格、同一批号检查一次。

6.3.6　面层与下一层应结合牢固，无空鼓（单块板块边角允许有局部空鼓，但每自然间或标准间的空鼓板块不应超过总数的5%）。

检验方法：用小锤轻击检查。

检查数量：按本规范第3.0.21条规定的检验批检查。

Ⅱ　一　般　项　目

6.3.7　大理石、花岗石面层铺设前，板块的背面和侧面应进行防碱处理。

检验方法：观察检查和检查施工记录。

检查数量：按本规范第3.0.21条规定的检验批检查。

6.3.8　大理石、花岗石面层的表面应洁净、平整、无磨痕，且应图案清晰，色泽一致，接缝均匀，周边顺直，镶嵌正确，板块应无裂纹、掉角、缺棱等缺陷。

检验方法：观察检查。

检查数量：按本规范第3.0.21条规定的检验批检查。

6.3.9　踢脚线表面应洁净，与柱、墙面的结合应牢固。踢脚线高度及出柱、墙厚度应符合设计要求，且均匀一致。

检验方法：观察和用小锤轻击及钢尺检查。

检查数量：按本规范第3.0.21条规定的检验批检查。

6.3.10　楼梯、台阶踏步的宽度、高度应符合设计要求。踏步板块的缝隙宽度应一致；楼层梯段相邻踏步高度差不应大于10mm；每踏步两端宽度差不应大于10mm，旋转楼梯梯段的每踏步两端宽度的允许偏差不应大于5mm。踏步面层应做防滑处理，齿角应整齐，防滑条应顺直、牢固。

检验方法：观察和用钢尺检查。

检查数量：按本规范第 3.0.21 条规定的检验批检查。

6.3.11 面层表面的坡度应符合设计要求，不倒泛水、无积水；与地漏、管道结合处应严密牢固，无渗漏。

检验方法：观察、泼水或用坡度尺及蓄水检查。

检查数量：按本规范第 3.0.21 条规定的检验批检查。

6.3.12 大理石面层和花岗石面层（或碎拼大理石面层、碎拼花岗石面层）的允许偏差应符合本规范表 6.1.8 的规定。

检验方法：按本规范表 6.1.8 中的检验方法检验。

检查数量：按本规范第 3.0.21 条规定的检验批和第 3.0.22 条的规定检查。

6.4 预制板块面层

6.4.1 预制板块面层采用水泥混凝土板块、水磨石板块、人造石板块，应在结合层上铺设。

6.4.2 在现场加工的预制板块应按本规范第 5 章的有关规定执行。

6.4.3 水泥混凝土板块面层的缝隙中，应采用水泥浆（或砂浆）填缝；彩色混凝土板块、水磨石板块、人造石板块应用同色水泥浆（或砂浆）擦缝。

6.4.4 强度和品种不同的预制板块不宜混杂使用。

6.4.5 板块间的缝隙宽度应符合设计要求。当设计无要求时，混凝土板块面层缝宽不宜大于 6mm，水磨石板块、人造石板块间的缝宽不应大于 2mm。预制板块面层铺完 24h 后，应用水泥砂浆灌缝至 2/3 高度，再用同色水泥浆擦（勾）缝。

Ⅰ 主 控 项 目

6.4.6 预制板块面层所用板块产品应符合设计要求和国家现行有关标准的规定。

检验方法：观察检查和检查型式检验报告、出厂检验报告、出厂合格证。

检查数量：同一工程、同一材料、同一生产厂家、同一型号、同一规格、同一批号检查一次。

6.4.7 预制板块面层所用板块产品进入施工现场时，应有放射性限量合格的检测报告。

检验方法：检查检测报告。

检查数量：同一工程、同一材料、同一生产厂家、同一型号、同一规格、同一批号检查一次。

6.4.8 面层与下一层应黏合牢固、无空鼓（单块板块边角允许有局部空鼓，但每自然间或标准间的空鼓板块不应超过总数的 5%）。

检验方法：用小锤轻击检查。

检查数量：按本规范第 3.0.21 条规定的检验批检查。

Ⅱ 一 般 项 目

6.4.9 预制板块表面应无裂缝、掉角、翘曲等明显缺陷。

检验方法：观察检查。

检查数量：按本规范第 3.0.21 条规定的检验批检查。

6.4.10 预制板块面层应平整洁净，图案清晰，色泽一致，接缝均匀，周边顺直，镶嵌正确。

检验方法：观察检查。

检查数量：按本规范第3.0.21条规定的检验批检查。

6.4.11 面层邻接处的镶边用料尺寸应符合设计要求，边角应整齐、光滑。

检验方法：观察和用钢尺检查。

检查数量：按本规范第3.0.21条规定的检验批检查。

6.4.12 踢脚线表面应洁净，与柱、墙面的结合应牢固。踢脚线高度及出柱、墙厚度应符合设计要求，且均匀一致。

检验方法：观察和用小锤轻击及钢尺检查。

检查数量：按本规范第3.0.21条规定的检验批检查。

6.4.13 楼梯、台阶踏步的宽度、高度应符合设计要求。踏步板块的缝隙宽度应一致；楼层梯段相邻踏步高度差不应大于10mm；每踏步两端宽度差不应大于10mm，旋转楼梯梯段的每踏步两端宽度的允许偏差不应大于5mm。踏步面层应做防滑处理，齿角应整齐，防滑条应顺直、牢固。

检验方法：观察和用钢尺检查。

检查数量：按本规范第3.0.21条规定的检验批检查。

6.4.14 水泥混凝土板块、水磨石板块、人造石板块面层的允许偏差应符合本规范表6.1.8的规定。

检验方法：按本规范表6.1.8中的检验方法检验。

检查数量：按本规范第3.0.21条规定的检验批和第3.0.22条的规定检查。

6.5 料石面层

6.5.1 料石面层采用天然条石和块石，应在结合层上铺设。

6.5.2 条石和块石面层所用的石材的规格、技术等级和厚度应符合设计要求。条石的质量应均匀，形状为矩形六面体，厚度为80～120mm；块石形状为直棱柱体，顶面粗琢平整，底面面积不宜小于顶面面积的60%，厚度为100～150mm。

6.5.3 不导电的料石面层的石料应采用辉绿岩石加工制成。填缝材料也采用辉绿岩石加工的砂嵌实。耐高温的料石面层的石料，应按设计要求选用。

6.5.4 条石面层的结合层宜采用水泥砂浆，其厚度应符合设计要求；块石面层的结合层宜采用砂垫层，其厚度不应小于60mm；基土层应为均匀密实的基土或夯实的基土。

Ⅰ 主 控 项 目

6.5.5 石材应符合设计要求和国家现行有关标准的规定；条石的强度等级应大于Mu60，块石的强度等级应大于Mu30。

检验方法：观察检查和检查质量合格证明文件。

检查数量：同一工程、同一材料、同一生产厂家、同一型号、同一规格、同一批号检查一次。

6.5.6 石材进入施工现场时，应有放射性限量合格的检测报告。

检验方法：检查检测报告。

检查数量：同一工程、同一材料、同一生产厂家、同一型号、同一规格、同一批号检查一次。

6.5.7 面层与下一层应结合牢固、无松动。

检验方法：观察和用锤击检查。

检查数量：按本规范第3.0.21条规定的检验批检查。

Ⅱ 一 般 项 目

6.5.8 条石面层应组砌合理，无十字缝，铺砌方向和坡度应符合设计要求；块石面层石料缝隙应相互错开，通缝不应超过两块石料。

检验方法：观察和用坡度尺检查。

检查数量：按本规范第3.0.21条规定的检验批检查。

6.5.9 条石面层和块石面层的允许偏差应符合本规范表6.1.8的规定。

检验方法：按本规范表6.1.8中的检验方法检验。

检查数量：按本规范第3.0.21条规定的检验批和第3.0.22条的规定检查。

6.6 塑料板面层

6.6.1 塑料板面层应采用塑料板块材、塑料板焊接、塑料卷材以胶粘剂在水泥类基层上采用满粘或点粘法铺设。

6.6.2 水泥类基层表面应平整、坚硬、干燥、密实、洁净、无油脂及其他杂质，不应有麻面、起砂、裂缝等缺陷。

6.6.3 胶粘剂应按基层材料和面层材料使用的相容性要求，通过试验确定，其质量应符合国家现行有关标准的规定。

6.6.4 焊条成分和性能应与被焊的板相同，其质量应符合有关技术标准的规定，并应有出厂合格证。

6.6.5 铺贴塑料板面层时，室内相对湿度不宜大于70%，温度宜在10～32℃。

6.6.6 塑料板面层施工完成后的静置的时间应符合产品的技术要求。

6.6.7 防静电塑料板配套的胶粘剂、焊条等应具有防静电性能。

Ⅰ 主 控 项 目

6.6.8 塑料板面层所用的塑料板块、塑料卷材、胶粘剂等应符合设计要求和国家现行有关标准的规定。

检验方法：观察检查和检查型式检验报告、出厂检验报告、出厂合格证。

检查数量：同一工程、同一材料、同一生产厂家、同一型号、同一规格、同一批号检查一次。

6.6.9 塑料板面层采用的胶粘剂进入施工现场时，应有以下有害物质限量合格的检测报告：

1 溶剂型胶粘剂中的挥发性有机化合物（VOC）、苯、甲苯+二甲苯；

2 水性胶粘剂中的挥发性有机化合物（VOC）和游离甲醛。

检验方法：检查检测报告。

检查数量：同一工程、同一材料、同一生产厂家、同一型号、同一规格、同一批号检查一次。

6.6.10　面层与下一层的粘结应牢固，不翘边、不脱胶、无溢胶（单块板块边角允许有局部脱胶，但每自然间或标准间的脱胶板块不应超过总数的5%；卷材局部脱胶处面积不应大于20cm^2，且相隔间距应大于或等于50cm）。

检验方法：观察、敲击及用钢尺检查。

检查数量：按本规范第3.0.21条规定的检验批检查。

Ⅱ　一　般　项　目

6.6.11　塑料板面层应表面洁净，图案清晰，色泽一致，接缝应严密、美观。拼缝处的图案、花纹应吻合，无胶痕；与柱、墙边交接应严密，阴阳角收边应方正。

检验方法：观察检查。

检查数量：按本规范第3.0.21条规定的检验批检查。

6.6.12　板块的焊接，焊缝应平整、光洁，无焦化变色、斑点、焊瘤和起鳞等缺陷，其凹凸允许偏差不应大于0.6mm。焊缝的抗拉强度应不小于塑料板强度的75%。

检验方法：观察检查和检查检测报告。

检查数量：按本规范第3.0.21条规定的检验批检查。

6.6.13　镶边用料应尺寸准确、边角整齐、拼缝严密、接缝顺直。

检验方法：观察和用钢尺检查。

检查数量：按本规范第3.0.21条规定的检验批检查。

6.6.14　踢脚线宜与地面面层对缝一致，踢脚线与基层的黏合应密实。

检验方法：观察检查。

检查数量：按本规范第3.0.21条规定的检验批检查。

6.6.15　塑料板面层的允许偏差应符合本规范表6.1.8的规定。

检验方法：按本规范表6.1.8中的检验方法检验。

检查数量：按本规范第3.0.21条规定的检验批和第3.0.22条的规定检查。

6.7　活动地板面层

6.7.1　活动地板面层宜用于有防尘和防静电要求的专业用房的建筑地面。应采用特制的平压刨花板为基材，表面可饰以装饰板，底层应用镀锌板经粘结胶合形成活动地板块，配以横梁、橡胶垫条和可供调节高度的金属支架组装成架空板，应在水泥类面层（或基层）上铺设。

6.7.2　活动地板所有的支座柱和横梁应构成框架一体，并与基层连接牢固；支架抄平后高度应符合设计要求。

6.7.3　活动地板面层应包括标准地板、异形地板和地板附件（即支架和横梁组件）。采用的活动地板块应平整、坚实，面层承载力不应小于7.5MPa，A级板的系统电阻应为$1.0\times10^5\sim1.0\times10^8\Omega$，B级板的系统电阻应为$1.0\times10^5\sim1.0\times10^{10}\Omega$。

6.7.4　活动地板面层的金属支架应支承在现浇水泥混凝土基层（或面层）上，基层表面应平整、光洁、不起灰。

6.7.5 当房间的防静电要求较高，需要接地时，应将活动地板面层的金属支架、金属横梁连通跨接，并与接地体相连，接地方法应符合设计要求。

6.7.6 活动板块与横梁接触搁置处应达到四角平整、严密。

6.7.7 当活动地板不符合模数时，其不足部分可在现场根据实际尺寸将板块切割后镶补，并应配装相应的可调支撑和横梁。切割边不经处理不得镶补安装，并不得有局部膨胀变形情况。

6.7.8 活动地板在门口处或预留洞口处应符合设置构造要求，四周侧边应用耐磨硬质板材封闭或用镀锌钢板包裹，胶条封边应符合耐磨要求。

6.7.9 活动地板与柱、墙面接缝处的处理应符合设计要求，设计无要求时应做木踢脚线；通风口处，应选用异形活动地板铺贴。

6.7.10 用于电子信息系统机房的活动地板面层，其施工质量检验尚应符合现行国家标准 GB 50462《电子信息系统机房施工及验收规范》的有关规定。

Ⅰ 主 控 项 目

6.7.11 活动地板应符合设计要求和国家现行有关标准的规定，且应具有耐磨、防潮、阻燃、耐污染、耐老化和导静电等性能。

检验方法：观察检查和检查型式检验报告、出厂检验报告、出厂合格证。

检查数量：同一工程、同一材料、同一生产厂家、同一型号、同一规格、同一批号检查一次。

6.7.12 活动地板面层应安装牢固，无裂纹、掉角和缺棱等缺陷。

检验方法：观察和行走检查。

检查数量：按本规范第 3.0.21 条规定的检验批检查。

Ⅱ 一 般 项 目

6.7.13 活动地板面层应排列整齐、表面洁净、色泽一致、接缝均匀、周边顺直。

检验方法：观察检查。

检查数量：按本规范第 3.0.21 条规定的检验批检查。

6.7.14 活动地板面层的允许偏差应符合本规范表 6.1.8 的规定。

检验方法：按本规范表 6.1.8 中的检验方法检验。

检查数量：按本规范第 3.0.21 条规定的检验批和第 3.0.22 条的规定检查。

6.8 金属板面层

6.8.1 金属板面层采用镀锌板、镀锡板、复合钢板、彩色涂层钢板、铸铁板、不锈钢板、铜板及其他合成金属板铺设。

6.8.2 金属板面层及其配件宜使用不锈蚀或经过防锈处理的金属制品。

6.8.3 用于通道（走道）和公共建筑的金属板面层，应按设计要求进行防腐、防滑处理。

6.8.4 金属板面层的接地做法应符合设计要求。

6.8.5 具有磁吸性的金属板面层不得用于有磁场所。

Ⅰ 主 控 项 目

6.8.6 金属板应符合设计要求和国家现行有关标准的规定。

检验方法：观察检查和检查型式检验报告、出厂检验报告、出厂合格证。

检查数量：同一工程、同一材料、同一生产厂家、同一型号、同一规格、同一批号检查一次。

6.8.7 面层与基层的固定方法、面层的接缝处理应符合设计要求。

检验方法：观察检查。

检查数量：按本规范第3.0.21条规定的检验批检查。

6.8.8 面层及其附件如需焊接，焊缝质量应符合设计要求和现行国家标准GB 50205《钢结构工程施工质量验收规范》的有关规定。

检验方法：观察检查和按现行国家标准GB 50205《钢结构工程施工质量验收规范》规定的方法检验。

检查数量：按本规范第3.0.21条规定的检验批检查。

6.8.9 面层与基层的结合应牢固，无翘边、松动、空鼓等。

检验方法：观察和用小锤轻击检查。

检查数量：按本规范第3.0.21条规定的检验批检查。

Ⅱ 一 般 项 目

6.8.10 金属板表面应无裂痕、刮伤、刮痕、翘曲等外观质量缺陷。

检验方法：观察检查。

检查数量：按本规范第3.0.21条规定的检验批检查。

6.8.11 面层应平整、洁净、色泽一致，接缝应均匀，周边应顺直。

检验方法：观察和用钢尺检查。

检查数量：按本规范第3.0.21条规定的检验批检查。

6.8.12 镶边用料及尺寸应符合设计要求，边角应整齐。

检验方法：观察检查和用钢尺检查。

检查数量：按本规范第3.0.21条规定的检验批检查。

6.8.13 踢脚线表面应洁净，与柱、墙面的结合应牢固。踢脚线高度及出柱、墙厚度应符合设计要求，且均匀一致。

检验方法：观察和用小锤轻击及钢尺检查。

检查数量：按本规范第3.0.21条规定的检验批检查。

6.8.14 金属板面层的允许偏差应符合本规范表6.1.8的规定。

检验方法：按本规范表6.1.8中的检验方法检验。

检查数量：按本规范第3.0.21条规定的检验批和第3.0.22条的规定检查。

6.9 地毯面层

6.9.1 地毯面层应采用地毯块材或卷材，以空铺法或实铺法铺设。

6.9.2 铺设地毯的地面面层（或基层）应坚实、平整、洁净、干燥，无凹坑、麻面、起砂、裂缝，并不得有油污、钉头及其他凸出物。

6.9.3 地毯衬垫应满铺平整，地毯拼缝处不得露底衬。

6.9.4 空铺地毯面层应符合下列要求：

1 块材地毯宜先拼成整块，然后按设计要求铺设；

2 块材地毯的铺设，块与块之间应挤紧服帖；

3 卷材地毯宜先长向缝合，然后按设计要求铺设；

4 地毯面层的周边应压入踢脚线下；

5 地毯面层与不同类型的建筑地面面层的连接处，其收口做法应符合设计要求。

6.9.5 实铺地毯面层应符合下列要求：

1 实铺地毯面层采用的金属卡条（倒刺板）、金属压条、专用双面胶带、胶粘剂等应符合设计要求；

2 铺设时，地毯的表面层宜张拉适度，四周应采用卡条固定；门口处宜用金属压条或双面胶带等固定；

3 地毯周边应塞入卡条和踢脚线下；

4 地毯面层采用胶粘剂或双面胶带粘结时，应与基层粘贴牢固。

6.9.6 楼梯地毯面层铺设时，梯段顶级（头）地毯应固定于平台上，其宽度应不小于标准楼梯、台阶踏步尺寸；阴角处应固定牢固；梯段末级（头）地毯与水平段地毯的连接处应顺畅、牢固。

Ⅰ 主 控 项 目

6.9.7 地毯面层采用的材料应符合设计要求和国家现行有关标准的规定。

检验方法：观察检查和检查型式检验报告、出厂检验报告、出厂合格证。

检查数量：同一工程、同一材料、同一生产厂家、同一型号、同一规格、同一批号检查一次。

6.9.8 地毯面层采用的材料进入施工现场时，应有地毯、衬垫、胶粘剂中的挥发性有机化合物（VOC）和甲醛限量合格的检测报告。

检验方法：检查检测报告。

检查数量：同一工程、同一材料、同一生产厂家、同一型号、同一规格、同一批号检查一次。

6.9.9 地毯表面应平服，拼缝处应粘贴牢固、严密平整、图案吻合。

检验方法：观察检查。

检查数量：按本规范第3.0.21条规定的检验批检查。

Ⅱ 一 般 项 目

6.9.10 地毯表面不应起鼓、起皱、翘边、卷边、显拼缝、露线和毛边，绒面毛应顺光一致，毯面应洁净、无污染和损伤。

检验方法：观察检查。

检查数量：按本规范第3.0.21条规定的检验批检查。

6.9.11 地毯同其他面层连接处、收口处和墙边、柱子周围应顺直、压紧。

检验方法：观察检查。

检查数量：按本规范第3.0.21条规定的检验批检查。

6.10　地面辐射供暖的板块面层

6.10.1　地面辐射供暖的板块面层宜采用缸砖、陶瓷地砖、花岗石、水磨石板块、人造石板块、塑料板等，应在填充层上铺设。

6.10.2　地面辐射供暖的板块面层采用胶结材料粘贴铺设时，填充层的含水率应符合胶结材料的技术要求。

6.10.3　地面辐射供暖的板块面层铺设时不得扰动填充层，不得向填充层内楔入任何物件。面层铺设尚应符合本规范第6.2节、6.3节、6.4节、6.6节的有关规定。

Ⅰ　主　控　项　目

6.10.4　地面辐射供暖的板块面层采用的材料或产品除应符合设计要求和本规范相应面层的规定外，还应具有耐热性、热稳定性、防水、防潮、防霉变等特点。

检验方法：观察检查和检查质量合格证明文件。

检查数量：同一工程、同一材料、同一生产厂家、同一型号、同一规格、同一批号检查一次。

6.10.5　地面辐射供暖的板块面层的伸、缩缝及分格缝应符合设计要求；面层与柱、墙之间应留不小于10mm的空隙。

检验方法：观察和用钢尺检查。

检查数量：按本规范第3.0.21条规定的检验批检查。

6.10.6　其余主控项目及检验方法、检查数量应符合本规范第6.2节、6.3节、6.4节、6.6节的有关规定。

Ⅱ　一　般　项　目

6.10.7　一般项目及检验方法、检查数量应符合本规范第6.2节、6.3节、6.4节、6.6节的有关规定。

7　木、竹面层铺设

7.1　一般规定

7.1.1　本章适用于实木地板面层、实木集成地板面层、竹地板面层、实木复合地板面层、浸渍纸层压木质地板面层、软木类地板面层、地面辐射供暖的木板面层等（包括免刨、免漆类）面层分项工程的施工质量检验。

7.1.2　木、竹地板面层下的木搁栅、垫木、垫层地板等采用木材的树种、选材标准和铺设时木材含水率以及防腐、防蛀处理等，均应符合现行国家标准GB 50206《木结构工程施工质量验收规范》的有关规定。所选用的材料应符合设计要求，进场时应对其断面尺寸、含水率等主要技术指标进行抽检，抽检数量应符合国家现行有关标准的规定。

7.1.3　用于固定和加固用的金属零部件应采用不锈蚀或经过防锈处理的金属件。

7.1.4　与厕浴间、厨房等潮湿场所相邻的木、竹面层的连接处应做防水（防潮）处理。

7.1.5 木、竹面层铺设在水泥类基层上，其基层表面应坚硬、平整、洁净、不起砂，表面含水率不应大于8%。

7.1.6 建筑地面工程的木、竹面层搁栅下架空结构层（或构造层）的质量检验，应符合国家相应现行标准的规定。

7.1.7 木、竹面层的通风构造层包括室内通风沟、地面通风孔、室外通风窗等，均应符合设计要求。

7.1.8 木、竹面层的允许偏差和检验方法应符合表7.1.8的规定。

表7.1.8　木、竹面层的允许偏差和检验方法

<table>
<tr><th rowspan="3">项次</th><th rowspan="3">项　目</th><th colspan="4">允许偏差/mm</th><th rowspan="3">检验方法</th></tr>
<tr><th colspan="3">实木地板、实木集成地板、竹地板面层</th><th rowspan="2">浸渍纸层压木质地板、实木复合地板、软木类地板面层</th></tr>
<tr><th>松木地板</th><th>硬木地板、竹地板</th><th>拼花地板</th></tr>
<tr><td>1</td><td>板面缝隙宽度</td><td>1.0</td><td>0.5</td><td>0.2</td><td>0.5</td><td>用钢尺检查</td></tr>
<tr><td>2</td><td>表面平整度</td><td>3.0</td><td>2.0</td><td>2.0</td><td>2.0</td><td>用2m靠尺和楔形塞尺检查</td></tr>
<tr><td>3</td><td>踢脚线上口平齐</td><td>3.0</td><td>3.0</td><td>3.0</td><td>3.0</td><td rowspan="2">拉5m线和用钢尺检查</td></tr>
<tr><td>4</td><td>板面拼缝平直</td><td>3.0</td><td>3.0</td><td>3.0</td><td>3.0</td></tr>
<tr><td>5</td><td>相邻板材高差</td><td>0.5</td><td>0.5</td><td>0.5</td><td>0.5</td><td>用钢尺和楔形塞尺检查</td></tr>
<tr><td>6</td><td>踢脚线与面层的接缝</td><td colspan="4">1.0</td><td>楔形塞尺检查</td></tr>
</table>

7.2 实木地板、实木集成地板、竹地板面层

7.2.1 实木地板、实木集成地板、竹地板面层应采用条材或块材或拼花，以空铺或实铺方式在基层上铺设。

7.2.2 实木地板、实木集成地板、竹地板面层可采用双层面层和单层面层铺设，其厚度应符合设计要求；其选材应符合国家现行有关标准的规定。

7.2.3 铺设实木地板、实木集成地板、竹地板面层时，其木搁栅的截面尺寸、间距和稳固方法等均应符合设计要求。木搁栅固定时，不得损坏基层和预埋管线。木搁栅应垫实钉牢，与柱、墙之间留出20mm的缝隙，表面应平直，其间距不宜大于300mm。

7.2.4 当面层下铺设垫层地板时，垫层地板的髓心应向上，板间缝隙不应大于3mm，与柱、墙之间应留8～12mm的空隙，表面应刨平。

7.2.5 实木地板、实木集成地板、竹地板面层铺设时，相邻板材接头位置应错开不小于300mm的距离；与柱、墙之间应留8～12mm的空隙。

7.2.6 采用实木制作的踢脚线，背面应抽槽并做防腐处理。

7.2.7 席纹实木地板面层、拼花实木地板面层的铺设应符合本规范本节的有关

要求。

Ⅰ 主 控 项 目

7.2.8 实木地板、实木集成地板、竹地板面层采用的地板、铺设时的木（竹）材含水率、胶粘剂等应符合设计要求和国家现行有关标准的规定。

检验方法：观察检查和检查型式检验报告、出厂检验报告、出厂合格证。

检查数量：同一工程、同一材料、同一生产厂家、同一型号、同一规格、同一批号检查一次。

7.2.9 实木地板、实木集成地板、竹地板面层采用的材料进入施工现场时，应有以下有害物质限量合格的检测报告：

1 地板中的游离甲醛（释放量或含量）；

2 溶剂型胶粘剂中的挥发性有机化合物（VOC）、苯、甲苯＋二甲苯；

3 水性胶粘剂中的挥发性有机化合物（VOC）和游离甲醛。

检验方法：检查检测报告。

检查数量：同一工程、同一材料、同一生产厂家、同一型号、同一规格、同一批号检查一次。

7.2.10 木搁栅、垫木和垫层地板等应做防腐、防蛀处理。

检验方法：观察检查和检查验收记录。

检查数量：按本规范第 3.0.21 条规定的检验批检查。

7.2.11 木搁栅安装应牢固、平直。

检验方法：观察、行走、钢尺测量等检查和检查验收记录。

检查数量：按本规范第 3.0.21 条规定的检验批检查。

7.2.12 面层铺设应牢固；粘结应无空鼓、松动。

检验方法：观察、行走或用小锤轻击检查。

检查数量：按本规范第 3.0.21 条规定的检验批检查。

Ⅱ 一 般 项 目

7.2.13 实木地板、实木集成地板面层应刨平、磨光，无明显刨痕和毛刺等现象；图案应清晰、颜色应均匀一致。

检验方法：观察、手摸和行走检查。

检查数量：按本规范第 3.0.21 条规定的检验批检查。

7.2.14 竹地板面层的品种与规格应符合设计要求，板面应无翘曲。

检验方法：观察、用 2m 靠尺和楔形塞尺检查。

检查数量：按本规范第 3.0.21 条规定的检验批检查。

7.2.15 面层缝隙应严密；接头位置应错开，表面应平整、洁净。

检验方法：观察检查。

检查数量：按本规范第 3.0.21 条规定的检验批检查。

7.2.16 面层采用粘、钉工艺时，接缝应对齐，粘、钉应严密；缝隙宽度应均匀一致；表面应洁净，无溢胶现象。

检验方法：观察检查。

检查数量：按本规范第 3.0.21 条规定的检验批检查。

7.2.17 踢脚线应表面光滑，接缝严密，高度一致。

检验方法：观察和用钢尺检查。

检查数量：按本规范第 3.0.21 条规定的检验批检查。

7.2.18 实木地板、实木集成地板、竹地板面层的允许偏差应符合本规范表 7.1.8 的规定。

检验方法：按本规范表 7.1.8 中的检验方法检验。

检查数量：按本规范第 3.0.21 条规定的检验批和第 3.0.22 条的规定检查。

7.3 实木复合地板面层

7.3.1 实木复合地板面层采用的材料、铺设方式、铺设方法、厚度以及垫层地板铺设等，均应符合本规范第 7.2.1 条～第 7.2.4 条的规定。

7.3.2 实木复合地板面层应采用空铺法或粘贴法（满粘或点粘）铺设。采用粘贴法铺设时，粘贴材料应按设计要求选用，并应具有耐老化、防水、防菌、无毒等性能。

7.3.3 实木复合地板面层下衬垫的材料和厚度应符合设计要求。

7.3.4 实木复合地板面层铺设时，相邻板材接头位置应错开不小于 300mm 的距离；与柱、墙之间应留不小于 10mm 的空隙。当面层采用无龙骨的空铺法铺设时，应在面层与柱、墙之间的空隙内加设金属弹簧卡或木楔子，其间距宜为 200～300mm。

7.3.5 大面积铺设实木复合地板面层时，应分段铺设，分段缝的处理应符合设计要求。

Ⅰ 主 控 项 目

7.3.6 实木复合地板面层采用的地板、胶粘剂等应符合设计要求和国家现行有关标准的规定。

检验方法：观察检查和检查型式检验报告、出厂检验报告、出厂合格证。

检查数量：同一工程、同一材料、同一生产厂家、同一型号、同一规格、同一批号检查一次。

7.3.7 实木复合地板面层采用的材料进入施工现场时，应有以下有害物质限量合格的检测报告：

1 地板中的游离甲醛（释放量或含量）；

2 溶剂型胶粘剂中的挥发性有机化合物（VOC）、苯、甲苯＋二甲苯；

3 水性胶粘剂中的挥发性有机化合物（VOC）和游离甲醛。

检验方法：检查检测报告。

检查数量：同一工程、同一材料、同一生产厂家、同一型号、同一规格、同一批号检查一次。

7.3.8 木搁栅、垫木和垫层地板等应做防腐、防蛀处理。

检验方法：观察检查和检查验收记录。

检查数量：按本规范第 3.0.21 条规定的检验批检查。

7.3.9 木搁栅安装应牢固、平直。

检验方法：观察、行走、钢尺测量等检查和检查验收记录。

检查数量：按本规范第 3.0.21 条规定的检验批检查。

7.3.10　面层铺设应牢固；粘贴应无空鼓、松动。

检验方法：观察、行走或用小锤轻击检查。

检查数量：按本规范第 3.0.21 条规定的检验批检查。

Ⅱ　一　般　项　目

7.3.11　实木复合地板面层图案和颜色应符合设计要求，图案应清晰，颜色应一致，板面应无翘曲。

检验方法：观察、用 2m 靠尺和楔形塞尺检查。

检查数量：按本规范第 3.0.21 条规定的检验批检查。

7.3.12　面层缝隙应严密；接头位置应错开，表面应平整、洁净。

检验方法：观察检查。

检查数量：按本规范第 3.0.21 条规定的检验批检查。

7.3.13　面层采用粘、钉工艺时，接缝应对齐，粘、钉应严密；缝隙宽度应均匀一致；表面应洁净，无溢胶现象。

检验方法：观察检查。

检查数量：按本规范第 3.0.21 条规定的检验批检查。

7.3.14　踢脚线应表面光滑，接缝严密，高度一致。

检验方法：观察和用钢尺检查。

检查数量：按本规范第 3.0.21 条规定的检验批检查。

7.3.15　实木复合地板面层的允许偏差应符合本规范表 7.1.8 的规定。

检验方法：按本规范表 7.1.8 中的检验方法检验。

检查数量：按本规范第 3.0.21 条规定的检验批和第 3.0.22 条的规定检查。

7.4　浸渍纸层压木质地板面层

7.4.1　浸渍纸层压木质地板面层应采用条材或块材，以空铺或粘贴方式在基层上铺设。

7.4.2　浸渍纸层压木质地板面层可采用有垫层地板和无垫层地板的方式铺设。有垫层地板时，垫层地板的材料和厚度应符合设计要求。

7.4.3　浸渍纸层压木质地板面层铺设时，相邻板材接头位置应错开不小于 300mm 的距离；衬垫层、垫层地板及面层与柱、墙之间均应留出不小于 10mm 的空隙。

7.4.4　浸渍纸层压木质地板面层采用无龙骨的空铺法铺设时，宜在面层与基层之间设置衬垫层，衬垫层的材料和厚度应符合设计要求；并应在面层与柱、墙之间的空隙内加设金属弹簧卡或木楔子，其间距宜为 200～300mm。

Ⅰ　主　控　项　目

7.4.5　浸渍纸层压木质地板面层采用的地板、胶粘剂等应符合设计要求和国家现行有关标准的规定。

检验方法：观察检查和检查型式检验报告、出厂检验报告、出厂合格证。

检查数量：同一工程、同一材料、同一生产厂家、同一型号、同一规格、同一批号检查一次。

7.4.6 浸渍纸层压木质地板面层采用的材料进入施工现场时，应有以下有害物质限量合格的检测报告：

1 地板中的游离甲醛（释放量或含量）；

2 溶剂型胶粘剂中的挥发性有机化合物（VOC）、苯、甲苯+二甲苯；

3 水性胶粘剂中的挥发性有机化合物（VOC）和游离甲醛。

检验方法：检查检测报告。

检查数量：同一工程、同一材料、同一生产厂家、同一型号、同一规格、同一批号检查一次。

7.4.7 木搁栅、垫木和垫层地板等应做防腐、防蛀处理；其安装应牢固、平直，表面应洁净。

检验方法：观察、行走、钢尺测量等检查和检查验收记录。

检查数量：按本规范第3.0.21条规定的检验批检查。

7.4.8 面层铺设应牢固、平整；粘贴应无空鼓、松动。

检验方法：观察、行走、钢尺测量、用小锤轻击检查。

检查数量：按本规范第3.0.21条规定的检验批检查。

Ⅱ 一 般 项 目

7.4.9 浸渍纸层压木质地板面层的图案和颜色应符合设计要求，图案应清晰，颜色应一致，板面应无翘曲。

检验方法：观察、用2m靠尺和楔形塞尺检查。

检查数量：按本规范第3.0.21条规定的检验批检查。

7.4.10 面层的接头应错开、缝隙应严密、表面应洁净。

检验方法：观察检查。

检查数量：按本规范第3.0.21条规定的检验批检查。

7.4.11 踢脚线应表面光滑，接缝严密，高度一致。

检验方法：观察和用钢尺检查。

检查数量：按本规范第3.0.21条规定的检验批检查。

7.4.12 浸渍纸层压木质地板面层的允许偏差应符合本规范表7.1.8的规定。

检验方法：按本规范表7.1.8中的检验方法检验。

检查数量：按本规范第3.0.21条规定的检验批和第3.0.22条的规定检查。

7.5 软木类地板面层

7.5.1 软木类地板面层应采用软木地板或软木复合地板的条材或块材，在水泥类基层或垫层地板上铺设。软木地板面层应采用粘贴方式铺设，软木复合地板面层应采用空铺方式铺设。

7.5.2 软木类地板面层的厚度应符合设计要求。

7.5.3 软木类地板面层的垫层地板在铺设时，与柱、墙之间应留不大于20mm的空隙，表面应刨平。

7.5.4 软木类地板面层铺设时，相邻板材接头位置应错开不小于1/3板长且不小于200mm的距离；面层与柱、墙之间应留出8～12mm的空隙；软木复合地板面层铺设时，应在面层与柱、墙之间的空隙内加设金属弹簧卡或木楔子，其间距宜为200～300mm。

Ⅰ 主 控 项 目

7.5.5 软木类地板面层采用的地板、胶粘剂等应符合设计要求和国家现行有关标准的规定。

检验方法：观察检查和检查型式检验报告、出厂检验报告、出厂合格证。

检查数量：同一工程、同一材料、同一生产厂家、同一型号、同一规格、同一批号检查一次。

7.5.6 软木类地板面层采用的材料进入施工现场时，应有以下有害物质限量合格的检测报告：

1 地板中的游离甲醛（释放量或含量）；

2 溶剂型胶粘剂中的挥发性有机化合物（VOC）、苯、甲苯十二甲苯；

3 水性胶粘剂中的挥发性有机化合物（VOC）和游离甲醛。

检验方法：检查检测报告。

检查数量：同一工程、同一材料、同一生产厂家、同一型号、同一规格、同一批号检查一次。

7.5.7 木搁栅、垫木和垫层地板等应做防腐、防蛀处理；其安装应牢固、平直，表面应洁净。

检验方法：观察、行走、钢尺测量等检查和检查验收记录。

检查数量：按本规范第3.0.21条规定的检验批检查。

7.5.8 软木类地板面层铺设应牢固；粘贴应无空鼓、松动。

检验方法：观察、行走检查。

检查数量：按本规范第3.0.21条规定的检验批检查。

Ⅱ 一 般 项 目

7.5.9 软木类地板面层的拼图、颜色等应符合设计要求，板面应无翘曲。

检查方法：观察，2m靠尺和楔形塞尺检查。

检查数量：按本规范第3.0.21条规定的检验批检查。

7.5.10 软木类地板面层缝隙应均匀，接头位置应错开，表面应洁净。

检查方法：观察检查。

检查数量：按本规范第3.0.21条规定的检验批检查。

7.5.11 踢脚线应表面光滑，接缝严密，高度一致。

检验方法：观察和用钢尺检查。

检查数量：按本规范第3.0.21条规定的检验批检查。

7.5.12 软木类地板面层的允许偏差应符合本规范表7.1.8的规定。

检验方法：按本规范表7.1.8中的检验方法检验。

检查数量：按本规范第3.0.21条规定的检验批和第3.0.22条的规定检查。

7.6 地面辐射供暖的木板面层

7.6.1 地面辐射供暖的木板面层宜采用实木复合地板、浸渍纸层压木质地板等，应在填充层上铺设。

7.6.2 地面辐射供暖的木板面层可采用空铺法或胶粘法（满粘或点粘）铺设。当面层设置垫层地板时，垫层地板的材料和厚度应符合设计要求。

7.6.3 与填充层接触的龙骨、垫层地板、面层地板等应采用胶粘法铺设。铺设时填充层的含水率应符合胶粘剂的技术要求。

7.6.4 地面辐射供暖的木板面层铺设时不得扰动填充层，不得向填充层内楔入任何物件。面层铺设尚应符合本规范第 7.3 节、第 7.4 节的有关规定。

Ⅰ 主 控 项 目

7.6.5 地面辐射供暖的木板面层采用的材料或产品除应符合设计要求和本规范相应面层的规定外，还应具有耐热性、热稳定性、防水、防潮、防霉变等特点。

检验方法：观察检查和检查质量合格证明文件。

检查数量：同一工程、同一材料、同一生产厂家、同一型号、同一规格、同一批号检查一次。

7.6.6 地面辐射供暖的木板面层与柱、墙之间应留不小于 10mm 的空隙。当采用无龙骨的空铺法铺设时，应在空隙内加设金属弹簧卡或木楔子，其间距宜为 200～300mm。

检验方法：观察和用钢尺检查。

检查数量：按本规范第 3.0.21 条规定的检验批检查。

7.6.7 其余主控项目及检验方法、检查数量应符合本规范第 7.3 节、第 7.4 节的有关规定。

Ⅱ 一 般 项 目

7.6.8 地面辐射供暖的木板面层采用无龙骨的空铺法铺设时，应在填充层上铺设一层耐热防潮纸（布）。防潮纸（布）应采用胶粘搭接，搭接尺寸应合理，铺设后表面应平整，无皱褶。

检验方法：观察检查。

检查数量：按本规范第 3.0.21 条规定的检验批检查。

7.6.9 其余一般项目及检验方法、检查数量应符合本规范第 7.3 节、第 7.4 节的有关规定。

8 分部（子分部）工程验收

8.0.1 建筑地面工程施工质量中各类面层子分部工程的面层铺设与其相应的基层铺设的分项工程施工质量检验应全部合格。

8.0.2 建筑地面工程子分部工程质量验收应检查下列工程质量文件和记录：

1 建筑地面工程设计图纸和变更文件等；

2 原材料的质量合格证明文件、重要材料或产品的进场抽样复验报告；

3 各层的强度等级、密实度等的试验报告和测定记录；

4 各类建筑地面工程施工质量控制文件；

5 各构造层的隐蔽验收及其他有关验收文件。

8.0.3 建筑地面工程子分部工程质量验收应检查下列安全和功能项目：

1 有防水要求的建筑地面子分部工程的分项工程施工质量的蓄水检验记录，并抽查复验；

2 建筑地面板块面层铺设子分部工程和木、竹面层铺设子分部工程采用的砖、天然石材、预制板块、地毯、人造板材以及胶粘剂、胶结料、涂料等材料证明及环保资料。

8.0.4 建筑地面工程子分部工程观感质量综合评价应检查下列项目：

1 变形缝、面层分格缝的位置和宽度以及填缝质量应符合规定；

2 室内建筑地面工程按各子分部工程经抽查分别作出评价；

3 楼梯、踏步等工程项目经抽查分别作出评价。

参 考 文 献

[1] GB 50209—2010 建筑地面工程施工质量验收规范. 北京：中国计划出版社，2010
[2] 邓学才. 建筑地面与楼面手册 [M]. 北京：中国建筑工业出版社，2005
[3] 李书田. 现代建筑新材料与施工 [M]. 北京：中国水利水电出版社，2006